低碳合金钢
复合真空渗碳及其强化新技术

金国　崔秀芳　董美伶　刘金娜　著

化学工业出版社

·北京·

内容简介

《低碳合金钢复合真空渗碳及其强化新技术》系统介绍了与真空渗碳热处理及其复合强化新技术有关的基础知识，主要内容包括：真空渗碳热处理原理、设备与工艺，真空渗碳的技术特点及应用，前处理催渗与后处理强化工艺的设计，强化层宏观性能与真空渗碳及其强化工艺以及微观组织结构变化之间的关系，模拟真实服役条件的强化层摩擦磨损性能、疲劳性能的测试与分析，复合强化渗碳层疲劳及磨损可靠性评价等。

本书可供从事热处理研究、生产及技术开发的从业者和科研人员使用，也可作为材料科学与工程专业研究生的参考书。

图书在版编目（CIP）数据

低碳合金钢复合真空渗碳及其强化新技术/金国等著．—北京：化学工业出版社，2024. 1
ISBN 978-7-122-44335-9

Ⅰ.①低…　Ⅱ.①金…　Ⅲ.①化学热处理-渗碳　Ⅳ.①TG156. 8

中国国家版本馆 CIP 数据核字（2023）第 200353 号

责任编辑：汪　靓　宋林青　　　　　文字编辑：朱　允
责任校对：李雨函　　　　　　　　　装帧设计：史利平

出版发行：化学工业出版社
　　　　　（北京市东城区青年湖南街 13 号　邮政编码 100011）
印　　装：北京科印技术咨询服务有限公司数码印刷分部
787mm×1092mm　1/16　印张 17¼　字数 428 千字
2024 年 4 月北京第 1 版第 1 次印刷

购书咨询：010-64518888　　　　售后服务：010-64518899
网　　址：http://www.cip.com.cn
凡购买本书，如有缺损质量问题，本社销售中心负责调换。

定　　价：118. 00 元　　　　　　　　版权所有　违者必究

前言

　　渗碳热处理是一门具有悠久历史的表面强化技术，是在低碳钢及低碳合金钢表面获得高硬度与优良抗疲劳性能的同时使心部具有一定强度和韧性的重要方法。相对于其他表面强化技术，渗碳热处理具有工艺简单、渗层均匀、性能可靠、工艺可重复性强、性价比高和应用范围广等特点。随着航空航天、海洋运输及装备制造业的高速发展，齿轮、轴承等承载及传动部件对服役性能、使用寿命及可靠性的要求逐步提高，真空渗碳及其复合强化技术已成为承载及传动部件渗碳热处理领域技术发展的新趋势。真空渗碳与复合强化技术之间的工艺协调契合性和优势增益，强化层微观组织结构与宏观服役性能的内在联系和影响机制，都是表面工程技术领域中具有挑战的研究方向。

　　本书以真空渗碳热处理为基础，对笔者近年来在真空渗碳及其复合强化领域的研究成果进行总结和概括，主要内容包括：渗碳热处理技术发展与应用简介，真空渗碳热处理设备与工艺研究，前处理辅助催渗真空渗碳和真空渗碳后处理及多工艺复合强化的研究；以工程应用为背景，测试、分析和评价了低碳合金钢真空渗碳与复合强化层摩擦磨损性能、疲劳强度和可靠性。

　　本书可为热处理行业的从业者、材料科学与工程专业研究生以及有志于从事这一行业的青年学者提供借鉴和参考。通过本书的阅读和学习，读者可以对渗碳热处理技术基础及该领域研究热点与发展现状有较为详细的了解。

　　本书由哈尔滨工程大学金国、崔秀芳、刘金娜和齐齐哈尔大学董美伶共同编著。其中金国编写第 1 章和第 2 章，崔秀芳编写第 3 章，董美伶编写第 4 章和第 6 章，刘金娜编写第 5 章。

　　本书内容涉及的知识面比较广泛，由于编者水平有限，书中难免存在疏漏、不足之处，恳请广大读者给予批评和指正。

著者

2023 年 5 月

目录

第 6 章

真空渗碳层及其复合强化层的疲劳可靠性评估   **231**

第 **1** 章

渗碳热处理概述

1.1 渗碳热处理技术原理与分类

1.1.1 渗碳热处理技术原理

渗碳热处理为一种常用的高性价比表面热处理方法，在中国已有近 2000 年的发展历史，广泛应用于工作中需要承受冲击、摩擦及剪切等应力作用的零部件加工与制造，如齿轮、活塞销、凸轮轴等。这类零件既要求心部具有一定的强度和韧性，又需要表面具有高的硬度及抗疲劳性能[1-3]。

渗碳过程是将低碳钢或低碳合金钢零件在富碳介质中加热到一定温度并保温一段时间，使活性碳原子渗入到工件内，增加零件表层的碳含量并获得一定的碳浓度梯度分布的过程。然而并不是所有状态下的碳原子均会被表面吸收，钢表面吸收的仅为活性碳原子，被吸收的碳原子会在高温状态下向内部扩散。因此，渗碳过程主要包括碳原子的分解、吸收和扩散三个基本过程[4]。①分解：富碳介质发生分解，产生高活性、渗入能力强的活性碳原子；②吸收：活性碳原子到达低碳钢或低碳合金钢表面，被工件表面吸收，表面含碳量增加；③扩散：当工件表面的碳浓度达到一定值后，碳原子从表面的高浓度区向内部的低浓度区扩散，工件的含碳量由表面到心部形成由高碳含量向低含碳量的过渡分布，并逐渐接近工件本身的含碳量。

渗碳时，由于渗碳温度通常要高于奥氏体相变温度，在此状态下渗碳层表面为高碳奥氏体，心部为低碳奥氏体，渗碳层中为高碳至低碳过渡分布的不同含碳量奥氏体。缓冷后，其表层为珠光体与碳化物组成的过共析组织，过渡区为珠光体组成的共析组织，心部为珠光体和铁素体的亚共析组织。因此，渗碳后的工件应进行适当的淬火和回火处理，以获得表层以回火马氏体为主的组织，心部为低碳马氏体与铁素体的混合组织。若工件尺寸较大，淬火时未能淬透，渗碳层心部会出现屈氏体或索氏体组织。对于合金钢，渗碳淬火后渗碳层中还可能出现贝氏体组织。因此，经渗碳与淬火、回火处理后，低碳钢或低碳合金钢零件表面硬度及耐磨性提高，心部仍具有足够的韧性和塑性[5]。

1.1.2 渗碳热处理技术分类

根据渗碳介质的状态不同，渗碳方法可分为固体渗碳、液体渗碳、气体渗碳和离子渗碳四大类。

1.1.2.1 固体渗碳

固体渗碳是一种古老的渗碳方法，指将工件放在填充粒状渗碳剂的密封箱中，进行高温加热与保温，使工件表层增碳的一种化学热处理工艺。固体渗碳剂呈粒状，主要由供碳剂（木炭，90%左右）和催渗剂（$BaCO_3$、$CaCO_3$ 或 Na_2CO_3 等）组成。在固体渗碳时，将工件埋入固体渗碳剂中，放入加热炉中加热到渗碳温度，此时渗碳箱中存在的氧将与木炭首先生成 CO，但由于箱中存在的氧有限，上述反应过程中产生的 CO 量较少。加入后的催渗剂在高温下发生分解反应形成 CO_2，并被碳还原成 CO，生成的 CO 在钢件表面分解，从而提供活性碳原子，具体反应式如下[6]：

$$2C + O_2 \rightleftharpoons 2CO \tag{1.1}$$

$$BaCO_3 \rightleftharpoons CO_2 + BaO \tag{1.2}$$

$$CO_2 + C \rightleftharpoons 2CO \tag{1.3}$$

$$2CO \rightleftharpoons [C] + CO_2 \tag{1.4}$$

或

$$2CO + Fe \rightleftharpoons Fe(C) + CO_2 \tag{1.5}$$

式中，Fe(C) 代表 C 溶入奥氏体中形成的固溶体。

固体渗碳实际上是通过气体介质参与反应而持续进行的过程，渗碳过程中气氛的碳势可通过改变渗碳剂的成分来适当调节，包括催渗剂含量以及新旧渗碳剂的比例。在固体渗碳时，一般使用的渗碳剂为新旧渗碳剂的混合物，其中包含 20%～40% 新配渗碳剂与 60%～80% 旧渗碳剂。用 100% 的新渗碳剂时，渗碳速率增加不多，但工件表面的含碳量却可大大增加，从而导致渗碳层中出现网状碳化物以及大量的残余奥氏体。

固体渗碳可使用各种普通的加热炉，具有设备简单、生产成本低、方法易行，以及盲孔和深孔处同样可以渗碳的优点。渗碳后慢冷，工件硬度低，也有利于渗碳后的切削加工。但固体渗碳过程中碳势不能直接控制，表面碳含量很难精确控制，且渗碳速率慢、渗碳周期长、产率低、劳动条件较差，主要适用于深层渗碳及小批量生产。

1.1.2.2 液体渗碳

液体渗碳是一种在熔融状态的含碳盐浴中使碳渗入到金属表面的强化方法。依据液体渗碳供碳介质的不同，可分为加入氰化物的盐浴和不加氰化物的盐浴两大类。第一类中的氰化物有剧毒，一般已不再采用。目前液体渗碳多使用无毒盐，该类盐浴用木炭粉和尿素代替氰盐，加入中性盐浴中，得到类似于氰盐的渗碳效果。其组成大体上可分三部分：加热介质（NaCl 和 KCl）、催渗剂（Na_2CO_3）、供碳介质［尿素 $(NH_2)_2CO$ 和木炭粉］。液体渗碳时，需先将烘干的中性盐按比例加入盐浴锅中，待升温到接近渗碳温度时再逐渐加入供碳剂，这种盐浴在渗碳时发生如下反应[7]：

$$3(NH_2)_2CO + Na_2CO_3 \rightleftharpoons 2NaCNO + 4NH_3 + 2CO_2 \tag{1.6}$$

$$4NaCNO \Longrightarrow 2NaCN + Na_2CO_3 + CO + 2[N] \qquad (1.7)$$

$$4NaCNO + O_2 \Longrightarrow 2Na_2CO_3 + 2CO + 4[N] \qquad (1.8)$$

$$2CO \Longrightarrow CO_2 + [C] \qquad (1.9)$$

在液体渗碳过程中，渗碳反应仍然需要依靠钢件表面的气相反应得以持续进行。随着活性碳原子渗入到工件表面，盐浴的活性会不断降低，加上高温盐浴的挥发及工件表面将盐浴带出，渗碳盐浴在渗碳过程中会不断消耗。因此，在生产实际中会定期分析液体渗碳盐浴成分，补充新盐并及时捞渣，以保证盐浴成分在工艺规定的范围内。

液体渗碳结束后，需对工件进行淬火及低温回火处理。根据工艺要求和工件使用状态的不同，淬火处理可采用直接淬火、较低温度中性盐浴中保温后淬火以及缓冷后重新加热淬火等方式。渗碳件由于液体渗碳后表面黏附较多的盐浴，其在冷却或淬火后应煮沸一段时间或进行喷砂处理以清除盐渍。

液体渗碳具有设备简单、加热均匀、温度控制准确、渗速快、渗碳后易于操作和可直接淬火，同时有一定的渗氮功能等优点，但由于碳势调整幅度小且不易精确控制，反应过程中产生少量 NaCN 和 NaCNO，对人体健康仍有危害，且易腐蚀工件，渗碳后需进一步热水煮沸或喷砂处理去除残盐等条件限制，其应用并不广泛，通常适于处理中、小零件。

1.1.2.3　气体渗碳

气体渗碳是指工件在含有气体渗碳介质的密封高温炉中进行的渗碳过程。气体渗碳的概念最早出现于 19 世纪，美国于 20 世纪 20 年代开始对某些低碳钢工件进行气体渗碳处理，所用的渗碳设备为转筒炉。20 世纪 50 代井式炉及其相关渗碳工艺的出现，促使气体渗碳真正取代了古老的固体渗碳方式[8]。近年来，随着计算机、监控装置、密封炉以及新型渗碳剂的出现与迅猛发展，气体渗碳可实现渗碳气氛的控制及自动化生产，成为工业上普遍采用的渗碳法[9,10]。

气体渗碳所用的渗碳剂可以分为液体介质和气体介质两类，其中液体介质一般为碳氢化合物的有机液体，将其直接滴入炉内，发生汽化后析出活性碳原子（如煤油、甲醇、丙酮等），此种方法也称滴注法可控气氛渗碳，可通过调节有机液体的滴入速度来控制气氛碳势。气体介质作为渗碳剂则可直接通入炉内，其在高温下热分解，析出活性碳原子（如甲烷、丁烷等），此种方法依据气体成分不同又分为吸热式气氛渗碳与氮基气氛渗碳，该方法成分稳定，便于控制[11]。

工业中滴注法可控气氛渗碳经常采用煤油进行气体渗碳。煤油滴入渗碳炉后，经过高温热裂分解成一氧化碳（CO）、二氧化碳（CO_2）、氧气（O_2）、氢气（H_2）、饱和碳氢化合物（C_nH_{2n+2}）及不饱和碳氢化合物（C_nH_{2n}）等多种混合气体。随后其渗碳过程与气体渗碳剂相似，主要依靠 CO、C_nH_{2n+2} 和 C_nH_{2n} 在渗碳温度下的分解而获得活性碳原子[12]：

$$2CO \Longrightarrow CO_2 + [C] \qquad (1.10)$$

$$C_nH_{2n+2} \Longrightarrow (n+1)H_2 + n[C] \qquad (1.11)$$

$$C_nH_{2n} \Longrightarrow nH_2 + n[C] \qquad (1.12)$$

与固体渗碳、液体渗碳相比，气体渗碳过程中气氛可调节，渗碳层均匀性更好，可实现自动化及大批量生产，是当前生产中大量使用的渗碳方法。三者的特征比较如表1.1所示。

表 1.1 渗碳热处理的种类与特征[1]

项目	固体渗碳	液体渗碳	气体渗碳
碳源	固体渗碳剂	熔盐液体	液体/气体渗碳剂
优点	渗碳剂丰富、成本低、操作简便	周期短、渗碳均匀、变形小	渗速较快、均匀性较好
缺点	粉尘污染、渗速慢、质量不易控制	碳源存在毒性、复杂零件不易清洗	温度偏高、存在晶间氧化、原料气体消耗量及排气量较多
适用范围	任务量小、渗碳层质量要求低的小型零件	小批量生产、尺寸适中的零件	可调节碳质量浓度、实现自动化与大批量生产

随着气体渗碳在生产实践中的大量应用,其存在的问题也逐渐凸显,其中渗碳层中存在诸如马氏体组织粗大、渗碳层表面贫碳或脱碳现象、内氧化缺陷以及非马氏体黑色组织等问题,严重降低了零件的表面硬度、耐磨性、疲劳强度以及使用寿命。研究表明,粗大的马氏体组织与渗碳炉内碳势高、加热温度高、周期长以及后续热处理不当等因素密切相关,而表面脱碳、内氧化以及非马氏体黑色组织则由反应炉内存在的 O_2 引起[13]。为解决上述问题,遵循节能减排与绿色环保需求,新型的渗碳工艺如离子渗碳和真空渗碳技术相继出现,并逐步发展壮大。

1.1.2.4 离子渗碳

离子渗碳是 20 世纪 70 年代中期开发的新工艺,也称作等离子体渗碳或辉光离子渗碳。是指在压力低于 10Pa 的碳氢化合物气氛中,利用阴极(待处理工件)和阳极(炉体)间产生的辉光放电进行的低压渗碳工艺。当工件与阳极之间加上高压直流电时,炉体内的碳氢化合物气体在高压电场的作用下发生电离,形成带正电的 C^+。利用高压电场与阴极附近急剧的电压降使碳离子以极快的速度轰击阴极(工件),从而在净化被处理零件表面的同时进行高速渗碳[14,15]。

$$C_3H_8 \xrightarrow{e^-} C^+ + C_2H_6 + H_2 + e^- \tag{1.13}$$

$$C_2H_6 \xrightarrow{e^-} C^+ + CH_4 + H_2 + e^- \tag{1.14}$$

$$CH_4 \xrightarrow{e^-} C^+ + 2H_2 + e^- \tag{1.15}$$

离子渗碳时通入炉内的气体多为甲烷、丙烷等,稀释剂为氩、氢或氮。渗碳和渗后淬火在同一个装置内进行;该装置由加热室和油淬火槽两部分组成,其中加热室设有辉光放电机构。

离子渗碳主要也是利用活性碳原子对工件进行强化,但离子渗碳过程中电场作用使得活性碳原子的物理状态发生很大变化。当通入碳氢化合物气体(CH_4、C_2H_6 或 C_3H_8)进行离子渗碳时,由于离子渗碳过程中能量比气态分子能量高近百倍,可使正常热力学条件下难以实现的解离得以进行,形成大量碳离子、氢离子。在高压电场的作用下,轰击阴极并吸附于工件表面,碳离子在工件表面得到电子,形成活性碳原子,进而被奥氏体吸收或与铁化合形成化合物,甚至直接注入奥氏体晶格中。氢离子则破坏或起到还原工件表面的氧化膜的作用,进一步清除了阻碍碳渗入的壁垒,使表面活性大大提高,加速了气固界面的反应和扩散。发生在工件表面的原子溅射,均会形成大量晶格缺陷,促进碳原子向工件内部扩散,所以离子轰击渗碳具有高的渗速效果[16]。

常见的离子渗碳工艺有恒压离子渗碳和脉冲离子渗碳两种。恒压离子渗碳适用于结构简单、曲率变化不大、无沟槽以及深孔的工件。因为在离子渗碳过程中，碳离子在高压电场的作用下，飞速向工件轰击，工件表面在短时间内即可积累接近或超过该渗碳温度下奥氏体的极限溶解碳量，因此采用恒压离子渗碳，放电后增加一短时间的真空扩散阶段即可达到要求。对于有沟槽、深孔，曲率变化大，结构复杂的工件，若恒压离子渗碳，在沟槽、深孔等部位，气氛得不到及时更新，这些部位的渗碳层厚度和碳浓度均较其他部位低，因此脉冲离子渗碳可通过调节气压的迅速升降，借助于气体自身的物理搅拌作用及时更新这些部位的气体，使渗碳与扩散交替进行，在沟槽、深孔等部位也可得到均匀的渗入效果[17]。

离子渗碳可对工件表面进行清洁，使工件表面不氧化，也不会附着炭黑，其具有渗碳速率快，效率高，变形小，在计算机定量控制下对于不同尺寸、形状的工件，甚至沟槽、盲孔等部位也可以实现均匀渗碳且对环境无污染等优点。但相对于技术非常成熟的气体渗碳，其存在设备复杂、成本高、炉膛空间利用系数低、生产量小且操作难度较大等缺点。一般适用于深度>2.5mm的深层渗碳[18]。

1.2 真空渗碳热处理技术特点与应用

1.2.1 真空渗碳热处理技术特点

真空渗碳是一种在低压（压力一般≤3kPa）真空状态下的高温（超过900℃）非平衡脉冲式强渗-扩散型渗碳过程[12]。虽然真空渗碳不使用基础气体（载气体），但真空渗碳与气体渗碳均采用碳氢化合物气体进行渗碳，两种方法在化学机制上基本一致。如果将真空渗碳也作为气体渗碳的一种，可将其定位为低压气体渗碳。低压气体渗碳实验压力一般控制在200~3000Pa，从而使样品与低分压氧气接触，碳源采用无氧介质，消除渗碳层内氧化，并且低压渗碳也可显著减少气体的消耗和废气的排放[19]。

通过动态调整真空奥氏体化中的饱和碳浓度 C_p 与样品表面碳浓度 C_s，实现渗碳过程中碳浓度的饱和调整，完成强渗（通入渗碳介质）＋扩散（通入氮气）若干个脉冲周期，加之一个集中扩散过程以达到零件渗碳层深度要求的工艺，其控制方法为"饱和值调整法"[20]。该过程扩散饱和在自调节机制下形成，无须控制碳势，在强渗期，奥氏体的固溶碳达到饱和，在扩散期，固溶碳向内部扩散到工艺要求值。真空渗碳过程中可通过调整渗碳、扩散时间比和脉冲循环次数达到控制表面碳浓度和渗碳层深度的目的。其工作模式和原理如图1.1所示[21,22]。

与传统气体渗碳相比，真空渗碳过程无须控制碳势，以高纯度碳氢化合物（甲烷、丙烷或乙炔等）为渗碳气源并直接通入炉内进行渗碳，解决了渗碳气氛的环境污染和渗碳工件的内氧化问题，可保证样品的表面清洁度，在更高的温度下渗碳，从而缩短渗碳周期，使渗碳层具有更好的综合性能[23,24]。真空渗碳操作安全，使用高压气淬技术，渗碳后直接进行气体淬火，工件淬火后变形量小[25,26]。目前真空渗碳一般采用丙烷或乙炔作为碳源。以丙烷作为渗碳气体，分解反应如下[27]：

$$C_3H_8 \longrightarrow [C] + C_2H_6 + H_2 - 5.8kcal❶ \tag{1.16}$$

---

❶ 1cal=4.184J。

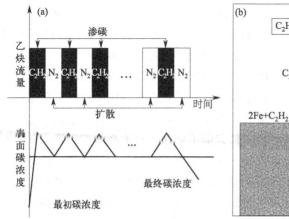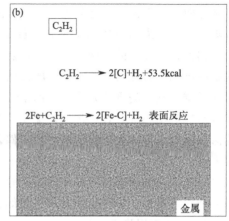

图 1.1 真空渗碳原理与工艺特点示意图

$$C_2H_6 \longrightarrow [C] + CH_4 + H_2 - 5.5kcal \tag{1.17}$$

$$CH_4 \longrightarrow [C] + 2H_2 - 19.1kcal \tag{1.18}$$

以上反应式表明,丙烷这类饱和碳氢化合物需要多步分解才能达到平衡态,特别是甲烷的分解需要耗费很长的时间,而且需要吸收较多热量。在较高温度和较大装炉量的情况下,工件表面常伴随出现严重的炭黑,致使其在工业应用中受到限制[26,28]。近年来,随着低压真空渗碳技术的逐步完善,乙炔成为替代丙烷的渗碳气体,在一定程度上避免了炭黑的出现,使得真空渗碳技术的优势愈加明显,应用范围更加广泛,特别是在精密齿轮和轴承等零件化学热处理方面已经获得了明显成效[29,30]。

以乙炔为碳源,分解反应如下:

$$C_2H_2 \longrightarrow 2[C] + H_2 + 53.5kcal \tag{1.19}$$

乙炔分解反应是放热过程,一个乙炔分子分解生成两个自由碳原子,分解得到碳原子的能力大于丙烷,因此乙炔可以在更低的压力下进行渗碳,渗碳能力更强[31],同时减少原料气和真空设备负担,减少炭黑的形成,增加碳的吸收率和渗碳层的均匀性[32]。

目前,真空渗碳过程在真空炉内进行,其中法国 ECM 公司生产的低压真空渗碳热处理设备较为成熟,它重点关注"扩散和强渗"过程,渗碳后工件可直接进行气淬,整个过程使用程序软件进行控制[33,34]。ECM 公司研发的模拟软件 Infracarb 按照工件渗碳层深度和碳浓度的要求编制,对于不同的工艺要求,其渗碳、扩散时间比以及交替的循环脉冲次数可有明显的不同。真空渗碳时,只需在 Infracarb 模拟软件中输入渗碳工件特性,包括材料、渗碳温度、渗碳层深度、表面碳浓度等,即可通过模拟程序,计算出所要求的各段渗碳工艺时间及碳浓度曲线,程序启动后,即可完成整个渗碳过程[8,35]。渗碳结束后设备中可直接充入氮气,进行高压氮气淬火。其中高压氮气淬火冷却速度可控,热处理变形小,能够彻底解决内氧化难题,且工件表面保持洁净,省去了后续的清洗程序,实现无污染绿色生产[36]。

与普通气体渗碳相比,真空渗碳有如下优点:

① 渗碳钢件表面无氧化脱碳与晶间氧化现象,表层不产生非马氏体的黑色组织。

② 真空低压下可实现高温渗碳,在表面净化作用以及高温条件下渗碳时间可显著缩短。

③ 渗碳后工件光亮，表面质量好，细孔、沟槽内壁也可获得高质量渗碳特性；渗碳层均匀，深度易控，且其碳浓度梯度平缓。

④ 渗碳气体消耗量少，可大幅度节省渗碳气源。排出的废气少，有利于减少对环境的污染和缓解温室效应。

⑤ 渗碳完成后可以直接进行气体淬火处理，淬火气压可调，渗碳淬火畸变小[37,38]。

目前，真空渗碳凭借其先进、多样的设备和精确的渗碳控制系统已广泛应用在欧美等发达国家工业生产中。我国在 20 世纪 70~80 年代逐步引进真空渗碳设备与技术，经过多年对真空渗碳炉与真空渗碳工艺不断的改进与开发，现已拥有相对成熟的真空渗碳生产线，其强化件成功应用在航空航天、汽车、船舶、军工、电子、模具等领域[39]。

1.2.2 真空渗碳热处理技术应用

20 世纪 50 年代初，Ipsen 公司首次提出了真空渗碳的可能性。1974 年，Hayes 公司研制出 VSQ 型真空渗碳炉，并通过对 4 种常用钢真空渗碳与常规气体渗碳比较，证实了真空低压渗碳的优越性，进一步促进了真空渗碳技术的发展和完善。真空渗碳技术初期使用的渗碳气体主要为丰富碳源的丙烷，但在工业生产中，随着装炉量的增大，压力的增加，渗碳件表面存在炭黑，致使真空渗碳技术在很长一段时间未得到广泛应用。我国在 1981~1990 年期间曾开展真空渗碳技术的研究，并研制造了 WZST 系列真空渗碳炉及低压小流量的渗碳技术，其控制方法同样为"饱和值调整法"，该设备主要用在齿轮、蜗杆、轴类零件的生产中，但由于渗碳源采用丙烷，其生产批量相对数量均有限[20]。直至 1999 年，德国采用乙炔作为渗碳源，在低压下解决了真空渗碳产生炭黑的问题，使乙炔真空渗碳技术成为工业用钢渗碳领域的关注热点，随后国际上各大著名公司如美国 Ipsen、德国 ALD、法国 ECM、日本东方等都有推出具有各自特色的设备及技术专利，促使真空渗碳技术和设备高速发展并在工业上得到广泛的实际应用[40,41]。

目前，乙炔真空渗碳以其经济、环保、渗碳压力低、基本可消除炭黑和焦油等优点仍是替代普通气体渗碳的不二之选，特别在高密度和大装炉量的前提下，实现复杂结构件表面的高质量密度渗碳，孔类结构件的均匀渗碳，大尺寸、薄壁件的淬火畸变控制等方面均具有广阔应用前景。

（1）表面不存在非马氏体组织及内氧化现象的高质量密度渗碳

在真空渗碳过程中，强化件完全处于低压真空状态下，工件表面不会脱碳形成非马氏体组织（表面脱碳形成的铁素体、表层沿晶界形成的屈氏体及贝氏体等），表层无晶间氧化现象出现；且在真空状态下，即使经历数次高碳浓度的强渗期，渗碳层中并不出现网状析出碳化物和大量残余奥氏体。王达鹏等[42] 分别采用传统渗碳与真空渗碳对 20CrNi2MoH 变速箱轴齿进行热处理，通过对比两种方法的渗碳层组织形貌发现（图 1.2），传统热处理后的表层组织氧化形成了非马氏体组织层，而在低压真空状态下，零件表面无氧化现象，加热后也不会产生非马氏体组织，由于规避了工件表面合金元素的氧化反应，渗碳速率和效率较气体渗碳均有明显提高。

Shaopeng Wei 等[23] 指出 20Cr2Ni4A 钢经真空渗碳处理后，并不会出现可控气体渗碳层中的粗大碳化物，其表面组织呈现出无氧化的隐晶马氏体和更为细小、弥散的碳化物。对于形状复杂的齿轮工件，由于其齿顶部位比较尖，在渗碳过程中此处易积聚更多的碳原子，

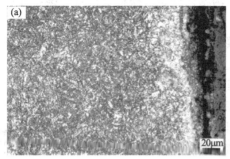

图 1.2　渗碳热处理后齿轮表层组织[42]

(a) 传统渗碳热处理；(b) 真空渗碳热处理

采用普通气体渗碳容易产生碳聚集而形成残余奥氏体。楚大锋[34] 指出通过对 Mn-Cr 齿轮在短脉冲条件下真空渗碳工艺的优化，可在保证齿轮表面硬度和心部硬度合格的前提下，显著降低齿角处残留奥氏体含量，对照 QC/T 262—1999《汽车渗碳齿轮金相检验》标准发现，齿顶处残余奥氏体含量降低至 3 级，使齿轮获得良好的力学性能。

（2）复杂结构件、有孔类零件（如齿轮、针阀体、喷油嘴）的均匀渗碳

复杂结构件的沟槽、拐角处气体流动性较差，这种现象在细孔、盲孔类零件中表现更为突出。复杂部位的活性碳原子不足或无法及时得到补充，致使其与零件主体部位的渗碳层深度会出现明显差别。对于复杂结构件、有孔类零件，传统气体渗碳通常通过不断排出和充入新鲜的渗碳气体来保持其内的碳势，实现该类零件的渗碳。但该方法不能有效地将流通性较差部位的气体与渗碳炉空间内的新鲜渗碳气体进行充分交换，无法保证该类零件各部分的碳势。此外，复杂位置发生的碳原子迁移和扩散受到气体的排出和充入作用限制，呈现出一种自然对流状态，使得横纵比较大的深孔无法均匀渗碳。低压真空渗碳是目前适合于复杂结构件、盲孔类零件均匀渗碳的一种先进技术。孙振淋等[43] 分别采用气体与真空渗碳两种方式对 18CrNi4A 钢齿轮进行渗碳，对比研究了渗碳方式对齿轮不同部位有效硬化层深度之间的影响，研究指出与可控气氛渗碳相比，低压真空渗碳处理的齿根圆角处有效硬化层深度显著增加，结果如表 1.2 所示。

表 1.2　18CrNi4A 钢齿轮真空渗碳与气氛渗碳有效渗碳层深度对比表（单位：mm）[43]

渗碳方式	齿顶	齿高中部	齿根
低压真空渗碳	1.62	1.04	0.91
可控气氛渗碳	1.60	1.01	0.83

朱永新[44] 对内孔直径为 60.93mm、深度为 58mm 的 8620H 齿轮样件进行普通气体渗碳与真空渗碳。结果显示，普通气体渗碳层的齿轮表面渗碳层为 1.27mm，而孔径内渗碳层只有 0.70～0.80mm。低压真空渗碳后孔径内渗碳层厚度可达到 1.0mm，特别是将真空渗碳强渗＋扩散脉冲分解成为数个小脉冲后，零件齿面和内孔硬化层之差可减小到 0.30mm 以内。陈茂涛[45] 采用乙炔低压真空渗碳技术强化针阀体，研究发现渗碳后针阀体零件中孔与座面的硬度差别不大，甚至位于孔底的座面同样能够达到与孔一致的渗碳效果。

真空渗碳适合复杂结构件均匀渗碳的原因如下：①气体的质量扩散系数随气体压力和分子量的减小而增大。分子量较小的乙炔分子在低压状态下会剧烈运动致使分子间产生高频率碰撞，提高了渗碳层的吸碳系数及渗碳层的均匀性。②在多次循环脉冲工艺下富化气与氮气

的交替抽出和通入，可以确保在每一个渗碳脉冲周期内新鲜的气体进入炉内死角及孔内。③真空渗碳借助入口与真空室之间的压差使渗碳气体发生强制对流，使渗碳气体与复杂零件不同部位及孔的内壁紧密接触[46]。

（3）减小薄壁件或大尺寸结构件（如立轴套、大齿轮）淬火畸变，提高产品精度

需要渗碳处理的薄壁件或大尺寸结构件（如立轴套、大齿轮）在传统介质油或盐浴的淬火强化环节中常因温度场的不均匀出现组织不均匀或变形量过大的问题。真空渗碳设备配备高压气淬装置，气体介质依靠对流传递热，传热系数始终不变，通过控制气体压力、流量、改变气体的冷却特性等实现工件淬火过程中温度场均匀性的控制。目前真空渗碳与高压气淬已成为提高薄壁件或大尺寸结构件渗碳热处理产品精度的有效方法。高文栋等[47] 对比研究了汽车主减速太阳轮轴经过常规气氛渗碳＋油淬与真空渗碳＋气淬两种工艺后不同部位的变形量及产品合格率。研究表明对于主减速太阳轮轴这样的薄壁件，高压气淬的淬火形式可在保证其硬度的前提下，大幅度降低冷却变形量，具体结果如表 1.3 所示，且每种工艺各取 30 件产品的热处理后数据统计，发现产品合格率由气氛渗碳＋油淬时的 70％提高到 99.5％以上。

表 1.3 新旧工艺变形情况的对比[47]

项目	气氛渗碳＋油淬	真空渗碳＋气淬
短花键 M 值热处理前原有动量/mm	−0.03～−0.00	0.03～+0.01
短花键热处理后跳动/mm	0.03～0.13	0.02～0.05
短花键一端轴承挡外径热处理后圆度/mm	0.01～0.11	0.01～0.03
长花键一端轴承挡外径热处理后圆度/mm	0.03～0.09	0.01～0.035
轴承挡磨不出的零件数	1	0

计银坤等[48] 分别采用真空炉和连续炉对轴类零件进行淬火处理，并采用三点测量控制方法对不同热处理工艺后的轴类零件圆跳动进行测量。研究结果表明，真空高压气淬后轴类零件三个测量点的圆跳动在 0.04mm 以内的零件数量可由连续炉淬火的 29.56％提高到 66.67％，高压气淬后的轴类零件变形明显减小，其三点圆跳动均可控制在 0.1mm 以内，结果如表 1.4 所示。

表 1.4 轴类零件热处理后圆跳动情况统计[48]

炉型	工件名称	零件总件数	圆跳动			
			≤0.04mm 件数	0.04～0.06mm 件数	0.06～0.1mm 件数	＞0.1mm 件数
真空炉	外输入轴	450	296	122	32	0
	输出轴	450	300	111	39	0
连续炉	外输入轴	450	133	135	137	45
	输出轴	450	110	108	163	69

1.3 复合强化渗碳技术特点与研究进展

1.3.1 前处理催渗技术

为了提高渗碳热处理效率，增加渗碳层的厚度，实际生产过程中往往采用提高渗碳温度的方法。但过高的加热温度不仅会使工件的部分性能退化，而且会增大渗碳处理的成本[49]，因此在真空渗碳前进行适当的前处理，可在提高渗碳效率的同时得到更有效的强化效果。前

处理催渗技术目前主要有 BH 催渗、稀土催渗以及纳米化催渗等。

1.3.1.1　BH 催渗技术

BH 催渗技术由西安北恒实业有限公司发明，是国内首创的一种已在生产中使用的新型节能降耗技术，可在不改造设备的前提下，以添加剂的方式实现快速渗碳、渗氮或碳氮共渗。李家新等[50]采用 BH 催渗剂对 20CrMnTi 齿轮进行煤油气体渗碳处理，发现煤油中加入 BH 催渗剂可使工件渗碳时间减少 26％。钟贤荣[51]从渗碳速率、渗碳工艺、产品质量与经济效益四个方面对比分析了 BH 催渗技术在渗碳中的优势，研究发现在温度不变的条件下，BH 催渗可缩短渗碳时间（约 12.5％），改善产品渗碳层组织，其中马氏体与残余奥氏体组织改善明显，改善后齿轮疲劳寿命增长，齿轮的噪声可下降 75～78dB。

BH 技术催渗机制主要包括以下几点：①BH 催渗剂中含有微量爆裂式分解物，会对气固相表面间的反应产生影响，从而破坏气体渗碳中形成的阻碍气膜，增强活性成分与工件的有效接触概率；②BH 催渗剂中的物质可促进渗碳剂分解为活性高且半径较小的正四价碳离子，从而减小碳的扩散阻力，增大渗碳速率；③BH 催渗剂中含有微量的分解助剂，从而使催渗剂以适当的速率充分分解，抑制炭黑形成[52]。

虽然 BH 催渗技术在工业生产中具有巨大的优势和发展潜力，但目前 BH 催渗剂中的化学成分仍为西安北恒实业有限公司的自主知识产权，并未对外公开，其相关研究也仅局限于对 BH 催渗技术应用范围推广和试验分析方面。

1.3.1.2　稀土催渗技术

稀土催渗技术是我国首创的一种可提高化学热处理速度、改善渗碳层组织结构与性能的表面处理方法[53,54]。目前，在渗碳热处理中，稀土催渗技术的主要应用对象为气体渗碳，其所用试剂通常为稀土盐类（主要含 La、Ce 的氧化物的混合化合物），可涂覆在待渗试件表面或与煤油和甲醇溶液混合一同滴入炉内[55]。但因稀土渗碳剂成分、含量以及渗碳设备与工艺的不同，采用稀土催渗技术时需要针对不同材料和设备对稀土渗碳剂最佳的加入量进行探究，对稀土渗碳工艺加以调整。

1983 年，哈尔滨工业大学韦永德等首次运用化学法自制稀土渗碳剂，将其运用于碳氮共渗热处理过程中，并发现稀土渗碳剂的加入可显著加速扩渗动力学过程，改善碳化物的形态、尺寸与分布，甚至使齿轮和轴承等零件的接触疲劳寿命提高 12％以上[52,56]。随后，稀土催渗技术被迅速推广到渗碳、渗氮、渗硼以及多元共渗等化学热处理中，且同样取得了显著的效果。大量研究结果表明：与传统滴注式渗碳相比，在保持渗碳温度相同的情况下，稀土渗碳剂的加入可将渗碳速率增大 20％～50％，同时使渗碳层组织得到细化，碳化物附近呈现位错马氏体，其余部位呈现孪晶马氏体，从而使强化层有较强的韧性，表现出较高的耐磨性、弯曲疲劳强度和接触疲劳强度[52,57,58]。闫牧夫[59]等分别研究了 20 钢在 900℃有无稀土气体渗碳过程中的扩散系数与传递系数，发现添加稀土后渗碳层中碳的扩散系数与碳的界面传递系数相比于普通渗碳分别增加 50％与 117％。Wang[60]采用自制稀土渗碳剂，研究了 20CrMo 钢在稀土渗碳和常规渗碳作用下的渗速与组织，指出在稀土的催化作用下，渗碳时间可缩短约 30％，且渗碳层中残余奥氏体数量也会明显减少。

在传统气体渗碳工艺中，获得良好渗速与渗碳层质量的温度一般在 920～940℃之间，稀土催渗技术的出现打破了这一规律。稀土渗碳可以在保证渗碳层深度相当的前提下，不延长渗碳周期，使渗碳温度降低 40~70℃，这大幅度降低能耗，明显改善渗碳层金相组织与使用性能[57]。刘志儒等[61]研究发现，对于 20CrMnMo 钢来说，稀土渗碳温度可比常规渗碳温度降低 50~70℃，并在 840~880℃渗碳温度范围内比常规渗碳提速近 30%。低温环境下，工件具有更小的变形量（减小 1/3~1/2），渗碳层具有更为细小的碳化物、奥氏体组织和高强韧性的超细马氏体。相比于普通渗碳层其耐磨性可提高 30% 以上，弯曲疲劳极限提高 30%~47%，齿轮台架试验寿命提高 26%~80%。杜红兵等[62]发现在气体渗碳温度为880~900℃、碳势为 1.15% 条件下，20CrMoH 钢稀土渗碳层厚度可增加 20%~40%。同时由于碳化物与马氏体组织的细化，稀土渗碳层的显微硬度、耐磨性和冲击抗力较普通渗碳层可分别提高 10%~15%、34%~40% 和 28%。

目前公认的稀土催渗机制主要包括四个方面：①促进渗碳剂的裂解；②加速固气界面物理化学反应；③稀土的渗入；④稀土的微合金化作用[63,64]。

（1）促进渗碳剂的裂解

稀土具有较高的化学活性，与氢、氧、硫等典型的非金属元素有极强的亲和力，而与碳、氮的亲和力则较弱，因此，稀土的加入可以拉长弱化渗碳剂中碳氢键，在渗碳炉内使渗碳剂更容易裂解碳，使炉内气氛中的活性原子密度增加。

（2）加速固气界面物理化学反应

化学热处理过程中碳原子与工件表面的界面反应是一个复杂的物理化学过程，一般采用传递系数（β）来表征扩渗元素由气相向工件表面传递的能力。理论计算结果表明，渗碳过程中，稀土元素的添加可使 β 明显提高，说明稀土在渗碳过程中有加速固气界面物理化学反应的作用。

固气界面物理化学反应的加速可以归为以下两个原因：①稀土具有特殊的电子层结构，极其活泼，其可活化或清除工件表面氧化膜、油污、杂质等涂覆层，净化工件表面，加速活性 C 原子在新鲜钢材表面的吸附与吸收溶入。②相比于 Fe 原子，稀土具有较大的原子半径（比 Fe 原子大 40%），稀土在工件表面缺陷处渗入，致使铁原子点阵产生畸变，升高其表面能，从而增强了界面反应的速率。

（3）稀土的渗入

实验证明，渗碳剂中的稀土原子在渗碳过程中可微量渗入到钢材的内部[65]。目前关于稀土渗入钢中的方式主要有两种。第一种方式：稀土的扩散激活能远小于奥氏体中 Fe 原子的扩散激活能，在渗碳过程中，高温与化学势的驱动下，稀土元素只能沿晶界、亚晶界、位错线、空位等晶体缺陷处形成的网络状扩散通道进行扩散，并在这些通道上偏聚。第二种方式：在缺陷处渗入的部分稀土与 C 原子结合成扩散偶，促使稀土原子半径降低到与 Fe 原子相当大小，保证稀土元素远程扩散。

稀土的渗入构筑起由表面到内部的浓度差，也建立起了晶界与晶内的浓度梯度。能量计算结果表明，大原子半径的稀土会以单原子或双原子的方式通过空位或双空位向完整晶体内部扩散，以置换方式进入 Fe 原子点阵，最终在完整晶体中形成稀固溶体。稀固溶体致使稀土原子周围的铁晶格点阵发生畸变，此处将成为间隙原子 C 的偏聚区。这里将稀土原子附近形成的包裹着碳原子的气团称为柯氏气团，其物理模型如图 1.3 所示。

柯氏气团的形成：①增大了材料内部的缺陷密度，使缺陷得以扩张，有利于 C 原子的扩散；②增大了碳扩散化学驱动力，形成非均匀扩散。在渗碳过程中，当柯氏气团中碳未达到饱和时，碳浓度相对较低，此时表面碳原子在浓度梯度驱动下会大量补充到柯氏气团处，使其迅速达到饱和状态。在热运动与化学位的驱动下碳原子会由上一个气团的顶端跃迁至下一个气团，可看作是跳跃式短路扩散，具有较高的扩散速率。达到饱和状态的柯氏气团携带高浓度碳，增大了其与内部的碳浓度梯度，碳原子将挣脱柯氏气团向内扩散。为了保证柯氏气团中碳原子的动态平衡，表面处高浓度的碳原子源源不断地补充到柯氏气团中，因此稀土催渗技术不仅总体提高了渗碳层中碳原子浓度，也会在柯氏气团中碳原子不断向内部扩散的过程中加大渗速[66]。

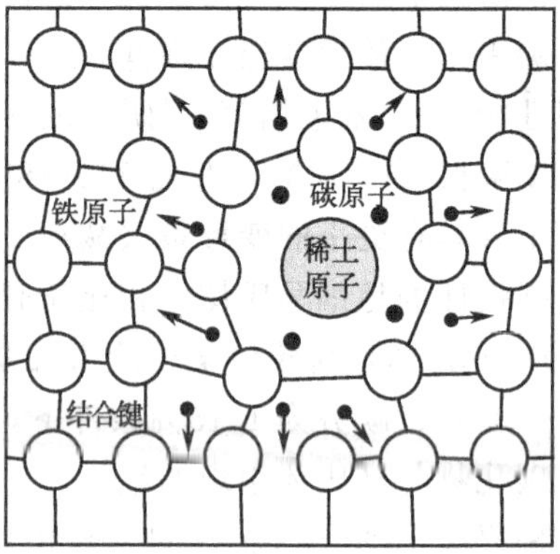

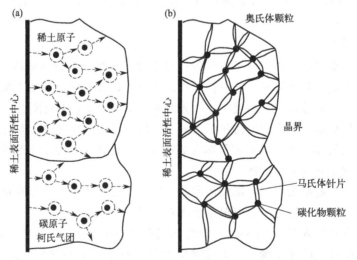

图 1.3　Fe 原子点阵某一晶面固溶稀土原子形成柯氏气团模型[65]

（4）稀土的微合金化作用

稀土的微合金化作用主要表现在对渗碳层微观组织的显著影响与性能改善方面。前面已提到稀土渗入钢中形成柯氏气团的扩散理论。那么由于稀土渗入方式的特殊性：①通过晶体缺陷网络进行扩散和偏聚的稀土元素对缺陷与未长大的奥氏体晶粒具有钉扎作用，促使渗碳层组织的细化。②稀土与 Fe 晶胞、C 原子形成的稀固溶体与柯氏气团，会在浓度满足热力学条件时，形成以稀土为核心的碳化物形核质点，在奥氏体晶体中沉淀析出小球状且弥散分布的碳化物。淬火时，这些高密度的硬质点对马氏体切变及长大起障碍作用，使马氏体与残余奥氏体超细化，其扩散与组织转换模型如图 1.4 所示[67]。③稀土渗碳为典型非均匀扩散过程，由于有碳化物晶核，其稳定性很差，淬火前随过冷度的增大，碳化物周围奥氏体中碳饱和度剧增，致使碳化物周围奥氏体中的碳原子发生上坡扩散，由奥氏体向碳化物扩散，即由低浓度向高浓度的碳化物快速扩散，致使碳化物周围奥氏体贫碳，促进残余奥氏体转变成为位错或板条马氏体（图 1.5）。稀土渗碳具有的超细化组织显著改善了渗碳层韧性，其大幅度提高疲劳裂纹的萌生与扩展抗力[68]。

图 1.4　稀土渗碳柯氏气团扩散与奥氏体晶粒内马氏转变的模型示意图[67]

（a）柯氏气团扩散；（b）马氏体相变

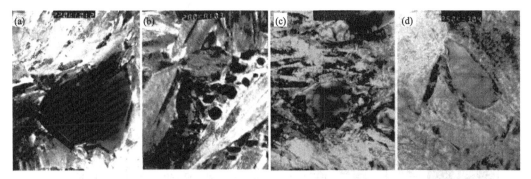

图 1.5 稀土渗碳层过共析区碳化物的 TEM 照片[68]

(a) 较粗的碳化物＋超细板条，×22000；(b) 超细碳化物＋板条马氏体，×28000；

(c) 细碳化物＋超细板条马氏体，×35000；(d) 细碳化物＋位错缠结马氏体，×35000

现今，稀土催渗技术相对成熟，已在汽车变速箱齿轮、减速器齿轮、内燃机活塞销、机床摩擦片等零部件上获得了应用，但要得到大规模的工业化推广和应用，仍需要在渗碳剂、工艺以及机制等方面进行更深入细致的研究[69,70]。

1.3.1.3 表面纳米化催渗技术

表面纳米化（surface nanocrystallization）技术由中国科学院金属研究所的卢柯院士提出，可在不改变材料化学成分和不破坏表面平整度的前提下，将表层晶粒细化至纳米级，形成由表及里晶粒尺寸渐变的几相界面梯度硬化层，且不同层次之间无明显界限，彼此结合力较强[71]。纯铁表面纳米化处理后，组织梯度变化结构如图 1.6 所示[72]。此技术不仅可显著改善金属材料的表面性能，如力学、耐磨、抗疲劳性能等，还可应用于化学热处理中，提高化学处理效率，降低化学处理温度[73-74]。目前实现表面纳米化最有效的方式是通过外加载荷使材料表面发生剧烈的塑性变形，其中具有代表性的方法主要有表面机械研磨（surface mechanical attrition treatment，SMAT）[75]、超音速微粒轰击（supersonic fine particles bombarding，SFPB）[76]、超声冲击（ultrasonic peening，UP）[77] 以及高能喷丸（high-energy shot peening，HESP）[78] 等。

众所周知，纳米晶材料中由于存在大量的非稳态晶界和晶格畸变，属于热力学上的亚稳定态，温度的增大会引起纳米组织自发地向稳定态转变，继而可能在化学热处理中失去其优异的物理化学特性[79,80]。因此，表面纳米化技术作为一种催渗方法最初应用对象为低温渗氮热处理，近几年才陆续出现关于表面纳米化技术在渗碳热处理领域的相关报道。事实证明，钢材通过表面纳米化技术形成的纳米梯度层在高温渗碳中仍可发挥出显著效果，包括降低渗碳温度、加快渗碳速率、增加碳化物的形核率等[81,82]。

苏楠子[81]采用机械球磨（mechanical milling，MM）的方式对纯铁进行表面纳米化处理，并分别在 750℃、770℃和 780℃条件下进行固体渗碳，结果如图 1.7 所示。研究表明：表面纳米化处理可实现较低温渗碳，同时在较高温度下也可明显增强渗碳反应动力学，750℃渗碳温度下，MM 处理后的纯铁可形成较浅的渗碳层［碳浓度升至 0.45%（质量分数）］，而粗晶纯铁却未获得渗碳层；在 770℃和 780℃渗碳温度下，MM 纯铁比粗晶纯铁渗碳层碳含量明显增大，渗碳层增厚。王少杰等[82]运用 SMAT 技术在 304 不锈钢表面制备出

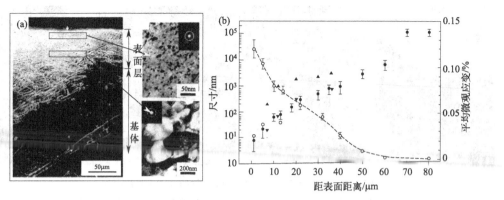

图 1.6 纯铁表面纳米化处理后截面形貌及晶粒尺寸分布图[78]
(a) 组织结构；(b) 晶粒尺寸

纳米化梯度层，并对其在 923℃渗碳处理后的表面组织和性能进行了相关研究。结果表明 SMAT 处理不仅可以增大碳元素扩散动力，而且可细化渗碳层晶粒，促进奥氏体转变，显著提高材料的机械性能，得到与纳米化低温催渗相似的改善机制。

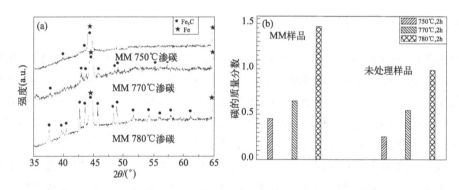

图 1.7 表面纳米化对渗碳层相组成与元素含量的影响[81]
(a) 相组成；(b) 碳浓度

金属材料经表面纳米化处理后，表面状态会发生如下变化：①金属材料表面粗糙度会发生变化，大部分表面纳米化技术会增加金属材料表面粗糙度，增大其表面自由能[83-86]；②表面一定范围内组织得到细化，形成依次由纳米晶、亚微米晶、微米晶、粗晶组成的梯度组织，拥有大量的空位、位错以及晶界等缺陷[87]。在热处理初期，表面粗糙度和表面自由能会增加，增强了材料表面对活性原子的吸附能力从而吸附更多的活性原子，增大了材料表面与内部的扩散介质浓度差，更有利于活性原子向内部扩散。在低于晶粒长大温度的热处理过程中，纳米梯度变形层内部的大量原子不规则排列，空位、位错和晶界等缺陷可作为活性原子快速扩散的"短路扩散"通道，提高活性原子的扩散系数，降低活性原子的扩散激活能，加快扩散速率[84,88]。金属材料表面形成的纳米晶层具有良好的稳定性，其纳米晶长大的温度与制备方法相关，大部分通过金属材料表面纳米化的方法获得的表面纳米化层可在 750℃条件下稳定存在，甚至一些特殊方法制备的表面纳米化层可具备更高的稳定性，其中激光冲击方式形成的纳米晶层在 800℃附近仍可稳定存在[88-90]。因此，对于相对较低温度下进行的渗碳，表面纳米化技术对金属材料表面形成的表面状态的改变仍是主要的催渗机制。由于表面纳米化技术形成的纳米晶层的热稳定性与材料成分以及实现纳米化的方式相关，并且在渗碳化学热处理过程中，扩散的溶质原子的运动和第二相形成也同样会对纳米晶的稳定性产生影响[91]。因此，对于渗碳热处理，表面纳米化催渗机制和工艺仍有待进一步完善。

表面纳米化催渗技术能够对金属材料的渗碳层厚度、渗碳温度，以及材料的硬度及耐磨性等起到改善作用，但目前仍未得到工业化应用。第一，当工件的表面粗糙度过大时，渗碳层的厚度会由于表面纳米化催渗工艺的加入而减小，渗碳后采取抛光工序也会增加处理步骤。第二，现有的金属材料表面纳米化制备设备可加工的零部件尺寸有限，并且只能用来处理结构不复杂的工件。第三，有关表面纳米化高温催渗渗碳过程的研究还相对较少，对渗碳层性能的影响、催渗的机制尚不明确，距工业化应用尚有距离。

1.3.2 后处理复合强化技术

随着现代科技的高速发展，对设备配件的性能要求也逐渐提高，特别是一些特殊工况下运行的传动齿轮和轴承等部件，不仅需要有高的承载能力与优异的摩擦学性能，同时需要具有高的疲劳强度和耐久性。化学热处理技术自身工艺与组织特点，使其不能兼顾多方面的综合性能，无法完全满足现代装备的要求，因而，目前材料表面强化技术的发展已呈现出复合处理的发展趋势[92,93]。如化学热处理中不同渗入元素之间的复合、化学热处理与机械加工的复合、化学热处理与离子注入的复合等。复合表面工程技术是通过最佳协同效益，发挥出各技术的优势，弥补单一技术自身缺陷，使工件材料表面在技术指标、可靠性、寿命、质量和经济性等方面获得最佳的效果。该技术在提升零件综合性能方面具有广阔的发展空间[94-96]。

1.3.2.1 渗碳与其他化学热处理复合强化

化学热处理是将工件放置于含有某种渗入元素的活性介质中，通过加热、保温和冷却过程，利用固态热扩散将元素渗入工件表面层，从而改变工件表面层的化学成分和组织，使其具有与心部不同的特殊性能的一种工艺[97]。当渗入元素为碳时即为渗碳热处理，渗入的元素不同，材料表面被赋予的表面性能也将有所不同，因此可以根据工件不同的服役性能要求选择渗入元素。其中渗碳、渗氮、碳氮共渗等方法主要提高金属材料的表面强度、疲劳强度和耐磨性等；渗硼、渗硫、硫氮共渗等方法可有效降低表层摩擦系数，发挥减摩作用；渗铬、渗硅、渗铝以及铬硅铝共渗等方法对提高金属材料耐蚀性和抗高温氧化性具有较好的改善效果。化学热处理领域的二元复合以及多元复合渗工艺，即先后渗入两种或两种以上元素，可以使工件同时满足多方面的性能要求，但复合渗层的性能与各元素的渗入度密切相关，应针对不同材料、不同应用工况进行调整，达到协同匹配效果。目前，常见的复合渗方法有渗碳＋渗氮、渗碳＋渗硫、渗碳＋渗氮＋渗硫、渗碳＋渗硼、渗碳＋渗铌等。

（1）渗碳＋渗氮

渗碳层具有渗层较厚、硬度梯度平缓以及承载能力高的优势，但其减摩、耐蚀、抗咬合能力不足。渗碳与渗氮复合热处理，相比于单一渗碳层具有较高且平缓变化的硬度，相较于渗氮层脆性较低。在复合强化过程中，渗碳层内形成的碳化物在后续渗氮过程中会发生部分分解，促使碳元素进一步扩散，增加复合强化层厚度，且渗碳淬火形成的马氏体在渗氮过程中转变为回火索氏体，碳化物从 α-Fe 中析出形成的空位，有利于氮原子的吸附和扩散，有效地缩短渗氮时间[98-100]。

（2）渗碳＋渗硼/渗铌

对于某些特定的承受强烈摩擦磨损的工件，渗碳对耐磨性的提高有限，渗铌热处理虽然可以大幅度提高工件的硬度与耐磨性，但其渗层深度仅 $14\sim17\mu m$，并且渗层与基体硬度相差悬殊，渗层易剥落。渗碳与渗硼、渗铌复合强化可显著提高渗碳层的硬度和耐磨性能，使基体与表面硬度得到缓慢过渡，获得良好的结合性，其中渗铌效果更为显著，其复合硬度可高达 $3012\sim3036HV_{0.1}$，累积磨损量较单一渗碳层减少约 40%[101,102]。

（3）渗碳＋渗硫

对于服役于磨损工况下的工件，工件与磨损件之间的润滑尤为重要，例如渗碳活塞在使用过程中仍存在着磨损严重致破坏的问题，其根本原因在于使用过程中润滑油易被污染而失效，从而导致活塞与其对偶件内缸之间缺乏润滑。因此，渗碳＋渗硫复合处理后复合渗层表面会形成一层具有固体润滑作用的渗硫层，而次表层高硬度的碳化物为渗硫层提供良好的支撑，构成表层软-亚表层硬的理想摩擦学表面，从而具有良好的减摩耐磨性能[103]。

（4）渗碳＋渗氮＋渗硫

渗硫层表面会形成密排六方结构的硫化物，易沿密排面滑移，从而具有优良的减摩性能，但其硬度较低，承载能力差。渗碳＋渗氮＋渗硫复合渗工艺不仅承袭渗碳＋渗氮层表面的高硬度与梯度结构优势，同时还表现出更为优异的减摩耐磨特性。研究表明：在 500N 的磨损载荷干摩擦试验条件下，复合渗硬化层稳定期的摩擦系数可较单一渗碳层降低 80% 以上[98]。

1.3.2.2　渗碳与冷变形处理复合

冷变形也称为冷作硬化，是指在再结晶温度以下，金属及合金在外力作用下发生尺寸和形状变化，当去除外力后无法恢复原状而永久残留的那部分塑性变形。金属冷变形处理不仅会带来金属材料外形和尺寸的改变，而且可以使金属的组织和性能发生明显的变化，主要特征是出现纤维组织和织构现象，强度、硬度提高，残余压应力增大，塑性、韧度下降等，是提高工件抗疲劳性能和耐应力腐蚀的重要方法[104,105]。在化学热处理领域，冷变形常作为渗碳、渗氮的后处理工序，与渗层复合后，可以提高渗层的硬度，增大渗层内的残余压应力，从而提升渗碳层的承载能力及接触疲劳寿命。该复合工艺已广泛应用于齿轮表面强化生产中。目前应用在渗碳热处理中的冷变形强化主要有冲击与滚压两种方式[106]。

（1）高速颗粒冲击方式

机械喷丸强化技术是以冲击方式实现金属材料冷变形的典型方法，该方法早在 20 世纪 20 年代就已出现。合理的喷丸工艺可将渗碳层的表面粗糙度降低约 20%，最大残余应力提高 30% 以上，接触疲劳特征寿命与中值寿命 L_{50} 较单一渗碳层均提高了 2 倍以上，额定寿命 L_{10} 提高了 1 倍以上[107]。在喷丸过程中，大量高速弹丸不断冲击渗碳工件的表面，其表面将主要发生如下几种变化：

① 在高速弹丸的连续撞击下，材料表面发生反复的塑性变形，造成表层与心部变形的不均匀性，塑性变形层内形成较大的残余压应力。喷丸诱导的应力分布变化主要有切向和法向两种机制[108,109]。切向塑性延展变形产生的残余压应力，随强化层深度的增大而减小，最大值位于强化层表面的位置，如图 1.8(a) 所示。法向塑性延展变形产生的赫兹压应力，

其随强化层深度的增大呈现先增大后减小的趋势，最大值位于距表面一定深度的位置，如图1.8(b)所示[110-113]。喷丸产生的残余压应力以及次表层的最高应力可以阻碍表面裂纹的萌生和进一步发展，有效地提高渗碳工件的接触疲劳寿命。

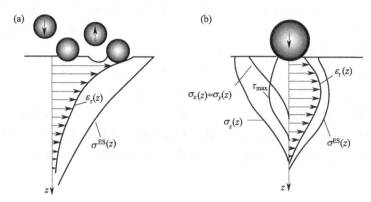

图 1.8　喷丸变形层内残余应力场以及组织结构变化[110-112]

(a) 变形层内残余压应力切向；(b) 法向塑性延展变形

② 渗碳层组织出现纤维化变形，表层晶粒得到细化。未变形的晶粒内常存在大量的位错，大量位错堆积在局部区域，并相互缠结，形成不均匀分布，使晶粒再次分化成许多位向略有不同的小晶块，晶粒内由原来的亚晶粒分化为更细的亚晶粒，表现出渗碳层表层的细化。喷丸过程中渗碳层表面组织变化如图1.9所示。

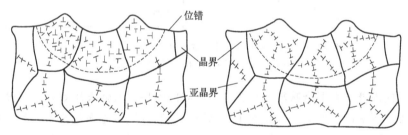

图 1.9　变形层内组织结构的变化[113]

③ 有利于残余奥氏体转变。喷丸过程，渗碳层表面的塑性变形和残余应力状态变化及重新分布，给残留奥氏体的转变提供了有利条件，诱导残留奥氏体转变为马氏体，有利于提高渗碳层表面的硬度和抗冲击磨损能力。

④ 改变渗碳层表面粗糙度。弹丸冲击渗碳层表面后会在其表面形成一定大小的弹坑，在弹丸不断地撞击后弹坑逐渐平缓，从而引起渗碳层表面粗糙度的变化。其中粗糙度的大小取决于弹丸直径、能量、入射角以及喷射时间。

随着科技的进步，喷丸技术也逐步向着智能化与多样化发展，一些以喷丸为基础的新工艺，如超声喷丸[114]、激光喷丸[115]、高能喷丸与微粒轰击[116] 等技术相继出现。该类技术强化原理与机械喷丸基本相同，但相比于机械喷丸，该类技术在喷丸介质、冲击速度、频率等方面更为先进，可获得在深度、组织变形程度，以及应力分布特征等方面更加适宜的强化层。目前，该类技术也逐步在金属材料与热处理渗碳层机械强化中获得研究和应用。

(2) 滚压方式

滚压强化出现于20世纪20年代，由德国最先提出，我国在1950年引入并主要应用在对内孔、外圆以及齿轮的表面处理方面[117]。该技术采用硬质且光滑的滚轮、滚柱或滚珠向工件表面以滚动的方式施加一定压力[118]。经过滚压加工后，金属表面受到挤压会形成表面光滑的硬化层，层内为残余压应力状态。因此，滚压强化是提升金属材料表面硬度，改善材料表面粗糙度，提高应力腐蚀开裂抗力和疲劳断裂强度的有效方法。一般来说，金属零件经过表面滚压加工后，表面粗糙度可降低约 50% 以上，表面硬度可提高 5%～50%，耐磨性提升约 15%，疲劳寿命提高一倍以上[119-121]。

传统滚压是通过驱动一个或多个光滑的高硬度工具头，如圆柱或圆球，在构件表面往复滚动，致使构件表层材料产生塑性变形，其结构与工作原理如图 1.10 所示[122]。表面滚压强化金属材料的机制与冲击强化类似，主要包括 4 个方面，分别为表层微观组织结构的细化和改善、表面粗糙度的降低、表层硬度的提高和表层残余压应力的形成。但传统滚压受到大压力限制，其工具头与工件间易出现划伤，且其引入的残余压应力深度和幅值小，适用范围有限[123]。

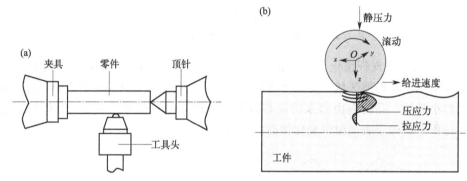

图 1.10　滚压强化工具结构及工作原理示意图[122,124]
(a) 滚压强化工具结构；(b) 工作原理示意图

近年来，国内外学者围绕减轻工具头与工件间的摩擦、增强滚压效果进行设备与技术的开发，在传统滚压基础上形成了冷深滚压、超声滚压和温滚压等强化技术。其中超声深滚压技术可有效细化强化层组织，在表层获得纳米晶，且引入较大深度的残余压应力层，获得更好的表面光洁度，是目前研究较为广泛，且在渗碳热处理中具有应用前景的滚压技术。N. Tsuji 等[125,126] 研究表明超声滚压技术可显著降低离子渗碳 Ti6Al4V 合金的表面粗糙度，减小约 65%，最大残余应力增大约 90% 以上，较高的表面硬度和残余压应力，将弯曲疲劳测试过程中裂纹的萌生位置由渗碳层表面推移至材料内部，形成鱼眼断裂模式，渗碳层的接触疲劳强度可提升 45% 以上。

超声表面滚压是在金属表面实施常规滚压的同时向工件表面的法线方向施加带有一定频率的超声波振动，对表面光整强化的同时产生高残余应力。超声滚压装置结构及其工作原理如图 1.11 所示[127,128]。超声波发生器通过换能器传递给变幅杆高频机械振动，通过工具头对工件进行高频冲击，工具头与工件表面直接接触并相对于材料滚动。超声滚压具有以下特点：①以滚动摩擦的方式代替滑动摩擦，减少工具头及工件间摩擦；②在滚压过程中产生的塑性流动将材料表层的波峰填入波谷，工件表面粗糙度显著降低；③形成极高的冲击和静载挤压能量，增强材料表层的塑性变形，显著细化表层组织，可获得具有高残余应力且较为均匀的梯度纳米化结构层。

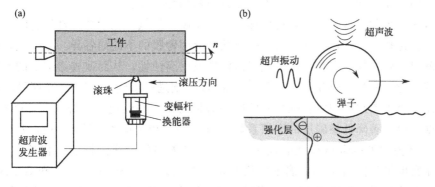

图 1.11　超声滚压装置结构及工作原理示意图[127,128]

(a) 滚压强化装置结构；(b) 工作原理示意图

1.3.2.3　渗碳与精密薄膜制备技术复合

由于渗碳、渗氮、碳氮共渗等化学热处理方法主要应用对象为轴承、齿轮、机床主轴等精密零件，这些零部件对尺寸精度要求较高，限制了很多涂层技术在其上的应用。目前能够与化学热处理复合的薄膜/涂层强化技术主要有磁控溅射和离子注入技术等。

(1) 磁控溅射

磁控溅射过程是真空条件下充入惰性气体，并在电场和交变磁场的作用下，利用高能的粒子束轰击靶材，使靶材中的原子团逸出，飞向工件并在工件表面沉积形成薄膜的过程。磁控溅射装置靶材的后面设有电磁线圈使得磁力线穿过靶面后，与电场方向垂直并返回靶面。通入的惰性气体在高压下电离，产生电子，并借助电场作用加速向工件表面运动，期间与氩原子发生碰撞，电离出大量的氩离子和二次电子。二次电子在加速飞向基片的过程中受到磁场洛伦兹力的影响，被束缚在靠近靶面的等离子体区域内，该区域内等离子体密度很高，二次电子在磁场的作用下围绕靶面做圆周运动，不断与氩原子发生碰撞，电离出大量的氩离子轰击靶材，经过多次碰撞后电子的能量逐渐下降，摆脱磁力线的束缚后沉积在工件、真空室内壁及靶源阳极上，此过程产生的源源不断的氩离子在电场作用下轰击靶材，溅射出大量的靶材原子，呈中性的靶材原子或分子沉积在基片上成膜，其原理如图 1.12 所示[129]。

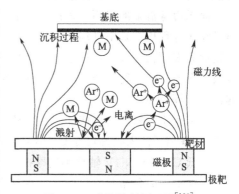

图 1.12　磁控溅射原理图[130]

目前磁控溅射技术广泛应用于表面强化领域，其优点可归纳如下[130,131]：①磁控溅射可使用的靶材广泛，能做成靶材的任何材料都可用于溅射镀膜。可以放置不同靶材共同溅射获得所需组分的薄膜。若在磁控溅射过程中，引入反应气体控制薄膜的成分，即可得到与靶材材料不同的薄膜。②到达工件的原子和电子的能量很低，并不会给工件带来较大的温升，一般不引起工件的组织转变。因而，磁控溅射具有低温、高效率等特点。③工艺可重复性高，控制沉积工艺，可以得到稳定的沉积速率，通过控制溅射镀膜时间，可以获得不同厚度的薄膜，实现工艺过程的自动化。④从靶材溅射出来的原子，其能量可以达到几十电子伏特，所获得的薄膜表面致密光滑、缺陷少，且膜基结合力好。

磁控溅射可沉积的薄膜成分种类多样，其与渗碳、渗氮等化学热处理复合时可依据工件性能需求进行选择和设计，因此，复合强化效果会因薄膜的不同而各异。总体上，与渗碳复合的磁控溅射薄膜一般具有高硬度、较好润滑性或耐腐蚀性，从而改善渗碳层的耐磨、耐腐蚀及抗疲劳性能。E. Lotfi-khojasteh 等[132] 对 H13 钢进行渗碳＋TiN/CrN 薄膜沉积的双重强化，对比分析了渗碳层与复合强化层的摩擦磨损与耐腐蚀性能。研究表明 TiN/CrN 具有较高的硬度，可显著降低渗碳层的摩擦系数（约 40％）和磨损率（约 69％），并且复合层在 3.5％ NaCl 溶液中形成含铬和钛的钝化层，提高渗碳层的耐腐蚀性能，相较于单一渗碳，其腐蚀电流密度可降低约 50％，腐蚀电位增大约 12％。B. S. Saini 等[133] 对 SAE8620 钢进行了渗碳与磁控溅射沉积减摩 WC/C 薄膜的双重强化，指出 $2\mu m$ 厚 WC/C 薄膜的附着并不会显著降低渗碳层的硬度，却可将渗碳层的残余压应力增大一倍以上，并在减摩与残余压应力的共同作用下将渗碳样品的使用寿命提高 7％。F Yakabe 等[134] 为了提高传动齿轮的耐久性，在渗碳后 JIS-SCr420 钢表面采用 PCVD 和 PVD 法制备出类金刚石（DLC）膜和 TiN 膜。研究表明，TiN 薄膜因制备时温度高于回火温度，其复合层强度较低；渗碳＋DLC 薄膜复合层的硬度及抗点蚀疲劳寿命均有大幅度改善，在 3.0GPa 接触应力下，复合强化层表面疲劳抗力寿命是渗碳淬火试样的 100 倍。

（2）离子注入技术

离子注入技术是在真空环境下，将注入元素的原子经电离后变成离子，离子经过电场加速后获得较高的动能射入固体内部，与固体表层内的原子核和电子发生随机碰撞。在碰撞过程中，离子能量不断消耗，运动方向不断改变，当离子的能量耗尽便停留在固体表层，引起材料表面成分、微结构和形貌等方面的变化，从而达到改变该材料表面的物理、化学或机械性能作用[135]。注入离子的能量很高，在原则上可以注入任何元素，且形成的注入层与基体材料间无边缘清晰的界面，表面内形成压应力，因此不存在剥落问题[136]。由于一般情况下离子注入过程均在真空常温下完成，加工后的工件表面无变形、无氧化，不改变工件原有尺寸精度和表面粗糙度，更适于高精密部件的强化。目前，离子注入技术已广泛应用于半导体掺杂、陶瓷、聚合物、金属材料改性，以及工业设备耐磨性、耐疲劳性、耐腐蚀性与生物相容性改善等方面[137]。

研究表明：氮注入可使 303 型不锈钢齿轮表面磨损减少 40％，齿根剥落减少 44％[138]。Zr 和 N 双离子注入处理可在 Cr4Mo4Ni4V 轴承钢不同深度范围内形成非晶相和微晶相，可明显降低 Cr4Mo4Ni4V 轴承钢的摩擦系数，使其中值疲劳寿命提升近 5 倍。Zr 和 N 双离子注入后在钢中的分布及强化前后接触疲劳寿命曲线如图 1.13 所示[139]。将渗氮与离子注入两种技术复合用于强化 M2 高速钢后，复合强化层表面会出现梯度过渡的 TiN 薄膜，弥补了离子注入层较薄的不足。渗氮层所具备的硬度会在 TiN 注入层与 M2 钢基体之间起到良好的过渡层效果，从而避免在冲击试验中出现单一注入层中的开裂和爆冲现象，抑制了单一渗氮层中微量脆性相产生的开裂，相较于 M2 钢单一渗氮处理，其冲击疲劳寿命可提高 1.4 倍[140]。

对于金属材料，离子注入可显著提高其表面硬度、耐磨性、抗腐蚀性和疲劳寿命的机制如下：①具有高能量的离子注入金属表面后，将和基体金属离子发生级联碰撞，从而使晶格大量损伤，甚至形成非晶态，使性能发生大幅度改变。②依据注入元素的不同可形成固溶强化以及硬质相沉淀强化作用。③高速离子轰击基体表面，发生冷加工硬化作用。离子注入处

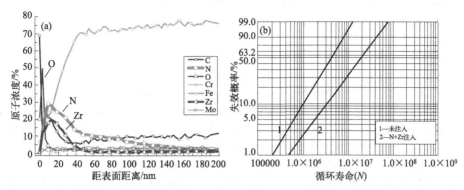

图 1.13　Zr 和 N 双离子注入后 Cr4Mo4Ni4V 轴承钢组织成分及性能[139]

（a）相组成和元素分布；（b）接触疲劳寿命曲线

理能把 20%～50% 的材料加入近表面区，使表面成为压缩状态，从而提高抗磨损能力。④根据注入元素与工艺的不同，会在金属材料表面形成非晶、单晶结构以及惰性层，从而提高金属材料的耐腐蚀性能[141]。

参考文献

[1]　王顺兴. 金属热处理原理与工艺 [M]. 哈尔滨：哈尔滨工业大学出版社，2009.

[2]　Tokaji K, Kohyama K, Akita M. Fatigue behaviour and fracture mechanism of a 316 stainless steel hardened by carburizing [J]. International Journal of Fatigue, 2004, 26 (5)：543-551.

[3]　刘耀中，张松. 汽车轴承的材料及热处理长寿命技术 [J]. 轴承，2010，(9)：5.

[4]　沈承金，王晓虹，冯培忠. 材料热处理与表面工程 [M]. 徐州：中国矿业大学出版社，2017.

[5]　齐宝森，陈路宾，王忠诚. 化学热处理技术 [M]. 北京：化学工业出版社，2006.

[6]　胡保全. 金属热处理原理与工艺 [M]. 北京：中国铁道出版社，2017.

[7]　赵乃勤. 热处理原理与工艺 [M]. 北京：机械工业出版社，2012.

[8]　朱祖昌，许雯，王洪. 国内外渗碳和渗氮工艺的新进展（一）[J]. 热处理技术与装备，2013，34（04）：1-8.

[9]　侯兆敏. 9310 钢窄齿形零件渗碳工艺的研究 [D]. 哈尔滨：哈尔滨理工大学，2017.

[10]　渡边辉兴. 渗碳和渗氮的新概念及其实际运用 [M]. 亓海全，李传文，译. 北京：冶金工业出版社，2019.

[11]　张蓉，钱书琨. 模具材料及表面工程技术 [M]. 北京：化学工业出版社，2008.

[12]　吴建华. 钢铁热处理基础 [M]. 沈阳：东北大学出版社，2010.

[13]　杨志. 渗碳部件内氧化行为及其失效分析 [D]. 大连：大连海事大学，2012.

[14]　王邦杰，李红梅. 实用模具材料手册 [M]. 长沙：湖南科学技术出版社，2014.

[15]　张黔. 表面强化技术基础 [M]. 武汉：华中理工大学出版社，1996.

[16]　唐殿福. 真空热处理与燃料热处理炉 [M]. 沈阳：辽宁科学技术出版社，2016.

[17]　包耳，田绍洁. 真空热处理 [M]. 沈阳：辽宁科学技术出版社，2009.

[18]　潘邻. 我国离子化学热处理技术的现状及发展预测：湖北省热处理年会论文集 [C]. 2004.

[19]　唐先敏. 等离子气体渗碳的原理及应用 [J]. 国外金属热处理，1993，(3)：40-43.

[20]　Jung M, Oh S, Lee Y K. Predictive model for the carbon concentration profile of vacuum carburized steels with acetylene [J]. Metals and Materials International, 2009, 15 (6)：971-975.

[21]　张麦仓. 石化用耐热合金管材的服役行为 [M]. 北京：冶金工业出版社，2015.

[22]　Fakhurtdinov R S, Yu Ryzhova M, Pakhomova S. Advantages and commercial application problems of vacuum carburization [J]. Polymer Science, Series D, 2017, 10：79-83.

[23]　Wei S P, Gang W, Zhao X H, et al. Experimental study on vacuum carburizing process for low-carbon alloy steel

[J]. Journal of Materials Engineering and Performance, 2014, 23 (2): 545-550.

[24] Tsepov S. Characteristic features of carburizing of steel during vacuum carburizing [J]. Metal Science and Heat Treatment, 1979, 21 (8): 633-638.

[25] Yan M F. Study on absorption and transport of carbon in steel during gas carburizing with rare-earth addition [J]. Materials Chemistry and Physics, 2001, 70 (2): 242-244.

[26] 张建国, 丛培武. 真空渗碳技术国内外概况及发展 [J]. 金属热处理, 2003, 28 (10): 4.

[27] Yogo Y, Tanaka K. In situ observation for abnormal grain coarsening in vacuum-carburizing process [J]. Metallurgical and Materials Transactions a-Physical Metallurgy and Materials Science, 2014, 45A (6): 2834-2841.

[28] Graof W, 朱湘华. 一种优越的渗碳新技术——乙炔低压渗碳 [J]. 国外机车车辆工艺, 2000, (3): 5.

[29] 王玉强, 唐建坤. 履带销套渗碳新工艺——乙炔低压渗碳 [J]. 工程机械文摘, 2011, (2): 7.

[30] Ryzhov N M, Smirnov A E, Fakhurtdinov R S, et al. Special features of vacuum carburizing of heat-resistant steel in acetylene [J]. Metal Science and Heat Treatment, 2004, 46 (5/6): 230-235.

[31] 刘尚杰. 乙炔低压渗碳工艺研究 [J]. 汽车工艺与材料, 2011, (9): 4.

[32] Follstaedt D M, Knapp J A, Pope L E, et al. Effects of ion-implanted C on the microstructure and surface mechanical properties of Fe alloys implanted with Ti [J]. Applied physics letters, 1984, 45 (5): 529-531.

[33] Singer I. Carburization of steel surfaces during implantation of Ti ions at high fluences [J]. Journal of Vacuum Science & Technology A: Vacuum, Surfaces, and Films, 1983, 1 (2): 419-422.

[34] 楚大锋. 真空渗碳热处理齿角残余奥氏体控制 [J]. 汽车工艺与材料, 2014, (12): 13-16.

[35] Ge Y, Ernst F, Kahn H, et al. The effect of surface finish on low-temperature acetylene-based carburization of 316L austenitic stainless steel [J]. Metallurgical and Materials Transactions B-Process Metallurgy and Materials Processing Science, 2014, 45 (6): 2338-2345.

[36] 董世柱, 徐维良. 结构钢及其热处理 [M]. 沈阳: 辽宁科学技术出版社, 2009.

[37] 黄拿灿. 现代模具强化新技术新工艺 [M]. 北京: 国防工业出版社, 2008.

[38] 朱鹏凯, 徐燊, 陈旭阳, 等. 真空低压渗碳热处理在重载齿轮上的应用 [J]. 金属热处理, 2022, (006): 47.

[39] 韩永珍, 李俏, 徐跃明, 等. 真空低压渗碳技术研究进展 [J]. 金属热处理, 2018, 43 (10): 9.

[40] 刘静. 低压真空渗碳炉加热过程模拟及工艺优化研究 [D]. 沈阳: 东北大学, 2017.

[41] 蔡千华. 最新的真空渗碳技术 [J]. 国外金属热处理, 2005, 26 (6): 5.

[42] 王达鹏, 郭成龙, 董笑飞, 等. 低压真空渗碳技术在轴齿热处理中的应用与变形控制 [J]. 汽车工艺与材料, 2021, (3): 9.

[43] 孙振淋, 张茜, 辛玉武, 等. 渗碳方式对18CrNi4A钢齿轮渗层的影响 [J]. 金属热处理, 2015, 40 (12): 4.

[44] 朱永新. 低压真空渗碳技术在提高齿轮内孔渗层上的应用 [J]. 汽齿科技, 2005, (2): 3.

[45] 陈茂涛. 船用燃烧重油柴油机18CrNi8针阀体热处理工艺研究 [D]. 重庆: 重庆理工大学, 2016.

[46] Chen F S, Liu L D. Deep-hole carburization in a vacuum furnace by forced-convection gas flow method [J]. Materials Chemistry and Physics, 2003, 82 (3): 801-807.

[47] 高文栋. 别克自动变速器零件在低压真空渗碳炉上的热处理 [J]. 现代零部件, 2006, (1): 2.

[48] 舒银坤, 汪杰. 低压渗碳技术在汽车变速箱行业中的应用 [J]. 金属加工: 热加工, 2018, (8): 4.

[49] 韦永德, 刘志如, 王春义, 等. 用化学法对20钢、纯Fe表面扩渗稀土元素的研究 [J]. 金属学报, 1983, 19 (5): 121-124.

[50] 李家新, 付云峰. BH催渗剂在齿轮渗碳中的应用 [J]. 一重技术, 2004 (03): 16-17.

[51] 钟贤荣. BH催渗剂在艾协林箱式炉上的应用 [J]. 国外金属热处理, 2002, (04): 40-41+43.

[52] 安峻岐. 高质量高效率的热处理新技术——BH渗碳催渗技术 [J]. 现代零部件, 2006, (1): 65-67.

[53] 张程菘. 铁基合金等离子体稀土氮碳共渗组织超细化与深层扩散机制 [D]. 哈尔滨: 哈尔滨工业大学, 2015.

[54] Yan M. Effect of lanthanum rare earth addition on low temperature plasma nitriding [J]. International Heat Treatment and Surface Engineering, 2007, 1 (3): 114-117.

[55] Yan M F, Pan W, Bell T, et al. The effect of rare earth catalyst on carburizing kinetics in a sealed quench furnace with endothermic atmosphere [J]. Applied Surface Science, 2001, 173 (1/2): 91-94.

[56] 韦永德, 刘志如, 王春义, 等. 稀土对碳氮共渗过程的活化催渗及微合金化研究 [J]. 中国稀土学报, 1986,

（01）：50-55.

[57] 陶思伟，张鑫 . 20CrMnTi 钢有无稀土渗碳热处理表面强化层的组织及性能研究 [J]. 中国金属通报，2021：211-212.

[58] Yan M F, Liu Z R. Effect of rare earths on diffusion coefficient and transfer coefficient of carbon during carburizing [J]. Journal of Rare Earths, 2001, （02）：122-124.

[59] 阎牧夫，刘志儒 . 稀土对渗碳过程碳扩散系数和传递系数的影响 [J]. 中国稀土学报，2001，19（1）：3.

[60] Wang D L, Li J W, Zhong M P. Microstructure and property of 20CrMo steel with the process of rare earth element carburization [J]. Advanced Materials Research, 2011：317-319, 479-483.

[61] 刘志儒，王成国 . 稀土低温高碳势渗碳对 20CrMnMo 钢组织和性能的影响 [J]. 材料热处理学报，1993，14（3）：45-51.

[62] 杜红兵，孙少权，阎牧夫 . 20-22CrMoH 钢稀土渗碳组织和性能 [J]. 机械工人，2005，（02）：14-6.

[63] 阎牧夫，刘志儒，朱法义 . 稀土化学热处理进展 [J]. 金属热处理，2003，28（003）：1-6.

[64] You Y, Yan J H, Yan M F. Atomistic diffusion mechanism of rare earth carburizing/nitriding on iron-based alloy [J]. Applied Surface Science, 2019, 484：710-715.

[65] 刘志儒，阎牧夫，罗群，等 . 稀土与碳氮原子共渗及其微合金化创新理论 [J]. 材料热处理学报，2011，32（7）：9.

[66] 稀土元素在化学热处理中的催渗和扩散机理研究 [J]. 材料导报，2006，20（F05）：3.

[67] 刘志儒，阎牧夫，刘成友，等 . 稀土伪双相快速渗碳组织超细化理论与技术 [J]. 金属热处理，2011，36（4）：7.

[68] 朱法义，陈静永 . 20Cr2Ni4A 钢稀土渗碳的组织与齿轮的接触疲劳强度 [J]. 金属热处理学报，1994，4：51-57.

[69] 杜红兵，阎志平，稀土化学热处理技术的发展与展望 [J]. 重庆汽车工业学院学报，2010，（04）：44-47.

[70] 江静华，蒋建清，马爱斌，等 . 稀土化学热处理及其发展现状 [J]. 中国表面工程，2003，16（5）：5.

[71] Lu K, Lu J. Surface nanocrystallization (SNC) of metallic materials presentation of the concept behind a new approach [J]. Journal of Materials Science & Technology, 1999, 15（3）：193-197.

[72] Cheng M L, Zhang D Y, Chen H W, et al. Surface nanocrystallization and its effect on fatigue performance of high-strength materials treated by ultrasonic rolling process [J]. International Journal of Advanced Manufacturing Technology, 2016, 83（1-4）：123-131.

[73] Tao N R, Wang Z B, Tong W P, et al. An investigation of surface nanocrystallization mechanism in Fe induced by surface mechanical attrition treatment [J]. Acta Materialia, 2002, 50（18）：4603-4616.

[74] Karimi A, Amini S. Steel 7225 surface ultrafine structure and improvement of its mechanical properties using surface nanocrystallization technology by ultrasonic impact [J]. International Journal of Advanced Manufacturing Technology, 2016, 83（5-8）：1127-1134.

[75] Masiha H R, Bagheri H R, Gheytani M, et al. Effect of surface nanostructuring of aluminum alloy on post plasma electrolytic oxidation [J]. Applied Surface Science, 2014, 317：962-969.

[76] Ma G Z, Xu B S, Wang H D, et al. Effect of surface nanocrystallization on the tribological properties of 1Cr18Ni9Ti stainless steel [J]. Materials Letters, 2011, 65（9）：1268-1271.

[77] Deguchi T, Mouri M, Hara J, et al. Fatigue strength improvement for ship structures by ultrasonic peening [J]. Journal of Marine Science and Technology, 2012, 17（3）：360-369.

[78] Dai S J, Zhu Y T, Huang Z W. Microstructure evolution and strengthening mechanisms of pure titanium with nano-structured surface obtained by high energy shot peening [J]. Vacuum, 2016, 125：215-221.

[79] Roland T, Retraint D, Lu K, et al. Enhanced mechanical behavior of a nanocrystallised stainless steel and its thermal stability [J]. Materials Science and Engineering a-Structural Materials Properties Microstructure and Processing, 2007, 445：281-288.

[80] Mai Y J, Jie X H, Liu L L, et al. Thermal stability of nanocrystalline layers fabricated by surface nanocrystallization [J]. Applied Surface Science, 2010, 256（7）：1972-1975.

[81] 苏楠子 . 强磁场和表面纳米化对纯铁渗碳的影响 [D]. 沈阳：东北大学，2009.

[82] 王少杰，韩靖，韩月娇，等 . 表面纳米化对 304 不锈钢渗碳层组织和性能的影响 [J]. 中国表面工程，2017，30

(03)：25-30.

[83]　Ren K，Yue W，Zhang H Y. Surface modification of Ti6Al4V based on ultrasonic surface rolling processing and plasma nitriding for enhanced bone regeneration [J]. Surface & Coatings Technology，2018，349：602-610.

[84]　Wen K，Zhang C，Gao Y. Influence of gas pressure on the low-temperature plasma nitriding of surface-nanocrystallined TC4 titanium alloy [J]. Surface and Coatings Technology，2022，436：128327.

[85]　肖旭东，李勇，乔丹，等. 金属材料表面自纳米化技术研究进展 [J]. 塑性工程学报，2021，28（10）：10.

[86]　Tong W P，Han Z，Wang L M，et al. Low-temperature nitriding of 38CrMoAl steel with a nanostructured surface layer induced by surface mechanical attrition treatment [J]. Surface & Coatings Technology，2008，202（20）：4957-4963.

[87]　Lin Y M，Lu J，Wang L P，et al. Surface nanocrystallization by surface mechanical attrition treatment and its effect on structure and properties of plasma nitrided AISI 321 stainless steel [J]. Acta Materialia，2006，54（20）：5599-5605.

[88]　郭周强，葛利玲，袁航，等. 钛合金 TC4 表面纳米化及其热稳定性 [J]. 材料热处理学报，2012，33（3）：5.

[89]　郭步超，崔晓鹏，季长涛，等. 高氮奥氏体不锈钢 0Cr21Mn17Mo2NbN0.83 表面机械纳米化及其热稳定性研究 [J]. 铸造，2015，64（7）：619-624.

[90]　Altenberger I，Scholtes B，Martin U，et al. Cyclic deformation and near surface microstructures of shot peened or deep rolled austenitic stainless steel AISI 304 [J]. Materials Science and Engineering：A，1999，264（1/2）：1-16.

[91]　颜婧，盛光敏. 表面纳米化后表层纳米结构的热稳定性研究现状 [J]. 材料导报，2008，22（6）：4.

[92]　江志华，佟小军，孙枫，等. 复合化学热处理 13Cr4Mo4Ni4VA 钢摩擦磨损性能研究 [J]. 航空材料学报，2011，31（4）：6.

[93]　Adachi S，Ueda N. Combined plasma carburizing and nitriding of sprayed AISI 316L steel coating for improved wear resistance [J]. Surface & Coatings Technology，2014，259：44-9.

[94]　Zhang J W，Li W，Wang H Q，et al. A comparison of the effects of traditional shot peening and micro-shot peening on the scuffing resistance of carburized and quenched gear steel [J]. Wear，2016，368：253-257.

[95]　Hakami F，Sohi M H，Ghani J R. Duplex surface treatment of AISI 1045 steel via plasma nitriding of chromized layer [J]. Thin Solid Films，2011，519（20）：6792-6.

[96]　Haftlang F，Habibolahzadeh A，Sohi M H. Comparative tribological studies of duplex surface treaed AISI 1045 steels fabricated by combinations of plasma nitriding and aluminizing [J]. Materials & Design，2014，60：580-586.

[97]　李爱农，刘钰如. 工程材料及应用 [M]. 武汉：华中科技大学出版社，2019.

[98]　江志华，佟小军，孙枫，等. 13Cr4Mo4Ni4VA 钢复合化学热处理过程渗层组织性能演变 [J]. 航空材料学报，2011，31（3）：6.

[99]　李振鹏，颜志斌，刘静，等. 20CrMnTi 钢碳氮复合强化层的组织与性能 [J]. 真空科学与技术学报，2018，38（11）：6.

[100]　颜志斌，赵飞，刘静，等. 20CrMnTi 钢碳氮复合强化层的制备与性能 [J]. 材料热处理学报，2017，38（12）：7.

[101]　汪旭超. 采煤机截齿齿体耐磨性能研究 [D]. 武汉：武汉科技大学，2011.

[102]　从善海. 碳-铌复合渗 20CrNiMo 钢的耐磨性能研究 [J]. 金属热处理，2009，（10）：4.

[103]　杨莹. 冲击器摩擦副离子渗硫及其摩擦磨损性能研究 [D]. 青岛：中国石油大学（华东），2019.

[104]　Cavallaro G P，Wilks T，Subramanian C，et al. Bending fatigue and contact fatigue characteristics of carburized gears [J]. Surface and Coatings Technology，1995，71（2）：182-192.

[105]　Widmark M，Melander A. Effect of material，heat treatment，grinding and shot peening on contact fatigue life of carburised steels [J]. International Journal of Fatigue，1999，21（4）：309-327.

[106]　洪班德. 化学热处理 [M]. 哈尔滨：黑龙江人民出版社，1981.

[107]　黄元林，朱有利，李占明. 喷丸强化对 18Cr2Ni4WA 渗碳钢性能的影响 [J]. 装甲兵工程学院学报，2009，23（5）：3.

[108]　Farajian M，Hardenacke V，Klaus M，et al. Numerical studies of shot peening of high strength steels and the related experimental investigations by means of hole drilling，X-ray and synchrotron diffraction analysis：International

Conference on Shot Peening [C]. 2014.

[109] Higounenc O. Correlation of shot peening parameters to surface characteristic [J]. ICSP, 2005：28-35.

[110] 程先华，谢超英. 稀土提高 40Cr 钢氮化层抗冲蚀磨损性能的研究 [J]. 稀土，2000，21（6）：5.

[111] Sun Z，Zhang C S，Yan M F. Microstructure and mechanical properties of M50NiL steel plasma nitrocarburized with and without rare earths addition [J]. Materials & Design，2014，55：128-136.

[112] 王华昌，常征，王洪福. 稀土元素对 T10 钢盐浴渗钒覆层结构影响机理研究 [J]. 热加工工艺，2008，37（24）：68-70.

[113] Al-obaid Y. Shot peening mechanics：experimental and theoretical analysis [J]. Mechanics of Materials，1995，19（2/3）：251-260.

[114] Abdullah A，Malaki M，Eskandari A. Strength enhancement of the welded structures by ultrasonic peening [J]. Materials & Design，2012，38：7-18.

[115] Liu K K，Hill M R. The effects of laser peening and shot peening on fretting fatigue in Ti-6Al-4V coupons [J]. Tribology International，2009，42（9）：1250-1262.

[116] Harada Y，Fukauara K，Kohamada S. Effects of microshot peening on surface characteristics of high-speed tool steel [J]. Journal of Materials Processing Technology，2008，201（1/3）：319-324.

[117] 刘艺晨. AZ31B 镁合金表面滚压强化研究 [D]. 济南：济南大学，2021.

[118] 田驰. 高速列车制动盘表面滚压强化及性能研究 [D]. 大连：大连交通大学，2020.

[119] 王婷. 超声表面滚压加工改善 40Cr 钢综合性能研究 [D]. 天津：天津大学，2009.

[120] Babu P R，Ankamma K，Prasad T S，et al. Effects of burnishing parameters on the surface characteristics, microstructure and microhardness in HN series steels [J]. Transactions of the Indian Institute of Metals，2011，64（6）：565-573.

[121] 顾京城，瞿人峰，霍锴. 汽车修理及再生技术 [M]. 南昌：江西科技出版社，2009.

[122] 王燕礼，朱有利，杨嘉勤. 滚压强化技术及在航空领域研究应用进展 [J]. 航空制造技术，2019，01（03）：75-83.

[123] 赵波，姜燕，别文博. 超声滚压技术在表面强化中的研究与应用进展 [J]. 航空学报，2020，41（10）：42-67.

[124] Wang F，Men X H，Liu Y J，et al. Experiment and simulation study on influence of ultrasonic rolling parameters on residual stress of Ti-6Al-4V alloy [J]. Simulation Modelling Practice and Theory，2020，104.

[125] Tsuji N，Tanaka S，Takasugi T. Evaluation of surface-modified Ti-6Al-4V alloy by combination of plasma-carburizing and deep-rolling [J]. Materials Science and Engineering a-Structural Materials Properties Microstructure and Processing，2008，488（1/2）：139-145.

[126] Tsuji N，Tanaka S，Takasugi T. Effect of combined plasma-carburizing and deep-rolling on notch fatigue property of Ti-6Al-4V alloy [J]. Materials Science and Engineering a-Structural Materials Properties Microstructure and Processing，2009，499（1/2）：482-488.

[127] 张飞. 超声表面滚压工艺参数对 45 钢摩擦磨损性能的影响研究 [D]. 赣州：江西理工大学，2018.

[128] 吕光义，朱有利，李礼，等. 超声深滚对 TC4 钛合金表面形貌和表面粗糙度的影响 [J]. 中国表面工程，2007，（04）：38-41.

[129] 朱嘉琦，韩杰才. 红外增透保护薄膜材料 [M]. 北京：国防工业出版社，2015.

[130] 卞铁荣. 直流磁控溅射 TiNiCu 薄膜的制备与组织性能研究 [D]. 西安：西安理工大学，2006.

[131] 范毓殿，陈国平，彭传才. 磁控溅射新技术 [M]. 北京：中国真空学会薄膜专业委员会，2001.

[132] Lotfi-khojasteh E，Sahebazamani M，Elmkhah H，et al. A study of the electrochemical and tribological properties of TiN/CrN nano-layer coating deposited on carburized-H13 hot-work steel by Arc-PVD technique [J]. Journal of Asian Ceramic Societies，2021，9（1）：247-259.

[133] Saini B S，G Gupta V K. Effect of WC/C PVD coating on fatigue behaviour of case carburized SAE8620 steel [J]. Surface & Coatings Technology，2010，205（2）：511-518.

[134] Yakabe F，Jinbo Y，Kumagai M，et al. Excellent durability of DLC film on carburized steel (JIS-SCr420) under a stress of 3.0 GPa [J]. Journal of Physics Conference，2008，100（8）：082049.

[135] 罗胜阳，苑振涛. 离子注入技术在材料表面改性中的应用及研究进展 [J]. 热加工工艺，2018，47（4）：5.

[136] 黄达，何卫锋，吕长乐，等.离子注入对 TC4 钛合金 TiN/Ti 涂层结合力和抗砂尘冲蚀性能的影响 [J].表面技术，2020.

[137] 徐滨士，朱绍华，刘世参.材料表面工程技术 [M].哈尔滨：哈尔滨工业大学出版社，2014.

[138] Kustas F M, Misra S, Tack W T. Nitrogen implantation of type 303 stainless steel gears for improved wear and fatigue resistance [J]. Materials Science & Engineering, 1987, 90：407-416.

[139] Jin J, Chen Y B, Gao K W, et al. The effect of ion implantation on tribology and hot rolling contact fatigue of Cr4Mo4Ni4V bearing steel [J]. Applied Surface Science, 2014, 305：93-100.

[140] 王位，蔡珣，陆明炯，等.渗氮＋离子注入对 M2 高速钢的表面复合改性 [J].机械工程材料，2001，25 (2)，4.

[141] 强颖，赵宇龙，陈辉.材料表面工程技术 [M].徐州：中国矿业大学出版社，2016.

第2章

真空渗碳设备与工艺研究

2.1 真空渗碳热处理设备

目前，对真空渗碳设备及相关程序研发较为成熟的公司主要有德国 Ipsen、法国 ECM、日本 HAYES 等[1]。德国 Ipsen 公司自主研发的 AvaC®乙炔渗碳工艺和 Vacu-Prof 渗碳软件，采用真空渗碳特有的脉冲变压工艺，交替式注入渗碳和扩散气体，使工件表面碳浓度周期性变化，可达到较高的渗碳效率和良好的均匀性，Vacu-Prof 软件可以依据设定的渗碳目标对渗碳工艺进行模拟预测，实现工件真空渗碳的自动化控制。法国 ECM 公司开发了 Infracarb Process 真空渗碳工艺模拟程序，以"饱和值调整法"为基础对渗碳工艺进行控制[2-3]。现今，Ipsen 和 ECM 公司生产的低压真空渗碳设备与程序已被国内热处理公司引进，并应用于汽车、航空航天、船舶等领域。

国内在低压真空渗碳设备开发方面具有代表性的公司是北京机电研究所。其研发的 WZ 型系列真空渗碳炉能够满足我国制造业对渗碳的基本需求，已在我国航空、航天、车辆、船舶等多个工业部门有一定的应用[4]。但国内尚缺乏与真空渗碳炉相匹配的自主研发程序，相应的真空渗碳工艺并不完善，特别是在高精尖零部件真空渗碳热处理方面与国外仍存在一定差距[2]。

低压真空渗碳设备可按结构形式、装炉形式及淬火形式进行分类：①按照结构形式分为单室、双室、三室和多室；②按照装炉形式分为卧式和立式；③按照淬火形式分为油淬和气淬。其中单室低压真空渗碳炉中渗碳和气淬在同一室进行，结构相对简单，但是加热和冷却速率慢，在工件进出炉时需要反复抽真空，生产效率低。双室或三室将渗碳室与淬火室分开，零件在加热室进行渗碳，随后降温至淬火温度后进入冷却室进行气淬或油淬，生产效率高。

本研究中使用的真空渗碳炉为法国 ECM 公司生产的 ICBP-200-T 型低压真空渗碳炉，其主要由真空加热室（渗碳室）、气淬/油淬室、真空机组、炉内外工件运输系统、PLC 系统、冷却循环水系统、气动阀门系统和气体供应系统组成，可用于机械工件的真空渗碳和碳氮共渗处理及不锈钢、工模具钢等的真空淬火处理，其设备外形及控制系统如图 2.1 所示。加热室由双层双室炉壳、中间可升降隔热屏和前后液压动力炉门等组成；气冷风机位于冷却室上部，由导风系统、大功率风机和换热器组成；淬火油槽位于冷却室下部；石墨软毡、石墨硬毡和耐热不锈钢板构成的隔热屏，由液压升降架源源不断地提供能量而上下运动；鼠笼状加热元件和多组渗碳气氛喷嘴均匀分布在加热区，由此可以精确控制渗碳参数，可减小零件的渗层深度误差，使碳浓度分布更加均匀，以确保炉温严格均匀采用多区温度控制；高纯度乙炔和高纯度氮气构成了渗碳的气氛；水平运动机构、升降运动机构和配套的限位开关构成了工件传送系统。

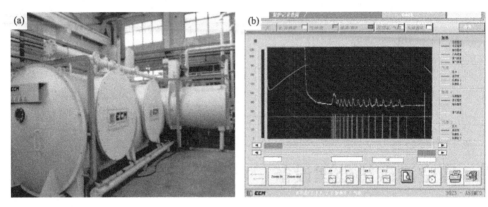

图 2.1　ECM 真空渗碳炉及真空渗碳程序控制面板
(a) 真空渗碳炉；(b) 控制面板

2.2　真空渗碳热处理工艺

2.2.1　真空渗碳工艺

本研究采用设备自带的 Infracarb Process 软件对真空渗碳过程进行控制。渗碳方式为脉冲循环（强渗＋扩散）模式，渗碳气体为 C_2H_2，扩散气体为 N_2。该软件中碳在奥氏体化温度以上的扩散模型依据式(2.1) 获得[5]。

$$D=\left\{0.0047\exp(-1.6c_x)\exp\left[\frac{-(37000-6600c_x)}{RT}\right]\right\}\times S \qquad (2.1)$$

式中　c_x——碳浓度；

　　　R——气体常数；

　　　T——热力学温度；

　　　S——与渗碳钢中成分相关的常数。

由于式中 S 值与钢中的成分相关，且为常数，因此，当合金钢材成分确定后真空渗碳过程中碳元素的扩散系数即成为与渗碳温度和渗碳浓度相关的函数，在 Infracarb Process 程序中设定渗碳层表面碳浓度、渗碳温度与目标渗碳层厚度后即可获得实验所需的真空渗碳时间与脉冲周期。

2.2.2　渗碳前后热处理工艺

在机械零件渗碳强化过程中，不仅需要经过高温渗碳工序，还需要经过各种冷、热加工以获得表面高承载、心部良好韧性与长寿命的服役需求。

（1）正火

正火是将钢材加热到临界温度 A_{c3} 或 A_{cm} 以上 30～50℃，保温一定时间使之完全奥氏体化后，空冷得到珠光体类型组织的热处理工艺[6,7]。钢的正火可作为热处理的最初工序，一般称为预先热处理，其目的是消除组织缺陷，获得细小而均匀的接近平衡状态的组织，消除铸造或锻造工件内应力。对于过共析钢也可将其内部网状碳化物消除，从而改善其机械性能，有利于后期的热处理及切削加工。

（2）淬火

淬火是将钢加热到 A_{c1} 或 A_{c3} 以上某一温度，保温一定时间使之奥氏体化后，以大于临界冷却速率的冷速进行冷却，以获得以马氏体或（和）贝氏体为主要组织的一种工艺过程。淬火为渗碳热处理中不可缺少的工序，淬火中得到的马氏体/贝氏体、少量残余奥氏体和第二项析出物是渗碳工件获得强度和硬度的关键。但由于淬火时，冷却速率需大于临界冷却速率，易在工件内引起较大的内应力，造成工件的变形或开裂，对于不同钢材，应依据淬透性、样品尺寸等性质，选择适合的淬火工艺。对于渗碳热处理而言，淬火得到的马氏体为亚稳态，不是热处理所要求的最后组织。因此淬火后需要进行回火处理，得到回火马氏体，得到稳定尺寸，以达到降低脆性与内应力的目的[8]。

（3）回火

回火是将淬火钢加热到 A_{c1} 以下某一温度，保温适当时间后冷却到室温的热处理工艺。根据回火温度的不同，回火可分为低温回火、中温回火与高温回火。①低温回火：其组织为回火马氏体，温度一般在 150～250℃。此温度下马氏体发生分解，从过饱和 α 固溶体中析出弥散的片状 ε 碳化物。低温回火的目的是在保证淬火后工件的高硬度、高耐磨性的基础上，降低淬火应力，提高工件韧性。②中温回火：其组织为回火屈氏体，温度一般在 350～500℃。ε 碳化物转变为 Fe_3C，马氏体中碳量降到铁素体的平衡成分，最终组织为针状饱和铁素体和细小颗粒状弥散分布渗碳体。中温回火的目的是改善工件的塑性和韧性，提高其弹性极限与屈服强度。③高温回火：其组织为回火索氏体组织，温度在 500～650℃。高温下渗碳体长大为大颗粒，同时 α 相发生再结晶，成为等轴状铁素体。高温回火的目的是使工件具有良好的综合性能，在保证一定强度的同时兼具较好的塑性和冲击韧性[9,10]。

（4）冷处理

冷处理是与淬火相接的一道热处理工序，可看作淬火的继续，是在工件淬火冷却至室温后，继续在低温介质深冷至 0℃以下的工艺。冷处理目的是使淬火后保留下来的残余奥氏体继续向马氏体转变，从而减少或消除残余奥氏体。对于 M_f 点在 0℃以下的钢渗碳或碳氮共渗淬火后仍然有相当一部分残余奥氏体。因此，为了增加工件的硬度、耐磨性和尺寸稳定性，淬火后进行冷处理十分必要[11,12]。

2.3　真空渗碳工艺对合金钢渗碳层的影响

本节以 12Cr2Ni4A、18Cr2Ni4WA 和 17CrNiMo6 三种渗碳常用合金钢为研究对象，介绍真空渗碳工艺参数对渗碳层组织性能的影响并对相应的真空渗碳工艺进行优化。

2.3.1 真空渗碳工艺对 12Cr2Ni4A 钢渗碳层的影响

2.3.1.1 12Cr2Ni4A 钢渗碳热处理工艺设计

12Cr2Ni4A 属于低碳合金钢,是工业生产中轴承、蜗轮及齿轮等渗碳件常用钢,在航空工业中应用较为广泛,其材料的合金成分如表 2.1 所示[13]。12Cr2Ni4A 合金钢主要由 Fe 元素构成,钢中含有少量的 Ni、Cr、Mn 和 Mo 等合金元素,属于本质细晶粒钢,具有良好的淬透性。

表 2.1 12Cr2Ni4A 钢成分含量表[13]

元素	C	Cr	Ni	Mn	Mo	Cu	Si	P	S	Fe
含量(质量分数)/%	0.12	1.28	3.21	0.58	0.10	0.12	0.19	0.008	0.002	余量

图 2.2 为 12Cr2Ni4A 钢 XRD 谱图。从图 2.2 中可以看出,12Cr2Ni4A 钢为体心立方结构,并且组成材料的各晶粒在(110)晶面上表现出较好的结晶性。

为进一步确定 BCC 结构相的具体结构,观察钢材金相与透射微观组织,结果如图 2.3 所示。从图 2.3(a)金相图中可以看出 12Cr2Ni4A 钢中体心立方结构相为大量针状和块状灰色铁素体,其尺寸在几微米到几十微米之间。更微观的透射结果[图 2.3(c)]清晰呈现出 12Cr2Ni4A 钢中块状铁素体组织晶界,以及铁素体晶粒内少量板条马氏体组织、

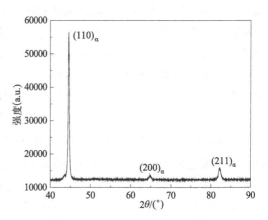

图 2.2 12Cr2Ni4A 钢 XRD 谱图

位错和层错[14]。因此,实验用 12Cr2Ni4A 钢的原始状态组织主要为铁素体和低碳板条马氏体,其晶粒尺寸为微米量级。

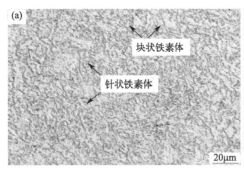
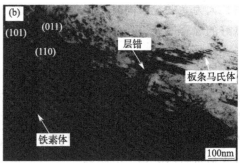

图 2.3 12Cr2Ni4A 钢微观组织图
(a)金相图;(b)透射电镜图

表 2.2 为 12Cr2Ni4A 钢各临界转变温度数据[15]。本实验参考 12Cr2Ni4A 钢材相转变临界温度与真空渗碳热处理设计原理,对 12Cr2Ni4A 钢真空渗碳及其热处理工艺进行设计,具体工艺如图 2.4 所示。

表 2.2   12Cr2Ni4A 钢临界温度表[15]

温度符号	A_{c1}	A_{c3}	A_{r1}	A_{r3}	M_s	M_f
温度值	720℃	800℃	605℃	675℃	390℃	245℃

渗碳前对 12Cr2Ni4A 钢工件进行正火与高温回火处理，细化合金钢组织，消除组织缺陷。由于 12Cr2Ni4A 钢渗碳淬火后表面的残余奥氏体较为稳定，为降低渗碳层中残余奥氏体含量，渗碳实验工艺中，在淬火前对渗碳样品进行短时间高温回火处理（620℃保温40min），淬火后进行 2～2.5h 冷处理（-90℃），最后在 160℃ 对样品进行低温回火处理。

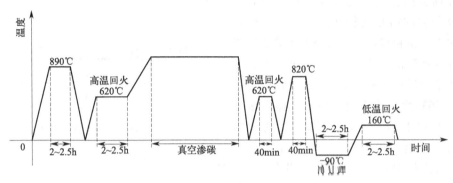

图 2.4   12Cr2Ni4A 钢真空渗碳工艺流程图

渗碳阶段的目的是在工件表面一定深度范围内渗入碳原子。一般情况下，对于气体渗碳，渗入钢中的碳原子浓度、含量及深度与三个工艺参数相关：①碳势，决定是否能够进行渗碳的关键，若炉气碳势高于工件表面碳质量分数，工件表面会渗入碳原子，反之则会脱碳；②渗碳温度，在一定温度下，渗碳温度越高，碳在奥氏体中的溶解度越大，渗速越快，得到规定渗碳层厚度所需的时间越短，反之则越长；③渗碳时间，当渗碳温度一定时，渗碳层厚度是与渗碳时间有关的参数，渗碳时间越长渗碳层越厚，反之则越薄。

真空渗碳是真空高温下，以"饱和值调整法"为基础的非平衡脉冲式强渗-扩散型渗碳过程[16]。整个渗碳过程无须控制碳势，其通过动态调整真空奥氏体化中的饱和碳浓度 c_p 与工件表面碳浓度 c_s，在强渗期通入渗碳介质使奥氏体固溶碳达到饱和，在扩散期通入氮气使固溶的碳向内部扩散，完成不同的渗碳与扩散时间比和脉冲循环次数达到渗碳的目的[17,18]。本实验采用的法国 ECM 公司生产的真空渗碳设备配套有模拟仿真 Infracarb Process 软件，可以通过设定最终表面碳浓度、渗碳层深度计算出渗碳与扩散脉冲比及时间，从而对渗碳进行过程控制。因此，对于本实验，在确定渗碳层表面碳浓度与所需渗碳层厚度参数后，仅考虑渗碳温度对真空渗碳过程、组织及性能的影响。

2.3.1.2 渗碳温度对渗层组织结构的影响

对于渗碳热处理，渗碳温度一般需高于工件钢的奥氏体化温度。在其他条件一定时，渗碳温度越高，奥氏体中的溶碳量越大，工件表面与内部的碳浓度梯度越大，渗速越快。因此适当提高渗碳温度，可以缩短渗碳时间，降低生产成本。但过高的渗碳温度同样会带来弊端。高温渗碳一方面会对设备要求较高；另一方面会导致奥氏体晶粒尺寸的显著增大，恶化渗碳工件的组织和性能，缩短其使用寿命。

本实验设定 12Cr2Ni4A 钢渗碳层表面碳浓度为 0.8％～0.9％，渗碳层厚度为 1mm，渗碳温度为 925℃，通过 Infracarb Process 软件获得渗碳时间与脉冲周期后在其他热处理工艺相同的条件下，研究 905℃渗碳与 925℃渗碳组织性能的差别。

图 2.5 为 12Cr2Ni4A 钢在 905℃和 925℃渗碳温度下真空渗碳后渗碳层表面 XRD 谱图。从图中可以看出，12Cr2Ni4A 钢经 905℃和 925℃渗碳后表面组织均为体心结构的马氏体相。两种温度渗碳层中马氏体相均在（110）晶面方向存在择优取向，并且此方向上马氏体晶粒的结晶度较好。由于残余奥氏体与碳化物含量相对较少，在 XRD 谱图所测范围内并未被测出。采用 XRD 残余应力测试仪，对残余奥氏体含量进行测量，结果显示：905℃和 925℃渗碳层表面残余奥氏体含量分别为 10.5％和 11.7％。由此可知，两种渗碳温度下渗碳层表面相组成相同，但相含量存在差异，温度较高时残余奥氏体含量会相对较多。

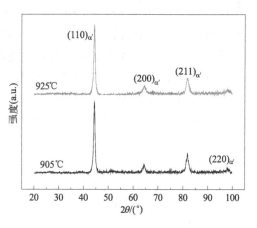

图 2.5　12Cr2Ni4A 钢真空渗碳层表面 XRD 谱图

图 2.6 为 12Cr2Ni4A 钢 905℃和 925℃真空渗碳后表/截面与心部金相组织。从图中可以看出，在光学显微镜下，真空渗碳层表面马氏体的真实形貌并不清晰，其表面为大片黑色和少许块状白色组织，两种温度下渗碳层表面均存在隐晶马氏体和白色细小的残余奥氏体或碳化物组织。依据 HB 5492—2011《航空钢制件渗碳、碳氮共渗金相组织分级与评定》可知，两种渗碳层表面和截面碳化物与残余奥氏体级别达到 3～4 级要求。相比于 925℃渗碳层，905℃渗碳层中残余奥氏体含量相对较低，但 905℃渗碳层表面中残余奥氏体块较大，且分布不均。

从图 2.6(b) 和（e）渗碳层截面组织中可以看出，905℃和 925℃渗碳温度下，均可获得细小且分布均匀的白色碳化物，但与 925℃渗碳层相比，905℃渗碳层中个别碳化物尺寸较大，造成此现象的原因可能为较低的渗碳温度下，碳元素的扩散系数相对较低，而渗碳系统中碳浓度较高，从而在渗碳层某些部位会出现碳的聚集，并且此处碳元素扩散阻力大于碳化物形核动力，从而形成较粗大的碳化物。

图 2.6(c) 和（f）为两种渗碳层心部组织图。从图中可以看出两种渗碳温度下，渗碳层心部组织中均可观察到马氏体板条束和块状的白色铁素体，依据 HB 5492—2011 标准图谱判断可知，渗碳层心部组织满足标准规定中的 4 级水平，但相比于 925℃渗碳，905℃渗碳层心部铁素体含量更多且细小。这与较低温度下小组织长大驱动力较小有关。

图 2.7 为 905℃和 925℃渗碳层距表面约 30μm 的扫描电镜图。从渗碳层表层不同放大倍数的扫描图中可以看出，两种温度下表层组织为隐晶马氏体和板条马氏体的混合组织，其中马氏体的大小不一，方向各异，其上分布着大量细小颗粒状白色组织。采用 EDS 对渗碳层表层区域与白色颗粒区域中的元素含量进行测定，能谱结果如图 2.8 所示。

依据能谱图及各元素浓度值可知，白色颗粒状组织中碳元素含量（质量分数）较高，可分别达到 6.83％和 8.70％，说明其为渗碳层中的碳化物，并且可以发现该碳化物中含有少量的 Cr 和 Ni 合金元素。相比于 905℃渗碳层，925℃渗碳处理后渗碳层表层平均碳浓度更高，为 2.84％（质量分数）。925℃渗碳层表层碳浓度较高的原因为较高的温度下，奥氏体

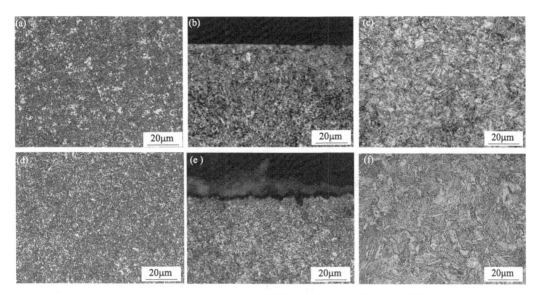

图 2.6　905℃和 925℃真空渗碳层表/截面及心部金相组织图

（a）、（b）、（c）905℃渗碳层；（d）、（e）、（f）925℃渗碳层

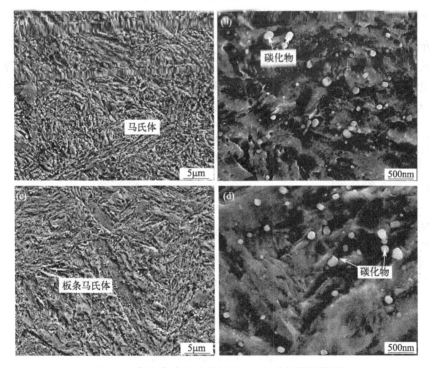

图 2.7　真空渗碳层距表面约 30μm 处扫描电镜图

（a）、（b）905℃真空渗碳层；（c）、（d）925℃真空渗碳层

中的溶碳量会增大，其在后续的热处理过程中形成的马氏体和碳化物中碳含量也会相应增加。

采用 Image J 软件对不同温度渗碳层中碳化物粒径进行统计分析，结果如图 2.9 所示。从图中可以看出，两种温度真空渗碳层中碳化物粒径均较小，可达到纳米级，但渗碳层中碳

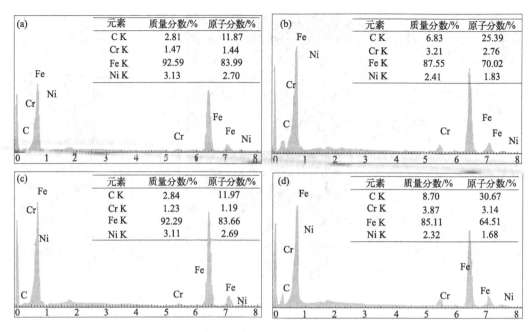

图 2.8　真空渗碳层表层及其碳化物能谱图

（a）905℃渗碳层表层；（b）905℃渗碳层表层碳化物；（c）925℃渗碳层表层；（d）925℃渗碳层表层碳化物

化物粒径并不一致，其粒径大致表现出高斯分布趋势。相比于 925℃ 渗碳，905℃ 渗碳层中碳化物粒径更小，其中 905℃ 渗碳层表面碳化物粒径整体相对较小，平均粒径为 $0.18\mu m$，大部分碳化物粒径分布在 $100 \sim 200 nm$ 之间，而 925℃ 渗碳层表面碳化物平均粒径为 $0.21\mu m$，大部分碳化物粒径分布在 $100 \sim 300 nm$ 之间。

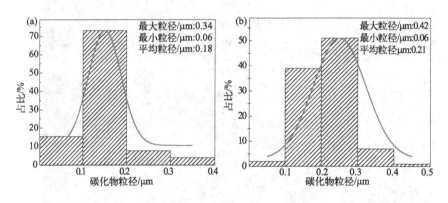

图 2.9　真空渗碳层表层碳化物粒径分布统计图

（a）905℃渗碳层；（b）925℃渗碳层

综上可知，905℃ 和 925℃ 真空渗碳均可获得良好的渗碳组织，表面/截面与心部组织均满足钢材渗碳后的基本使用需求。在较高温度下渗碳，更有利于碳元素的扩散，提升渗碳层表面碳浓度，获得组织更为均匀的渗碳层。相比于 905℃ 渗碳，925℃ 渗碳层表层虽然残余奥氏体含量较多，但渗碳层具有相对较高的碳浓度和较好的组织大小与分布。

2.3.1.3 渗碳温度对渗碳层力学性能的影响

分别采用洛氏硬度计和显微硬度计对渗碳层表面/截面硬度进行测试，表面洛氏硬度的测量依据 HB 5172—1996《金属洛氏硬度试验方法》进行，试验设备为 HRD-150 型洛氏硬度计，加载时间为 10s，试验载荷为 1470N（150kg）。截面显微硬度测量间隔为 0.1mm，载荷为 9.8N（1kg），所用设备为 HV-100 型显微硬度计。

表 2.3 为 905℃和 925℃两种温度渗碳层表面和心部的洛氏硬度测试结果。从表中可以看出与 12Cr2Ni4A 钢基材硬度 35HRC 相比，905℃和 925℃渗碳后表面硬度出现大幅度提升，分别达到 60.7HRC 和 61.2HRC，并且温度较高的渗碳层（925℃）表面硬度更高。硬度的增加与合金钢表面渗碳后形成的高强度马氏体和碳化物相关，由于较高温度渗碳层中碳浓度较高，碳化物含量较多，既增强了第二相强化的效果，同时也增大了马氏体中的溶碳量，使其晶格畸变程度增大。905℃和 925℃两种温度渗碳层心部硬度分别为 39.8HRC 和 40.5HRC，说明两种渗碳温度下，渗碳层心部硬度相差不大，都基本保持了基材的硬度，实现了渗碳强化后表面与心部的强韧结合。

表 2.3 渗碳层表面与心部洛氏硬度表

样品种类	表面硬度/HRC	心部硬度/HRC
905℃渗碳层	60.7(±1.5)	39.8(±0.2)
925℃渗碳层	61.2(±1.7)	40.5(±0.2)

图 2.10 为渗碳层硬度与残余应力沿深度的变化趋势图。从图 2.10（a）渗碳层硬度变化图中可以看出，905℃和 925℃两种温度渗碳层硬度沿深度方向总体变化趋势均为逐渐减小，分别在距表面 0.98mm 和 1.05mm 处达到 550HV$_1$。905℃和 925℃渗碳层的最高硬度分别可达到 750HV$_1$和 769HV$_1$。因为渗碳后表层碳元素在淬火和回火等过程中向内部进一步扩散，使得渗碳层最表面贫碳，渗碳层硬度的最大值位于距表面一定距离的次表面（约 0.2mm）。相比于 905℃渗碳层，在同一深度处 925℃渗碳层的硬度始终较高，并且渗碳层硬度沿深度方向下降斜率较缓，具有更为缓慢变化的硬度梯度。由于渗碳层硬度与渗碳层中的碳浓度密切相关，可说明较高温度渗碳后渗碳层中碳浓度相对较高，并且碳浓度沿深度方向逐渐递减，成分缓慢过渡，保证组织和性能具有更好的连续性。

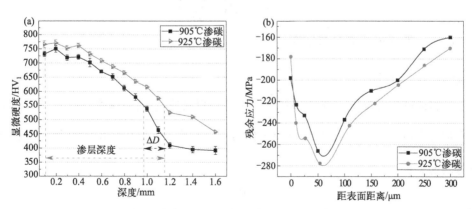

图 2.10 905℃和 925℃渗碳层硬度与残余应力随深度的变化图
(a) 显微硬度；(b) 残余应力

从图 2.10（b）残余应力随深度变化图中可以看出，905℃和 925℃渗碳后，渗碳层中均会形成残余压应力，在所测试的 300μm 范围内，渗碳层残余压应力均会出现双峰，总体呈现出随深度的增加先增大后减小的趋势。905℃渗碳层在距表面 50μm 的位置处残余压应力达到最大，约为－269MPa，而 925℃渗碳层内形成的残余压应力更大且深度更深，其最大残余压应力为－276MPa。说明一定范围内的高温渗碳有助于增大渗碳层中残余压应力大小和深度，而残余压应力的增大对抑制疲劳裂纹的萌生和扩展有显著的效果。

2.3.1.4 渗碳温度对渗碳过程的影响

依据 GB/T 9450—2005《钢件渗碳淬火硬化层深度的测定和校核》中相关规定，从渗碳层表面至截面硬度为 550HV$_1$ 处为渗碳层的有效硬化层深度。905℃和 925℃真空渗碳层深度分别为 0.98mm 和 1.05mm。在渗碳过程中，形成的渗碳层厚度与碳元素的扩散系数相关，真空渗碳以乙炔气体为渗碳源，渗碳过程中乙炔通过化学反应式发生分解，生成氢气和碳原子。

由于渗碳过程中存在浓度梯度，扩散会由高浓度区向低浓度区进行，而且扩散通量与浓度成正比。碳元素的扩散满足菲克第二定律[19]：

$$\frac{\partial c}{\partial t} = D\,\frac{\partial^2 c}{\partial x^2} \tag{2.2}$$

式中 c——扩散物质体积浓度；

t——扩散时间；

x——扩散距离；

D——碳元素的扩散系数。

真空渗碳过程是将低碳钢零件放在渗碳介质中，在长时间的高温环境下实现碳元素由表面向心部逐步扩散的过程，渗碳零件可被视为半无限长的情况。假设渗碳一开始，表面立即达到渗碳气氛的碳浓度 c_s，并在渗碳过程中保持不变。这种情况的边界条件为：$c(x=0；t)=c_s$；$c(x=\infty；t)=c_0$，此种情况下，碳元素扩散系数与渗碳时间、渗碳层深度以及渗碳层表面和心部的碳浓度都应满足如下关系式：

$$\frac{c_s-c_x}{c_s-c_0} = \mathrm{erf}\left(\frac{x}{2\sqrt{Dt}}\right) \tag{2.3}$$

式中 c_x——距表面 x 处的碳浓度；

$\mathrm{erf}\left(\dfrac{x}{2\sqrt{Dt}}\right)$——误差函数。

当假定将渗碳层深度 x 定义为碳浓度大于某一规定值 c_c 处的深度，则 $c_x=c_c$，表明式（2.3）左侧为定值，意味着 c_c 为任意规定值时 $\dfrac{x}{2\sqrt{Dt}}$ 是一个定值，由此可得到渗碳层深度与扩散时间的关系：

$$x = K\sqrt{Dt} \tag{2.4}$$

依据上式，结合各工艺条件下渗碳层厚度及元素扩散定律对碳元素在不同渗碳温度下的扩散系数进行计算。此处以 905℃渗碳过程中碳元素的扩散系数为基准，925℃渗碳过程中碳元素的扩散系数可计算如下：

$$0.98 = K\sqrt{D_{905}t} \tag{2.5}$$

$$1.05 = K\sqrt{D_{925}t} \tag{2.6}$$

D_{925} 和 D_{905} 分别代表 925℃渗碳和 905℃渗碳过程中碳元素的扩散系数。依据以上计算结果可以获得 905℃渗碳与 925℃渗碳过程中碳元素扩散系数的关系式如下：

$$D_{925} = 1.15D_{905} \tag{2.7}$$

由式(2.7)可知，相比于 905℃渗碳，升高渗碳温度可提高碳元素的渗速，加快渗碳过程。925℃渗碳时，其碳元素的扩散系数相比于 905℃渗碳可增大 1.15 倍，渗碳速率可加快 7%。

综上分析可知，对于 12Cr2Ni4A 钢而言，相比于低温 905℃渗碳，925℃渗碳层组织均匀性更好，表面/截面与心部组织均满足钢材渗碳后基本使用需求的渗碳层。同时较高温度有利于碳元素的扩散，提升渗碳层表面碳浓度，获得力学性能更为优异的渗碳层，其硬度较高，且硬度梯度更为平缓，渗碳层内部残余压应力也更大且影响深度更深。

2.3.2 真空渗碳工艺对 18Cr2Ni4WA 钢渗碳层的影响

2.3.2.1 18Cr2Ni4WA 钢渗碳热处理工艺设计

18Cr2Ni4WA 属于高强度渗碳钢，其强度、韧性高，淬透性优良，常用于制造齿轮、花键轴等耐磨且需承受冲击载荷的零部件，该材料的主要化学成分如表 2.4 所示。

表 2.4 18Cr2Ni4WA 钢成分含量表

元素	C	Cr	Ni	Mn	W	Cu	Si	P	S	Fe
含量(质量分数)/%	0.17	1.55	4.2	0.90	1.1	0.07	0.33	0.008	0.002	余量

本实验参考 18Cr2Ni4WA 钢材相转变临界温度表（表 2.5）与真空渗碳设计原理，对 18Cr2Ni4WA 钢真空渗碳及其热处理工艺进行设计。

表 2.5 18Cr2Ni4WA 钢临界温度表[20]

温度符号	A_{c1}	A_{c3}	A_{r1}	A_{r3}	M_s	M_f
温度值/℃	700	810	350	—	370	250

渗碳前对 18Cr2Ni4WA 钢件进行正火与高温回火处理，900℃保温 2～2.5h 后冷却至 200℃以下空冷；加热到 650℃高温回火 2h 用以细化合金钢组织，消除组织缺陷。随后进行真空渗碳过程，设备升温到渗碳温度后保温 50min，渗碳温度分别选取 920℃、940℃和 960℃。渗碳试样在炉内冷却至 350℃后气冷；升温至 650℃高温回火 40min，冷却至 350℃后空冷，升温到 620℃进行二次高温回火 3～3.5h，冷却至 350℃后空冷以降低渗碳层中残余奥氏体含量。随后升温至 845℃保温 40min，油淬；−80℃冷处理 4～4.5h，后升温至 150℃低温回火 2～2.5h，空冷，具体工艺如图 2.11 所示。真空渗碳工艺中的脉冲比与强渗、扩散时间由 Infracarb Process 程序获取，具体输入参数为：渗碳温度 920℃、渗碳层厚度 1.4mm，渗碳层表面碳浓度 0.8～0.9。

2.3.2.2 渗碳温度对渗层组织结构的影响

18Cr2Ni4WA 钢在 920℃、940℃和 960℃真空渗碳温度下获得渗碳层的金相组织如图

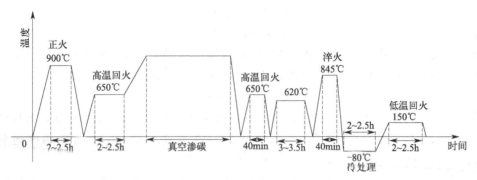

图 2.11 18Cr2Ni4WA 钢真空渗碳工艺流程

2.12 所示。金相组织依据 JB/T 6141.3—1992《重载齿轮 渗碳金相检验》进行分析，从图中可以看出，经过真空渗碳后，试样表面组织由马氏体（黑色组织）、碳化物和残余奥氏体（白亮色组织）组成。马氏体的大小取决于奥氏体化时晶粒的大小，随着渗碳温度的提高，原奥氏体晶粒会长大，故随着渗碳温度的升高，获得的马氏体组织逐渐长大，均匀性下降；其中 920℃渗碳层中的马氏体含量明显高于 940℃和 960℃渗碳层，且分布更加致密。

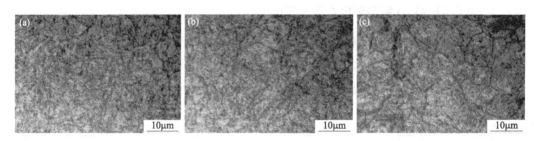

图 2.12 不同温度下 18Cr2Ni4WA 钢真空渗碳层表面金相组织
(a) 920℃；(b) 940℃；(c) 960℃

为了进一步确定不同温度下渗碳层组织的亚结构，对其进行透射电镜观察，结果如图 2.13 所示。从图 2.13 中可以看出，920℃、940℃和 960℃三个不同温度下，渗碳层组织均为板条马氏体。在不同渗碳温度下，渗碳层表面马氏体板条的宽度不同，温度越高，板条越宽，920℃、940℃和 960℃渗碳层马氏体板条的宽度分别是 80～120nm、150～200nm 和 200nm 左右。白色板条中的黑色片状区域为大量位错，其是板条马氏体的亚结构。组织中白色或黑色圆点状小区域为碳化物，其一般为不规则球状。在图中也可以发现渗碳层中的少量残余奥氏体组织，主要呈较大黑色条纹状。为获得不同渗碳温度下，渗碳层表面残余奥氏体的含量信息，对不同温度下渗碳层进行 XRD 残余奥氏体测试，结果如表 2.5 所示。

从表 2.6 中可以看出，三个渗碳温度下渗碳层表面残余奥氏体量均能满足渗碳钢残余奥氏体含量使用要求，主要是因为渗碳工艺设计中经过两次高温回火和深冷处理，促进了残余奥氏体的进一步转化，使其含量降低。920℃和 940℃二者渗碳层表面残余奥氏体量基本一致，分别为 12.8%和 12.7%；而 960℃渗碳层中残余奥氏体量相比于 920℃和 940℃渗碳层明显增多，含量可达到 13.6%。当残余奥氏体含量低于一定程度后，冷处理的效果将不再明显，因此 960℃高温渗碳层较多残余奥氏体的存在说明其渗碳层在冷处理前即存在更多的残余奥氏体。经上述分析可知，随渗碳温度的提高，渗碳层中板条马氏体宽度增加，且残余

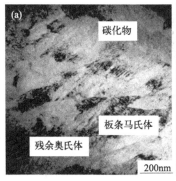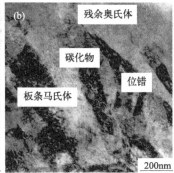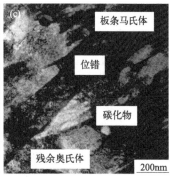

图 2.13　不同温度下真空渗碳层透射电镜图

(a) 920℃；(b) 940℃；(c) 960℃

奥氏体量增多。因此，相比于更高温度的渗碳，920℃渗碳获得的渗碳层组织大小、相含量及分布更好。

表 2.6　不同温度渗碳层表面残余奥氏体含量表

温度	920℃	940℃	960℃
残余奥氏体含量	12.8%	10.7%	13.6%

2.3.2.3　渗碳温度对渗碳层力学性能的影响

不同温度渗碳试样的表面硬度如表 2.7 所示。从表 2.7 中可以看出，920℃和 940℃渗碳层的表面洛氏硬度分别为 61.7HRC 和 61.5HRC；而 960℃硬度明显降低，其数值为 61.2HRC。这主要是因为 960℃属于高温渗碳，会导致原始奥氏体晶粒长大且溶入的碳量较多，马氏体组织粗化，同时残余奥氏体含量增多。晶粒的增大可以直接影响屈服强度极限的大小，残余奥氏体的增多也导致试样硬度下降[21]，因此 960℃真空渗碳层的硬度较 920℃和 940℃渗碳层低。虽然 920℃和 940℃获得的表面硬度基本相当，但从能源和环境角度出发，920℃较低温度渗碳更为经济。

表 2.7　不同温度渗碳层表面硬度表

温度	920℃	940℃	960℃
硬度/HRC	61.7±1.1	61.5±1.5	61.2±1.2

图 2.14 为三种不同渗碳温度下渗碳层的截面硬度梯度变化图。从图中可以看出，三种温度下获得的渗碳层截面硬度从表面到心部均表现出先略微升高然后逐渐降低的趋势，截面最大硬度出现在距表面 0.2mm 处。比较三种渗碳温度下渗碳层相同深度处的硬度可发现，920℃渗碳层明显高于 940℃和 960℃温度下的渗碳层。当硬度值达到 550HV$_1$ 时，920℃、940℃和 960℃渗碳层厚度分别约为 1.35mm、1.30mm 和 1.47mm。960℃渗碳温度最高，其渗碳层也最厚，由于高温下试样表面奥氏体中溶碳量大，扩散速率快，因而获得的渗碳层相对较厚并且硬度梯度较平缓；但由于渗碳温度高，残余奥氏体量最多，马氏体组织偏大，其相应深度处的硬度值却为三者最低。残余奥氏体与马氏体相比，其具有较低的硬度、较好的塑性和较小的比容。渗碳层中存在过多残余奥氏体，其会降低塑性变形抗力和残余压应力，从而降低接触疲劳强度，也会导致渗碳层更容易形成麻点剥落[22]。

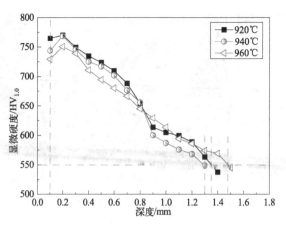

图 2.14　不同真空渗碳温度下渗碳层截面显微硬度变化图

2.3.2.4　渗碳温度对渗碳过程的影响

依据 GB/T 9450—2005《钢件渗碳淬火硬化层深度的测定和校核》中相关规定可知，920℃、940℃和 960℃真空渗碳层深度分别为 1.35mm、1.30mm 和 1.47mm。依据式 (2.4)，对碳元素在三种渗碳温度下的扩散系数进行比较。此处以 920℃渗碳过程中碳元素的扩散系数为基准，940℃与 960℃渗碳过程中碳元素的扩散系数计算如下：

$$1.35 = K\sqrt{D_{920}t} \tag{2.8}$$

$$1.3 = K\sqrt{D_{940}t} \tag{2.9}$$

$$1.47 = K\sqrt{D_{960}t} \tag{2.10}$$

式中，D_{920}、D_{940} 和 D_{960} 分别代表 920℃、940℃和 960℃渗碳过程中碳元素的扩散系数。依据以上计算结果可知，三种不同温度下真空渗碳过程中碳元素的扩散系数的关系式为：

$$D_{940} = 0.92D_{920} \tag{2.11}$$

$$D_{960} = 1.19D_{920} \tag{2.12}$$

由上式可知 940℃渗碳与 920℃渗碳过程中碳元素扩散系数相差不大，但 960℃高温渗碳后，碳元素的扩散系数显著增大。D_{920} 与 D_{940} 差别不大的原因在于本试验采用渗碳层硬度的方法反映渗碳层中的碳浓度，而渗碳层硬度同样受到渗碳层相组成与分布的影响，同时由于测量误差的存在，理论上应该有所增加的碳扩散系数并未发生显著变化。这也反映出相比于 920℃渗碳，940℃渗碳过程中碳元素的扩散系数并未出现大幅度增加。由此可知，增加渗碳温度，碳扩散系数增加，温度越高增加效果越显著。

2.3.2.5　渗碳温度对渗碳层摩擦学性能的影响

采用兰州中科凯华公司生产的 HT-1000 型高温摩擦磨损试验机对三种不同温度渗碳层的摩擦磨损性能进行测试。摩擦磨损在常温下进行，载荷为 1000g，对磨材料选取 Si_3N_4，磨损时间为 60min，试验中得到不同温度渗碳层摩擦系数曲线及试验后的磨损失重图如图 2.15 所示。

摩擦系数是指两滑动面间的摩擦力和作用在滑动面上的垂直载荷的比值。从图 2.15(a)

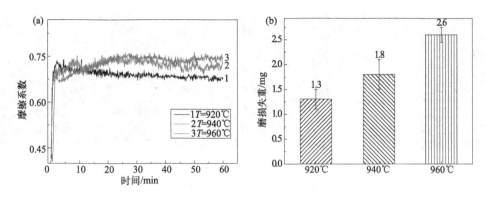

图 2.15 不同渗碳温度下渗碳层摩擦系数曲线与磨损失重图
(a) 摩擦系数曲线；(b) 磨损失重图

中可以看出，试验开始阶段，三种渗碳温度下的渗碳层摩擦系数均急速上升；当试验进行到20min 左右时，摩擦系数趋于平稳。摩擦系数刚开始急速上升的原因是处于试验的磨合期，在干摩擦条件下，试样表面具有一定的粗糙度且试样表面存在很多微观缺陷，使试样接触面在试验开始时承受较大的接触应力，摩擦系数出现极大值，接着摩擦系数稍有降低并处于基本稳定，是因为试验进入稳定期，经过初次磨合后的接触面变得略微光滑，接着发生滚动摩擦，磨痕加深，接触面不断增大，造成接触应力减小，摩擦系数开始下降并逐渐变得基本稳定。对于 920℃ 的渗碳层，其摩擦系数急速上升，随后稍有下降并趋于平稳，波动幅度微小；940℃ 和 960℃ 的渗碳层摩擦系数变化趋势较为接近，20min 前一直处于上升趋势，趋于稳定后也存在较大的波动幅度。当发生稳定磨损后，920℃、940℃、960℃ 渗碳层的摩擦系数分别为 0.68、0.72 和 0.75。稳定期的摩擦系数可以反映材料的减摩性能，影响它的因素有很多，主要包括材料表层硬度以及材料表面粗糙度。一般情况下，在相同的条件下，摩擦系数越小，材料的减摩性越好，因此可知，920℃ 渗碳层减摩性较好。就摩擦系数波动幅度而言，920℃ 渗碳层最为稳定，说明其组织更为细小均匀。

磨损失重是指材料在一定时间内因磨损而损失的质量，一般磨损失重越小，材料的耐磨性越好；反之，耐磨性越差。由图 2.15（b）中可以看出，920℃、940℃、960℃ 下渗碳层的磨损失重分别为 1.3mg、1.8mg 和 2.6mg，其中 920℃ 的渗碳层具有最小的失重量，而960℃ 的渗碳层失重量最大，这与三个温度下渗碳层表面硬度不同有关，一般表面硬度越高越不容易在摩擦磨损过程中发生材料迁移而造成质量损失。

磨损后不同温度渗碳层表面的磨痕形貌如图 2.16 所示。从图中可以看出，三个温度的渗碳层均发生不同程度的黏着磨损和磨粒磨损。其中 920℃ 渗碳层的黏着产物最少，但存在明显犁沟；940℃ 渗碳层的黏着产物较多，也同样存在少量犁沟；960℃ 渗碳层的黏着产物最多，犁沟数量最少。由于渗碳后试样表面硬度较高，试样表面很难在磨球的作用力下产生裂纹，但随着摩擦的不断进行，磨痕表面产生大量的热，试样表面组织发生软化，引起塑性变形，材料表面在磨球剪切力的作用下发生迁移，磨痕表面出现明显的塑性变形痕迹，并伴有块状黏着物。因此，三种温度下的渗碳层中相对硬度较低的渗碳层更容易发生黏着，因此960℃ 渗碳层表面黏着现象最显著。相比于 940℃ 和 960℃ 渗碳层表面磨痕，920℃ 磨痕更为均匀，且较浅。原因在于 920℃ 渗碳表层硬度较大，碳化物分布均匀，磨粒脱落对渗碳层的影响较小，表明其耐磨性能在三种渗碳层中更为优良。

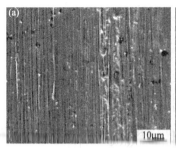  

图 2.16 不同温度真空渗碳层磨痕形貌图

(a) 920℃；(b) 940℃；(c) 960℃

综上可知，对于 18Cr2Ni4WA 钢，在 920～960℃渗碳温度范围内，温度较高时其碳元素扩散速率较快，但温度过高会使渗碳层中板条马氏体宽化，残余奥氏体含量增多。晶粒尺寸与残余奥氏体含量的不足，使得高温条件下的渗碳层力学与摩擦学性能反而较差。对比 920℃、940℃与 960℃渗碳速率、渗碳层组织及性能可知，920℃渗碳层表层组织大小及分布更为均匀，其渗碳层硬度较高且硬度沿截面下降缓慢，且具有更好的减摩抗磨性能。

2.3.3 真空渗碳工艺对 17CrNiMo6 钢渗碳层的影响

2.3.3.1 17CrNiMo6 钢真空渗碳工艺设计

17CrNiMo6 为低碳合金钢，具有优良的综合力学性能，经济性好，通常用于制造齿轮，其材料组成中各元素含量如表 2.8 所示。

表 2.8 17CrNiMo6 钢成分含量表

成分	C	Si	Mn	P	S	Cr	Mo	Ni	Al	N
含量(质量分数)/%	0.15～0.20	0.40	0.50	0.035	0.035	1.7	0.30	1.6	0.033	0.008

本实验参考 17CrNiMo6 钢相转变临界温度表（表 2.9）与钢中化学组成对 17CrNiMo6 合金钢真空渗碳及其热处理工艺进行设计，工艺过程与 12Cr2Ni4A 钢相同，这里不再重复列出。渗碳工艺中的脉冲比与强渗、扩散时间由 Infracarb Process 程序获得，具体参数为：渗碳温度 920℃、渗碳层厚度 1.5mm，渗碳层表面碳浓度 0.8～0.9。

表 2.9 17CrNiMo6 钢临界温度表[23]

温度符号	A_{c1}	A_{c3}	A_{r1}	A_{r3}	M_s	M_f
温度值/℃	745	825	—	—	395	

2.3.3.2 渗碳温度对渗层组织结构的影响

两种渗碳温度下，17CrNiMo6 钢渗碳层表面的 XRD 谱图如图 2.17 所示。图中 920℃与 980℃渗碳层主要由马氏体组成，马氏体的衍射峰分别为（110）、（200）和（211）晶面，渗碳层中的马氏体组织均表现出（110）晶面的择优取向。由此可知，920℃与 980℃渗碳层中的基本物相并没有发生变化，提高渗碳温度对渗碳层组织的组成不产生显著影响。

图 2.18 为 17CrNiMo6 钢 920℃与 980℃渗碳温度真空渗碳层表面金相和 SEM 形貌图。从金相图中可以看出，两种温度下真空渗碳层组织主要为马氏体（黑色）、残余奥氏体（灰色）和碳化物（白色）。为进一步观察两种温度下的渗碳层组织，采用扫描电镜对渗碳层表面形貌进行放大。从图 2.18（c）和（d）两种渗碳温度渗碳层扫描电镜图中可以看出，两种温度渗碳层表面马氏体极为细小，均为隐晶马氏体，马氏体上可清晰观察到白色颗粒状组织。相比于 920℃渗碳层组织，980℃渗碳层表面马氏体板条均匀化程度相对较低，且其周围

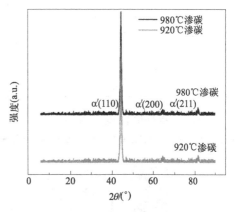

图 2.17　不同温度真空渗碳层的 XRD 谱图

白色颗粒尺寸较大，形状不规则。为确定白色颗粒是否为碳化物，对两种温度渗碳层表面不同形态组织中元素成分行进了 EDS 分析，结果如表 2.10 所示。

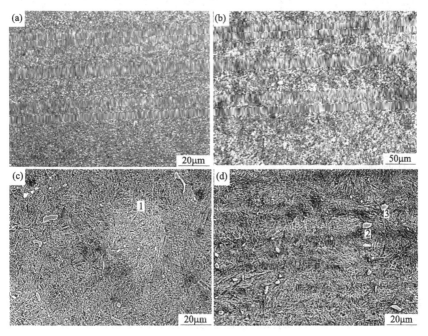

图 2.18　不同温度真空渗碳层表面的金相和 SEM 形貌

（a）920℃渗碳层表面金相；（b）980℃渗碳层表面金相

（c）920℃渗碳层表面 SEM 形貌；（d）980℃渗碳层表面 SEM 形貌

从表 2.10 中可以看出，出现在马氏体周围的白色颗粒中碳浓度极高，为碳化物相；图中 1 和 2 处位置碳浓度相对较低，为马氏体组织。对比不同温度渗碳层表面马氏体含碳量可以发现，相比于 920℃渗碳层，高温 980℃渗碳层中碳含量更高。由此可知，较高温度渗碳对提高渗碳层表面的碳浓度有利，但会增大渗碳层中碳化物的尺寸，使其球形度变差，分布也更加不均匀。

表 2.10　渗碳层表面典型位置的 EDS 结果

位置	碳浓度(原子分数)/%				
	C	O	Cr	Fe	Ni
1	22.51	17.21	2.35	57.16	0.79
2	15.20	10.12	1.67	72.27	0.73
3	60.45	6.37	0.79	32.10	0.29

为进一步探究温度对渗碳层晶粒尺寸的影响，采用苦味酸与表面活性剂对渗碳层表面进行腐蚀，获得不同温度真空渗碳层的晶粒尺寸，如图 2.19 所示。

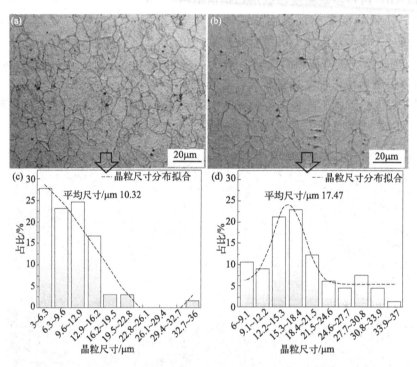

图 2.19　不同温度真空渗碳层的晶粒尺寸和分布
（a）920℃渗碳层金相图；（b）980℃渗碳层金相图；
（c）920℃渗碳层的晶粒尺寸分布统计；（d）980℃渗碳层的晶粒尺寸分布统计

依据 GB/T 6394—2017《金属平均晶粒度测定方法》，对两种温度渗碳层的晶粒尺寸进行测定。从图 2.19 中可以看出，腐蚀后渗碳层表面原奥氏体晶粒边界清晰，渗碳层中晶粒大小不一。对比两种温度渗碳层表面晶粒尺寸可知，920℃渗碳层的晶粒较为细小，而高温980℃渗碳层表面的晶粒尺寸更大。依据 GB/T 6394—2017 可知，920℃渗碳层的平均晶粒度为 9～9.5 级，而 980℃渗碳层的平均晶粒度为 8.5～9 级。相比于 980℃渗碳层的晶粒度，920℃渗碳层的晶粒度相对提升了 1 级。采用统计软件对两种渗碳层中晶粒尺寸与分布情况进行分析发现，两种渗碳层表面组织为微米级，其大小并不一致，其中 920℃渗碳层表面小尺寸晶粒更多，其主要分布于 3～16μm 范围内，而 980℃渗碳层表面晶粒大部分集中于12～18μm 间。920℃渗碳层表面组织晶粒平均粒径为 10.32μm，而 980℃渗碳层表面晶粒尺寸高达 17.47μm，相比于 920℃较低温度渗碳，高温真空渗碳层中的晶粒出现了明显的长大趋势。因此，通过组织结构分析可知，高温渗碳会使渗碳层组织在奥氏体化过程中长大，晶粒发生显著粗化，同时也会增加碳化物分布的不均匀性。

2.3.3.3　渗碳温度对渗碳层力学性能的影响

两种温度真空渗碳层的截面硬度分布如图 2.20 所示。从图中可以看出，两种温度渗碳层的截面硬度整体呈下降趋势，其最高硬度均出现于次表面。对比最高硬度值可以发现，920℃渗碳层的最高硬度值较高，约为 860HV$_1$，而 980℃渗碳层最高硬度值比其低约 70HV$_1$，并且这种趋势在 1mm 范围内一直保持。对于大于 1mm 后，920℃渗碳层的截面硬度开始显著下降，明显低于 980℃渗碳层的硬度。以硬度为 550HV$_1$处距表面的距离为渗碳层的有效硬化层厚度可知，920℃渗碳层的有效硬化层厚度为 1.48mm，980℃渗碳层的有效硬化层厚度为 2.9mm。在相同的渗碳条件下，相比于920℃渗碳层，980℃渗碳层的有效硬化层

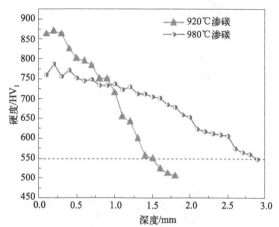

图 2.20　不同温度真空渗碳层的截面硬度分布

厚度增加近 1 倍，渗碳速率提高了约 96%。由此可知，对于真空渗碳，温度越高，碳扩散系数越大，渗速增大幅度越大，但也会出现表面硬度降低的现象。

2.3.3.4　渗碳温度对渗碳层摩擦学性能的影响

两种温度真空渗碳层的摩擦系数变化曲线与磨损失重如图 2.21 所示。从图 2.21(a) 中可以看出，相比于 980℃渗碳层，920℃渗碳层具有更小的摩擦系数，其数值约为 0.60，这与其表面更为细小的均匀马氏体和碳化物相关。相对较低的摩擦系数也代表着 920℃渗碳层在摩擦磨损中具有更优异的减摩特性。图 2.21(b) 磨损失重结果显示，在相同磨损条件下，980℃渗碳层的磨损失重为 1.0mg，同样高于 920℃渗碳层的磨损失重量（0.6mg），相比于980℃渗碳层的磨损失重，920℃渗碳层的磨损失重可减少 40%。结合两种温度渗碳层组织结构与硬度分析结果可知 920℃渗碳层近表面具有更高的硬度及更为细小良好的组织结构，因此可表现出更好的减摩抗磨性能。

不同温度真空渗碳层的表面磨痕形貌如图 2.22 所示。两种温度渗碳层表面磨痕形貌主要表现为平行犁沟、磨损剥落和氧化等，说明两种温度渗碳层的磨损机制相同，主要为磨粒磨损伴随着少量的氧化磨损与黏着磨损。由于渗碳层表面弥散分布着颗粒状的碳化物，在摩擦磨损过程中成为脱落的硬质相在渗碳层表面形成大而深的犁沟，而表面大面积的犁沟进一步导致渗碳层剥落以及磨屑的产生，因此相比于 920℃渗碳层磨痕，980℃渗碳层磨痕在犁沟数量、深度，以及磨损剥落面积等方面均较严重。

针对 17CrNiMo6 钢真空渗碳工艺的研究可发现，980℃高温渗碳可极大加速渗碳过程，但渗碳层组织均匀性降低，组织粗化严重，且碳化物形状不规则现象加重。虽然高温下，渗碳层表面碳浓度会升高，但在组织的影响下，其近表层的硬度相比于 920℃渗碳层仍有大幅度降低。在选取的 920℃和 980℃两个渗碳工艺中，920℃渗碳层具有更为均匀细小的组织和良好的力学与摩擦学性能。

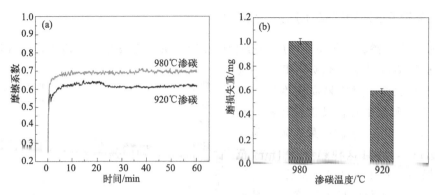

图 2.21　不同温度真空渗碳层的摩擦学行为

（a）摩擦系数曲线；（b）磨损失重图

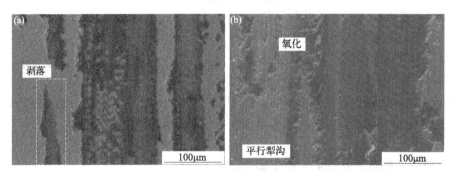

图 2.22　不同温度真空渗碳层表面磨痕形貌

（a）920℃；（b）980℃

参考文献

[1]　张建国，丛培武．真空渗碳技术国内外概况及发展 [J]．金属热处理，2003，(10)：52-55．

[2]　刘静．低压真空渗碳炉加热过程模拟及工艺优化研究 [D]．沈阳：东北大学，2017．

[3]　何龙祥，尹承锟，徐跃明，等．真空低压渗碳炉高精度温控系统的设计与应用 [J]．金属热处理，2020，45（8）：5．

[4]　李勇，崔红娟，杜春辉，等．WZ 型系列真空渗碳炉的研制：第八届全国工业炉学术年会论文集 [C]．2011：158-161．

[5]　Wei S P，Wang G，Zhao X H，et al. Experimental study on vacuum carburizing process for low-carbon alloy steel [J]．Journal of Materials Engineering and Performance，2014，23（2）：545-550．

[6]　邢振平，郭玉飞，邢健，等．轴承零件加工质量缺陷分析及防控措施 [M]．武汉：武汉理工大学出版社，2020．

[7]　王顺兴．金属热处理原理与工艺 [M]．哈尔滨：哈尔滨工业大学出版社，2009．

[8]　郭为民，焦长玉．金属材料及热处理 [M]．北京：化学工业出版社，2016．

[9]　王正品，李炳，要玉宏．工程材料 [M]．2 版．北京：机械工业出版社，2021．

[10]　武建军，孙继兵，李香芝，等．机械工程材料 [M]．2 版．北京：国防工业出版社，2014．

[11]　胡保全．金属热处理原理与工艺 [M]．北京：中国铁道出版社，2017．

[12]　张贵锋，黄昊．固态相变原理及应用 [M]．北京：冶金工业出版社，2011．

[13]　De S U，Amateau M. Deformation of metastable austenite and resulting properties during the ausform-finishing of 1 pct carburized AlSl 9310 steel gears [J]．Metallurgical and Materials Transactions A，1999，30：183-193．

[14]　Beladi H，Timokhina I，Xiong X Y，et al. A novel thermomechanical approach to produce a fine ferrite and low-tem-

perature bainitic composite microstructure [J]. Acta Materialia，2013，61（19）：7240-7250.

[15] 干勇.钢铁材料手册：碳素结构钢 [M].北京：化学工业出版社，2010.

[16] Wei Y，Zhang L，Sisson R. Modeling of carbon concentration profile development during both atmosphere and low pressure carburizing processes [J]. Journal of Materials Engineering and Performance，2013，22：1886-1891.

[17] Jung M，Oh S，Lee Y K. Predictive model for the carbon concentration profile of vacuum carburized steels with acetylene [J]. Metals and Materials International，2009，15：971-975.

[18] 张麦仓，彭以超，杜晨阳，等.石化用耐热合金管材的服役行为 [M].北京：冶金工业出版社，2015.

[19] Sun Y. Kinetics of low temperature plasma carburizing of austenitic stainless steels [J]. Journal of Materials Processing Technology，2005，168（2）：189-194.

[20] 兵器工业部第五二研究所.装甲履带车辆材料手册 金属材料 [M].北京：国防工业出版社，1985.

[21] 杨皖实.形态、结构、材料耦元对合金钢滚动接触疲劳磨损性能的影响 [D].长春：吉林大学，2016.

[22] 陈世镇，刘亚英，高秋平，等.碳氮共渗层残余奥氏体与接触疲劳 [J].东北重型机械学院学报，1984，（03）：28-36.

[23] 相楠.17CrNiMo6 钢的等温正火工艺研究：第十二届中国钢铁年会论文集 [C].2019：114-117.

第**3**章
前处理辅助催渗真空渗碳

目前，在气体渗碳热处理中稀土催渗技术与表面纳米化催渗技术均已被证实对渗碳介质间的化学反应、表面吸附、表面物理化学反应和内扩散具有一定的推动与促进作用，对渗碳层的硬度、耐磨性、抗疲劳、抗高温氧化等性能均有不同程度的改善，是实现快速或较低温高质量渗碳的有效手段[1,2]。因此，针对真空渗碳热处理，开展催渗技术的相关研究，不仅可拓宽其应用范围，而且有利于经济效益的提升。

真空低压渗碳与气体渗碳的主要区别在于其渗碳介质为气体，介质裂解及能量变化过程存在不同，且真空渗碳过程炉内气氛始终保持在低压真空状态，高温下元素扩散及晶粒变化同样存在差异，真空渗碳催渗技术工艺与机制的研究仍是重要方向。本章重点研究稀土注入与表面纳米化前处理工艺对真空渗碳过程、渗碳层组织性能的影响，通过工艺优化与组织结构微观分析获得适用于强化真空渗碳技术的催渗工艺。

3.1 离子注入稀土元素前处理技术

离子注入技术解决了低压真空渗碳过程中无法同时将稀土渗剂与渗碳气体同时通入炉内的问题，其作为前处理技术可在不改变工件原有尺寸精度与表面粗糙度的前提下，保证注入微量稀土的纯度与均匀性，避免了普通稀土渗剂中复杂的多余成分对渗碳过程的影响及炉内的污染。

3.1.1 12Cr2Ni4A 钢离子注入稀土元素与工艺

3.1.1.1 12Cr2Ni4A 钢离子注入稀土元素

稀土元素为周期表中ⅢB族中 15 个镧系元素及钪和钇。其中镧系元素价电子数基本相同，原子和离子半径相近，因此具有极为相近的性质。在热处理稀土催渗方面，稀土渗剂应具有很好的结果重现性、经济性和无公害性，排除稀土元素中具有放射性及制备较为困难的元素，镧和铈因具有最为活泼的性质又兼具丰富的储量与良好的经济效益是目前稀土催渗剂中常用的元素。本节离子注入工艺选取纯稀土镧元素和铈元素，研究单一稀土元素对真空渗碳过程组织结构及性能的影响，优化稀土注入元素，重点研究单一稀土注入对真空渗碳组织性能及碳扩散行为的影响，结合分子动力学软件模拟分析稀土化合物在真空渗碳过程中的演变及催渗机制。实验中12Cr2Ni4A钢真空渗碳工艺以第2章优化后工艺为基础。

离子注入采用 MEVVA 源离子注入设备，注入靶材为纯金属稀土元素 La 和 Ce，靶材纯度为 99.98%，离子注入参数为真空度 2×10^{-3}Pa，电压 45kV，离子注入剂量 2×10^{17} 个/cm^2，注入时间 6h，整个注入过程在室温条件下进行。

3.1.1.2　12Cr2Ni4A 钢离子注入稀土元素工艺优化

La 和 Ce 离子注入样品真空渗碳处理后，渗碳层截面和表面组织的金相结果如图 3.1 所示。从图中可以看出，稀土元素注入的渗碳层表面组织仍为隐晶马氏体、残余奥氏体和碳化物。根据 HB 5492—2011 标准判断，其中表面/截面组织可达到 2 级要求。对比稀土元素注入后渗碳层组织与普通渗碳层组织可以发现，稀土元素注入后渗碳层表面白色残余奥氏体所占面积在所观测区域内明显变小，截面碳化物分布更为均匀。对比 La 与 Ce 注入两种渗碳层的形貌可发现，与 Ce 注入渗碳层相比，La 注入后渗碳样品截面并未出现大块碳化物组织，碳化物更为细小且分布均匀。因此，综上可知，稀土元素注入后渗碳可同时改善渗碳层表面与截面组织，其中 La 注入对渗碳组织的改善效果更为明显。

图 3.1　稀土元素注入前后渗碳层截面和表面的组织形貌图
(a)、(d) 普通渗碳层组织；(b)、(e) La 注入渗碳层；(c)、(f) Ce 注入渗碳层

图 3.2 为渗碳层表面组织的扫描电镜分析及碳化物粒径分布统计图，从图中可以看出，稀土注入后真空渗碳层表面组织仍为无规律排列的马氏体和近似颗粒状离散分布的碳化物。

与普通真空渗碳样品表面组织对比可以发现：La 和 Ce 注入后渗碳，渗碳层表面马氏体明显更为细小，大小更为均匀，并且碳化物的平均尺寸变小。其中 La 注入渗碳层表面碳化物最大粒径仅为 0.28μm，大多数碳化物粒径分布在 0.1~0.2μm 之间，平均粒径为 0.15μm，Ce 注入渗碳层表面大多数碳化物粒径分布在 0.2~0.3μm 之间，碳化物粒径最大

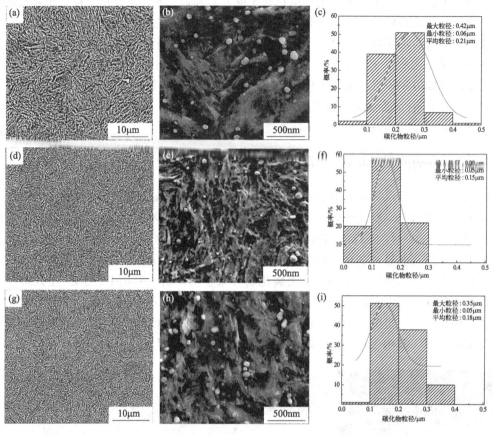

图 3.2　稀土元素注入前后渗层表面组织及碳化物粒径分布图

(a)、(b)、(c) 普通渗碳层；(d)、(e)、(f) La 注入渗碳层；(g)、(h)、(i) Ce 注入渗碳层

为 $0.35\mu m$，平均粒径为 $0.18\mu m$。由此可知，稀土元素注入后渗碳可显著细化渗层中马氏体与碳化物组织，其中 La 注入后渗碳对组织的细化效果更为显著。

采用艾特斯 X 射线衍射仪和 HRD-150 洛氏硬度计对渗碳层表面残余奥氏体含量与表面硬度进行测量，其中硬度载荷为 1470N（150kg），加载时间为 10s。在试样表面不同位置选取五个点进行测量，将测量结果取平均值。表 3.1 为稀土元素注入后渗碳层表面残余奥氏体含量与硬度值表。从表中可以看出，稀土元素注入有助于减少渗碳层表面残余奥氏体含量，并可提高渗碳层的表面硬度。La 和 Ce 注入后的渗碳层表面残余奥氏体量分别为 9.6% 和 10.8%，较普通真空渗碳层残余奥氏体含量分别降低 2.1% 和 0.9%。因残余奥氏体硬度较马氏体低，一定范围内残余奥氏体含量的减少对渗碳层硬度的提升存在改善效果。La 和 Ce 注入渗碳层表面硬度分别为 62.9HRC 和 62.8HRC，较普通真空渗层表面硬度分别提高 1.7HRC 和 1.6HRC，并且稀土元素注入层表面不同位置间硬度误差较小，说明稀土元素注入渗碳层组织和成分分布更均匀。

表 3.1　稀土元素注入对真空渗碳层表面残余奥氏体含量与硬度影响

样品	未处理	La 注入	Ce 注入
残余奥氏体含量/%	11.7(±0.3)	9.6(±0.3)	10.8(±0.3)
硬度/HRC	61.2(±1.7)	62.9(±0.4)	62.8(±0.7)

利用 HV-100 型显微硬度计测量渗碳层的截面硬度，测试载荷为 9.8N（1kg），载荷的施加时间为 10s，从样品表面向心部方向进行测量，每点间隔 $10\mu m$，每个深度处取三个不同的点取平均值。图 3.3 为普通渗碳层、La 注入后渗碳层以及 Ce 注入后渗碳层硬度沿深度方向变化图。与普通渗碳层相比，稀土元素注入后渗碳层表面硬度增大，并且沿深度方向渗碳层硬度梯度变缓，其中渗碳层的硬度最高值出现在最表层，并没有出现普通渗碳层所表现出的表层贫碳现象。三种渗碳样品中，Ce 注入的渗碳层硬度最高，最大值可达 $825HV_1$，其次为 La 注入的渗碳样品（$809HV_1$），但 Ce 注入的渗碳层截面硬度变化幅度较大，说明其渗碳层中组织与碳浓度沿深度方向分布并不均匀。

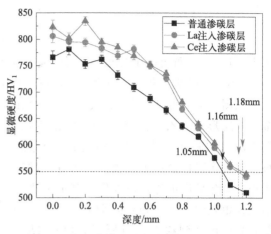

图 3.3　真空渗碳层硬度沿深度方向变化图

从渗碳层表面至截面硬度为 $550HV_1$ 处为渗碳层的有效硬化层深度。因此，普通渗碳层厚度为 1.05mm，Ce 注入的渗碳层厚度为 1.18mm，La 注入的渗碳层厚度为 1.16mm。依据式（2.4）可知：

$$1.05 = K\sqrt{D_{925}t} \tag{3.1}$$

$$1.18 = K\sqrt{D_{925}^{Ce}t} \tag{3.2}$$

$$1.16 = K\sqrt{D_{925}^{La}t} \tag{3.3}$$

式中，D_{925}、D_{925}^{La} 和 D_{925}^{Ce} 分别代表 925℃真空渗碳时，碳元素在原始钢、La 注入钢以及 Ce 注入钢中的扩散系数：

$$D_{925}^{La} = 1.22D_{925} \tag{3.4}$$

$$D_{925}^{Ce} = 1.26D_{925} \tag{3.5}$$

由以上公式可知，相比于普通真空渗碳，稀土元素注入有利于加快碳的扩散系数；相比于 La 注入渗碳，Ce 注入后碳扩散系数更大，可达到普通真空渗碳的 1.26 倍。

综上可知，稀土元素注入会对后期渗碳过程中碳元素分布和组织大小起到改善作用，并可减少渗碳层中残余奥氏体的含量，增大渗碳层硬度和碳元素扩散系数，其中 La 注入渗碳层组织更为细小，碳元素分布更为均匀。虽然 La 对渗碳过程中碳元素扩散系数的增大效果略小于 Ce，但其沿深度方向的硬度降低较缓，不发生突变现象，具有更好的表面/截面性能。因此，La 更适合作为前处理元素对真空渗碳进行离子注入催渗。在后期稀土元素注入前处理对真空渗碳过程及渗层组织结构及性能影响的研究中，以 La 为注入对象进行重点研究。

3.1.2　12Cr2Ni4A 钢离子注入稀土渗层的组织与结构

采用 XPS 技术对稀土离子注入后样品中元素的存在价态及深度进行表征，为保证测试结果的准确性，XPS 测试前使用 Ar^+ 对样品表面进行刻蚀，刻蚀时间为 1min，以去除样品表面的灰尘及污染层，样品不同深度处各元素含量结果如图 3.4 所示。其中 XPS 谱图中各元素含量（％）依据下式计算[3]。

$$C_x = \frac{\left(\dfrac{I_x}{S_x}\right)}{\sum_i \dfrac{I_x}{S_x}} \tag{3.6}$$

式中　I——所测元素在 XPS 谱图中去除背底后的峰面积大小；

　　　S——所测元素的灵敏度因子，对于特定元素而言其为定值。

从图 3.4 中可以看出，La 注入后，会在金属表层形成含有注入离子的连续渐变层，层内注入的稀土元素含量呈现高斯分布趋势。稀土元素含量在表面较少，随着深度的增加，其含量逐步达到最大值，其最大浓度出现在距表面 10～15nm 范围内，La 元素的最高浓度可达到约 25％（原子分数），随后 La 含量逐渐降低，最终在所测量的深度范围（150nm）处达到最低含量约 5％。为确定 La 在样品中的存在状态，分别在样品表面和距表面 150nm 处获得 La 的 XPS 谱图，结果如图 3.5 所示。对 La 的 XPS 谱图进行拟合后发现注入层表面存在 4 个结合能峰位，位于 851.5eV 与 834.8eV 处的峰分别代表 La

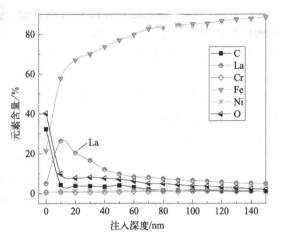

图 3.4　La 注入后样品中各元素含量沿深度方向分布图

$3d_{3/2}$ 和 La $3d_{5/2}$，其自旋轨道分裂值为 16.7eV，为标准的 La_2O_3 结合能峰谱，处于 885.1eV 和 838.3eV 处的峰为氧化镧的卫星峰[4]，由此可知，La 注入后钢材的最表面会因吸附空气中少量的氧而形成 La_2O_3。距样品表面 150nm 深度处的 La XPS 谱图中 835.0eV 处的结合能峰强度明显减弱，说明此处 La_2O_3 量较少，并且结合能谱中出现了三个新的强度较高的峰位。XPS 谱图中 834.0eV 处的峰位即为单质 La（0）的结合能谱，而 842.9eV 和 852.7eV 两处较明显的峰位推测为 La 与 Fe 原子发生固溶或与钢材中的固有成分形成化合物所致。由此可推断，在距表面 150nm 处，样品中大部分 La 元素以单质或固溶体的形式存在于晶界、位错等缺陷位置。综上分析可知，La 注入后以单质的形式分散于缺陷处，或以固溶的形式进入金属的晶格中，但其最表面会因接触空气中的氧而形成少量的稀土氧化物。

由于稀土注入层较薄，采用普通 XRD 并不能清晰获得层内的物相信息，选用小角掠入射方法，对原始钢材和注入样品的浅表层物相进行分析，结果如图 3.6 所示。从图中可以看出基体材料的结构主要为体心立方的铁素体。而 La 离子注入后，体心立方铁素体的三强峰均向低角度方向偏移，偏移角度大约为 0.61°。依据布拉格方程[5] 可知，较大原子半径的原子发生固溶后，会引起材料晶格畸变，使 XRD 峰位向低角度偏移。因此，可判断注入的部分 La 原子与铁原子形成固溶体，产生了晶格畸变和内应力。同时，在 La 注入的谱图中可发现属于 La_2O_3 的（110）、（103）、（004）和（105）晶面衍射峰以及属于 La 单质的（111）、（200）、（220）和（311）晶面衍射峰，这一结果与 XPS 测试结果一致。综上分析可知，由于注入过程能量较高，注入的 La 一部分会进入铁晶胞中形成固溶体，在材料内部引

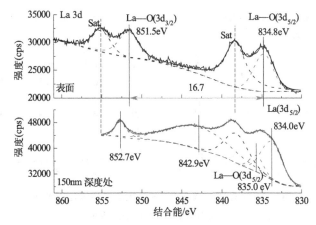

图 3.5　样品表面及距表面 150nm 深度处 La 的 XPS 谱图

起晶格畸变和内应力，一部分会以单质的形式存在于晶体的缺陷位置。但由于 La 电负性较低，化学活性大，其放置于空气中后会与氧反应，使样品最表层位置的 La 单质转变成 La$_2$O$_3$。

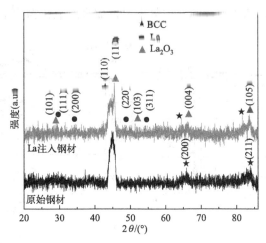

图 3.6　La 注入前后材料表面 GXRD 谱图

3.1.2.1　离子注入稀土元素对 12Cr2Ni4A 钢渗碳元素组成与含量的影响

采用 EDS 对渗碳层表面元素含量进行测试，结果如图 3.7 所示。从能谱图中可以看出，La 注入后渗碳样品表面碳浓度为 2.33%（质量分数），而普通渗碳样品碳浓度较高，为 2.84%。并且在 La 注入渗碳层表面仍可检测到 La 元素的存在，但其浓度较低，为 0.15%（原子分数），说明在渗碳过程中 La 元素发生了扩散。由此可知，表面碳浓度降低的原因可能与 La 单质及固溶体的存在有关，为研究 La 元素对碳元素含量及化合态的影响，采用 XPS 对两种渗碳样品表面及距表面 150nm 位置各元素化合价态进行测试，其结果如图 3.8 所示。

图 3.8 为普通渗碳与 La 注入后渗碳样品表面和距离表面 150nm 处的 XPS 谱图。图中分别展示了 Fe 2p、O 1s、La 3d 和 C 1s 的 XPS 谱图。对比分析两样品 Fe 2p 和 O 1s 谱图

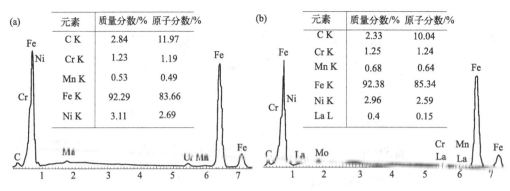

元素	质量分数/%	原子分数/%
C K	2.84	11.97
Cr K	1.23	1.19
Mn K	0.53	0.49
Fe K	92.29	83.66
Ni K	3.11	2.69

元素	质量分数/%	原子分数/%
C K	2.33	10.04
Cr K	1.25	1.24
Mn K	0.68	0.64
Fe K	92.38	85.34
Ni K	2.96	2.59
La L	0.4	0.15

图 3.7 12Cr2Ni4A 钢与 La 注入渗碳层表面能谱图

（a）普通渗碳层；（b）La 注入渗碳层

可以发现，两种渗碳层表面的 Fe 元素以 $2p_{3/2}$ 和 $2p_{1/2}$ 的 Fe—O 键形式存在，其能量分别位于 710.2eV 和 724.0eV 处[6]。距表层深度为 150nm 处，铁元素主要以纯铁的形式存在，与其对应的峰位分别位于 706.5V、707.3eV 和 719.6eV 等[7]。从 O 1s 谱图可以看出两种渗碳样品表面的氧元素均以氢氧化物和金属氧化物的形式存在，而在距表层 150nm 处，两种渗碳层中氢氧化物的峰强减弱，渗碳层中氧主要形成金属氧化物[8]。

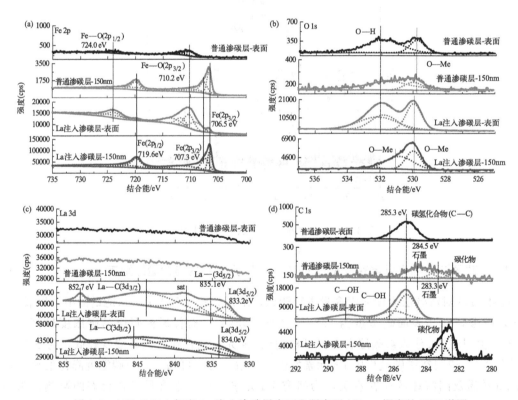

图 3.8 12Cr2Ni4A 钢和 La 注入渗碳层表面和距表面 150nm 深度处 XPS 谱图

（a）Fe 2p；（b）O 1s；（c）La 3d；（d）C 1s

从图 3.8（c）中可以看出普通渗碳层与 La 注入渗碳层的 La 3d 的 XPS 谱图存在较大差别。普通渗碳样品中无与 La 元素有关的结合能峰谱，而 La 注入渗碳层表面与距表面

150nm 深度处均出现了 La—O、La—La 或 La—C 的峰，与未渗碳注入层 La 3d 的 XPS 谱图（图 3.5）对比可以发现，渗碳后样品 La 3d 的 XPS 谱图中 845eV 附近出现了明显的结合能峰，推测其属于 La—C 化合物[9]。图 3.8（d）为两种渗碳层 C 1s XPS 谱图，从图中可以看出，碳元素在两种渗碳层表面的存在形式基本一致，主要为碳氢化合物和碳水化合物（C—OH），其结合能分布于 284.4～285.2eV 之间[10]。但在距表面 150nm 深度处两种渗碳层中碳元素的存在形式出现了明显的差别，此处两种渗碳层中来自于碳氢化合物的 C—C 键已基本消失。对于普通真空渗碳层，出现了明显的 C—C 键和 C—Me 键结合能峰，而稀土渗碳层中仅存在 C—Me 键结合能峰，其分布在 282.5～283.9eV 之间，并且碳化物结合能峰的强度较高[8-10]。由此可知，相比于普通真空渗碳层，La 注入有助于减少渗碳层中以 C—C 键形式存在的游离碳，促进碳元素与金属元素成键形成碳化物。为进一步探究 La 元素存在对碳元素浓度变化的影响，通过式(3.6)对两种渗碳层表面和距表面 150nm 深度处渗碳层中各元素原子分数进行计算，结果列于表 3.2 中。

表 3.2　普通渗碳层与 La 注入渗碳层中主要元素原子分数表　　　（单位：%）

项目	C—C	碳化物	Fe	O	La	Cr	Ni	Mn	Mo
普通渗碳层-表面	60.02	—	8.43	27.04	—	0.90	1.45	0.47	1.69
La 注入渗碳层-表面	46.63	—	10.28	36.07	3.31	0.71	1.20	0.40	1.31
普通渗碳层-150nm	2.78	3.70	80.83	7.74	—	1.21	2.07	0.85	0.22
La 注入渗碳层-150nm	—	3.99	78.85	5.10	6.89	1.27	2.63	0.89	0.19

从表 3.2 中可以看出普通真空渗碳和 La 注入后真空渗碳样品在距渗碳层表面 150nm 处，碳和氧的相对含量迅速降低，Fe 元素的原子分数大幅度升高，甚至达到基材的原始水平。比较两种样品表层及距表层 150nm 深度处碳元素含量可以发现，La 注入后真空渗碳样品表面及距表面 150nm 处的碳元素的原子分数均低于普通渗碳样品。对比两种渗碳层 150nm 处碳元素含量可知，普通真空渗碳样品碳元素原子分数为 6.48%（2.78%＋3.70%），较相同深度处 La 注入真空渗碳层（3.99%）含量高出 2.49%。由于碳元素主要以游离形式和碳化物两种形式存在，因此，分别提取出普通渗碳层中以碳化物和游离形式存在碳的结合能峰面积，计算得到其各自百分比。普通渗碳层中游离碳占 2.78%，而以碳化物形式存在的碳原子含量为 3.70%，其数值小于 La 元素注入后渗碳样品中碳化物的含量（3.99%）。由此可知，La 渗碳层中以碳化物形式存在的碳含量更多，分析原因为 La 化学活性较高，在其周围可形成包含更多碳的柯氏气团[11]，当 C 原子达到临界形核浓度时，以 La 为核心的高浓度柯氏气团将形成碳化物形成的核心，从而提高了渗碳层中以碳化物形式存在的碳含量。

3.1.2.2　离子注入稀土对 12Cr2Ni4A 钢渗碳组织结构的影响

图 3.9（a）为原始钢材及 La 注入后真空渗碳样品 XRD 谱图。从 XRD 谱图中可以看出，真空渗碳及 La 注入渗碳层相组成及晶面择优取向相同。为进一步确认两种渗碳层相组成的差别，选用灵敏度更高的小角掠入射方式对 La 注入渗碳层表面进行分析，其入射角度为 2°，结果如图 3.9（b）所示。从图中可以发现，GXRD 谱图中出现了很多 XRD 未检测到的小峰，经分析可知，它们分别为属于马氏体、LaC_2、$LaFeO_3$ 与 Fe_3C 等物相的特征峰。因此，相比于普通渗碳层，La 注入会在真空渗碳过程中使渗碳层表面形成 LaC_2 和 $LaFeO_3$ 相。

图 3.10 为普通真空渗碳及 La 注入渗碳样品表层（距表面约 $150\mu m$）透射图。从图中可以看出两种渗碳层表面相组织和结构基本一致，均为板条马氏体、残余奥氏体及碳化物

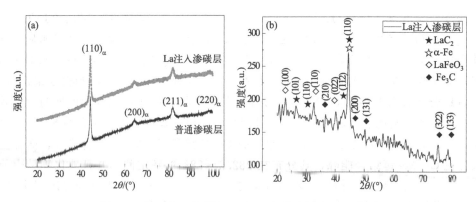

图 3.9 普通真空渗碳与 La 注入渗碳层表面 XRD 谱图

(a) 渗碳层 XRD 谱图；(b) La 注入渗碳层 GXRD 谱图

等。但相比于普通渗碳层，La 注入渗碳层表面灰黑色区域面积明显减少，其可说明 La 注入渗碳层表面残余奥氏体含量有所减少。并且在 La 注入渗碳层表面一些微小区域中可观测到细小片状的 {112}＜110＞型孪晶马氏体，其宽度均小于 15nm。一般在马氏体中的 {112} 孪晶为相变孪晶，产生原因与淬火过程中的相变协调相关。La 原子在渗碳过程中易吸收更多的碳，而这些碳浓度较高的区域淬火后易形成强度较高的细小片状孪晶马氏体[12]，从而出现在 La 注入渗碳层的微区中。由此可知，在渗碳过程中注入的 La 可影响残余奥氏体的含量和马氏体的存在形态。

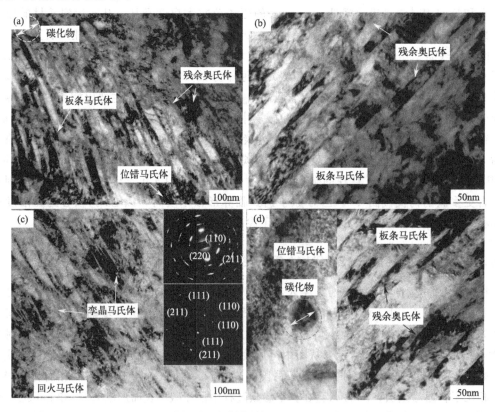

图 3.10 渗碳层表层透射图

(a)、(b) 普通渗碳层；(c)、(d) La 注入渗碳层运用 TEM 自带的 EDS 对两种渗碳层中所观测到的球形碳化物成分进行分析，结果如图 3.11 所示。

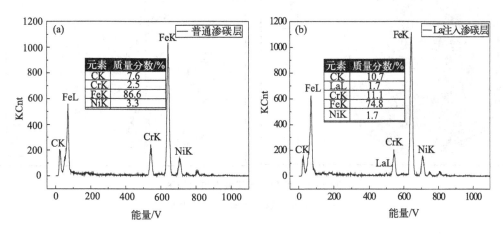

图 3.11　渗碳层中碳化物 EDS 谱图
(a) 普通渗碳层；(b) La 注入渗碳层

从图 3.11 中可以看出两种渗碳层中碳化物均为合金碳化物，其中含有 Fe、Cr、Ni 等多种金属元素。比较分析两种渗碳层中碳元素及各金属元素的相对含量可发现：相比于普通渗碳层中的碳化物，La 注入渗碳层中的碳化物含有碳和铬元素的相对含量较高，可分别测达到 10.7% 和 11.1%，并且碳化物中存在 1.7% 的 La。由此可间接说明 La 周围易吸附更多的碳原子，形成碳浓度较高的碳化物，并且含有 La 的碳化物中铬含量也相对较高。有研究表明，铬元素可促进碳化物的球化，铬含量较高的碳化物形状会更圆润[13]，所以，稀土注入渗碳层中的碳化物形状更规则，这有利于减少受力条件下裂纹源的形成。

图 3.12 为 EBSD 测试获得的两种渗碳层截面组织极图，从图中可以看出，普通渗碳层组织在不同程度上围绕特殊的取向排列，主要表现出 <001> 和 <111> 两种织构取向，而 La 注入后，渗碳层组织取向转变为任意分布，择优取向不明显且织构强度变弱。Rauschenbach B 等[14]研究发现氮离子注入钛金属中可诱导钛金属形成一定取向的织构，并且最强的织构方向垂直于注入方向，由此推测，稀土注入可对原奥氏体晶粒的取向和大小产生影响。奥氏体的取向特点在渗碳淬火过程中影响马氏体的转变速度与转变量[15]，因此，La 注入后，进入基材中的稀土元素与注入过程中形成的晶粒取向会在渗碳淬火过程中影响马氏体的转变方式以及转变速度，从而影响渗碳层中晶粒粒径与取向。

通过对渗碳层组织 EBSD 测试，获得两种渗碳层中晶粒粒径及晶界信息，结果如图 3.13 所示。从图 3.13 (a) 晶粒粒径分布图中可以看出，La 注入后渗碳样品的晶粒粒径明显比普通渗碳层中的晶粒粒径小，其平均粒径为 $0.43\mu m$，比普通渗碳层晶粒（$0.82\mu m$）减小约 47%，La 注入的渗碳层中粒径小于 $0.2\mu m$ 的晶粒占所测区域中总晶粒个数的 28.2%，而普通渗碳层中粒径小于 $0.2\mu m$ 的晶粒仅为 6.5%。由此可知，La 注入对后续渗碳中组织的细化效果显著。

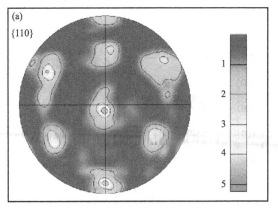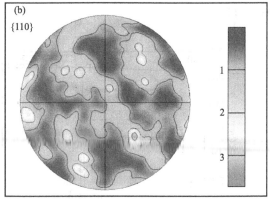

图 3.12　两种渗碳层截面组织极图

(a) 普通渗碳层；(b) 稀土注入渗碳层

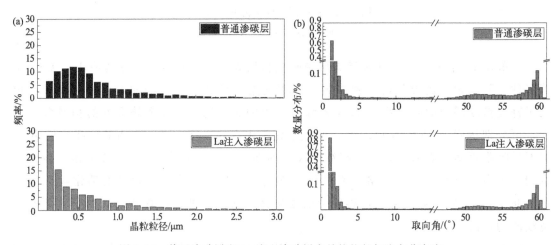

图 3.13　普通渗碳层和 La 注入渗碳层中晶粒粒径与取向分布表

(a) 晶粒粒径；(b) 晶粒取向

从晶粒取向分布图［图 3.13(b)］中可以看出，相比于普通渗碳层，La 注入渗碳层中小于 5°的小角晶界数量明显较多。由于渗碳层中晶界取向差小于 5°的晶界基本来自于板条间取向差，因此马氏体数量增多是小角晶界增加的主要原因。普通渗碳层中含有较多的大角晶界，其中 60°附近的孪晶界数量较多。一般来讲，大角晶界能量较高，而小角晶界能量则较低，虽然孪晶界属于大角晶界，但因为其晶格存在镜面对称关系，其界面能却很低，甚至低于小角晶界。所以，相比于普通渗碳层，La 注入后渗碳层中晶界能量会相对较高，这更有利于渗碳过程中碳元素的扩散。由于小角晶界具有较大的位错能量，因此，稀土注入后渗碳层中小角晶界数量的增多也说明渗碳层中位错密度的增大，而位错密度的增大也预示着渗碳层强度的改善[16]。

3.1.3 离子注入稀土元素对 12Cr2Ni4A 钢渗碳层性能的影响

3.1.3.1 离子注入稀土元素对 12Cr2Ni4A 钢渗碳硬度及残余应力的影响

对两种渗碳层显微硬度和残余应力的变化进行了分析，结果如图 3.14 所示。显微硬度图［图 3.14(a)］显示，在距离表面相同位置处 La 注入渗碳层的显微硬度始终高于普通渗碳层，说明 La 注入后有助于渗碳层力学性能的提高，使渗碳层在服役时具有更高的承载能力。在组织结构分析中可发现，La 注入后渗碳层的组织更为细小，碳化物更多，这也是其硬度增大的重要原因。图 3.14(b) 为两种渗碳层残余压应力随深度的变化图，可以看出残余压应力在渗碳层中整体为先增大后减小的趋势，曲线中存在两个波峰位置。比较两种渗碳层中残余应力大小可以发现，在距表面 250μm 范围内 La 注入后的渗碳层残余压应力均大于普通渗碳层，普通渗碳层表面残余压应力为 -178MPa（负号表示方向），而 La 注入的渗碳层为 -282MPa，到达距表面 200μm 深度处 La 注入渗碳层的残余压应力值基本与普通渗碳层相当。由于残余奥氏体含量与马氏体转变量息息相关，La 渗碳层中奥氏体含量较普通渗碳层低，其转变量大，在马氏体转变过程中形成的体积膨胀现象会更明显，产生残余压应力也会更大。La 注入渗碳层中较大的残余压应力可以阻止裂纹的萌生与扩展，有助于提升渗碳层的摩擦学及疲劳性能。

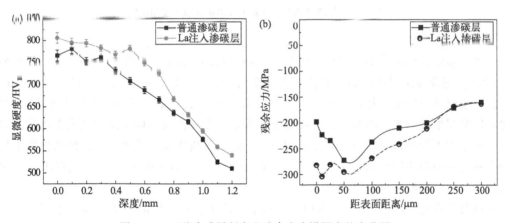

图 3.14　两种渗碳层硬度和残余应力沿深度的变化图
(a) 显微硬度；(b) 残余应力

3.1.3.2 离子注入稀土元素对 12Cr2Ni4A 钢渗碳摩擦学特性影响

使用 MMS-2A 型滚动试验机对两种渗碳层摩擦学性能进行测试，测试参数为：油润滑条件下，转速为 200r/min，测试载荷 200N，室温条件下持续时间为 30min，对磨环材料为 WC，其直径为 40mm。磨损试验前后，采用精度为 0.1mg 的电子天平称量磨损失重量。图 3.15 为普通渗碳层和 La 注入渗碳层在载荷 200N 油润滑条件下的摩擦系数曲线及磨损失重数据。从图 3.15(a) 渗碳层摩擦系数变化曲线中可以看出，普通渗碳层摩擦系数在 1800s 的摩擦磨损测试时间范围内基本无变化，保持在 0.12 左右，而 La 注入渗碳层的摩擦系数在前 600s 范围内大于普通渗碳层，随后其摩擦系数逐渐减小，最终稳定在 0.11。结合组织结构分析可知，La 注入渗碳层具有较为细小的组织，使其稳定期相比于普通渗碳层具有更低的摩擦系数。从图 3.15(b) 两种渗碳层的磨损失重图中可以发现，La 注入后可明显减小渗碳层的磨损失重，普通渗碳层磨损失重为 12.7mg，而 La 注入渗碳层的磨损失重为 10.8mg，较普通渗碳层降低 17.6%。依据渗碳层组织与力学性能分析可知，La 注入渗碳层磨损性能的改善主要可归因于 La 注入后渗碳层组织的细化和力学性能的提升。①细小的组织对摩擦系数起到了良好的改善作用，同时减少了磨损过程中裂纹源的产生；②较高的硬度增大了磨损阻力，较大的残余压应力抑制裂纹扩展，多因素共同作用使得稀土注入渗碳层表现出了较为优异的摩擦学性能。

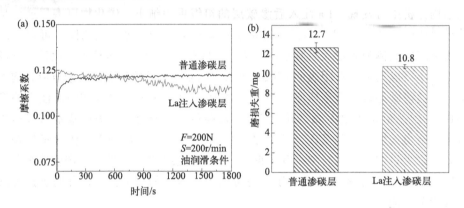

图 3.15　普通渗碳层与 La 注入渗碳层试样磨损数据
(a) 摩擦系数曲线；(b) 磨损失重图

为进一步研究两种渗碳层的磨损机制，对两种渗碳层磨损后的形貌进行观察，结果如图 3.16 所示。两种渗碳样品表面的磨损形貌主要为犁沟和分层，磨损较严重的犁沟周围存在着分层、裂纹及点蚀坑。相比之下，La 注入渗碳层磨损表面犁沟周围存在较多细小的磨粒。在渗碳层磨损形貌中形成的犁沟、裂纹及分层为处于摩擦副与渗碳层间的硬质碳化物颗粒在较高载荷作用下沿磨损滑动方向反复作用所致。综上分析得出：两种渗碳层的磨损失重是磨粒磨损和疲劳磨损共同作用的结果。但与普通渗碳层磨损形貌相比，La 注入渗碳层表面的磨粒较多，其磨粒磨损现象更为显著。

通过对普通真空渗碳与 La 注入前处理真空渗碳中碳元素扩散以及渗碳层组织成分、结构形貌与性能的研究，主要得出如下结论：

① La 注入 12Cr2Ni4A 钢中会形成深度约为 150nm，含量呈高斯分布，最高浓度约为 25%（原子分数）的注入层，La 在内部一部分以置换固溶体的形式存在于晶内，另一部分则以单质或化合物的形式聚集于晶界，最表面因氧化形成稀土氧化物。

② 真空渗碳后，La 注入渗碳层，表面游离碳基本消失，表面可检测到少量 $LaFeO_3$ 化合物；相比于普通真空渗碳，La 注入后渗碳过程中碳的扩散速率得到提升，在 925℃条件下，碳元素的扩散系数可增大 1.22 倍，同时渗碳层表面游离碳减少，无炭黑出现，取而代之的是以碳化物形式存在的碳，渗碳层内部出现了稀土碳化物。

③ 相比于普通渗碳层，La 注入渗碳层组织明显细化，尺寸可减小约 47%；其残余奥氏体更多地转变为马氏体，因此具有更高的渗碳层硬度、更大的残余压应力及优异的摩擦学性能。

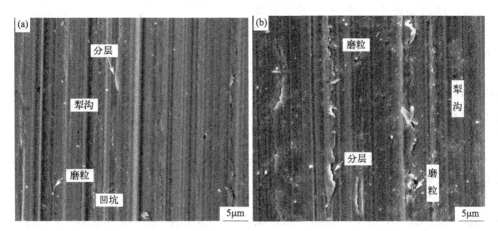

图 3.16　渗碳样品磨损形貌图

（a）普通渗碳层；（b）La 注入渗碳层

3.1.4　18Cr2Ni4WA 钢离子注入稀土渗层组织与性能

本实验采用 3.1.1.2 中优化的稀土注入工艺对 18Cr2Ni4WA 钢进行离子注入前处理，并对 La 注入后钢材元素特征及相组成进行研究，为 18Cr2Ni4WA 钢稀土壮入催渗研究奠定基础。首先运用 XPS 刻蚀技术对注入 La 元素的价态、含量及分布进行分析，结果如图 3.17 所示。从图 3.17(a) 中可以看出 La 元素含量随深度的增加，出现先增加后减小的趋势，浓度最大处为距表面 10~15nm，最高浓度可达到 30%左右；当深度达到 10~30nm 时 La 元素含量开始降低，达到 17%左右，并在 60nm 深度前维持在比较稳定的范围内；当深度达到 60~80nm 时 La 元素含量进一步降低到 5%左右，随后基本趋近于 0。由此可知，离子注入 La 的有效深度约为 60nm。图 3.17(b) 为注入层表面 La 3d XPS 谱图，在检测前先对样品进行刻蚀，刻蚀掉 3~5nm 的厚度后进行检测。从图 3.17(b) 中可以看出，注入的稀土元素 La 主要存在三个峰，分别位于结合能 834.7eV、838.7eV 和 851.2eV 处，分别对应 $La3d_{5/2}$、$La3d_{5/2}$ 和 $La3d_{3/2}$，由此可知稀土注入层中 La 以氧化物的形式存在。

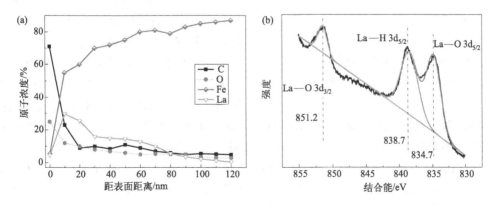

图 3.17　La 离子注入层元素含量分布及表面 La 3d XPS 谱图

（a）元素含量分布；（b）表面 La 3d XPS 谱图

为判断 La 注入是否对钢的相组成产生影响，对 18Cr2Ni4WA 基材及 La 注入样品进行

XRD 分析，结果如图 3.18 所示。可以发现 La 注入后钢材的普通 XRD 谱图中并未出现相组成的改变，相组成主要为马氏体，但对 (110) 晶面处衍射峰进行放大可发现，La 注入后衍射峰出现宽化，且峰强度增大。该现象的出现与以下三个因素息息相关：①注入的稀土元素具有较强的化学活性，在钢铁材料中具有净化、合金化及变质等作用，最重要的是细化组织，因而体现出衍射峰宽化；②稀土原子尺寸比铁原子大，在离子注入过程中导致 18Cr2Ni4WA 钢发生晶体膨胀，缺陷增加；③离子注入的辐射损伤也引起了衍射峰的宽化。

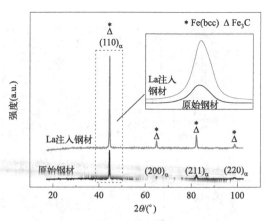

图 3.18 18Cr2Ni4WA 钢及注入 La 后样品表面 XRD 谱图

3.1.4.1 离子注入稀土元素对 18Cr2Ni4WA 钢渗碳组织结构的影响

此处对 18Cr2Ni4WA 钢及 La 注入 18Cr2Ni4WA 钢进行真空渗碳处理，渗碳工艺按照 2.3.3 节中优化的工艺进行，渗碳温度为 920℃，研究 La 注入对 18Cr2Ni4WA 钢组织和性能的影响，分析 La 注入前处理催渗机制。

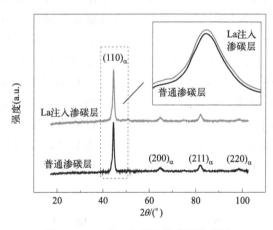

图 3.19 18Cr2Ni4WA 钢普通渗碳层及注入 La 渗碳层 XRD 谱图

首先，采用 XRD 对两种渗碳层表面的物相组成及相的结晶性进行分析，结果如图 3.19 所示。从图中可以看出，未注入 La 并没有使渗碳层组织结构发生转变，渗碳层的组织仍为马氏体，但 La 注入后的渗碳层 (110) 晶面衍射峰出现峰强度增加和宽化现象。衍射峰峰强度增加即峰"变高"，说明其渗碳层组织中马氏体的结晶性较好，更有利于形成马氏体组织。衍射峰宽化即峰"变宽"，是由于晶粒细化和晶格畸变等。由此可知，相较于普通渗碳，La 的注入使渗碳层中晶粒发生了细化，晶格发生了畸变。

为了进一步确定 La 注入对渗碳层组织影响，接下来采用金相、扫描和透射电镜对两种渗碳层的表面组织进行观察，两种渗碳层表面金相组织如图 3.20 所示。金相结果依据渗碳层金相检测标准（JB/T 6141.3—1992《重载齿轮 渗碳金相检验》）进行分析。从图 3.20 中可以看出，真空渗碳后渗碳层表面组织为板条马氏体、碳化物和残余奥氏体。由于渗碳层中残余奥氏体含量相对较少，在 XRD 测试和金相中较难进行统计分析，采用艾特斯 X 射线衍射仪分别对两种渗碳层表面残余奥氏体含量进行测量，结果显示普通渗碳层中残余奥氏体含量为 12.8%±0.5%，而 La 注入渗碳层中含量占 10.1%±0.5%。相比于普通渗碳层，La 注入渗碳层中残余奥氏体含量可减少 21%。观察金相组织可发现，注入稀土元素 La

渗碳层马氏体组织相对较小，说明 La 注入有助于真空渗碳组织的细化。因此，La 注入有助于奥氏体的转变和组织的细化。为了进一步分析 La 注入对渗碳层组织大小的影响，采用 SEM 对渗碳层表面组织进行放大观察，结果如图 3.21 所示。

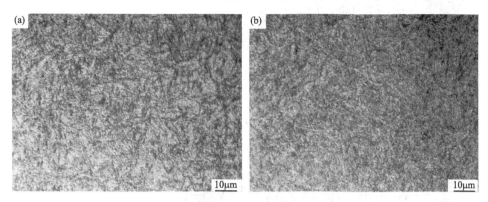

图 3.20　普通渗碳层和 La 注入渗碳层表面金相组织
(a) 普通渗碳层；(b) La 注入渗碳层

从图 3.21 中可以看到，渗碳后组织为马氏体、碳化物和残余奥氏体，其中马氏体主要呈现板条状，碳化物为白色颗粒状。相比于普通渗碳层，La 注入渗碳层中碳化物更为细小且均匀。为了更精准测量碳化物的尺寸，对两种渗碳层表面碳化物的粒径和分布进行定量计算，结果见图 3.21(b) 和 (d)。从图中可以看出，La 注入渗碳层表面碳化物 95% 以上粒径均小于 0.2μm，其碳化物平均粒径为 0.1μm，而普通渗碳层中碳化物的最大粒径可达到 0.8~0.9μm，碳化物的平均粒径为 0.22μm。因此相比于普通渗碳层中的碳化物，La 注入渗碳层碳化物更为细小，平均粒径可减小 50% 以上，且碳化物粒径分布也更为均匀。

在扫描电镜中并不能清晰地观察到马氏体的具体形态，为进一步分析 La 注入对渗碳层马氏体形态和亚结构的影响，对两种渗碳层分别进行 TEM 观察，结果如图 3.22 所示。

从图 3.22 中可以看出，普通渗碳层中马氏体主要为板条马氏体，板条的宽度大约为 70~80nm；La 注入渗碳层中除板条马氏体外，出现了大量片状马氏体，其马氏体是一种混合形态的组织。板条马氏体的亚结构是位错，而片状马氏体亚结构为孪晶[17]，细小的孪晶马氏体又称为"隐晶马氏体"，属于高碳马氏体，其强度和硬度均高于位错马氏体且具有较好的耐磨性[18-21]。由于 La 原子半径比 Fe 原子半径大 40% 左右，在注入过程中被注入到合金钢中，渗碳过程中可以向内部渗入和扩散，引起铁点阵的膨胀畸变，这有利于碳原子跃迁，并优先在这些畸变区偏聚，从而提高了渗碳层的碳浓度，因此在后续的淬火过程中更易形成高碳马氏体[22]。由此可知 La 注入渗碳层相比于普通渗碳层可表现出更高的硬度、强度及耐磨性能。

3.1.4.2　离子注入稀土元素对 18Cr2Ni4WA 钢渗碳磨损性能的影响

渗碳热处理强化对象主要为高承载、高摩擦以及承受冲击、剪切等复杂应力工况下的零件，如齿轮、轴承、凸轮轴等，其表面渗碳层的摩擦磨损性能是关系到工件精度与可靠性的关键，具有良好的摩擦学性能是渗碳层满足服役要求的先决条件。由于齿轮和轴承等零部件在实际服役环境中除了受到复杂的冲击剪切应力外，还需要在缺少润滑油、高温甚至腐蚀等特殊环境下作业，因此，针对不同摩擦磨损条件下，渗碳层磨损特征分析及机制研究具有重

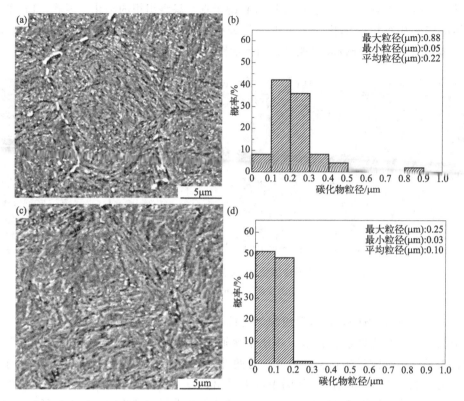

图 3.21 普通渗碳层和 La 注入后渗碳层表面形貌及碳化物粒径分布图
(a) 普通渗碳层表面形貌；(b) 普通渗碳层碳化物粒径分布；
(c) La 注入渗碳层表面形貌；(d) La 注入渗碳层表面碳化物粒径分布

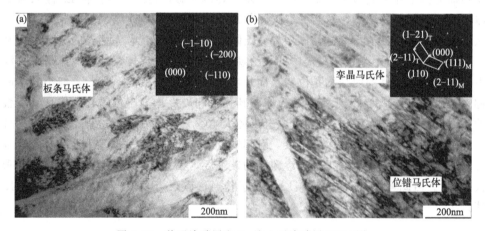

图 3.22 普通渗碳层和 La 注入后渗碳层 TEM 图
(a) 普通渗碳层；(b) 稀土 La 注入渗碳层

要的应用意义。

此处基于渗碳零件实际服役过程所面临的摩擦磨损环境，对 18Cr2Ni4WA 钢与 La 注入渗碳层进行不同工况下的摩擦磨损试验，研究渗碳层在不同摩擦环境下的磨损行为，探究 La 注入前处理对渗碳层不同摩擦条件下磨损性能及磨损机制的影响。

渗碳层的磨损一般有黏着磨损、磨粒磨损以及疲劳磨损等形式，磨损形式与渗碳层的硬度及组织结构密切相关。首先，采用洛氏硬度计和显微维氏硬度计分别对两种渗碳层表面及截面的硬度进行测量，结果如表 3.3 和图 3.23 所示。洛氏硬度试验中载荷为 1470N（150kg），加载时间为 10s。从渗碳层表面开始，在垂直方向上依次打点测量至硬度数值处于 $550HV_1$ 处，测量间隔为 $100\mu m$。

表 3.3　渗碳层表面洛氏硬度

渗碳层	普通渗碳层	La 注入渗碳层
硬度/HRC	61.7±1.1	63.4±0.8

从表面硬度表中可以看出，普通渗碳层的表面硬度为 61.7HRC，La 注入渗碳层具有更高的表面硬度，为 63.4HRC，并且由于其渗碳层组织更为细小均匀，其不同点间的硬度值误差更小，分布更均匀。同时，相同深度处 La 注入渗碳层截面硬度均大于普通渗碳层，并且其硬度的波动也较普通渗碳层平缓，这表明 La 注入渗碳层由表及里的元素及组织分布更为均匀致密。当截面显微硬度值达到 $550HV_1$ 处，普通渗碳层的有效硬化层深度为 1.35mm，而 La 注入渗碳层的有效硬化层深度为 1.48mm，其较普通渗碳层增厚 9.6%。由此可知，La 注

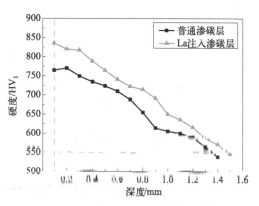

图 3.23　渗碳层截面显微硬度分布

入前处理有助于提高真空渗碳过程中碳元素的扩散速率，增厚渗碳件的有效硬化层深度，并改善渗碳层的表面/截面的硬度及其均匀性。

为进一步确定 La 注入对 18Cr2Ni4WA 钢在 920℃真空渗碳过程中碳元素扩散系数的影响，依据式(2.4)对两种渗碳层碳元素的扩散系数进行计算：

$$1.35 = K\sqrt{D_{920}t} \tag{3.7}$$

$$1.48 = K\sqrt{D_{920}^{La}t} \tag{3.8}$$

式中，D_{920} 和 D_{920}^{La} 分别代表920℃真空渗碳时，碳元素在原始钢和稀土 La 注入钢中的扩散系数：

$$D_{920}^{La} = 1.20D_{920} \tag{3.9}$$

由以上公式可知，相比于普通真空渗碳，稀土元素注入有利于增大碳的扩散系数，其在 920℃条件下碳的扩散系数可增大 1.2 倍。

（1）常温干摩擦条件下渗碳层的摩擦磨损性能

摩擦磨损试验设备为 HT-1000 型高温球盘对磨试验机，对磨材料为直径 6mm 的氮化硅磨球，试验载荷为 9.8N（1000g），试验机频率 10Hz，转速 560r/min，测试时间 60min，试验结束后获得两种渗碳样品的摩擦系数曲线及磨损失重图，结果如图 3.24 所示。

从图 3.24（a）两种渗碳层摩擦系数曲线中可以看出，两种渗碳层的摩擦系数均随时间出现急速增大随后稳定的趋势，相比于普通渗碳层，La 注入渗碳层磨损初期及稳定期均具有更低的摩擦系数。由于摩擦系数与材料表面粗糙度及渗碳层内硬质相有关，依据渗碳后材料表面组织结构分析可知，La 注入渗碳层具有更为细小的马氏体和碳化物组织，其表面粗

糙度相对较小，这有助于减小渗碳层表面的摩擦系数。从图 3.24（b）两种渗碳层磨损失重图中可以看出，普通渗碳层的磨损失重为 1.3mg，La 注入渗碳层的磨损失重相比于普通渗碳层明显减少，为 1.1mg。渗碳层的耐磨性能好坏与试样表面硬度息息相关。而 La 注入渗碳层表面与截面硬度结果均高于普通渗碳层，因此其在摩擦磨损过程中会表现出更好的抗磨性能。

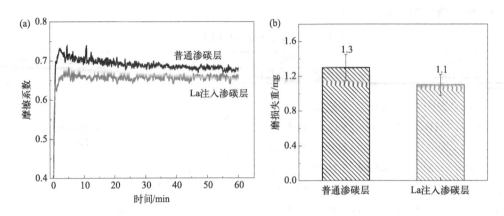

图 3.24　普通渗碳层和 La 注入后渗碳层摩擦系数曲线及磨损失重图
(a) 摩擦系数曲线；(b) 磨损失重图

为了进一步分析磨损的机制，采用扫描电镜对两种渗碳层磨痕形貌进行观察，结果如图 3.25 所示。从图 3.25 两种渗碳层磨痕形貌图中可以看出，渗碳层的磨损机制为磨粒磨损和黏着磨损。磨痕表面存在磨粒和犁沟，说明发生了磨粒磨损；磨痕表面存在不同程度的塑性变形或黏着物，材料发生了迁移，说明发生了黏着磨损。相比于 La 注入渗碳层，普通渗碳层的磨损程度较大。La 注入渗碳层，犁沟较浅，表面硬质磨粒较多，原因在于其渗碳表层硬度较大，碳化物分布均匀，马氏体晶粒细小，磨粒脱落对渗碳层的影响较小，因此具有更优异的耐磨性。

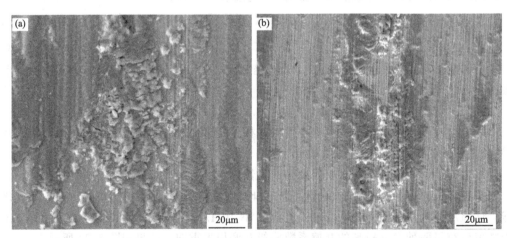

图 3.25　普通渗碳层和 La 注入渗碳层磨痕形貌图
(a) 普通渗碳层；(b) La 注入渗碳层

(2) 100℃干摩擦条件下渗碳层的摩擦磨损性能
齿轮工件在正常工作时最高温度为 60～80℃，当失去润滑作用时温度可能更高，因此本试验为考察失去润滑条件下渗碳件的运行状况，在100℃条件下对两种渗碳层进行摩擦磨损试验，分析渗碳层的高温摩擦磨损性能。除高温度外，本试验其余参数与常温摩擦磨损试验无异。得到两种渗碳层高温摩擦系数曲线与磨损失重信息如图3.26所示。

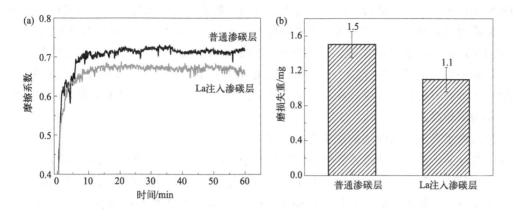

图 3.26　渗碳层 100℃条件下摩擦系数曲线及磨损失重图
(a) 摩擦系数曲线；(b) 磨损失重图

从图 3.26(a) 两种渗碳层摩擦系数变化曲线可以看出，相比于普通渗碳层，在高温条件下 La 注入渗碳层仍具有比较小的摩擦系数及波动幅度。普通渗碳层稳定期摩擦系数约为0.72，La 注入渗碳层约为 0.67，两种渗碳层的摩擦系数相较于常温摩擦磨损均有小幅度增入。由于 100℃下渗碳层表面处于加热状态，其磨痕表面在高温下形成氧化膜，后续的对磨材料在氧化膜与渗碳层间发生摩擦，使摩擦系数有所升高。图 3.26(b) 中两种渗碳层磨损失重显示，在 100℃高温摩擦磨损条件下，La 注入渗碳层仍具有与常温磨损条件下相当的失重量（1.1mg），而普通渗碳层失重量增至 1.5mg。分析原因主要是在 100℃下渗碳层表面会发生氧化，空气中的氧进入渗碳层表面，在磨痕处形成氧化产物或在渗碳层表面其他位置形成氧化膜，或直接进入渗碳层亚表层组织中，这些情况均会导致样品质量增加，因此在高温条件下磨损失重是一个相对的失重。

为了分析高温下摩擦磨损机制，对磨痕形貌进行 SEM 观察，结果如图 3.27 所示。

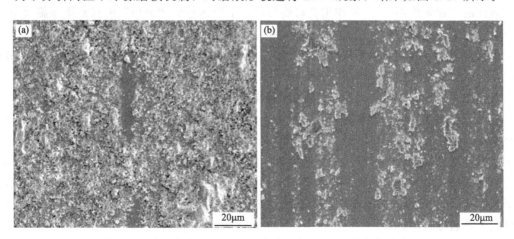

图 3.27　普通渗碳层和 La 注入渗碳层在 100℃下的磨痕形貌图
(a) 普通渗碳层；(b) La 注入渗碳层

从图 3.27 中可以看出，在 100℃摩擦磨损试验中，渗碳层出现了黏着磨损和磨粒磨损，且磨痕中出现了氧化膜层。本试验为点面接触式摩擦磨损，实际摩擦副之间的接触面积较小，在 100℃高温和法向载荷作用下，试样表面硬质碳化物优先剥落，随后发生黏着磨损，随着相对滑动的进行会发生黏着点的破坏并形成磨屑，磨屑会发生氧化，也会出现位移，滑动与黏着同步发生，最终在试样表面形成"擦伤"痕迹和"黏留物"，形成犁沟和黏着产物。对比两种渗碳层磨痕形貌可以发现，普通渗碳层表面氧化严重，其磨痕表面存在较多黏着物，磨损机制主要为黏着磨损。La 注入渗碳层高温磨损性能较好，其表面氧化现象不明显，渗碳层磨痕表面黏着物相对较少，并且在黏着物下面或附近可以看到明显的犁沟，说明其磨损机制主要为磨粒磨损。

（3）模拟海水介质下渗碳层的摩擦磨损性能

渗碳工件在航天航空、陆地及海洋环境中均有较为广泛的应用，其中在海洋环境下服役的渗碳件，服役环境较为恶劣，其在海上长时间运行过程中难免会暴露在海洋大气下或海水环境中。本部分主要研究在海水环境介质中 18Cr2Ni4WA 钢渗碳样品的摩擦磨损性能。试验在人造海水环境下，自制夹具和水槽将试样固定，其余试验参数与干摩擦条件一致，人造海水依据 GB/T 6682—2008 中二级水的要求，配方如表 3.4 所示。经过 60min 的摩擦磨损测试后获得两种渗碳层的摩擦系数曲线及磨损失重，结果如图 3.28 所示。

表 3.4 人造海水配方

成分	浓度/(g/L)	成分	浓度/(g/L)
NaCl	23.0	Na_2SO_4	8.9
$MgCl_2$	9.8	$CaCl_2$	1.2

从图 3.28 中可以看出，在人造海水环境下，两种渗碳层摩擦系数均随时间变化出现先增大后降低，之后逐渐平稳的趋势。在摩擦稳定期两种渗碳层的摩擦系数明显低于干摩擦条件下渗碳层的摩擦系数，但在所测试时间范围内海水环境下渗碳层的摩擦系数曲线出现了较明显的波动。相比于 La 注入渗碳层，普通渗碳层的摩擦系数仍相对较高且稳定期波动幅度较大，在 0.34～0.37 之间。因为在海水环境下，摩擦磨损过程中渗碳层表面的硬质相或磨屑可能脱落下来，试样表面微观上形成"坑"。由于摩擦磨损测试在封闭容器中进行，受到旋转液体的"旋涡作用"，这种作用会将旋转状态下液体里的"杂质"汇聚到液体旋涡中心。在海水浸泡下，考虑到由于上述"旋涡作用"，磨粒几乎不会出现在样品和对磨压杆之间，凹坑不会被填实，因此摩擦系数会剧烈波动。但 La 注入渗碳层具有较细小的组织和较高的硬度，其摩擦系数较普通渗碳层低。

对比图 3.24(b) 与图 3.28(b) 两种渗碳层干摩擦与海水环境下的磨损失重图中可以看出，相比于干摩擦环境，海水环境下两种渗碳层的磨损失重显著增大。人造海水对工件存在两种作用，一是润滑作用，二是腐蚀作用。人造海水的润滑作用可使渗碳层的摩擦系数远小于干摩擦环境，这有利于渗碳层的减摩效果，但在腐蚀与摩擦磨损的双重作用下又会导致渗碳层的磨损损失增大。但比较两种渗碳层的磨损失重也可发现，La 渗碳层仍具有相对较低的磨损失重（4.2mg），相比普通渗碳层减少 20%以上，说明 La 注入渗碳层的耐腐蚀性能同样优于普通渗碳层。

为探究渗碳层在人造海水腐蚀环境下的磨损机制，对两种渗碳层磨损后的形貌进行观察，结果如图 3.29 所示。从图中的可以发现，在人造海水环境下两种渗碳层的磨痕形貌中

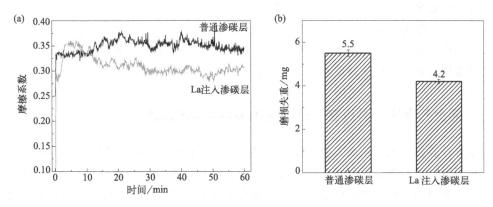

图 3.28 渗碳层海水环境下摩擦系数曲线及磨损失重图

(a) 摩擦系数曲线；(b) 磨损失重图

均存在大量犁沟和少量黏着物，因此渗碳层在模拟海水条件下的腐蚀机制以磨粒磨损为主，黏着磨损为辅。由于人造海水环境具有一定腐蚀作用，在试验过程中，样品经较长时间的浸泡，并且摩擦磨损过程中产生的热量散发到人造海水中，使各种离子能量提升，离子运动变得活跃，进而对磨痕产生一定的腐蚀作用。在磨球与样品表面不断摩擦的过程中，腐蚀产物脱落，进而形成磨粒，造成磨粒磨损。比较两种渗碳层磨痕形貌可知，相比于 La 注入渗碳层，普通渗碳层发生了严重的腐蚀和黏着，而稀土 La 注入渗碳层磨痕表面黏着物较少。结合磨损失重数据可知，La 注入渗碳层磨损与腐蚀剥落损失均较轻微，说明其相较于普通渗碳层不仅具有较好的减摩性能，同时也具有良好的耐海水腐蚀作用。

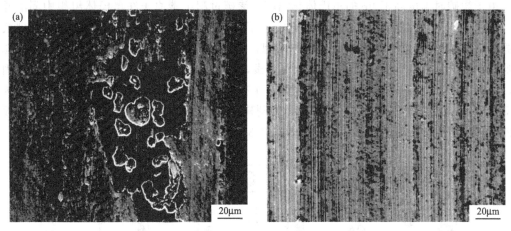

图 3.29 人造海水环境下渗碳层摩擦磨损磨痕形貌

(a) 普通渗碳层；(b) La 注入渗碳层

针对 18Cr2Ni4WA 钢与注入 La 前处理 18Cr2Ni4WA 钢的真空渗碳过程及组织性能进行研究，重点探讨了不同摩擦环境下，两种渗碳层的磨损性能及机制，得到如下结论：

① La 注入前处理提高了真空渗碳过程中碳的扩散速率，其较普通渗碳层可提高约9.6%，且渗碳层均匀性得到改善，渗碳层组织明显细化，渗碳层中残余奥氏体含量有所降低，且形成少量的高碳孪晶马氏体。

② 由于 La 注入前处理会起到催渗、促进残余奥氏体转变及细化渗碳层组织的作用，其

渗碳层表现出更高的表面/截面硬度和残余压应力。

③ 由于 La 注入前处理渗碳层具有更为细小的表面组织和更高的渗碳层硬度，无论在干摩擦、高温摩擦还是模拟海水条件下的摩擦测试中均表现出优于普通真空渗碳层的摩擦磨损性能，其渗碳层具有更好的减摩抗磨、抗氧化及耐海水侵蚀能力。

3.1.5　稀土元素注入对真空渗碳过程的催渗与强化机制

伴随着计算机技术的发展，数值模拟已经成为另一种重要的理论研究手段。在材料科学方面，采用数值模拟方法对材料属性、组织结构演变及性能进行理论分析既可以节约成本、优化方案，又可以弥补一些测试方法无法在微观尺度上反映出的能量结构等变化的不足。

第一性原理可对金属的电子结构、表面与界面性质、化合物稳定性、相互作用以及力学性能进行计算，是分析化学热处理过程中渗入原子在体系中性质以及不同原子之间相互作用本质的首选方法[23-25]。本节采用第一性原理对 La 注入后引起的晶胞参数、能量以及稳定性等变化进行计算，并结合实验结果分析对 La 注入前处理的催渗机制展开研究。

3.1.5.1　奥氏体晶胞 La 注入前后稳定性分析

本研究采用 Material Studio 软件对 La 注入钢中对渗碳过程影响的第一性原理进行计算，选择基于密度泛函理论开发的 CASTEP 模块，使用广义梯度近似（GGA-PBE）描述交换关联能。平面波截断能量 E_{out} 为 350eV，迭代过程中的收敛精度为 2×10^{-6}eV，作用在每个原子上的应力低于 0.5eV/nm，应力值小于 0.02GPa。

由于渗碳时温度高于 Fe 的奥氏体化温度，渗碳过程中碳原子在奥氏体组织中固溶并扩散。本实验用钢均为低碳合金钢，Fe 为主要元素，碳含量较低，因此，在第一性原理模拟计算时以 Fe 的面心立方晶胞代替奥氏体晶胞，研究 La 注入对晶胞稳定性及元素间键能的影响。C 原子为半径小于 0.1nm 的非金属元素，理论上不能与过渡金属元素形成置换固溶体，一般溶于 Fe 晶胞中的间隙位置，而原子半径较大的原子易于形成置换固溶体[26]。为分析 C 原子固溶及扩散时优先进入的位置，分别建立 C 原子固溶到面心立方 Fe 晶胞中八面体和四面体间隙的结构模型，结构示意图如图 3.30 所示。

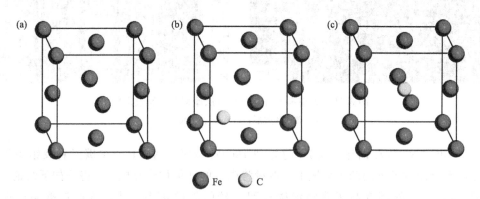

Fe　C

图 3.30　面心立方 Fe 晶胞中 C 原子固溶的结构示意图

（a）面心结构 Fe 晶胞；（b）C 固溶于四面体间隙；（c）C 固溶于八面体间隙

表 3.5 为面心立方结构 Fe 晶格及在 C 固溶后晶胞的晶胞参数、体积与能量变化表。从

表中可以看出，C原子固溶到Fe晶胞间隙后，能够造成晶胞体积膨胀和点阵畸变，晶胞总能量升高。对比C原子固溶到Fe晶胞四面体和八面体间隙晶胞后引起的体积与能量变化可发现：C原子固溶到Fe晶胞八面体间隙时，产生的体积膨胀较小，晶胞总能量较低，由此可知，在渗碳时C原子更易存在于面心立方Fe的八面体间隙中。

表3.5　C固溶到面心立方Fe晶胞中后各参数变化表

晶胞类型	晶格参数/Å		晶胞体积/Å³	总能量/eV
面心立方Fe	$a=b=c$	3.6910	50.2842	−3634.9968
C固溶于四面体间隙	$a=b=c$	3.7306	51.9201	−3619.0802
C固溶于八面体间隙	$a=b=c$	3.7166	51.3378	−3624.5711

为研究La注入前处理后，La对碳固溶及扩散的影响，首先建立La注入后在Fe晶胞中存在的位置模型。由于La原子半径较大，易于与Fe原子置换，形成置换固溶体。因此分别构建了La取代顶角位置和面心位置Fe原子的结构模型，如图3.31所示。La与Fe晶胞中不同位置的Fe原子发生置换后，其晶胞参数、总体积和能量变化如表3.6所示。

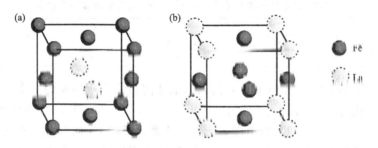

图3.31　La注入后的面心立方铁晶胞结构示意图
(a) La取代面心位置Fe；(b) La取代顶角位置Fe

从表3.6中可以看出La进入Fe晶胞后会显著增加Fe晶胞的晶格常数，升高晶胞的总能量，说明La注入后，Fe晶胞发生较为严重的晶格畸变，并且晶胞的稳定性大幅降低，大量的晶格畸变和较低的晶胞稳定性在后期的渗碳过程中会促进碳原子的运动。La原子替代顶角和面心位置的Fe原子所引起的体积膨胀效果基本相当，但La原子替代顶角位置后晶胞总能量更低，说明La注入后，在渗碳过程中La原子更容易替代顶角位置的Fe原子。

表3.6　La注入后在Fe晶胞中形成固溶体后各参数变化表

晶胞类型	晶格参数/Å		晶胞体积/Å³	总能量/eV
La-c(面心)	$a=b=c$	3.9633	62.254	−3453.5860
La-t(顶角)	$a=b=c$	3.9643	62.305	−3455.0537

由于La注入后，Fe晶胞的稳定性和晶格均发生了较大变化，此处分别建立La取代顶角位置Fe原子后，碳原子在渗碳过程中固溶到晶胞四面体间隙和八面体间隙的模型，研究真空渗碳过程中，钢奥氏体化后碳原子在有La存在的Fe晶胞间隙中的稳定存在位置。其结构示意图及计算结果分别如图3.32和表3.7所示。

从表3.7中可以看出La替代Fe晶胞定顶角位置后，C原子的加入会使其晶格参数和晶胞体积同时增大，其总能量由−3610.5264eV升高至−3610.5463eV，这说明La的存在可降低Fe与C间隙固溶晶胞的稳定性，使C元素更易于迁移。并且稀土元素La取代顶角位置Fe原子时，C原子固溶到八面体间隙中产生的体积膨胀要小于固溶于四面体间隙的情况，

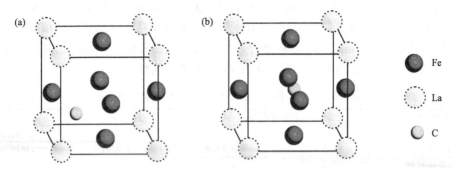

图 3.32　C 原子固溶到含 La 的面心立方 Fe 晶胞结构示意图

(a) 四面体间隙；(b) 八面体间隙

此时晶胞总能量达到最低，因此，稀土元素 La 注入并不会影响 C 原子扩散及固溶的首选位置，C 原子仍优先选择 Fe 晶胞的八面体间隙进入和扩散。

表 3.7　C 原子固溶到含有 La 原子的 Fe 晶胞中各参数变化表

晶胞类型	晶格参数/Å		晶胞体积/Å³	总能量/eV
La-t(Fe-C4)	$a=b=c$	4.0152	64.7328	−3610.5264
La-t(Fe-C8)	$a=b=c$	4.0073	64.3508	−3610.5463

图 3.33 为 Fe 晶胞中有无 La 时，C 进入八面体间隙位置所引起的态密度和分波态密度变化图，将费米能级设定在 0 点。从图中可以看出，La 添加后，总态密度图在 −35～−30eV 和 −20～−15eV 之间分别出现了一条子能带，通过 La 的分波态密度图可知，其来自于 La 的 5s 轨道和 5p 轨道。对比 La 注入前后 Fe-C 晶胞的总态密度及 Fe、C 的分波态密度图可知，La 注入后 Fe-C 晶胞总态密度图及 Fe 原子中费米能级附近能带宽度变窄，态密度峰值升高。这说明 La 原子存在使得电子填充整体集中在费米能级附近，晶胞稳定性有所降低，更有利于 C 的运动。

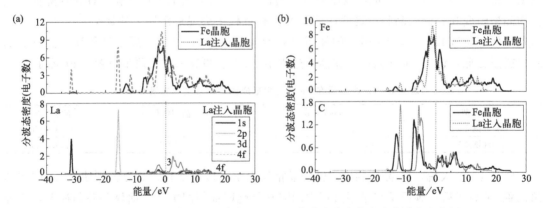

图 3.33　有无 La 注入 C 原子在 Fe 面心立方晶胞中态密度和分波态密度图

(a) 总态密度与 La 的分波态密度；(b) Fe 和 C 的分波态密度

为进一步揭示晶胞中不同原子间的微观结合机制，分别对有无 La 固溶的 Fe 晶胞中各原子第一近邻情况以及晶胞中（110）平面与（101）平面的电荷密度分布进行计算和分析，结果如图 3.34 所示。从图 3.34 中可以看出，未添加 La 原子的晶胞中 Fe 原子间存在电荷聚集现象，Fe 原子与 C 原子间可成键。加入 La 原子后，Fe 原子和 La 原子间电荷重叠现象加强，而 Fe 原子与 C 原子间的电荷重叠区域范围减小，说明 La 原子可与原晶胞中的 Fe 原子成键，并对其产生束缚作用，同时减弱了 Fe 原子与 C 原子之间的电荷交互作用。与 Fe 原子相比，La 原子占据 Fe 晶胞的顶角后，其与 C 原子之间的作用力也会出现明显的增强。由此可知，La 加入后，有助于减弱 C 原子与 Fe 原子成键的趋势，同时增强 La 与 Fe 之间以及 La 和 C 之间的作用力。

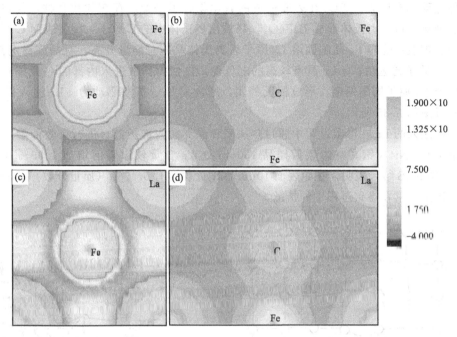

图 3.34　有无 La 注入 Fe 晶胞中碳原子进入后电荷密度分布图
(a)、(b) C 进入 Fe 八面体间隙晶胞 (110) 和 (101) 平面电荷密度；
(c)、(d) La 取代顶角位置 Fe 后 C 进入其八面体间隙的晶胞 (110) 和 (101) 平面电荷密度

借助第一性原理计算，通过对奥氏体晶胞 La 注入前后面心立方结构 Fe 原子晶格参数、能量变化、态密度及电荷分布分析可得到如下结论：

① 在渗碳过程中碳原子更易存在于面心立方 Fe 的八面体间隙中，La 原子更容易置换顶角位置的 Fe 原子。并且 La 的置换固溶不会影响 C 原子扩散及固溶的首选位置。

② La 原子存在会使面心立方结构 Fe 晶胞的稳定性降低，这在渗碳过程中更有利于 C 的运动和扩散。

③ La 原子置换 Fe 晶胞顶角位置后，有助于减弱 C 原子与 Fe 原子成键的趋势，而 La 与 Fe 之间以及 La 和 C 之间则表现出较强的作用力。

3.1.5.2　稀土元素注入对真空渗碳过程的催渗机制

结合普通渗碳与 La 注入前处理真空渗碳样品的测试表征与理论模拟计算分析，归纳出 La 注入前处理对真空渗碳过程的催渗机制如下：

第一，La 促进乙炔裂解并净化钢材表面。由于真空渗碳过程的碳源为 C_2H_2，其通过裂解形成活性 C 原子。稀土元素极易与氢发生作用，生成稀土氢化物，在真空渗碳过程中稀土元素与到达表面的 C_2H_2 中的氢作用，使得 C—H 化学键松弛或破坏，促进乙炔的裂解反

应，为 C 原子的扩散在动力学上提供有利条件。

第二，注入的 La 在钢材中形成缺陷、化合物以及固溶体，促进 C 原子扩散。12Cr2Ni4A 和 18Cr2Ni4WA 钢渗碳前后组织结构显示，注入的 La 会以氧化物形式存在于表面，以单质的形式分散于缺陷处，或以固溶的形式进入金属的晶格中。渗碳后，渗碳层中可形成 $LaFeO_3$ 和 LaC_2 化合物。①注入的 La 会引起钢材的晶格畸变与微观应变，产生大量缺陷，促进碳元素扩散；②La 在表面形成的氧化物并不是稳定存在的化合物，其在高温环境下易于分解，可与奥氏体形成 $LaFeO_3$，释放出奥氏体中的 C 原子，促进表面 C 原子向内部的进一步扩散；③与 Fe 晶胞固溶 La 原子后奥氏体晶胞总能量升高，且晶胞稳定性降低，这促进了 C 原子的运动；④La 具有较高的电负性，这使得扩散进入内部的 C 原子向晶界和晶内的稀土 La 原子周围偏聚，形成柯氏气团，增大 C 原子扩散驱动力。La 注入促进 C 原子扩散示意图如 3.35 所示。

第三，注入的 La 在渗碳过程中通过热缺陷和晶界向内部扩散，进行有效催渗。XPS 测试结果中 12Cr2Ni4A 钢真空渗碳后样品 150nm 处 La 含量较渗碳前增加 1.89%（原子分数）；渗碳层 EDS 结果表明，在距表面 10μm 深度处仍含有 0.12%（质量分数）的 La 元素，均说明了稀土元素在渗碳过程中的扩散。

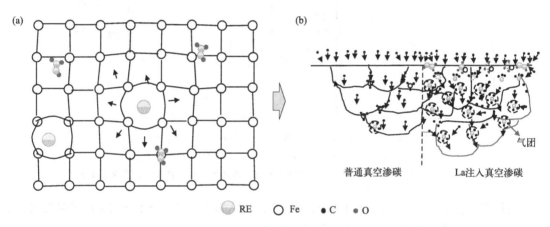

图 3.35　La 注入促进 C 原子扩散示意图
（a）La 注入存在形式及引起的晶格畸变；（b）有无 La 样品真空渗碳示意图
RE 为稀土元素。

由于 La 具有较大的原子半径，理论上在钢材中渗入和扩散均较困难，因此对于 La 在真空渗碳过程中向钢材内部扩散的问题，可以从以下三个原因加以解释：①第一性原理计算分析发现 Fe 晶胞中 La 原子形成置换固溶体后，其与 Fe 原子之间存在较强的吸引力，La 原子与 Fe 原子形成单电子键，从而使得 La 原子的价电子发生偏移或部分脱离[27]。因此，存在于晶内和晶界处的 La 原子易发生极化作用，当 La 原子的极化度达到 60% 时，其原子半径可以减小到与 Fe 原子半径相当的 0.1277nm，从而在渗碳过程中可进一步在钢材中扩散[28]。②La 原子和 C 原子均为外来原子，它们受原子势场的束缚较弱，扩散较为容易。其中 C 原子为填隙原子，其迁移仅与表面势垒有关，不受缺陷机制的影响，为长程扩散。而 La 属于置换式外来原子，由于其进入表面造成点阵弛豫作用，其扩散机制多为空位扩散机制。在渗碳阶段 La 注入样品表面，La 浓度较高，可以产生较大的化学驱动力，推动 La 原子向内扩散。同时在内迁的 La 原子周围基体畸变增大促使空位增多，成为 La 原子向内扩散的流畅通道[29]。③虽然钢材表面在宏观上看是平坦的，但从原子角度却是不平坦的，表面由一个一个台阶组成，形成台面-阶跃面-拐结或台面-台阶-坎坷的结构模式（TLK）。真空渗碳温度较高，热激发易引起 TLK 结构的台面上形成表面缺陷，形成置换固溶体，为 La 原子晶内扩散提供条件。同时偏聚于晶界处的 La 原子，可借助晶界处较高的能量不断向内迁移，并可伴随一些化学反应，生成新相钉扎在界面处。

3.1.5.3 稀土元素注入对真空渗碳层的强化机制

（1）细晶强化

存在于缺陷处的 La 原子可阻碍晶界运动，在真空渗碳过程中抑制了晶粒的长大，渗碳后渗碳层组织明显细化，依据霍尔-佩奇公式[30]可知，晶粒大小与材料强度成反比，晶粒越细小，材料强度越大，因此 La 注入前处理可增大渗碳层的硬度。

（2）相变强化

La 注入后渗碳可促进渗碳层中残余奥氏体转变，形成更大的硬度和残余压应力。渗碳过程中 La 可抢夺奥氏体中的 C，升高 M_s 点，从而促进表层残余奥氏体的转变，通过促进相转变增大渗碳层硬度与残余压应力。

（3）弥散强化

① La 对 C 的强作用力会吸引 C 原子向 La 原子周围偏聚，使其成为碳化物的形核中心，增加了晶内和晶界中的形核点，碳化物形核率增大，形成弥散强化效果。

② 促进游离碳扩散或形成碳化物，从而抑制游离碳在表面形成，在 XPS 分析中发现，相比于普通渗碳层，La 注入渗碳层中基本无游离碳单质存在，碳元素均已形成碳化物，距表层 150nm 深度处以碳化物形式存在的含量较普通渗碳层增加 7.8%（原子分数）。碳化物为硬质相，可提升渗碳层硬度。

综上分析可知，La 注入前处理对渗碳层的强化机制主要可概括为促进碳扩散、细晶强化、弥散强化和相变强化多因素的共同作用。

3.2 表面纳米化前处理技术

目前，可以实现金属表面自纳米化的方法有多种，其中常用的方法包括表面机械研磨、超音速微粒轰击、高能喷丸、激光冲击和超声冲击。上述方法均是采用外加载荷的方式使金属表面发生剧烈塑性变形从而达到表面纳米化的目的，但由于外力源的不同，各方法所需配套设备、工艺参数、纳米化效果及使用范围存在一定差别。其中超音速微粒轰击技术（supersonic fine particles bombarding，SFPB）是以弹丸为轰击介质但却区别于表面研磨与喷丸方法的新型高效方法。其利用气-固双相流的基本原理，以超音速气流作为载体，携带硬质固体微粒弹丸以极大的数量和极高的速度重复轰击金属表面，使金属表面发生强烈塑性变形，表面晶粒细化直至纳米量级[31]。超音速微粒轰击技术适用于形状复杂和尺寸较大的构件，具有操作简单，无噪声和热辐射等危害，工艺可重复性高且成本较低等优点，在工程应用领域具有广阔的研究前景。目前该技术已成功在纯金属和合金钢表面制备出纳米晶层[32,33]。此部分采用超音速轰击技术对低碳钢进行表面纳米化前处理，以影响形成层组织和性能的关键工艺——表面纳米化时间为变量，获得不同纳米化程度的形成层，并将其与原始钢材一同进行真空渗碳热处理,研究超音速轰击表面前处理工艺对渗碳过程中碳元素扩散、渗碳层组织结构和力学性能的影响规律,从而优化超音速微粒轰击工艺。同时,通过对渗碳层的组织形态、结构成分、晶界特征与力学性能演变特征的深入研究,探讨超音速微粒轰击辅助真空渗碳过程的催渗机制,明确超音速微粒轰击对渗碳层的强化机制。

本实验中采用 Kinetic-3000 超音速微粒自动化轰击设备对钢材进行表面纳米化处理,设备构成及其工作原理如图 3.36 所示。超音速微粒轰击过程通过温度和气压传感器调节,并由计算机控制完成。气流进入管道后经收缩-扩展后获得 300~1200m/s 的超音速,并在气体控制模块中被分为两路,其中一部分气体通过送粉器后,携带粉体(一般为高硬度 Al_2O_3 粉末)进入喷枪,另一部分气体通过加热器后进入喷枪,喷枪固定于机械手臂上,该设备通过机械手臂和样品台的旋转可以实现三维多角度喷射。根据文献调研[34-38] 和前期储备实验,初步选取工艺参数:气流压力 1.5MPa,喷射角度 90°,喷射颗粒为直径在 40~60μm 间的 Al_2O_3 粉体。超音速轰击处理样品的表面不再经磨抛处理,直接进行真空渗碳。

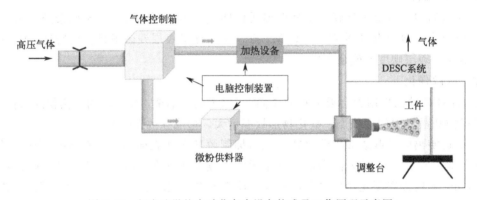

图 3.36 超音速微粒自动化轰击设备构成及工作原理示意图

3.2.1 12Cr2Ni4A 钢表面纳米化前处理工艺

3.2.1.1 12Cr2Ni4A 钢表面纳米化层形成规律

首先设定超音速微粒轰击时间为 60s、240s 和 360s,对三种轰击时间下 12Cr2Ni4A 钢截面金相与扫描组织进行观察,结果如图 3.37 所示。从图 3.37 中可以看出不同时间超音速微粒轰击处理后,12Cr2Ni4A 钢近表面均会出现一定厚度的影响区,此区域内 12Cr2Ni4A 钢组织发生不同程度的细化。随着微粒轰击时间的延长,影响区的厚度会不断增大,通过金相表征可知超音速微粒轰击处理 60s、240s 和 360s 后影响层的厚度分别约为 80μm、110μm 和 140μm。

从轰击时间最长的样品截面图[图 3.37(c)]可以看出,其出现了强烈的塑性变形痕迹。为进一步观察超音速微粒轰击对钢材的影响,选取塑性变形程度较严重的样品即微粒轰击时间为 360s 的样品,对其深度方向进行扫描电镜观察,结果如图 3.37(d)所示。从图中可以清晰地看到,在微粒轰击影响区域内存在类似于正向挤压塑性变形和剪切塑性变形的流线,影响区域内的晶粒被明显拉长,其在平行于轰击方向上的直径最小。由此可知,超音速微粒轰击过程中,大量高速运动的微粒反复轰击到齿轮钢的表面,其表面组织受到正向挤压应力和剪切应力作用,表现出晶粒在纵向方向被压缩,而横向方向被拉长的现象。

为进一步明确超音速微粒轰击处理对 12Cr2Ni4A 钢近表面组织大小及相组成的影响,

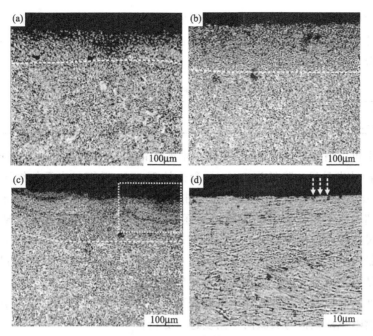

图 3.37　超音速微粒轰击不同时间后样品截面形貌图

(a) 60s；(b) 240s；(c)、(d) 300s

对不同轰击时间处理的改性层表面进行 XRD 测试。XRD 可以用来进行物相鉴定和晶粒尺寸的测量，还能确定多相材料的相组成情况，通过衍射峰强、半高宽等参数计算出晶体的晶粒尺寸、微观应变量和残余应力等多种结构参数数据。图 3.38 为 12Cr2Ni4A 钢与不同轰击时间处理样品的 XRD 谱图，从中可以看出超音速微粒轰击处理后，12Cr2Ni4A 钢的物相组成并未发生变化，仍为体心立方结构铁（BCC-Fe）。比较 12Cr2Ni4A 钢及不同轰击时间处理钢材各衍射峰强度可发现：BCC-Fe 中相对强度较高的（110）晶面的衍射峰强度会随轰击时间的增加逐渐减弱，而强度较低的（200）和（211）晶面衍射峰强度随轰击时间增加逐渐增大，由此可知，超音速微粒轰击处理可弱化原始基材的晶粒取向。选取衍射角度在 44°～45°之间的（110）晶面衍射峰进行局部放大，结果如图 3.38(b) 所示。从图中可以看出，相比于 12Cr2Ni4A 钢，超音速微粒轰击处理样品的（110）晶面衍射峰发生了不同程度的宽化和偏移，说明超音速微粒轰击处理细化了影响区域内部的晶粒，同时引入了微观应变。

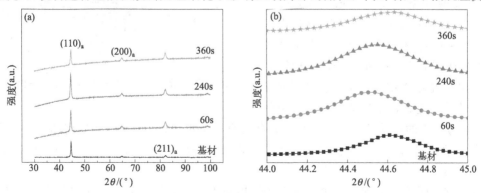

图 3.38　12Cr2Ni4A 钢与不同轰击时间处理样品的 XRD 谱图

(a) 总谱图；(b)（110）晶面局部放大图

XRD 谱图中（110）晶面衍射峰的宽化象征着纳米化层内晶粒尺寸的减小，为进一步获得晶粒的尺寸的信息，依据谢乐公式对不同轰击时间样品表面的晶粒尺寸进行计算，得到轰击时间影响晶粒尺寸的数据，如表 3.8 所示。

表 3.8　超音速微粒轰击不同时间后钢材表层晶粒尺寸数据

轰击时间	60s	240s	360s
晶粒尺寸/nm	39.4	29	27.4

从表 3.8 中可以看出，轰击时间为 60s 时纳米晶的平均尺寸约为 39.4nm，轰击处理 240s 时样品表面纳米晶尺寸降低为 29nm，轰击处理 360s 后钢材表面的纳米晶的平均尺寸可降低到 27.4nm。由此可知，超音速微粒轰击后 12Cr2Ni4A 钢表面形成纳米晶，其纳米晶的平均尺寸随超音速微粒轰击时间的增加而逐渐减小，然而在微粒轰击后期，随时间的增加，晶粒平均尺寸减小的幅度甚微。以往研究表明[39]，超音速微粒轰击产生纳米晶是轰击过程形成的位错发生缠结与演化的结果，当因塑性变形产生的位错增殖和因晶胞形成发生的位错湮没达到动态平衡时，晶粒细化效果会相应减弱。

为探明超音速微粒轰击处理过程中钢材表面组织结构的演变过程，此处分别采用分子动力学软件和透射电镜从模拟与实验两个角度进行分析。

（1）超音速微粒轰击过程分子动力学模拟

根据超音速微粒轰击方法原理，以晶体缺陷产生途径和方法为依据，利用 Lammps 分子动力学软件，对超音速微粒轰击钢材表面使其表面纳米化过程进行模拟。在模拟过程中将轰击模型简化为虚拟圆形球体轰击铁晶体表面，使用 Ovito 软件对计算结果进行可视化分析。被压模型为纯铁单质，晶格常数 a 为 2.8553Å，x、y、z 轴按照 [－111]、[21-1]、[011] 取向排布，模型尺寸为 $20a \times 20a \times 20a$（Å³），代表钢铁材料样品，虚拟圆球代表超音速微粒轰击中所使用的硬质微粒，将其假定为刚体。计算模型如图 3.39 所示。

模拟过程加载方式采用速度法，在工件上边界层原子（即表面层）处施加沿 z 轴负方向恒定不变的速度，达到在工件上表面边界层原子上施加向下的压力的目的，平均速度为 28.5m/s，持续时间为 100ps，小球压头圆心向 z 轴负方向运动 28.5Å，选择嵌入原子势方法（embedded atom method，EAM）描述原子间的相互作用力。模拟采用 cg 模式的能量最小化方法使模型能量达到最低，在动力学模拟开始前，首先模型在温度 300K、NVE 系综下弛豫 10ps 以消除内应力，使其达到结构稳定状

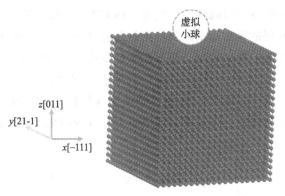

图 3.39　分子动力学模拟微粒轰击工件模型

态，模拟过程中的边界条件为：z 方向为自由边界条件，x、y 方向施加周期性边界条件。分子动力学模拟过程，采用 NVE 系综和 Velocity-Rescaling 控温方法，时间步长设置为 0.0025ps。

图 3.40 为微粒撞击纯铁单质后其原子结构变化图。从图 3.40（a）中可以看出，在初始阶段，微粒刚开始接触工件表面时，晶体结构为完整的 BCC 结构，其表面保持平整，内部

不存在任何缺陷；随着模拟时间的延长，刚体下压深度增加，对表面施加的力也逐渐加大，工件表面开始发生弹性变形，此过程中，晶格类型发生变化，部分 BCC-Fe 转变成不规则晶格类型（图中灰色原子）；通过用 Ovito 软件分析，$t=2.5\text{ps}$ 时，由于外力作用，晶体中部分原子发生移动，偏离正常位置，产生 4 个空位和间隙原子，表面宏观结构无明显变化；$0\sim37.5\text{ps}$ 内，晶体内部空位原子数目不断增多，达到 40 个，但表面变形量很小，能在晶体表面、微粒下压部位看到微小变形，产生小范围凹陷；$t=37.5\sim62.5\text{ps}$，工件表面变形程度逐渐增大，表面产生凹陷区域面积逐渐增加，凹陷形状为其与刚体表面接触部位的椭球状，对于铁晶胞而言，其晶体表面处原子紊乱程度增加，由 BCC-Fe 转变的不规则晶格类型原子数目增多，空位数目达到 259 个。随着刚体下压深度的增加，当 $t=62.5\text{ps}$ 时，凹陷处原子紊乱程度达到一个临界点，离表面较近处位错开始形核长大，形成位错；继续施加压力，工件表面发生强烈的塑性变形，且变形区域继续增大。在 $t=75\text{ps}$ 到 $t=100\text{ps}$ 阶段，工件的变形增长速度较快，生成大量空位和位错，空位数目可达到 2400 个；比较图 3.40 (a) 和图 3.40(f) 可知，在刚体下压过程中，晶体表面发生剧烈塑性变形，形成较大的凹陷区域，由于 x、y 轴方向为固定边界条件，所以只在 z 轴方向观察到原子发生明显偏移。

图 3.40 微粒轰击过程工件表面原子结构变化图

(a) $t=0\text{ps}$；(b) $t=12.5\text{ps}$；(c) $t=25\text{ps}$；(d) $t=37.5\text{ps}$；(e) $t=50\text{ps}$；(f) $t=62.5\text{ps}$；
(g) $t=75\text{ps}$；(h) $t=87.5\text{ps}$；(i) $t=100\text{ps}$

　　将图 3.40 中其他原子及结构删除后可获得刚体轰击铁工件表面后其内部位错的形成与变化过程，其结果如图 3.41 所示。

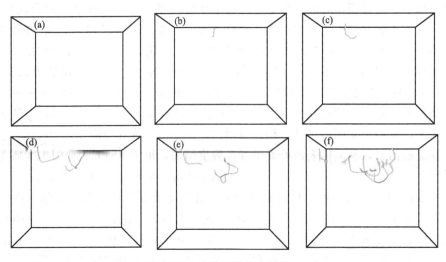

图 3.41 位错形成过程图

(a) $t=0$ps；(b) $t=57.5$ps；(c) $t=62.5$ps；(d) $t=75$ps；(e) $t=87.5$ps；(f) $t=100$ps

从图 3.41 中可以看出，$t=57.5$ps 时，晶体内部形成第一条位错，类型为 1/2<111>，长度 10.8492Å；随着刚体继续下压，在应力集中区域，位错开始长大，长度增大，当 $t=62.5$ps 时，位错长度达到 25.4877Å，位错密度为 1.43×10^{10}mm^{-2}；位错在晶体内部运动增殖，不断消失又生成新的位错，到 $t=75$ps 时，产生两根<100>位错，总长度 25.4877Å，位错密度增加到 6.26×10^{10}mm^{-2}；随着表面塑性变形的不断加剧，$t=100$ps 时，生成新位错<110>，位错密度达到 1.53×10^{11}mm^{-2}。整个过程中主要产生位错类型为<110>、<100>和 1/2<111>，且位错形成区域主要集中在表面应力集中、塑性变形区。根据位错模型理论，小角晶界可以被认为是由具有不共面的博格斯矢量三组位错组成，大角晶界结构在数学形式上表示为位错的排列[40]，所以当晶体中的位错聚集到一定程度时，就有可能形成晶界。由此可知，当超音速微粒轰击过程在钢材表面大量形成不同类型和不共面的博格斯矢量后，位错聚集到一定程度后钢材表面塑性变形区内的晶粒即可得到细化。

综上可知，刚体以一定速度轰击铁晶体表面后，其表面会在外力的不断作用下，首先发生弹性变形，出现晶格类型的变化，随后逐渐由弹性变形发展为塑性变形，内部开始产生晶体缺陷。缺陷前期表现为空位的形成和间隙原子的运动，随着塑性变形程度增大，原子紊乱程度达到一个临界点，离表面较近处位错开始形核。位错形成后不断长大，快速增殖，并不断湮灭，演变成新的位错类型。

(2) 12Cr2Ni4A 钢超音速微粒轰击前后表层组织结构变化

首先对 12Cr2Ni4A 钢表面组织进行观察，结果如图 3.42 所示。从图 3.42 中可以看出 12Cr2Ni4A 钢表面的显微组织主要为多边形铁素体，其晶粒尺寸为微米级别，约为 5μm。选取表面区域透射明场像组织 [图 3.42(b)] 可以清晰地观察到铁素体晶界，其晶粒内部存在位错、层错等缺陷，并且一些晶粒内部还会发现少量的板条马氏体组织。

对超音速微粒轰击时间为 240s 的 12Cr2Ni4A 钢距表面不同深度处的组织进行透射观察，结果如图 3.43 所示。从图 3.43(a) 距表面约 15μm 处透射图中可以看出，此处相比于未纳米化处理的 12Cr2Ni4A 钢组织，其大部分晶粒呈现出等轴晶的特征，衍射斑点表现出多晶衍射环密集而紧凑，由此可知，其表面晶粒明显细化。采用 Image J 软件对超音速微粒

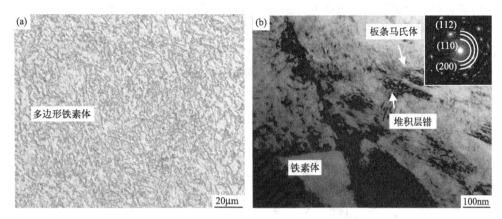

图 3.42　12Cr2Ni4A 钢表面金相与透射组织图
（a）金相图；（b）透射图

轰击表层中晶粒尺寸进行统计，可知其平均晶粒尺寸为 22.3nm。图 3.43（b）为距表面约 40μm 处组织的透射图，从图中可以看出，此处的晶粒形状主要为长条状，尺寸为亚微米级别，晶粒内部存在大量的位错缺陷，并且各晶粒间无明显的分界线。

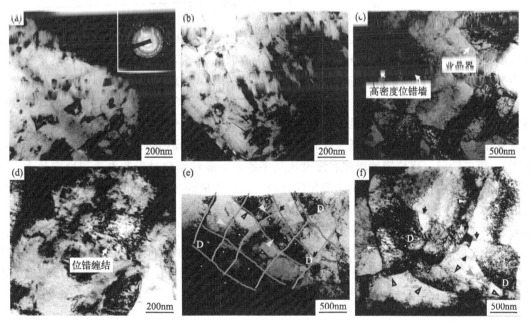

图 3.43　超音速微粒轰击处理 240s 样品不同深度处组织图
（a）距表面约 15μm；（b）距表面约 40μm；（c）、（d）、（f）距表面约 80μm
▲—位错墙与位错缠结；D—高密度位错区；➡—未形成的亚晶界；—亚晶界

图 3.43（c）、（d）、（f）为距表面约 80μm 处的组织透射图，从图中可以看出此处存在大量的位错，大部分的位错按一定规律进行排列并将晶粒尺寸控制在微米级别。图 3.43（c）中位错线集结区域范围较宽，高密度位错按一定角度排列成位错墙。而图 3.43（d）中大量位错分布杂乱，并发生无规律的缠结。两种形式的位错进一步缠结或堆积形成致密的位错壁 ［图 3.43（e）和（f）］，达到细化晶粒的目的。研究表明，超音速微粒轰击形成的缠结位错演

化而来的亚边界可促使形成随机的方向晶粒，而由位错墙演化而成的亚晶界，通常平行于滑移面，形成的晶粒间呈现出大角度的晶界关系[41]。

因此，综合分子动力学模拟与实验观察，可将超音速微粒轰击技术引起 12Cr2Ni4A 钢表层变化过程归结为以下三个阶段，其示意图如 3.44 所示。

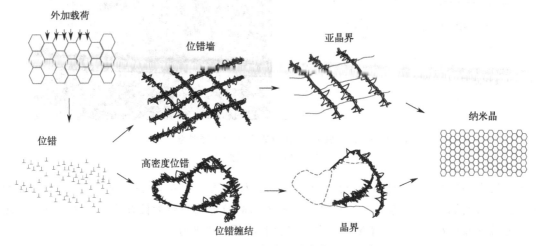

图 3.44　12Cr2Ni4A 钢表面纳米化过程示意图

第一阶段，超音速微粒轰击携带大量高速和大能量的弹丸不断撞击到钢材表面，微粒接触区域范围在外加载荷的作用下发生塑性变形，表面形成与弹丸相似的凹坑，凹坑下材料的晶格类型发生变化，原子偏离正常位置，形成空位缺陷，当变形处原子紊乱程度达到临界点后位错开始形核，并不断长大、增殖、缠结、聚集或湮灭。第二阶段：①已形成的高密度位错区内位错发生缠结，同时缠结区域逐渐向中心聚集；②形成的位错墙逐渐积累，最终发展形成亚晶界，亚晶界的形成降低了强化层内部的位错密度和晶格微观应变，从而降低系统能量[42]。第三阶段，当位错的增殖和湮没达到平衡时，晶粒细化过程基本达到稳定状态。此时在微粒持续轰击和位错不断缠结演化的过程中，已形成的晶界两侧的取向差不断增大，形成的晶粒取向逐渐趋于随机分布，但由位错墙分割形成的晶粒取向仍具有一定的方向性。若此时微粒弹丸轰击过程仍在持续进行，由轰击产生的塑性变形仍会进一步形成，在塑性变形的影响下先形成的纳米晶会发生旋转，最终会在钢材表面形成取向随机的等轴纳米组织（距表面约 $15\mu m$），在近表层区域形成亚微米级晶粒（距表面约 $40\mu m$），而在距表层较远的影响区域内则为未来得及形成亚晶界的大量位错。

3.2.1.2　表面纳米化工艺参数对 12Cr2Ni4A 钢真空渗碳过程的影响

图 3.45 为不同轰击时间处理样品渗碳后的截面和表面组织金相图。从图中可以看出，不同超音速微粒轰击时间辅助真空渗碳形成的渗碳层表面仍为白色奥氏体、碳化物和灰色马氏体的混合组织。对比第 2 章 12Cr2Ni4A 钢 925℃普通真空渗碳层金相组织（图 2.6）可以发现，超音速微粒轰击前处理渗碳层表面白色细小块状残余奥氏体组织有所增加，截面白色碳化物组织体积却更为细小且均匀。由此推断，超音速微粒轰击前处理可改善渗碳层组织的大小和分布。采用 X 射线衍射仪对超音速微粒轰击前处理不同时间渗碳层的表面残余奥氏体含量进行测定，结果如表 3.9 所示。

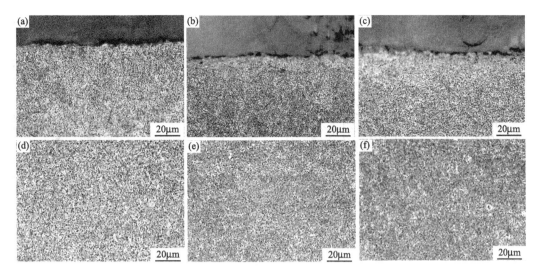

图 3.45　不同轰击时间处理样品渗碳后截面和表面组织金相图

(a)、(d) 轰击时间为 60s；(b)、(e) 轰击时间为 240s；(e)、(f) 轰击时间为 360s

从表 3.9 中可看出，相比于普通渗碳层，超音速微粒轰击前处理渗碳层表面残余奥氏体含量更多，并且随着轰击时间的增加，渗碳层表面残余奥氏体含量增加。如青速微粒轰击60s后渗碳样品中残余奥氏体含量为 11.7%，轰击 240s 后渗碳样品中残余奥氏体含量为12.2%，轰击 360s 渗碳层中残余奥氏体含量增加到 12.4%。

表 3.9　渗碳层表面残余奥氏体含量表

轰击时间	0s	60s	240s	360s
残余奥氏体含量/%	11.7±0.3	11.7±0.4	12.2±0.3	12.4±0.5

淬火过程中奥氏体会向马氏体转变，此时发生体积膨胀，因此残余奥氏体含量的增多不仅与含碳量的多少有关，也与奥氏体所处空间环境相关。由于超音速微粒轰击可使 12Cr2Ni4A 钢内部组织在纵向发生压缩，横向发生拉伸变形，因此对不同超音速微粒轰击时间处理样品表面的残余应力进行测定，结果如表 3.10 所示。从表中的数据可知，超音速微粒轰击后样品中会产生残余压应力，并且残余压应力随轰击时间的增加而增大，其在表面的分布随轰击时间增长而更为均匀。在微粒轰击初期，塑性变形即表现出不均匀性，一些取向易发生滑移的晶粒优先发生塑性变形，此时在钢材表层不同区域内形成的残余压应力大小会相差较大。随微粒轰击时间增加，各部位受力趋向于均匀化，表面不同部位残余压应力值间的差距也逐渐缩小，因此残余压应力在微粒轰击时间为 240s 和 360s 的样品表面分布较轰击处理 60s 的样品表面更为均匀。

表 3.10　超音速微粒轰击不同时间 12Cr2Ni4A 钢表面残余应力变化表

轰击时间	60s	240s	360s
残余压应力/MPa	437±10.6	450±9.6	483±7

为分析超音速微粒轰击前处理对渗碳层组织与渗碳过程的影响，分别采用洛氏硬度计和显微硬度计对不同处理时间的渗碳层表面与截面硬度进行测量，结果如图 3.46 所示。

从图 3.46(a) 渗碳层表面硬度图可以看出，普通真空渗碳层表面硬度为 61.2HRC，轰击处理 60s、240s 和 360s 后渗碳层的表面硬度分别为 62.1HRC、63.6HRC 和 65.3HRC。

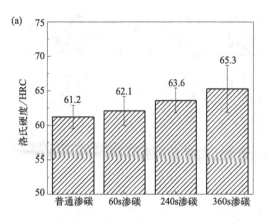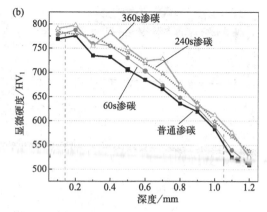

图 3.46　12Cr2Ni4A 钢及不同时间处理后渗碳层表面及截面硬度图

(a) 表面硬度；(b) 截面硬度

一般来说，马氏体的亚结构是高密度位错或孪晶，其硬度比奥氏体大[43]，渗碳层中残余奥氏体量的增加意味着渗碳层表面硬度的降低，但超音速微粒轰击前处理渗碳层的表面硬度相较于普通渗碳层仍会大幅度提高，并且随着微粒轰击时间的增加，其表面硬度提升效果越为显著，说明残余奥氏体含量仅是影响渗碳层硬度的因素之一，并不是决定因素。超音速微粒轰击前处理渗碳层表面硬度提高的同时表面硬度的不均匀性也出现了明显增加，特别是轰击时间过长的样品（360s），其不同部位的硬度差值可达到 3.4HRC。超音速微粒轰击前处理渗碳层不同区域硬度间存在的差异应与样品表面加工硬化程度和表面粗糙度不均性相关，这种不均匀性将会对真空渗碳过程中碳元素在表面的吸附、扩散和组织转变产生影响，从而使得真空渗碳后超音速微粒轰击前处理渗碳层表面的不同区域内硬度差异性增大。渗碳层表面硬度不均匀性增大将对其服役性能造成不利的影响，因此可知在所选定的三个轰击时间工艺中，超音速微粒轰击处理 240s 后渗碳的样品具有更好的硬度性能。

图 3.46（b）为不同渗碳层硬度沿深度方向的变化图。从图中可以看出渗碳层硬度从表面到心部总体呈现出逐渐降低的趋势，在 0.1～1.2mm 测试深度范围内，超音速微粒轰击前处理渗碳层的硬度始终高于普通渗碳层。以截面硬度达到 550 HV_1 处距表面的距离为渗碳层的有效厚度，那么普通渗碳层的厚度约为 1.05mm，而超音速微粒轰击 60s、240s 和 360s 后渗碳层的对应厚度位置分别为 1.08mm、1.16mm 和 1.15mm。由此可知，相比于普通渗碳，超音速微粒轰击辅助真空渗碳，会增大渗碳层厚度，间接反映出渗碳过程中碳元素扩散系数的增大。据以上结果可知，超音速微粒轰击时间较短（60s）时，这种催渗效果并不明显，而微粒轰击时间较长时（360s）催渗效果也同样会减弱，并且微粒轰击时间过长会使渗碳层硬度沿深度变化的波动幅度增加，这就意味着碳浓度沿深度方向分布梯度的增大，以及其组织的连续渐变性变差。

依据式(2.4)，结合不同超音速微粒轰击时间渗碳层厚度及元素扩散定律对真空渗碳过程中碳元素在超音速微粒轰击不同时间样品中的扩散系数进行计算。此处以普通渗碳过程中碳元素的扩散系数为基准，不同超音速微粒轰击时间处理后（60s、240s 和 360s）渗碳过程中碳元素的扩散系数计算如下：

$$1.05 = K\sqrt{D_{925}t} \tag{3.10}$$

$$1.08 = K\sqrt{D_{925}^{60s}t} \tag{3.11}$$

$$1.16 = K\sqrt{D_{925}^{240s}t} \tag{3.12}$$

$$1.15 = K\sqrt{D_{925}^{360s}t} \tag{3.13}$$

式中，D_{925}、D_{925}^{60s}、D_{925}^{240s} 和 D_{925}^{360s} 分别代表原始钢材和超音速微粒轰击处理 60s、240s 与 360s 的样品在 925℃真空渗碳过程中碳元素的扩散系数。依据以上计算结果可以获得超音速微粒轰击与原始基材在 925℃真空渗碳过程中碳元素的扩散系数的关系式：

$$D_{925}^{60s} = 1.06D_{925} \tag{3.14}$$

$$D_{925}^{240s} = 1.22D_{925} \tag{3.15}$$

$$D_{925}^{360s} = 1.20D_{925} \tag{3.16}$$

依据以上公式可知，超音速微粒轰击处理会增大后期在真空渗碳过程中碳元素的扩散系数，轰击时间为 60s、240s 和 360s 的样品，在真空渗碳过程中碳元素的扩散系数相比于普通渗碳可分别增大 1.06 倍、1.22 倍和 1.20 倍。在所设定的超音速微粒轰击时间内，碳的扩散系数出现先增大后减小的趋势，其中超音速微粒轰击 240s 后进行真空渗碳，其碳元素的扩散系数最大，渗碳速率可比普通渗碳加快 10.4%。

由于位错和晶界可为碳元素的短路扩散提供通道，理论上超音速微粒轰击样品中晶粒尺寸越小，单位面积上晶界数量越多，产生的塑性变形越严重，其位错密度越高，在渗碳过程中应具有越高的碳扩散系数。但当轰击时间过长时，材料内部塑性变形和晶粒尺寸均达到极限，材料内部出现较大的残余压应力，不利于碳的扩散。因此，受到微观缺陷和应力的共同作用，在试验选定的三个轰击时间中，微粒轰击处理 240s 时，其对后续真空渗碳过程组织碳元素扩散系数和渗碳层性能具有更良好的综合影响。

3.2.1.3　表面纳米化前处理对 12Cr2Ni4A 钢渗层组织结构的影响

选取超音速微粒轰击时间 240s 作为真空渗碳前处理工艺，将经超音速微粒轰击和未经处理的 12Cr2Ni4A 钢在 925℃下进行真空渗碳，渗碳工艺参照第 2 章 12Cr2Ni4A 钢渗碳热处理工艺进行，研究超音速微粒轰击前处理对真空渗碳层组织结构和性能的影响，分析超音速微粒轰击前处理对真空渗碳过程的催渗与强化机制。

图 3.47 为两种渗碳层表面的 XRD 谱图。从 XRD 谱图中可以看出，两种渗碳层中的主要相均为马氏体，但相比于普通渗碳层，超音速微粒轰击前处理渗碳层中马氏体三强峰的位置均向大角度方向发生了偏移，并且马氏体（110）晶面的衍射峰强度明显较弱，马氏体的三个峰之间强度差减小，这说明超音速微粒轰击渗碳层内马氏体中固溶了更多的小原子半径元素，且各晶粒间的取向也趋向于随机化。超音速微粒轰击渗碳层中可发现微弱的奥氏体峰，由此可知，超音速微粒轰击后渗碳会使渗碳层表面的马氏体取向发生变化，同时残余奥氏体转变被抑制，在渗碳结束后渗碳层中剩余更多的未转变奥氏体。

为探究不同深度处残余奥氏体的含量的变化，采用电解抛光技术对两种渗碳层不同深度处的残余奥氏体含量进行测定，结果如图 3.48 所示。

从图 3.48 中可以看出，在测试区域范围内两种渗碳层中残余奥氏体含量的变化趋势基本一致，均呈现出先增大后减小的趋势，其中残余奥氏体含量在渗碳层表面最少，随深度的增加出现小幅增长，在距表面 100μm 深度处达到最大，随后深度增大其含量会缓慢降低。在距表面 300μm 范围内，超音速微粒轰击渗碳层中残余奥氏体含量均高于普通渗碳层。通常，残余奥氏体具有较好的塑性，但其硬度低于马氏体，在一定范围内，残余奥氏体含量的适当增加可改善渗碳层的耐磨损和抗疲劳性能[44]。

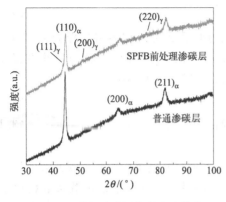

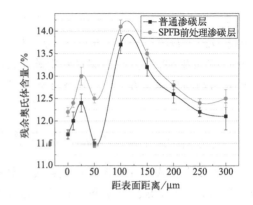

图 3.47　普通渗碳层与超音速微粒
轰击渗碳层 XRD 谱图

图 3.48　普通渗碳层与超音速微粒轰击渗碳层残余
奥氏体含量沿深度方向分布图

图 3.49 为普通渗碳层与超音速微粒轰击渗碳层表面形貌和能谱图。从中可清晰地看出两种渗碳表层组织主要为板条与片状马氏体混合组织，但超音速微粒轰击渗碳层表面的马氏体组织更加细小。从两种渗碳层表面能谱图 [3.49(c) 和 (d)] 可以看出，超音速微粒轰击渗碳层表面具有更高的碳浓度（2.90%，质量分数），而普通渗碳层表面碳浓度略低，为 2.83%。

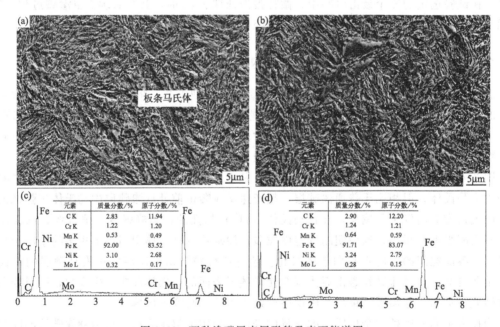

图 3.49　两种渗碳层表层形貌及表面能谱图

（a）普通渗碳层表层形貌；（b）超音速微粒轰击渗碳层表层形貌；

（c）普通渗碳层表面能谱；（d）超音速微粒轰击渗碳层表面能谱

由于渗碳层表面碳含量与马氏体、奥氏体和碳化物中碳浓度以及碳化物含量相关，因此对两种渗碳层表面组织进一步放大，结果如图 3.50 所示。

观察两种渗碳层表面放大图可发现，两种渗碳层表面均分布着大量的白色细小碳化物颗

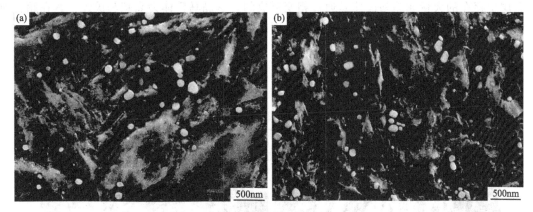

图 3.50　两种渗碳层表层微观形貌放大图

（a）普通渗碳层；（b）超音速微粒轰击渗碳层

粒，运用 Image J 软件对图中观察到的白色颗粒状碳化物的含量及大小进行统计，可以发现相比于普通渗碳层，超音速微粒轰击渗碳层表层碳化物的含量更多，为 $3.31\%\pm0.02\%$，普通渗碳层表面碳化物的体积分数为 $2.51\%\pm0.02\%$。随后将统计获得的碳化物尺寸绘制了图 3.51 中。从图 3.51 中可以看出，超音速微粒轰击渗碳层中碳化物的平均尺寸为 $(0.19\pm0.02)\mu m$，相比于普通渗碳层表面碳化物的尺寸 $[(0.21\pm0.03)\mu m]$ 有所减小，并且超音速微粒轰击渗碳层表面碳化物尺寸小于 $0.2\mu m$ 的含量相对较多，而普通渗碳层中尺寸大于 $0.3\mu m$ 的碳化物占大多数。由以上分析可知，超音速微粒轰击前处理可在渗碳过程中形成更多更为细小的碳化物。

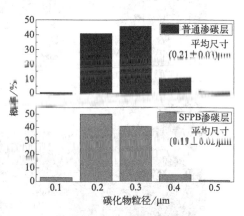

图 3.51　两种渗碳层表层碳化物
颗粒尺寸分布统计图

图 3.52 为两种渗碳层表层组织（距表面约 $150\mu m$）的 TEM 图。从图中可更清晰地观察到两种渗碳层表面均存在薄膜状奥氏体、颗粒状碳化物和板条马氏体。但两种渗碳层表面马氏体的长度、宽度和形貌并不一致。普通渗碳层中仅观察到了典型的板条马氏体组织，马氏体条边缘存在颜色较深的薄膜状组织，该组织为残余奥氏体[45]，其细小的马氏体条间呈现平行排列，相邻马氏体条之间无明显界面，并且马氏体片的长度与宽度均不等，在所选的观察区域中，马氏体的平均宽度约为 40nm。在超音速微粒轰击前处理渗碳层 [图 3.52(c) 和 （d）] 中除板条状的马氏体组织和位错外，很多区域内出现了大量薄片状的马氏体，其内部具有高密度位错，在透射明场像中呈现黑色。选取图 3.52(d) 中典型的薄片状马氏体组织获得其衍射斑点，可知所选区域中的薄片状马氏体为 〈112〉＜110＞型孪晶马氏体，此孪晶马氏体形貌中并无中脊，而且薄片长度不等，各片状马氏体间间距也不尽相同，其中最小的片间距可达到 10nm。以往研究证明，如果渗碳层内部的马氏体与奥氏体间的晶格结构满足某种对称需求，就可以认为渗碳层中的马氏体是由奥氏体相变而形成的[46]。从图 3.52(c) 孪晶马氏体组织中获得的电子衍射斑点可以看出渗碳层中孪晶马氏体与奥氏体为镜面对称关系。因此说明，超音速微粒轰击

渗碳层中存在的大量孪晶马氏体是通过相变形成的。孪晶马氏体为高碳马氏体，其在超音速微粒轰击前处理渗碳层中的大量形成与其表面碳浓度的升高密切相关。

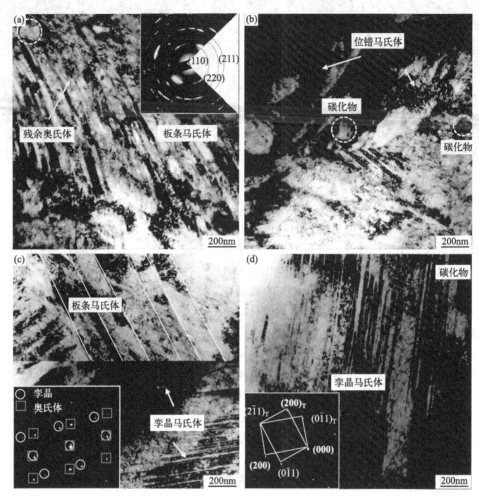

图 3.52　普通渗碳层与超音速微粒轰击渗碳层表面 TEM 图
(a)、(b) 普通渗碳层；(c)、(d) 超音速微粒轰击渗碳层

图 3.53 为普通渗碳层和超音速微粒轰击渗碳层截面极图与反极图。超音速微粒轰击渗碳层中晶粒极密度强度比普通渗碳层低很多，说明其织构化现象已出现明显弱化。从图 3.53(a) 中可以看出，普通渗碳层组织主要表现出 {011}<111> 和{110}<001>两种织构类型。理论上奥氏体 {111}$_\gamma$ 晶面是密排面，其晶面间距最大，以此晶面为界面时界面能最低，晶向 <101>$_\gamma$ 是原子密度最大的晶向。马氏体的密排面为 {011}$_\alpha$ 晶面，<111>$_\alpha$ 是原子排列密度最大的晶向。因此渗碳后，奥氏体转变成为马氏体一般可形成 (110)$_{\alpha'}$//(111)$_\gamma$，[111]$_{\alpha'}$//[110]$_\gamma$ 和 (110)$_{\alpha'}$//(111)$_\gamma$，[110]$_{\alpha'}$//[211]$_\gamma$ 两种位向关系，这两种关系分别被定义为 K-S 与 N-W 关系。由此可知，渗碳层中 {011}<111>织构来自于马氏体组织。但渗碳层中存在的大量 {110}<001>马氏体织构并不满足上述理论。贝茵应变理论指出面心立方结构的奥氏体向体心立方结构马氏体转变时若发生均匀畸变，两个<110>$_A$ 将会转变成 1 个<100>$_M$，从而在渗碳层中马氏体会出现 {110}<001>型织构，但该理论并没有说明马氏体表面浮突和惯习面与位相关系等信息。在 K-S 关系中马氏体存在 24 个变体取向关

系，而 N-W 关系中马氏体存在 12 个变体取向关系，将普通渗碳层马氏体（110）极图与理论计算得到的 K-S 与 N-W 关系 {011}$_α$ 极图[47,48] 比较可以发现，普通渗碳层中马氏体取向关系同时满足 K-S 和 N-W 关系，在极点分布范围及形状上实验结果与 K-S 拟合结果更为一致，因此可推测，普通渗碳层中形成的大部分马氏体会与奥氏体满足 K-S 关系[49]。而超音速微粒轰击渗碳层中马氏体出现了微弱的 {112}<111> 型织构，但由于其晶粒取向更为随机，位相关系在极图中已无法清晰观测。依据渗碳层透射观察可知，{112}<111> 型织构来自于薄片状孪晶马氏体。

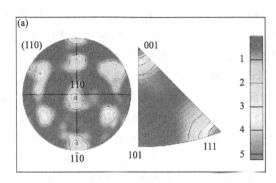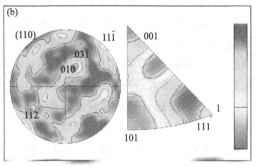

图 3.53　普通渗碳层与超音速微粒轰击渗碳层截面极图与反极图
(a) 普通渗碳层的极图和极密度图；(b) 超音速微粒轰击渗碳层极图和极密度图

图 3.54 为通过 EBSD 测试得到的两种渗碳层截面晶粒尺寸分布和特殊晶界类型图。从图 3.54(a) 中可以看出两种渗碳层深度方向上晶粒尺寸的分布趋势基本一致，大体符合高斯函数形式，两种渗碳层的晶粒尺寸相当，大部分的晶粒尺寸分布在 1.0μm 以内。这一结果说明超音速微粒轰击变形层在高温（925℃）条件下渗碳，其形成的细小晶粒并未出现异常长大现象。依据 Brandon 标准[50]，晶界可分为特殊晶界［重位点阵（CSL）晶界］和随机晶界，而特殊晶界对材料的性能具有至关重要的影响。统计两种渗碳层中的特殊晶界信息，结果如图 3.54(b) 所示。从图中可以看出两种渗碳层中的特殊晶界类型主要为 Σ3、Σ11、Σ13b、Σ25b 和 Σ33c，其中超音速微粒轰击渗碳层中特殊晶界的数量会更多。特殊晶

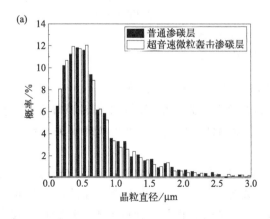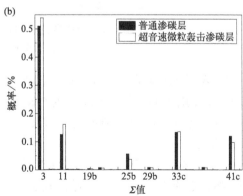

图 3.54　两种渗碳层截面晶粒尺寸分布和特殊晶界类型图
(a) 晶粒尺寸分布；(b) 特殊晶界类型

界中具有小 Σ 数值的晶界是具有低能量的晶界，如 $\Sigma 3$ 为孪晶界[51]。研究发现，特殊晶界数量对纯金属疲劳性能和韧性存在重要影响[52]。

3.2.1.4 表面纳米化前处理对 12Cr2Ni4A 钢渗碳层力学性能的影响

(1) 表面纳米化前处理对 12Cr2Ni4A 钢渗碳层硬度和残余应力的影响

图 3.55 为两种渗碳层硬度和残余应力沿深度方向变化图。从图 3.55(a) 中可以看出，普通渗碳层和超音速微粒轰击渗碳层硬度最大值均在近表面位置，分别为 $769HV_1$ 和 $784HV_1$，沿深度方向硬度逐渐减小，但在相同深度处，超音速微粒轰击渗碳层的硬度始终高于普通渗碳层。这一结果表明超音速微粒轰击前处理可增大渗碳层的硬度，减缓沿深度方向硬度下降趋势。从图 3.55(b) 渗碳层中残余应力随深度的变化图中可以看出，渗碳后两种渗碳层内部均产生了残余压应力，并且在所测试的 $300\mu m$ 范围内，残余压应力随深度的变化趋势均为先增大后减小。普通渗碳层在距表面 $50\mu m$ 的位置处残余压应力达到最大，约为 $-269MPa$，而超音速微粒轰击渗碳层最大残余压应力位置位于距表面 $100\mu m$ 处，且最大应力值为 $-278MPa$，说明超音速微粒轰击前处理真空渗碳后，有助于增大渗碳层中残余压应力和深度，而渗碳层中残余压应力与相变应力和热应力相关。从相变应力角度出发可知，超音速微粒轰击渗碳层中碳浓度相对较高，其可抑制残余奥氏体的转变，但同时也增大了马氏体转变形成的体积膨胀效果，因此在两种因素的共同作用下，超音速微粒轰击渗碳层表现出更大的残余压应力。

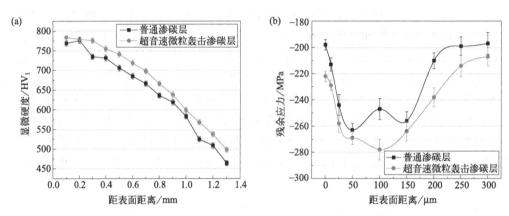

图 3.55 两种渗碳层硬度和残余应力沿深度方向变化图
(a) 显微硬度；(b) 残余应力

(2) 表面纳米化前处理对 12Cr2Ni4A 钢渗碳层摩擦学性能的影响

采用滚动摩擦磨损试验机对普通渗碳层与超音速微粒轰击渗碳层在润滑油条件下的摩擦学性能进行考察，两种渗碳层测试过程中的摩擦系数随时间变化曲线和磨损失重结果如图 3.56 所示。

从图 3.56(a) 中可以看出超音速微粒轰击渗碳层的摩擦系数比普通渗碳层略低，其稳定期摩擦系数约为 0.11，而普通渗碳层摩擦系数为 0.12。对比两种渗碳层的磨损失重图 [图 3.56(b)] 可发现，普通渗碳样品磨损失重为 12.7mg，而超音速微粒轰击渗碳样品仅为 11.1mg。由此可知，超音速微粒轰击前处理可通过降低真空渗碳层的摩擦系数、减少渗碳层的磨损失重以改善渗碳层的摩擦学性能。为进一步探究其改善机制，采用扫描电镜对两种渗碳层的磨损形貌进行观察，结果如图3.57所示。

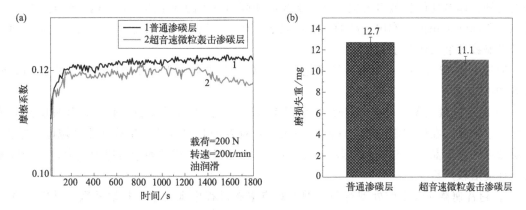

图 3.56　普通渗碳层与超音速微粒轰击渗碳层摩擦系数曲线和磨损失重图
(a) 摩擦系数曲线；(b) 磨损失重图

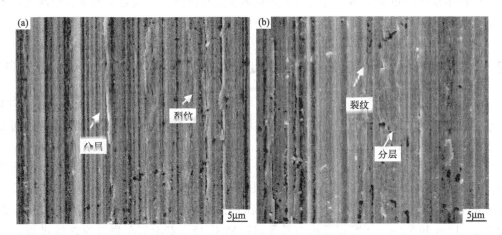

图 3.57　普通渗碳层与超音速微粒轰击渗碳层油润滑条件下磨损形貌图
(a) 普通渗碳层；(b) 超音速微粒轰击渗碳层

从图 3.57 中可以看出，两种渗碳层的磨损形貌相似，磨损表面均出现了大量平行于磨损方向的犁沟。犁沟周围存在着分层、裂纹和细小颗粒，因此，两种渗碳层的主要磨损机制为磨粒磨损与疲劳磨损并存的形式。研究表明，磨粒磨损和疲劳磨损产生的犁沟和裂纹与磨损过程中形成的磨粒尺寸及切应力作用下渗碳层断裂韧性相关[53]。摩擦系数与磨损过程中形成的磨粒尺寸相关。通过对两种渗碳层组织大小分析可知，超音速微粒轰击渗碳层中碳化物尺寸更为细小，而碳化物是摩擦磨损过程形成的主要硬质磨粒[54]。因此，超音速微粒轰击渗碳层的摩擦系数较普通渗碳层有所降低。而磨损失重则是在磨粒反复作用下，细小疲劳裂纹不断萌生扩展，最终形成剥落的结果。有研究表明，材料的断裂韧性与磨损失重存在一定的关系，材料断裂韧性越大，材料在磨损过程中产生的失重则越少[55]。

对于多晶材料来说，材料的断裂韧性与晶界特征也存在着密切的联系，CSL 晶界比普通晶界断裂应力高。晶界类型分析中可知，超音速微粒轰击渗碳层中 CSL 数量比普通渗碳层多，特别是孪晶界。因此，从渗碳层组织结构角度分析可知，超音速微粒轰击渗碳层中细小的晶粒和优异的晶界特征是超音速微粒轰击渗碳层具有更好摩擦学性能的原因。从力学角度分析可知，超音速微粒轰击渗碳层具有更高的硬度和更大的残余压应力，也对渗碳层摩擦学性能改善起到了积极的作用，高的硬度可以增大摩擦过程中的磨损阻力，而大的残余应力有助于抑制疲劳裂纹的萌生和扩展[56]。

通过上述 12Cr2Ni4A 钢表面纳米化层及其对真空渗碳过程、渗碳层组织性能影响研究得到如下结论：

① 超音速微粒轰击可在 12Cr2Ni4A 钢表面形成一定厚度的晶粒细化区，其表层晶粒可细化为纳米晶。在所选定的轰击时间范围内，微粒轰击时间越长，晶粒细化区域厚度越大，表层形成的纳米晶尺寸越小。但轰击时间过长，强化层内形成的残余压应力过大，影响区域内塑性变形较严重。

② 超音速微粒轰击前处理有助于增大真空渗碳过程中碳元素的扩散系数，其中超音速微粒轰击 240s 后进行真空渗碳，其碳元素的扩散系数最大，是普通真空渗碳的 1.2 倍。

③ 相比普通渗碳层，超音速微粒轰击渗碳层的织构明显弱化，特殊晶界的数量更多，渗碳层组织中碳化物更为细小，且出现了大量的孪晶马氏体，以及更多的碳化物和残余奥氏体。因此表现出更高的表面硬度、更大的残余应力和更好的摩擦学性能。

3.2.2　表面纳米化对 18Cr2Ni4WA 钢组织结构、力学性能及摩擦学性能的影响

基于对 12Cr2Ni4A 钢表面纳米化前处理真空渗碳的研究可知，超音速微粒轰击（SFPB）时间通过控制钢材表面组织及应力状态对真空渗碳过程及渗碳层组织性能形成影响。超音速微粒轰击时间较短时，钢材表面组织不均，且表面晶粒细化效果略差；而轰击时间过长，钢材内部塑性变形达到极限，组织细化效果减弱，同时也会引入较大的残余压应力，影响渗碳效率。本研究在 12Cr2Ni4A 钢超音速微粒轰击前处理催渗研究结果的基础上，选用尺寸为 120μm 的 α-Al$_2$O$_3$ 作为轰击粒子，结合所发表的文献和专利[57-59]，选定超音速微粒轰击时间为 60s、120s 和 240s。研究超音速微粒轰击时间对 18Cr2Ni4WA 钢真空渗碳过程、组织结构及使用性能的影响。

图 3.58　不同超音速微粒轰击时间下 18Cr2Ni4WA 钢表面的宏观形貌照片
(a) SFPB 处理 60s 形貌；(b) SFPB 处理 120s 形貌；(c) SFPB 处理 240s 形貌

首先对不同超音速微粒轰击时间下 18Cr2Ni4WA 钢表面形貌进行观察，结果如图 3.58 所示。从图 3.58 中可以看出，18Cr2Ni4WA 钢表面粗糙度会随着轰击时间的增加而改变。轰击时间较短时（60s）时，轰击弹丸携带的动能并不能完全覆盖到整个表面，样品表面凹

凸不平，粗糙度较大；当轰击时间为 120s 时，轰击弹丸对表面的轰击范围逐渐变大，直至完全覆盖，表面小凹坑的起伏更加明显；当轰击时间为 240s 时，弹丸反复轰击试样表面，对先产生的凸起有一定"再轰击"作用，凸起逐渐下降，表面粗糙度降低。表面粗糙度是材料表面的微观几何差异，也是评定材料表面质量的重要指标[60]，表现为材料表面的间隔和凹凸形貌，它可以直接反映材料表面的微观几何形状，同时材料表面粗糙度对摩擦磨损及接触疲劳性能有重要影响[61]。

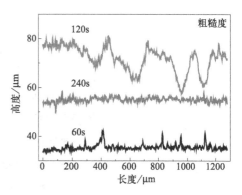

图 3.59　不同超音速微粒轰击时间下 18Cr2Ni4WA 钢表面粗糙度的相对值

为更直观地观察超音速微粒轰击对钢材表面粗糙度的影响，使用 Olympus LEXT OLS4000 3D 激光共焦显微镜对不同处理时间 18Cr2Ni4WA 钢表面粗糙度进行测量，结果见图 3.59。从不同轰击时间 18Cr2Ni4WA 钢表面粗糙度相对值中可以看出，轰击时间为 60s 的样品表面凹坑凸起程度较小且数量较少，粗糙度相对数值最小；轰击时间 120s 的试样表面凹坑凸起程度增大且数量较多，粗糙度相对数值最大；轰击时间 240s 的试样表面粗糙度较处理时间为 60s 的样品表面整体均匀性较好，粗糙度相对值居中。

不同超音速微粒轰击处理时间的样品截面金相形貌如图 3.60 所示。从图中可以看出，超音速微粒轰击后，18Cr2Ni4WA 钢表面下的区域出现了不同于心部组织的"一层"较为细小的组织，结合超音速微粒轰击理论，该层称为"塑性变形层"或"纳米化层"。从图 3.60 中可以看出，随着超音速微粒轰击时间的增长，塑性变形层的厚度逐渐增大，采用金相法测量得到轰击时间为 240s 样品的塑性变形层厚度可达到 $(91.6\pm1.2)\mu m$。

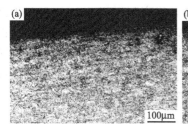  

图 3.60　不同 SFPB 处理时间截面金相形貌图
(a) SFPB 处理 60s；(b) SFPB 处理 120s；(c) SFPB 处理 240s

图 3.61 为 18Cr2Ni4WA 钢和超音速微粒轰击不同时间样品表面的 XRD 谱图。从图中可以看出，与原始钢材相比，超音速微粒轰击样品的衍射"三强峰"的位置并未发生变化，但主衍射峰（110）晶面随着轰击时间的延长出现衍射峰变宽且变高的现象。

衍射峰变宽且变高的现象可以说明超音速微粒轰击处理后的"纳米化层"晶体结构未发生变化，仍为马氏体，但相对于 18Cr2Ni4WA 钢，其马氏体的相对含量增多，晶粒发生细化，晶格发生了畸变。

由于微观应力和晶粒细化均会引起衍射峰宽化[62]。按照 Scherrer-Wilson 方程，可以粗略计算出超音速微粒轰击处理后 18Cr2Ni4WA 钢表层的纳米晶尺寸和微观应变量，结果如表 3.11 所示。

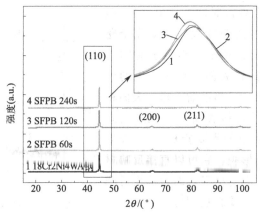

图 3.61　18Cr2Ni4WA 钢和不同 SFPB 处理时间样品表面的 XRD 谱图

表 3.11　表面纳米化处理后 18Cr2Ni4WA 钢表层纳米晶尺寸及残余应力值

项目	SFPB60s	SFPB120s	SFPB240s
晶粒尺寸/nm	45.5	34.7	16.6
微观应变/%	0.187	0.237	0.265
残余应力/MPa	−421±14	−433±19	−520±15

由表 3.11 可知，三个不同轰击时间的样品表面晶粒尺寸均达到了纳米级，且纳米结构层都发生一定程度的微观应变，从而层内形成了较大的残余压应力。从表中可以看出超音速微粒轰击后钢表层的纳米晶尺寸随轰击时间的增加而减小，当轰击时间为 240s 时，纳米晶尺寸可减小到 16.6nm；同时变形层内微观应变随着轰击时间的延长而增加，由于变形层内具有高密度位错，而位错的储能较高，大量位错的缠绕增大了变形层的微观应变，其中轰击时间为 240s 样品的微观应变最大，为 0.265%。从表中残余应力随轰击时间的变化可看出，超音速微粒轰击试样中残余应力随着轰击时间的延长而增加，最高可达到 −520MPa。表面的残余应力状态会极大影响材料的性能，而变形层内残余压应力产生的原因主要是超音速微粒轰击处理时微小弹丸携带较大的动能撞击钢材表面，每次轰击后钢材表层会向四周区域尽可能地延伸，但撞击部位底层材料会对其产生阻碍作用，于是在变形区域出现了压应力，而撞击后留下的凹坑，其凹坑中间产生拉应力，凹坑四周产生压应力。

3.2.2.1　表面纳米化前处理对 18Cr2Ni4WA 钢渗碳层显微组织结构的影响

对 18Cr2Ni4WA 钢及超音速微粒轰击处理 60s、120s 和 240s 的 18Cr2Ni4WA 钢，按照 2.3.2 节中的热处理流程在 920℃进行真空渗碳，采用 XRD 测试方法对四种渗碳层的物相组成和结晶性进行分析，结果如图 3.62 所示。

从图中可以看出，表面纳米化前处理并没有使渗碳层组织结构发生转变，其主要结构仍为马氏体组织。表面纳米化前处理渗碳层的（110）晶面衍射峰出现峰强增加和峰宽化现象，并且随轰击时间的增加，这两种现象越加明显。衍射峰宽化即峰"变宽"，是由于晶粒细化和晶格畸变，而衍射峰峰强的增加即峰"变高"，是组织中马氏体的结晶性较好的表现，其更有利于形成马氏体组织。由此可知，表面纳米化处理虽未改变渗碳层的组织，但会使其晶格发生畸变，组织得到细化，并改善组织的结晶性。在 XRD 谱图中并没有检测到奥氏体峰，说明渗碳层中残余奥氏体量很少，没有达到 XRD 设备的检测精度。因此，采用 X 射线测试仪对四种渗碳层中残余奥氏体的含量进行测定，结果如表 3.12 所示。

从表 3.12 中可以看出，普通真空渗碳层中的残余奥氏体含量较高，为 12.8%。超音速微粒轰击前处理渗碳层中的残余奥氏体含量较普通渗碳层均有所降低，说明超音速微粒轰击会减少渗碳层表面残余奥氏体含量，且轰击时间越长，其对残余奥氏体含量的减少效果越明显。其中轰击时间为 60s 的渗碳层样品表面残余奥氏体含量降低为 12.3%，轰击时间为 120s 的渗碳层表面残余奥氏体含量为 11.6%，轰击时间为 240s 的渗碳层表面残余奥氏体含量可降低到 10.6%。由于相比于马氏体，残余奥氏体的硬度较低，因此渗碳层中残余奥氏体含量的减少有助于渗碳层硬度的提高。

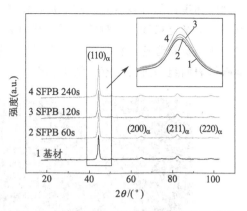

图 3.62　不同 SFPB 处理时间渗碳层 XRD 谱图

表 3.12　渗碳层表面残余奥氏体含量

样品	普通渗碳	SFPB60s 渗碳	SFPB120s 渗碳	SFPB240s 渗碳
残余奥氏体含量/%	12.8±0.5	12.3±0.4	11.6±0.6	10.6±0.7

依据渗碳层金相检测标准（JB/T 6141.3—1992《重载齿轮　渗碳金相检验》），采用金相显微镜对四种渗碳层表面组织进行观察，结果如图 3.63 所示。

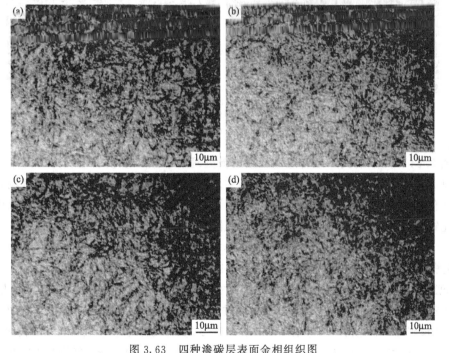

图 3.63　四种渗碳层表面金相组织图

（a）普通渗碳层；（b）SFPB60s 渗碳层；（c）SFPB120s 渗碳层；（d）SFPB240s 渗碳层

从图 3.63 中可以看出，真空渗碳后四种渗碳层表面组织均为板条马氏体、碳化物和残余奥氏体[63]。对比普通渗碳层，可以发现轰击 60s 的渗碳层和普通渗碳层马氏体组织大小比较接近，这是因为处理时间过短，纳米化效果很弱，样品表面组织与基材接近，纳米化作用无法体现；随着轰击时间的增加，渗碳层表面马氏体板条越来越细小，说明纳米化处理具有一定的细化渗碳层晶粒的作用，其中轰击时间为 240s 的渗碳层组织更细小和均匀。为了进一步分析超音速微粒轰击前处理对渗碳层组织中碳化物大小的影响，采用扫描电镜对四种渗碳层表面组织进行观察，结果如图 3.64 所示。

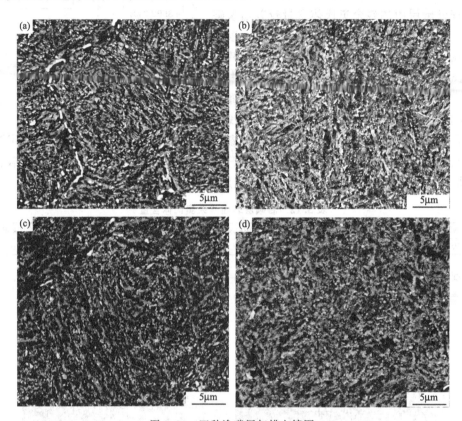

图 3.64　四种渗碳层扫描电镜图

(a) 普通渗碳层；(b) SFPB60s 渗碳层；(c) SFPB120s 渗碳层；(d) SFPB240s 渗碳层

从图 3.64 中可以看到，超音速微粒轰击前处理后渗碳，渗碳层组织为马氏体、碳化物和残余奥氏体，渗碳层组织以板条马氏体为主。但相比于普通渗碳层，超音速微粒轰击渗碳层中的碳化物更为细小且分布也更为均匀。为了更精准地测量碳化物的尺寸，对四种渗碳层表面碳化物尺寸和分布进行定量计算，结果见图 3.65。

从图 3.65 中可以看出除超音速微粒轰击 60s 的渗碳层外，超音速微粒轰击 120s 和 240s 渗碳层中碳化物的尺寸均小于普通渗碳层，表明纳米化前处理可以细化渗碳层晶粒，这有利于增加渗层硬度和强度，而轰击 60s 渗碳层表面碳化物尺寸偏大是因为轰击时间过短，微粒轰击并不全面，并没有完全覆盖金属表面，造成表层的粗糙度过大，从而使晶粒分布不均匀[64]。普通渗碳层和轰击 60s 的渗碳层中碳化物的尺寸主要集中在 0.1~0.3μm，且存在少量较大尺寸的碳化物；超音速微粒轰击 120s 和 240s 的渗碳层中碳化物尺寸主要集中在 0.1~0.2μm，特别是轰击时间为 240s 的渗碳层中几乎无大尺寸碳化物，其碳化物的平均尺寸较普通渗碳层可减小 50% 以上。由此可知，表面纳米化前处理可有效细化渗碳层的组织，提高渗碳层组织的均一性。

为了进一步确定不同时间超音速微粒轰击前处理工艺对真空渗碳层马氏体形态和亚结构的影响，对渗碳层进行透射电镜观察，结果如图 3.66 所示。

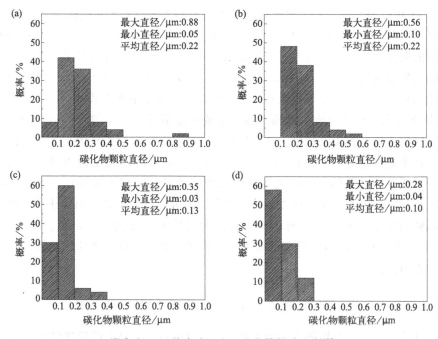

图 3.65　四种渗碳层表面碳化物尺寸分布图

（a）普通渗碳层；（b）SFPB60s 渗碳层；（c）SFPB120s 渗碳层；（d）SFPB240s 渗碳层

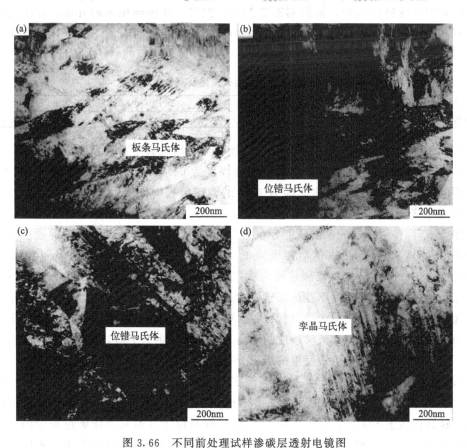

图 3.66　不同前处理试样渗碳层透射电镜图

（a）基材渗碳层；（b）SFPB60s 渗碳层；（c）SFPB120s 渗碳层；（d）SFPB240s 渗碳层

从图 3.66 中可以看出，经过渗碳后样品表面组织主要为板条马氏体，而轰击 240s 的渗碳层中出现了大量孪晶马氏体组织。孪晶马氏体的出现是因为超音速微粒轰击前处理提高了渗碳层中碳的质量分数。随后冷却时，形成高碳马氏体，其特点是硬度高、耐磨性好[18,19]。同时也有相关研究表明[17,20]，板条马氏体的亚结构是位错，片状马氏体的亚结构是孪晶，孪晶马氏体的强度和硬度均高于位错马氏体，但是塑性低于板条马氏体。

XRD 谱图与晶粒尺寸分析中可知，超音速微粒轰击前处理会细化渗碳层的组织，说明轰击所形成的纳米化层在渗碳温度为 920℃的加热过程中并未剧烈长大。在奥氏体成分一定的情况下，细小晶粒提升了奥氏体强度，因而马氏体转变时的切变阻力增大，使 M_s 点下降，有利于形成片状马氏体；同时超音速微粒轰击纳米化处理可以看作一个"伪喷丸"过程，在这个过程中会引入残余压应力，这个力的方向并不是单一的，且由于奥氏体转变为马氏体会引起体积膨胀，过大的多向压应力会成为马氏体转变的阻碍，也会使 M_s 点下降。M_s 点的降低，会促使马氏体的形态逐渐由板条状向碟状、片状、薄片状的转变，同时马氏体的亚结构也由位错向孪晶转变。

3.2.2.2 表面纳米化前处理对 18Cr2Ni4WA 钢渗碳层力学性能的影响

为了验证渗碳层组织与性能之间的关系，采用 HRD-150 型洛氏硬度计来确定渗碳层表面的硬度分布，测试中所加载的载荷为 1470N（150kg），加载时间为 10s；采用维氏硬度计对渗碳层截面硬度进行测量，依据 GB/T 9450—2005，从渗碳层表面开始，在垂直方向上依次打点测量至内部，直至硬度数值处于 $550HV_1$ 处，测量间隔为 $100\mu m$，结果分别记录于表 3.13 和图 3.67 中。

表 3.13 渗碳层表面洛氏硬度及残余奥氏体量

样品	纯基材渗碳层	SFPB60s 渗碳层	SFPB120s 渗碳层	SFPB240s 渗碳层
硬度/HRC	61.7±1.1	61.9±0.8	62.5±1.2	63.6±1.2

从表 3.13 中可以看出，表面纳米化前处理可显著增大真空渗碳层的表面硬度，且处理时间越长，效果越明显。其中普通渗碳层表面硬度为 61.7HRC；超音速微粒轰击 60s 的渗碳层表面硬度为 61.9HRC；轰击时间为 120s 的渗碳层表面硬度为 62.5HRC；轰击时间为 240s 的渗碳层表面硬度最大，高达 63.6HRC。

从图 3.67 四种渗碳层的截面硬度分布图中可以看出，四种渗碳层的截面硬度均从表面到心部先略微升高，达到最高值后逐渐降低，其截面最大硬度出现在距表面大约 0.2mm 处。当深度小于 0.75mm 时，渗碳层硬度梯度衰减量较小；当深度大于 0.75mm 时，硬度梯度衰减量较大。在相同深度下普通渗碳层的硬度值最小，对于超音速微粒轰击渗碳层，其硬度值随冲击时间的增加而增大。对比四种渗碳层截面硬度曲线变化可发现，与普通渗碳层相比，超音速微粒轰击处理渗碳层硬度的下降趋势及波动更为平缓，其随深度增加硬度值平稳降低，这也说明其渗碳层由表及里的组织分布更均匀且致密。

在截面显微硬度值为 $550HV_1$ 处普通渗碳层厚度为 1.35mm，而超音速微粒轰击 60s、120s 和 240s 渗碳层的有效深度分别为 1.37mm、1.40mm 和 1.45mm。依据渗碳层厚度可知，超音速微粒轰击 60s、120s 和 240s 的渗碳过程相较于普通真空渗碳过程中的催渗速率分别提高 1.4%、3.7% 和 7.7%，其中轰击时间为 240s 前处理对真空渗碳过程中碳的扩散速率提升最明显。

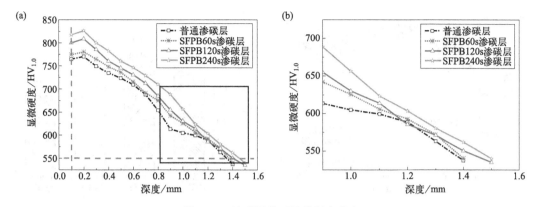

图 3.67　渗碳层截面显微硬度分布

（a）渗碳层截面显微硬度分布整体图；（b）局部放大图

3.2.2.3　表面纳米化前处理对 18Cr2Ni4WA 钢渗碳层摩擦学性能影响

依据 3.1.4.2 节中的摩擦磨损测试条件，分别对上述四种渗碳样品的常温摩擦学性能、高温摩擦学性能及海水环境下的摩擦学性能进行测试分析，研究表面纳米化前处理对渗碳层摩擦学性能的影响，揭示其不同环境下的磨损机制。

（1）常温干摩擦环境下真空渗碳层摩擦磨损性能

图 3.68 为普通渗碳层及超音速微粒轰击不同时间渗碳层的摩擦系数曲线及磨损失重图。从图 3.68（a）中可以看出，普通渗碳层稳定期摩擦系数为 0.687 左右；轰击 60s 渗碳层的摩擦系数相比于普通渗碳层有所升高，为 0.701 左右，且曲线波动幅度也较大，测试进行 40min 后稳定在 0.685 左右；轰击 120s 渗碳层的摩擦系数与普通渗碳层相比略有降低，为 0.676 左右；而轰击 240s 渗碳层的摩擦系数最小，为 0.634。由此可知，合理的纳米化工艺可以提升渗碳层减摩性能，其中超音速微粒轰击 240s 的渗碳层减摩效果最佳。由于超音速微粒轰击会改变 18CrNi4WA 钢表面粗糙度，正是这种凹凸不平的表面，在一定程度上会引起摩擦系数的变化。对于轰击时间为 60s 的样品，由于处理时间较短，其纳米化效果较弱，且表面粗糙度略高，导致其渗碳后摩擦系数增大；随着处理时间的增加，纳米化效果逐渐显现出来，轰击时间为 120s 的样品，真空渗碳后由于渗碳层组织的细化抵消了粗糙度增大所带来的负面效果，渗碳层的摩擦系数有减小趋势，且这种改善效果随超音速微粒轰击时间的增加而更加明显，轰击时间为 240s 的渗碳层减摩效果最显著。

图 3.68（b）为四种渗碳层的磨损失重图。从图中可以看出，相较于普通渗碳层，超音速微粒轰击处理渗碳层随微粒轰击时间的增大，其磨损失重出现了先增大后减小的趋势。其中轰击时间为 60s 的渗碳层磨损失重最大，为 1.4mg，轰击时间为 120s 的渗碳层磨损失重与普通渗碳层较接近，而轰击时间为 240s 的渗碳层磨损失重最小。渗碳层耐磨性能的好坏与其表面硬度息息相关，超音速微粒轰击处理后渗碳，渗碳层的表面/截面硬度均明显提高，且渗碳层组织更加均匀。并且随着轰击时间的延长，这种改善效果更加明显，表面组织也更均匀，粗糙度变小。轰击时间为 60s 的渗碳层，由于其表面粗糙度大，表面凹凸不平，且硬度相对较低，凹凸不平处在摩擦磨损试验中很容易被磨掉，导致磨损失重增大。而轰击处理时间较长的渗碳层，其表面粗糙度降低，组织细化效果在此时表现得更为突出，表现出良好的减摩作用，且渗碳层的表面/截面硬度也显著增大，因此具有较好的减摩抗磨特性。

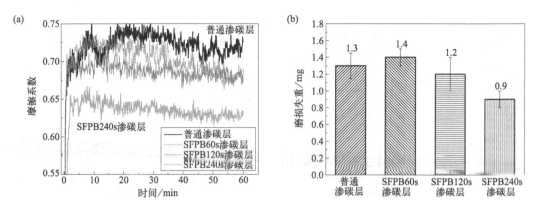

图 3.68　渗碳层摩擦系数曲线与磨损失重图

（a）摩擦系数曲线；（b）磨损失重图

　　为了进一步分析渗碳层干摩擦条件下的磨损机制，对四种渗碳层磨痕形貌进行观察，结果如图 3.69 所示。从图 3.69 中可以看出，渗碳层磨痕表面存在磨粒、犁沟、塑性变形和黏着物，说明普通渗碳层及超音速微粒轰击前处理渗碳层的磨损机制均为磨粒磨损和黏着磨损。相比于普通渗碳层，轰击处理 240s 的渗碳层磨损形貌较好，磨损较轻微。在干摩擦条件下，在磨球垂直压力和水平剪切力的共同作用下，渗碳层局部表面逐渐萌生裂纹，并在摩

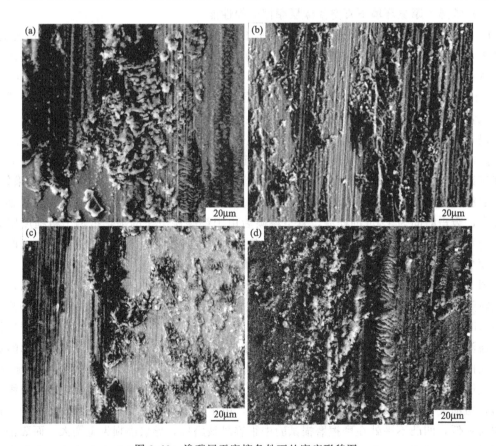

图 3.69　渗碳层干摩擦条件下的磨痕形貌图

（a）普通渗碳层；（b）SFPB60s 渗碳层；（c）SFPB120s 渗碳层；（d）SFPB240s 渗碳层

擦力的作用下不断扩展，最后发生断裂，因断裂而剥落的部分形成磨粒。剥落下来的磨粒在摩擦过程中又起到磨料的作用，犁削和划伤摩擦渗碳层表面，使磨痕表面产生犁沟。由于轰击时间为60s渗碳层纳米化程度较轻，故其磨损程度与机制接近于普通渗碳层；而冲击时间为120s的渗碳层，其表面硬度较高，因此磨痕形貌中磨粒和犁沟较少，存在少量黏着物；轰击时间为240s的渗碳层磨粒和黏着物最少，犁沟浅且较细。由此可知轰击时间为240s的渗碳层具有最优异的干摩擦性能。

（2）100℃干摩擦环境下真空渗碳层摩擦磨损性能

对18Cr2Ni4WA钢普通渗碳层及超音速微粒轰击不同时间的渗碳层进行高温条件下的摩擦磨损测试，获得其摩擦系数随时间变化曲线及磨损失重信息，结果如图3.70所示。从图3.70中可以看出，在100℃的摩擦磨损条件下，普通渗碳层的摩擦系数大约为0.72，其磨损失重为1.5mg。而轰击时间为60s和120s的渗碳层的摩擦系数大约为0.74，其磨损失重与普通渗碳层相当，分别为1.6mg和1.5mg，轰击时间为240s的渗碳层摩擦系数相比于普通渗碳层有所降低，大约为0.68，其磨损失重也最小，为1.2mg。由此可知，超音速微粒轰击对渗碳层摩擦系数和磨损失重的改善效果随轰击时间延长而增强。与常温摩擦磨损试验对比发现，在高温条件下渗碳层的摩擦系数和磨损失重均较干摩擦环境有所增加，但各个渗碳层之间相对优劣依然明显，轰击时间为240s的渗碳层同样具有较好的耐高温磨损性能。这是因为超音速微粒轰击处理后渗碳层表面具有一定的粗糙度，100℃下样品表面处于加热状态，试样表面的磨屑在反复剪切力作用下处于游离状态，充当磨粒，使摩擦系数上升，随着时间的推移，样品表面在高温下形成致密的氧化膜，且硬度较高，使摩擦系数维持稳定。在摩擦磨损过程中，对磨钢球和样品表面接触时的相对位移受到表面粗糙度的影响而增大，即对于粗糙度较大的样品，其接触处摩擦特性增大，样品表面容易发生材料迁移和黏着，即接触处物理黏附性增大，所以根据摩擦学理论，此时摩擦系数增大。因此轰击时间为60s和120s渗碳层的摩擦系数会大于普通渗碳层；而轰击时间为240s的渗碳层由于具有更佳的组织大小、组织均匀性及表面粗糙度，表现出较小的摩擦系数。

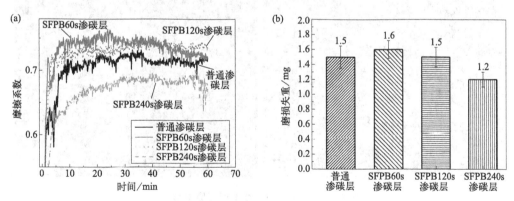

图3.70　渗碳层高温摩擦系数曲线与磨损失重图

（a）摩擦系数曲线；（b）磨损失重图

为了分析高温下四种渗碳层的摩擦磨损机制，对磨损后的磨痕形貌进行扫描电镜观察，结果如图3.71所示。从图3.71中可以看出，在100℃摩擦磨损试验中，磨损机制以黏着磨损为主，以磨粒磨损为辅，且磨痕发生了较严重的氧化。普通渗碳层和超音速微粒轰击60s渗碳层的磨痕表面存在较多黏着物，微粒轰击120s和240s的渗碳层表面黏着物相对较少，在黏着物下或附近可以看到犁沟，说明其发生了磨粒磨损。试验中的黏着物大致由黏着磨损产物、磨粒堆积和被氧化的磨屑组成。本试验中采用的摩擦磨损试验机为点面接触式，实际摩擦副之间的接触面积较小，且超音速微粒轰击处理渗碳层表面具有不同的粗糙度，在100℃和法向载荷作用下，样品表面硬质碳化物优先剥落，随后发生黏着磨损，黏着磨损的发生是因渗碳层与摩擦副接触点局部压应力超过该处材料屈服强度而出现黏合和拽开所产生的表面损伤。在摩擦磨损过程中黏着点不断形成又不断被破坏并脱落，一部分体现为磨损失重，一部分形成磨屑，因此在滑动与黏着共同作用下，样品表面形成"擦伤"痕迹和"黏留物"，形成犁沟和黏着产物。可以确定的是随超音速微粒轰击时间的增加，渗碳层耐高温摩擦磨损性能越来越好，轰击时间为240s渗碳层的摩擦磨损性能最好，其磨痕表面黏着物较少，磨损机制中磨粒磨损和黏着磨损程度比较接近，区别于普通渗碳层、微粒轰击60s和120s的渗碳层以黏着磨损为主导的磨损机制。

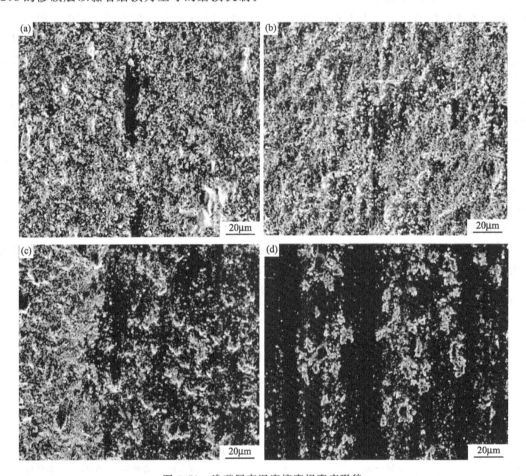

图 3.71 渗碳层高温摩擦磨损磨痕形貌
(a) 普通渗碳层；(b) SFPB60s 渗碳层；(c) SFPB120s 渗碳层；(d) SFPB240s 渗碳层

（3）海水腐蚀环境下真空渗碳层摩擦磨损性能

此部分对四种真空渗碳层在模拟海水环境下的摩擦磨损性能进行研究，为18Cr2Ni4WA 钢渗碳件在海洋环境中服役提供依据。人造海水配方与 3.1.4.2 节相同，分别获取四种渗碳层的摩擦系数曲线与磨损失重信息，如图 3.72 所示。

从图 3.72(a) 中可以看出，在人造海水环境下，四种渗碳层稳定期的摩擦系数在 0.25～0.4 之间，均小于干摩擦条件下四种渗碳层的摩擦系数，但曲线波动幅度相对明显。造成以上现象的原因可能是摩擦磨损过程中人造海水起到了润滑作用，但由于渗碳层模拟海水的摩擦磨损测试在封闭容器中进行，磨损过程中液体发生旋转，在旋转液体的"旋涡"作用下液体里的"杂质"汇聚到液体旋涡中心。摩擦磨损过程中产生的磨屑或剥落物在旋转液体的影响下汇聚于磨痕圆环中心，而与干摩擦过程中磨屑聚集在磨球上及其附近，无法填到磨损坑中造成摩擦磨损系数波动较大的情况有所不同。与普通渗碳层的摩擦系数及波动情况比较可知，超音速微粒轰击处理渗碳层的摩擦系数及波动幅度均有所改善，其中轰击时间为 240s 渗碳层的摩擦系数及磨损波动最小。普通渗碳层稳定期的摩擦系数在 0.34～0.37 之间，波动幅度较大；轰击时间为 60s 渗碳层的摩擦系数在前 40min 内较稳定，约为 0.32，但后期逐渐上升至 0.34；轰击时间为 120s 渗碳层的摩擦系数整体波动较小，在 0.30～0.33 之间；轰击时间为 240s 渗碳层的摩擦系数最稳定，前 40min 为 0.28，后期逐渐上升至 0.30。

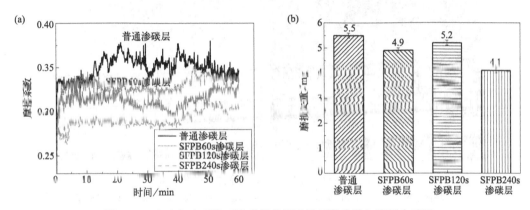

图 3.72　人造海水环境下渗碳层高温摩擦系数曲线与磨损失重图

(a) 摩擦系数曲线；(b) 磨损失重图

图 3.72(b) 显示在海水的侵蚀作用下，四种渗碳层的磨损失重均大于干摩擦及高温条件下的磨损失重，但三个时间超音速微粒轰击前处理渗碳层的磨损失重均小于普通渗碳层的磨损失重（5.5mg）。轰击时间为 60s、120s 及 240s 渗碳层的磨损失重分别为 4.9mg、5.2mg 和 4.1mg，其中轰击时间为 240s 的渗碳层具有最好的抗磨耐蚀性能。为了进一步分析超音速微粒轰击渗碳层的磨损机制，对四种渗碳层的磨痕形貌进行观察，结果如图 3.73 所示。

从图 3.73 中的可以看出，在人造海水环境下四种渗碳层的磨痕形貌中存在大量犁沟和少量黏着物，渗碳层的磨损机制仍以磨粒磨损为主，黏着磨损为辅。在渗碳层磨痕形貌中可清晰地观察到腐蚀作用产生的"坑"和细小磨粒。这主要是因为人造海水环境具有一定腐蚀作用，在试验过程中，由于较长时间的浸泡，并且摩擦磨损过程中产生的热量散发到人造海水中，使各种离子能量升高，运动变得活跃，进而对磨痕产生一定的腐蚀作用。但是这种腐蚀较轻，且在磨球与试样表面不断摩擦的作用下，腐蚀产物不断脱落，进而形成磨粒，造成磨粒磨损。渗碳层表面具有较高的硬度和细小的晶粒，使渗碳层表面很难在磨球的作用力下产生裂纹，随着摩擦的不断进行，会发生塑性变形，材料在磨球剪切力的作用下发生迁移，并有块状黏着物产生，黏着物被腐蚀后可能破裂成数个小块，或堆积于其他位置，或脱离样品表面卷入"旋涡"中心。在磨粒磨损作用下渗碳层表面形成犁沟，在海水的进一步侵蚀下

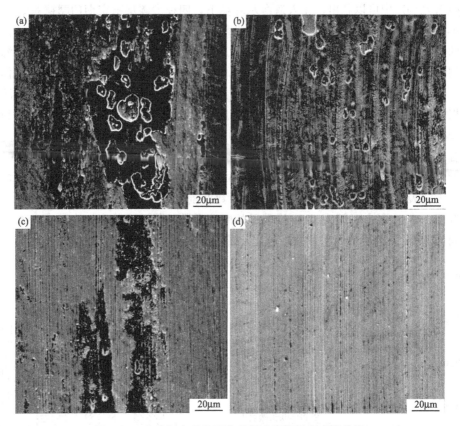

图 3.73　人造海水环境下渗碳层摩擦磨损磨痕形貌图

（a）基材渗碳层；（b）SFPB60s渗碳层；（c）SFPB120s渗碳层；（d）SFPB240s渗碳层

型沟变深，在磨损与腐蚀双重作用下，磨球在压力下逐渐在原始磨痕上形成较深的细窄磨痕，加重磨损。因此，海水环境下渗碳层的磨损失重较大，但由于轰击时间为240s的渗碳层具有较好的组织和力学性能，其在四种渗碳层中表现出最优异的耐海水摩擦磨损性能。

通过对18Cr2Ni4WA钢及其不同超音速微粒轰击工艺下真空渗碳层组织结构与力学性能分析，得到如下结论：

① 超音速微粒轰击会使18Cr2Ni4WA钢表面一定厚度范围内形成塑性变形层，其表面粗糙度有所增加，但表面晶粒会细化到纳米级，变形层内部存在大量缺陷和较大的残余压应力。其中经240s超音速微粒轰击处理的18Cr2Ni4WA钢表面粗糙度最为平稳，纳米晶尺寸最小为16.6nm，但变形层厚度及残余压应力却较大。

② 超音速微粒轰击前处理可增大真空渗碳过程中碳的扩散系数，在920℃下，轰击240s后，渗碳过程中渗速可提高约7.7%。

③ 超音速微粒轰击前处理渗碳层具有更细小均匀的渗层组织，其碳化物的平均尺寸较普通渗碳层可减小50%以上，渗碳层内部为高碳孪晶马氏体与低碳板条马氏体的混合组织，具有更强的韧性。

④ 超音速微粒轰击前处理不仅可降低渗碳层在常温干摩擦环境下的摩擦系数，增强渗碳层的抗磨性能，而且可改善渗碳层在高温下的抗氧化性能与在海水中的耐腐蚀性能，降低渗碳层高温下发生黏着磨损的倾向。

3.2.3　表面纳米化前处理对真空渗碳过程的催渗与强化机制

分子动力学可通过计算求解所有分子的牛顿运动方程，记录分子的位置和速度，经过统计获得体系的热力学、结构以及迁移性质，从而将分子的微观性质与体系的宏观性质紧密联系在一起，获得试验中无法观察到或无法实现的情况。运用分子动力学在微观层面对试验过程进行模拟不仅可以对试验进行补充，同时也可对测试结果进行指导和验证。此处利用分子动力学，结合超音速微粒轰击样品表面状态测试结果，分别对碳原子在晶体缺陷处及有压力条件下的运动情况进行模拟，为真空渗碳过程中表面纳米化催渗提供理论参考。

3.2.3.1　碳原子在晶体缺陷处的扩散

晶体中的缺陷主要包括点缺陷、线缺陷和面缺陷，以下分三种类型对碳元素在存在晶体缺陷的超晶胞中的扩散过程进行分子动力学模拟。

（1）点缺陷对碳原子扩散的影响

点缺陷主要包含空位、杂质、间隙原子等[40]。纯金属中，点缺陷只包含空位和间隙原子，但在热平衡状态下晶体中仅有空位点缺陷存在。因此此处点缺陷仅考虑空位的存在。结合渗碳温度以及合金钢成分将晶体模型简化为铁晶胞的面心立方结构。根据空位特点，在完整晶体晶胞中直接删除一定数量的铁原子即可以形成点缺陷模型。空位结构中影响晶体性质的变量主要是空位浓度。探究空位对渗碳过程的影响需建立不同空位浓度模型。分别建立无空位和空位浓度为 0.025％、0.25％ 的晶体模型，并进行结构优化使体系处于平衡状态。图 3.74 为结构优化后不同空位浓度的结构模型，方框框出部分为晶格畸变区域。从图中可以看出，当晶体结构中产生空位时，晶格畸变程度非常小，除产生空位区域外，其他原子按照正常位置排列。虽然空位结构中原子排列变化程度极小，但随着空位浓度的增加，原子的紊乱程度有所增大。空位形成过程中，会发生能量变化，经计算，FCC-Fe 中的空位形成能大约为 0.52eV。

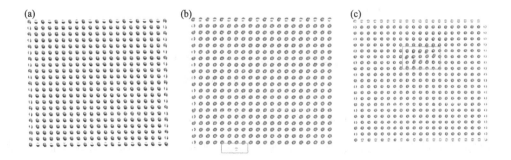

图 3.74　不同空位浓度的晶体模型
（a）无空位；（b）空位浓度 0.025％；（c）空位浓度 0.25％

采用 Materials Studio 的 Forcite 模块对碳原子在空位模型中的运动进行分子动力学模拟。设置碳浓度为 0.8％。在计算过程中，分子力场采用 COMPASS 力场，边界条件设定为周期性边界条件，范德华力和静电相互作用分别采用 Ewald 和 Group based；动力学积分采用 Velocity Verlet 算法，起始速度采用 Boltzmann 分布随机指定，将温度设置为 920℃，分别采用 Andersen 温控方法和 Berendsen 控压方法对温度和压力进行控制。分子动力学模拟主要包括结构优化、平衡弛豫和动态扩散三个过程。在结构优化时，积分步长设置为 1fs，为保证结构达到完全收敛状态，通过多次计算最终选择迭代次数为 500 次。优化计算完成后，使用 NPT 系综对晶胞进行平衡弛豫，模拟时长设置为 50ps，时间步长相应为 50000，Frame output every 输出时间为每 250 步一次，不考虑压力影响时，将系综设置为 NVE，其他参数设置保持不变。扩散过程中，计算得到原子在晶胞中的均方位移以及扩散路径，并用 Forcite Analysis 工具对其轨迹文档进行分析。

当模型体系得到收敛，能量保持稳定后对碳原子在四种不同空位浓度中的运动进行分子动力学模拟，获得碳原子的均方位移曲线，结果如图 3.75 所示。从图 3.75 中可以看出，在模拟设置的时间内，四条均方位移曲线不是严格意义的几何直线，可看作近似呈线性关系，说明在该温度下，模拟时间的设置比较合理，碳原子的扩散整体上与时间成正比，这符合渗碳原理。均方位移随时间的增长逐渐变大，且空位浓度越大，变化趋势越陡。空位浓度在模拟区间范围内成倍增加时，均方位移值增大，但与空位浓度之间没有明显的线性相关性；相同时刻，均方位移值随着空位浓度的增大而增大，证明空位浓度越大，碳原子运动越剧烈；随着时间的增加，均方位移随之增加，说明碳原子在晶体中扩散的深度在不断增加，这与试验中渗碳深度在一定时间范围内不断增加相对应。对比四种空位浓度曲线可知，空位浓度在 0~0.05％范围区间时，均方位移曲线变化较为相似，线性关系也存在类似性，当空位浓度增加到 0.25％时，0~15ps 内，均方位移曲线变化明显，与其他三条曲线相比，陡峭程度变大，说明空位浓度增大到一定程度时，能显著提升碳原子扩散速率。

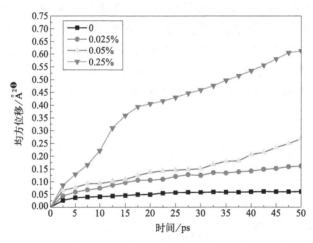

图 3.75　碳原子在不同空位浓度中的均方位移变化曲线

均方位移的量与原子的扩散系数存在对应关系，根据均方位移即可以求出原子扩散系数。由图 3.75 可知碳原子在空位中运动的均方位移近似成线性，因此可以利用 Einstein 关系式计算碳原子的扩散系数。

$$D_\alpha = \frac{1}{6N_\alpha} \lim_{t \to \infty} \frac{t}{\mathrm{d}t} \sum_{i=1}^{N_\alpha} \langle [r_i(t) - r_0(t)]^2 \rangle \tag{3.17}$$

式中　　　　　　D_α——扩散系数；

❶　1Å＝0.1nm。

$r_i(t)$——t 时刻分子的坐标；

$r_0(t)$——初始时刻的坐标；

$\langle[r_i(t)-r_0(t)]^2\rangle$——均方位移；

N_α——物质 α 扩散粒子的个数。

式中的微分可以用均方位移对时间微分的比率近似代替，即均方位移曲线的斜率。鉴于均方位移为扩散粒子个数 N 的平均值，因此式(3.17) 可简化为：

$$D=\frac{a}{6} \tag{3.18}$$

式中，a 为均方位移曲线的斜率。根据式(3.18)，利用均方位移与时间的曲线，计算其斜率便可求得扩散系数。

依据上述公式对图 3.75 中碳原子在不同空位浓度中均方位移曲线进行计算，获得碳原子在相应空位浓度中的扩散系数，结果图 3.76 所示。

从图 3.76 中可以看出，920℃渗碳条件下，碳原子在不同浓度空位中的扩散系数均在 10^{-11} 量级，其随着空位浓度增加，逐渐增大，说明扩散系数与空位浓度呈正相关，空位浓度增大碳原子扩散能力增强。从曲线变化趋势中可以看出空位浓度较低时，碳元素的扩散系数随空位浓度的增加提升显著，当空位浓度达到一定值后，碳元素的扩散系数增长缓慢，但相比于不存在空位的情况，当空位浓度为 0.25%时，碳元素的扩散系数可增大十倍以上，达到 1.82×10^{-11} m²/s，由此可知，空位对碳原子的扩散有促进作用，且空位浓度越大，促进作用越明显。

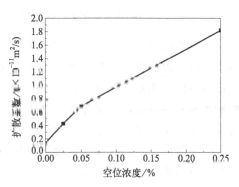

图 3.76　碳原子扩散系数随空位浓度的变化曲线

(2) 线缺陷对碳原子扩散的影响

线缺陷的实际含义就是位错。位错按照结构类型可以分为刃型位错和螺型位错，不同类型的位错原子排布有很大区别，物理性质也存在很大不同。考虑到影响位错性质的因素主要包括位错类型和位错数量，此处分别建立刃型位错、螺型位错以及不同位错密度的晶体模型。

① 刃型位错模型的建立。面心立方结构中，密排面为 {111}，原子在 {111} 面最容易发生滑移，滑移方向为 ⟨110⟩，晶体易在 {111} 面 ⟨110⟩ 方向滑移形成位错。面心立方结构中，位错可能的伯氏矢量 b 为最短的点阵矢量 $a/2$⟨110⟩ 和 a⟨001⟩。由于位错能量正比于伯氏矢量的平方 b^2，所以 $a/2$⟨110⟩ 位错的能量只有 ⟨001⟩ 的一半，即 $(2a^2/4)/a^2$，从而 ⟨001⟩ 位错具有更高的能量。但从能量角度考虑，这种位错不利于形成，事实上也从未在晶体中观察到，因此只有 1/2⟨110⟩ 是面心立方晶体位错的伯氏矢量，且具有这种伯氏矢量的位错滑移后能够留下完整晶体，所以这种位错为全位错。

首先建立 x、y、z 方向分别为 [110]、[−111]、[1−12] 的单位晶胞，随后进行 $10\times10\times10$ 扩展构建超晶胞，并将伯氏矢量为 $a/2$ [110] 的刃型位错插入 $y=0.5$、$x=0.5$ 位置处，模型见图 3.77。图 3.77(a) 为整个超晶胞模型，图 3.77(b) 为隐去超晶胞中各原子后位错线在晶体中的分布，从中可以看出，晶体内部形成一根完整的位错线，从晶体一面穿透到另一面。图 3.77(c) 为存在刃型位错的超晶胞中截取其垂直于位错线的 xy 平面投影图，从图中可以看出在垂直于位错线的 xy 平面投影面上晶体上半部分多出一个半原子面，位错区域晶格畸变最大，原子排列较紊乱，由于所建为全位错，其余原子基本按照完整晶体中位置进行排列。

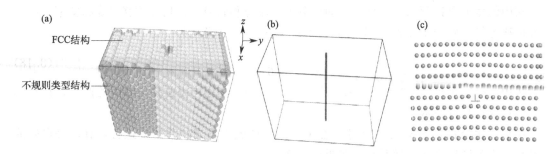

图 3.77　面心立方结构 1/2 ⟨110⟩ 刃型位错模型
(a) 超晶胞模型空间结构图；(b) 位错线在晶体中的分布；(c) xy 面投影图

② 螺型位错模型的建立。与刃型位错相比，螺型位错结构比较复杂，其伯氏矢量与位错线平行，没有多余的半原子面，而且仅为直线状。当晶体中存在螺型位错时，整个晶体会变成以位错线为轴的一连串螺旋面，而不再是一层层的平面[65]。在面心立方结构中，⟨110⟩ 面最容易发生滑移，且仅存在 1/2 ⟨110⟩ 伯氏矢量，因此建立滑移面为 ⟨110⟩，伯氏矢量为 1/2 ⟨110⟩ 的螺型位错，如图 3.78。从图 3.78(a) 中可以看出，形成螺型位错过程中，位错线两侧原子发生滑移，错排形成螺旋区域，将螺旋区域放大后 [图 3.78(c)]，可以看出螺型位错周围原子之间以螺旋形状排列，位错区域原子紊乱程度较大。

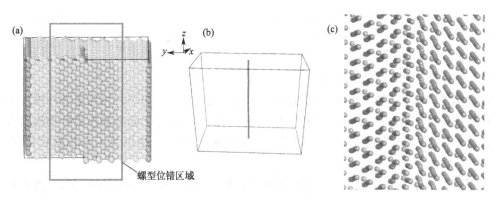

图 3.78　1/2 ⟨110⟩ 螺型位错模型
(a) 空间结构；(b) 位错线；(c) 位错区域放大

③ 碳原子在刃型位错与螺型位错存在的超晶胞中运动模拟。将碳原子放入晶体内位错区域，首先进行结构优化，在体系经过迭代达到稳定状态后，对该模型进行分子动力学模拟计算，得到碳原子随时间变化的均方位移曲线，如图 3.79 所示。从图中可以看出，两种位错类型中均方位移随时间的变化曲线总体均呈上升趋势，这符合基本扩散原理。与没有位错的晶胞相比，碳原子在刃型位错和螺型位错中的均方位移值明显增大，曲线变化陡峭程度较大，说明位错能显著增大碳原子的扩散速率和扩散剧烈程度。在刃型位错模型中，0～7.5ps、20～40ps 处均方位移与时间均呈明显线性正相关，整个扩散过程可看作碳原子进行

菲克扩散。由于位错周围存在畸变，所以其周围会产生应力场，碳原子在此区域受到额外应力作用，运动较其他部位更为剧烈。随着时间增加，均方位移变化趋势逐渐减小，说明扩散初期，刃型位错作为线缺陷能为碳原子提供快速扩散的通道，但在扩散过程中，铁原子同样进行热运动，整个体系不断向稳定化低能化发展，位错结构发生变化，碳原子运动剧烈程度逐渐减缓。

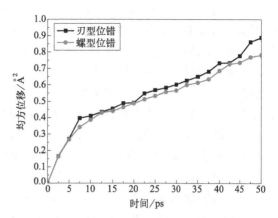

图 3.79　碳原子在不同位错类型中的均方位移和时间关系

在螺型位错模型中，碳原子的均方位移变化趋势与刃型位错相似，均向内部碳浓度较低处持续运动。与刃型位错相比，相同时刻其均方位移值较小，上升较为平缓。推测出现该现象的原因为刃型位错中有多余半原子面的存在，在位错区域能有更多间隙位置可供碳原子进行移动，且刃型位错中的应力场比螺型位错复杂，所以碳原子运动更为剧烈，运动情况也更复杂。总体来说，碳原子在刃型位错和螺型位错中扩散的均方位移变化趋势比较接近，其中刃型位错对扩散速度的影响作用更大。

利用爱因斯坦计算得到碳原子在不同类型位错中的扩散系数，结果如表 3.14 所示。从表中可以看出，加入位错后，碳原子扩散系数显著增大，与不含位错模型中碳的扩散系数存在数量级上的差异，由此可知位错能显著提升渗碳速率。但模拟中碳原子整个扩散过程均在位错区域内，这与实际渗碳过程存在差异，因此模拟中扩散系数的增长程度与实际情况相比会更明显。比较刃型位错和螺型位错结构，可发现碳原子在两者中的扩散系数差别不大，说明相同条件下，刃型位错和螺型位错对碳原子扩散的影响区别不大。

表 3.14　不同位错类型中碳原子的扩散系数

位错类型	刃型位错	螺型位错
扩散系数/($\times 10^{-11}\,\mathrm{m^2/s}$)	2.27	2.07

④ 位错密度对碳原子扩散的影响。发生塑性变形的晶体内部存在大量位错，位错的量可以用位错密度来表示。位错密度的大小可以反映出晶体塑性变形的程度。对于表面纳米化层，其内存在高密度位错，因此在建立碳原子在位错中的扩散模型时应考虑其内部的位错密度。对于超音速微粒轰击变形层，其位错密度与形成晶粒的尺寸及产生的微观变形相关，根据 G. Dini[66] 的研究，其晶体内部的位错密度可由下式计算。

$$\rho = \frac{3\sqrt{2}\langle \varepsilon^2 \rangle^{\frac{1}{2}}}{Db} \tag{3.19}$$

式中　D——平均晶粒尺寸，可由试验获得，这里 D 值取 32.9nm；

　　　$\langle \varepsilon^2 \rangle^{\frac{1}{2}}$——微观应变，可由试验获得，$\langle \varepsilon^2 \rangle^{\frac{1}{2}}$ 值取 0.338%；

　　　b——伯氏矢量，在 FCC 结构中取值为 $\dfrac{a}{\sqrt{2}}$，a 为晶面指数。

依据式(3.19)，得到纳米化样品中的位错密度为 $5.9 \times 10^{10}\,\mathrm{mm^{-2}}$。

鉴于刃型位错与螺型位错中碳原子的扩散系数相当，这里仅以刃型位错为例，分别建立

位错密度为 $4.06\times10^{10}\,\text{mm}^{-2}$、$8.12\times10^{10}\,\text{mm}^{-2}$、$1.62\times10^{11}\,\text{mm}^{-2}$ 和 $3.25\times10^{11}\,\text{mm}^{-2}$ 的刃型位错模型。根据上述刃型位错构建方法，考虑位错间的相互作用力，设置不同的编程语言即可在晶体中插入不同数目、不同位置的位错。由于晶体中位错周围存在应力场，晶体中含有多个位错时，不同位错之间的应力场会发生交错。位错受到其他应力场影响，位错间产生相互作用力。在相互作用力的影响下，多个位错的晶体内部结构和应力均较复杂。此处为方便计算过程，简化多位错晶体模型，假设位错间相互平行。

假设两个同号刃型位错Ⅰ、Ⅱ分别平行于 z 轴，两者距离为 $r(x,y)$。相互作用力的大小和方向取决于 x 和 y 的大小。$x=y$ 时，位错Ⅱ处于不平衡状态；$x>0$，$|x|>y$ 时，两位错互相排斥；当 $x>0$，$|x|<|y|$ 时，两个位错互相吸引。根据本文所建模型中 x 和 y 的关系，位错密度为 $8.12\times10^{11}\,\text{mm}^{-2}$ 时，$|x|<|y|$，所以两位错互相排斥；位错密度为 $1.62\times10^{11}\,\text{mm}^{-2}$ 和 $3.25\times10^{12}\,\text{mm}^{-2}$ 时，既存在 $|x|<|y|$，也存在 $|x|>|y|$ 的情况，位错之间有吸引力，同时也存在排斥力。

图 3.80 为位错密度为 $8.12\times10^{10}\,\text{mm}^{-2}$ 的晶体模型。模型中，两根平行位错Ⅰ和Ⅱ之间的距离为 $x=|7.5a|$，$y=|35a|$，a 为晶面指数。

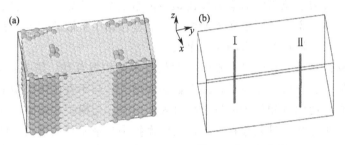

图 3.80　位错密度为 $8.12\times10^{10}\,\text{mm}^{-2}$ 的晶体模型
(a) 空间结构；(b) 位错线

图 3.81 为位错密度 $1.62\times10^{11}\,\text{mm}^{-2}$ 的晶体模型。其中包含三根位错线。Ⅰ和Ⅱ之间距离为 $x=|15a|$，$y=0$；Ⅰ和Ⅲ之间距离为 $x=|7.5a|$，$y=|17.5a|$；Ⅱ和Ⅲ之间距离为 $x=|7.5a|$，$y=|17.5a|$。

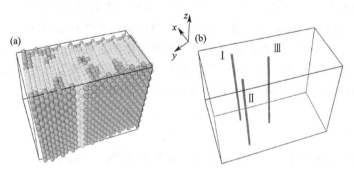

图 3.81　位错密度为 $1.62\times10^{11}\,\text{mm}^{-2}$ 的晶体模型
(a) 空间结构；(b) 位错线

图 3.82 为位错密度 $3.25\times10^{11}\,\text{mm}^{-2}$ 的晶体模型。其中包含四根位错线。Ⅰ和Ⅱ、Ⅲ之间距离均为 $x=|7.5a|$，$y=|17.5a|$；Ⅰ和Ⅳ之间距离为 $x=0$，$y=|35a|$；Ⅱ和Ⅲ之间距离为 $x=|15a|$，$y=0$；Ⅳ和Ⅱ、Ⅲ之间距离均为 $x=|15a|$，$y=|17.5a|$。

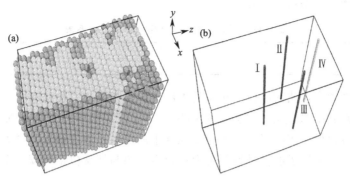

图 3.82　位错密度为 $3.25 \times 10^{11} \mathrm{mm}^{-2}$ 的晶体模型

(a) 空间结构；(b) 位错线

对比不同位错密度晶体模型可以看出，随着位错密度的增大，晶体晶格畸变程度变大，形成的不规则原子结构数目增多；由于位错间存在作用力，当超晶胞中含有多条位错线时，体系结构较单一位错结构复杂，原子排列位置发生变化。

分别将浓度 0.8% 的碳原子加入不同位错密度的分子动力学模型中，模拟计算得到碳原子的均方位移曲线，结果如图 3.83 所示。从图中可以看出，不同位错密度下，碳原子均方位移变化趋势一致，均随时间增大而增大。含有位错的晶体会获得额外的应变能，随着位错数目增多，晶体内部紊乱程度变大，应变能随之增大，碳原子在晶体内部有更多的位错通道进行扩散运动，受到的额外应力作用也会增大，其运动程度更加剧烈，均方位移值更大。由于两个平行的刃型位错之间会产生相互作用力，所以位错密度增大，整个体系内部作用力更加复杂，碳原子在叠加的应力场中运动无明确的规律性，所以均方位移与位错密度之间不符合简单的线性关系。当位错密度较小时，均方位移随时间变化量逐渐变缓；当位错密度较大时，均方位移随时间变化量基本一致。这说明位错密度越大，碳原子高能态时间越长，运动时间越久，运动距离也越远。

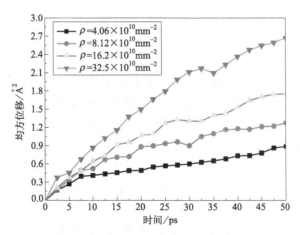

图 3.83　不同位错密度下碳原子的均方位移曲线

依据上述均方位移计算碳原子在不同位错密度中的扩散系数，结果如表 3.15 所示。从图中可看出，扩散系数与位错密度近似呈线性正相关，随位错密度增大，碳原子扩散系数增大。当位错密度较小时，随着位错密度的增大碳原子在其中的扩散系数增量显著；当位错密度较大时，碳原子扩散系数增量有所减小。

表 3.15　不同位错密度下碳原子的扩散系数

位错密度/($\times 10^{10}\,\mathrm{mm}^{-2}$)	4.06	8.12	16.2	32.5
扩散系数($\times 10^{-11}\,\mathrm{m}^2/\mathrm{s}$)	2.27	3.72	5.42	8.56

根据碳原子在含有位错的晶体结构中的扩散情况分析可知，位错存在能显著增加碳原子的扩散系数，提高其扩散能力。与点缺陷相比，由于线缺陷中原子排列紊乱程度大，能量高，可为原子扩散提供更多的通道，碳原子在其中的扩散系数能够较其增大一个数量级，随着位错密度的增大，碳原子的扩散系数更大；刃型位错与螺型位错对碳元素在铁晶胞中的扩散系数影响相当。

（3）面缺陷对碳原子扩散的影响

在金属晶体中，面缺陷主要有晶界和亚晶界两种。此处考虑晶界对碳原子扩散的影响。根据界面两侧晶粒取向差的大小，可以将晶界分为大角晶界和小角晶界两种。晶界中两点阵的位向角为 θ。一般情况下，两晶粒的位向差小于 10°的晶界被称为小角晶界，大于 10°时称为大角晶界。本研究依据常见的晶界结构建立不同位向角的晶界模型，分析晶界形成过程中原子的变化。因含有晶界的原子系统可以被描述为只有两个特定取向和位置晶粒的多晶体，令面心立方晶体绕〈001〉轴旋转不同的角度，即可分别构建立方结构中 $\theta=5°$、$\theta=30°$ 和 $\theta=55°$ 的晶界模型，具体如图 3.84 所示。

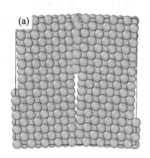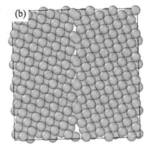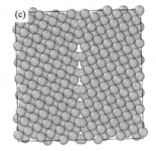

图 3.84　晶界模型
(a) $\theta=5°$；(b) $\theta=30°$；(c) $\theta=55°$

从图 3.84 中可以看出，形成晶界时，两晶粒上的原子向两边偏离，形成一定角度，该角度即为位向角。随着位向角的增大，原子排列的紊乱程度增大。

分别将碳原子加入不同位向角的晶界模型中，进行渗碳过程分子动力学模拟，模拟过程体系中的能量在 10ps 后逐渐变缓，至其停止波动后进行分析动力学计算。获得碳原子在不同角度晶界中的均方位移曲线，结果如图 3.85 所示。从图中可以看出，与空位和位错的均方位移相比，晶界具有较高的均方位移。在相同时刻，大角晶界的均方位移值高于小角晶界。小角晶界位向角小，原子排列较紧密，晶界能和原子错排程度均低于大角晶界，所以与大角晶界相比，碳原子在其中扩散较慢，扩散距离较近。大角晶界中，随着位向角的增大，均方位移值增大。小角晶界可看成位错由一定角度排列形成的，所以晶界处含大量位错，故碳原子在其中扩散能力较强。

根据上述碳元素在不同晶界中的均方位移曲线计算碳原子扩散系数，计算结果如图 3.86 所示。从图中可以看出，碳原子扩散系数随位向角增大而增大。与位错和空位中相

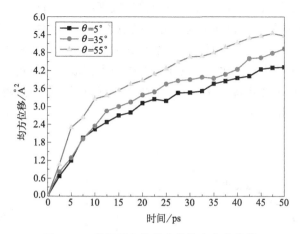

图 3.85　碳原子在晶界中的均方位移曲线

比，碳原子在晶界中的扩散属于界面扩散，界面处原子排列紊乱，能量高，性质不同于晶内，所以原子在该处的扩散系数明显大于晶内。

根据碳原子在含不同角度晶界晶体结构中的扩散情况分析可知，相比于空位与位错，晶界对碳原子扩散系数的影响更大，其随着晶界角度的增加提升效果越明显。

（4）压力对碳原子扩散的影响

超音速微粒轰击处理后，合金钢表面一定范围内会形成残余压应力场。此部分内容为探讨材料内部压应力对渗碳过程的影响，对不同压力下碳原子扩散的分子动力学进行模拟。经超音速微粒轰击后样品表面残余压应力一般在 400～500MPa 之间，模拟中分别设置 400MPa、450MPa 和 500MPa 三个压应力值，在三种压力下进行碳原子的动态扩散模

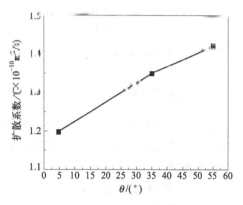

图 3.86　碳原子扩散系数随晶
界位向角变化图

拟。模型采用面心立方结构的刃型位错模型，部分模拟参数见表 3.16，其他参数设置与之前保持一致。

表 3.16　压力影响下碳原子分子动力学模拟部分参数

压力	晶体尺寸	位错密度	平衡系综	计算系综
400MPa				
450MPa	$34.3 \times 34.3 \times 34.3 (\text{Å}^3)$	$4.06 \times 10^{10} \text{mm}^{-2}$	NPT	NPT
500MPa				

将三种模型进行结构优化后，将碳原子放入不同的模型中进行分子动力学模拟，得到其均方位移变化曲线，结果如图 3.87 所示。

从图 3.87 中可以看出，不同压力下碳原子的均方位移变化趋势相同，均随时间延长逐步增大。比较不同压力下的均方位移可发现，随着压力的增大，碳原子均方位移值随之减小。由此可知，压力对碳原子扩散存在阻碍作用，压力越大，对碳原子扩散的阻碍越大。压力的存在会使晶体中晶格之间距离减小，晶体内部的间隙也随之减小，碳原子可以进行扩散

的途径变少变窄,所受约束增大,所以均方位移值表现出随压力增大而减小的趋势。

通过图 3.87 中的数值计算得到不同压力下碳原子的扩散系数,结果如图 3.88 所示。从图中可以看出,在压力作用下,碳原子的扩散系数为存在单一位错模型的 1/2,说明压力存在对碳原子扩散存在不利影响。比较不同压力对碳原子扩散系数影响可知,在所选压力范围内,碳原子扩散系数随压力升高而减小,压力越大,碳原子扩散能力越低,且压力越大,碳原子扩散系数的递减幅度越大。

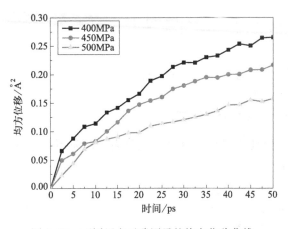

图 3.87 不同压力下碳原子的均方位移曲线

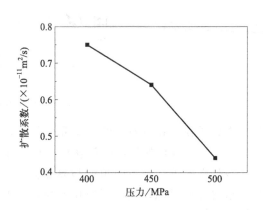

图 3.88 碳原子扩散系数随压力变化图

3.2.3.2 表面纳米化前处理对渗碳过程的催渗机制

通过对超音速微粒轰击低碳合金钢表面状态、组织结构的影响结合超音速微粒轰击过程与缺陷压力下碳原子扩散过程的有限元模拟将超音速微粒轰击前处理对真空渗碳过程的催渗机制概括如下:

① 增大钢材表面粗糙度,增强渗碳过程中表面对碳元素的吸附作用。超音速微粒轰击过程中,大量弹丸会在钢材表面一定范围内形成塑性变形,表面出现凹坑,轰击时间影响着表面凹坑的分布、大小和平整度。钢材表面粗糙度的适当增加有利于碳的吸附,可增大碳的扩散浓度梯度。在一定时间范围内,轰击时间越长,钢材表面粗糙度越小,凹坑更加平整均匀。因此,合理的轰击时间可平衡表面粗糙度大小及其分布对碳原子吸附的影响,达到快速均匀渗碳的效果。

② 形成大量晶体缺陷,为碳元素扩散提供快速通道。分子动力学结果显示出超音速微粒轰击过程中,当材料表面出现弹塑性变形后其内部晶格类型会发生变化,原子出现不规则紊乱排列。随着轰击时间的延长,原子排列紊乱程度加剧,其影响深度加深,大量位错开始出现并逐渐长大、增殖,在这期间位错类型不断变化,为小角晶界或大角晶界的形成提供条件。试验结果显示,大量位错在形核、长大、增殖与湮灭逐步缠结形成亚晶界和晶界,最终将合金钢表面晶粒细化至纳米量级。真空渗碳后相比于普通渗碳层,表面纳米化前处理渗碳层组织并未出现异常长大现象,说明超音速微粒轰击对钢材表面形成的大量缺陷仍然可在渗碳温度下存在。通过碳原子在缺陷晶胞中扩散动力学模拟可知,空位、位错及晶界的出现均会使碳原子最先向缺陷处运动,并在缺陷位置获得更大的运动速度,从而在整个渗碳过程中具有更大的碳原子扩散系数。

③ 在表面一定范围内形成压应力,抑制碳元素扩散。超音速微粒轰击过程会在钢材表

面引入 400MPa 以上的残余压应力，其压应力大小随轰击时间的延长而增大。分子动力学模拟结果显示，在轰击过程中铁晶胞会受到向下的压力作用，晶格类型会发生变化。试验结果显示在超音速微粒轰击样品的次表层其晶粒出现被拉长的现象。由于压应力会使晶体间间距变窄，碳原子扩散受阻，分子动力学模拟结果表明在压力存在的铁晶胞中，碳元素的扩散会受到抑制，并且压力越大其抑制作用越明显，表现为碳原子扩散系数的显著减小。

因此在较大的浓度梯度及短路扩散的影响下，合理的超音速微粒轰击前处理工艺可使真空渗碳过程中碳元素的扩散速率增大。

3.2.3.3 表面纳米化前处理对渗碳层的强化机制

通过对表面纳米化前处理渗碳层组织结构和基本力学性能特征分析，结合表面纳米化催渗机制，将表面纳米化对渗碳层的强化机制概括为以下三点：

① 提高碳扩散速率，增大有效硬化层深度。超音速微粒轰击渗碳层中的碳浓度始终高于普通渗碳层，这也促进碳化物的形核，碳化物增多起到弥散强化的作用，增加了渗碳层的硬度。

② 表面纳米化前处理渗碳层中存在大量的孪晶马氏体，而孪晶马氏体又称高硬度马氏体，其具有较高的硬度。Shigenki Kobayashi 等[67] 的研究表明奥氏体中溶碳量是马氏体拥有不同形态的原因。Gibbs-Thomson 理论[68] 指小碳化物相颗粒周围的奥氏体相中碳原子的溶解度与碳化物颗粒的曲率，有关，具体如式(3.20) 所示：

$$\ln \frac{X_{eqr}^{\gamma}}{X_{eq\infty}^{\gamma}} = \frac{2\delta V_m}{rRT} \tag{3.20}$$

式中　X_{eqr}^{γ} 和 $X_{eq\infty}^{\gamma}$——半径为 r 和无穷大时碳元素在奥氏体中的极限溶解度；

　　　　δ——表面能；

　　　　T——温度；

　　　　R——摩尔气体常数；

　　　　V_m——摩尔体积。

依据上式可知，颗粒较小的碳化物周围奥氏体中溶入的碳浓度会较高，而颗粒较大碳化物周围奥氏体中溶入的碳量则较少。相比于普通渗碳层，超音速微粒轰击渗碳层中碳化物尺寸更为细小，因此其微区中与细小碳化物相邻的奥氏体中会具有更高的碳浓度，在淬火过程中具有更低的 M_s 点和更大的薄片状孪晶马氏体形成倾向，同时也增大了马氏体转变形成的体积膨胀效果。由于奥氏体晶粒内部各微区的碳含量分布不匀，超音速微粒轰击渗碳层中一些区域中出现了大量孪晶马氏体，从而具有更好的硬度和残余压应力。

超音速微粒轰击减弱了钢材晶粒的择优取向。T. Y. Liu 等[15] 的研究表明，在淬火过程中不同晶粒取向的奥氏体会引起变形马氏体的数量和晶粒尺寸的差异，同时也会影响马氏体的转化率和形貌，因此可推测超音速微粒轰击渗碳层中孪晶马氏体的形成与渗碳时奥氏体晶粒取向也存在密切的关系。因此形成具有较高的含碳量的孪晶马氏体可对渗碳层起到相变强化作用，使渗碳层硬度和应力状态得到有效改善。

③ 影响晶界特征，形成韧性更好的渗碳层。相比于普通渗碳层超音速微粒轰击渗碳层具有更多数量的大角晶界，在承受外力时渗碳层组织不易发生移动、偏转和撕裂。因此较高的硬度与良好的塑性组织在摩擦磨损过程中减弱了黏着磨损发生的倾向，起到了减摩抗磨作

用，具有更为优异的耐磨性能。

参考文献

[1] Yan M F, Liu Z, Zhu F Y. Progress in rare earth thermochemical treatment [J]. Heat Treatment of Metals (China), 2003, (3): 1-6.

[2] 张国良, 王鸿春, 刘成友. 稀土共渗技术在化学热处理中的应用 [J]. 热处理技术与装备, 2008, 168 (03): 40-46+53.

[3] Zhu S, Huang N, Shu H, et al. Corrosion resistance and blood compatibility of lanthanum ion implanted pure iron by MEVVA [J]. Applied Surface Science, 2009, 256 (1): 99-104.

[4] Peng D, Bai X, Chen X, et al. Influence of lanthanum ion implantation on the aqueous corrosion behavior of zirconium [J]. Surface and Coatings Technology, 2003, 165 (3): 268-272.

[5] Pope, C G. X-ray diffraction and the bragg equation [J]. Journal of Chemical Education, 1997, 74 (1): 129-131.

[6] Deng Y, Xing M, Zhang J. An advanced $TiO_2/Fe_2TiO_5/Fe_2O_3$ triple-heterojunction with enhanced and stable visible-light-driven fenton reaction for the removal of organic pollutants [J]. Applied Catalysis B: Environmental, 2017, 211: 157-166.

[7] Wang X, Cong S, Wang P, et al. Novel green micelles Pluronic F-127 coating performance on nano zero-valent iron: enhanced reactivity and innovative kinetics [J]. Separation and Purification Technology, 2017, 174: 174-182.

[8] Zou H, Chen S, Huang J, et al. Effect of impregnation sequence on the catalytic performance of NiMo carbides for the tri-reforming of methane [J]. International Journal of Hydrogen Energy, 2017, 42 (32): 20401-20409.

[9] Waseda O, Veiga R G, Morthomas J, et al. Formation of carbon Cottrell atmospheres and their effect on the stress field around an edge dislocation [J]. Scripta Materialia, 2017, 129: 16-19.

[10] Naghdi S, Jevremovic I, Miškovic-Stankovic V, et al. Chemical vapour deposition at atmospheric pressure of graphene on molybdenum foil: effect of annealing time on characteristics and corrosion stability of graphene coatings [J]. Corrosion Science, 2016, 113: 116-125.

[11] Liu Z R, Yan M F, Liu C Y, et al. Theory and technology of ultra-fined microstructure produced by RE fast carburizing at pseudo duplex zone [J]. Heat Treatment of Metals, 2011: 4.

[12] Stormvinter A, Miyamoto G, Furuhara T, et al. Effect of carbon content on variant pairing of martensite in Fe-C alloys [J]. Acta materialia, 2012, 60 (20): 7265-7274.

[13] Ye Y, Fan T, Shang Y. Electron theory analysis about the influence of Cr and Mn on the carbide spheroidization by heat treatment [J]. Chinese Science Bulletin, 1998, 43: 1312-1317.

[14] Rauschenbach B, Helming K. Nitrogen-ion-implantation-induced phase formation and texture in titanium [J]. Materials Science and Engineering: A, 1992, 151 (1): L9-L13.

[15] Liu T Y, Yang P, Meng L, et al. Influence of austenitic orientation on martensitic transformations in a compressed high manganese steel [J]. Journal of Alloys and Compounds, 2011, 509 (33): 8337-8344.

[16] Norfleet D, Dimiduk D, Polasik S, et al. Dislocation structures and their relationship to strength in deformed nickel microcrystals [J]. Acta Materialia, 2008, 56 (13): 2988-3001.

[17] Wayman C, Bullough R. Twinning and some associated diffraction effects in cubic and hexagonal metals. pt. 2. double diffraction [J]. Aime Met Soc Trans, 1966, 236 (12): 1711-1715.

[18] 陈雨琳, 焦坤, 赵新青. 中低碳钢中马氏体的微结构研究: 全国固态相变、凝固及应用学术会议论文集 [C]. 2016.

[19] 张明星, 康沫狂. 低、中碳合金钢中的马氏体与贝氏体形态 [J]. 钢铁研究学报, 1993, (04): 59-63.

[20] 张占领, 柳永宁, 张柯柯, 等. 高碳钢中马氏体形貌及其结构 (英文)[J]. 材料热处理学报, 2010, 31 (09): 33-36.

[21] Krauss G. Tempering of lath martensite in low and medium carbon steels: assessment and challenges [J]. Steel Research International, 2017, 88 (10): 1700038.

[22] 稀土元素在渗碳工艺中的应用研究 [J]. 大连交通大学学报，2002，(01)：71-74.

[23] Stepanyuk V, Baranov A, Hergert W, et al. Ab initio study of interaction between magnetic adatoms on metal surfaces [J]. Physical Review B, 2003, 68 (20)：205422.

[24] Ortiz C, Caturla M, Fu C, et al. Influence of carbon on the kinetics of He migration and clustering in α-Fe from first principles [J]. Physical Review B, 2009, 80 (13)：134109.

[25] 由园. C-N(-La) 共渗层原子间作用第一原理计算与 N 扩散分子动力学模拟 [D]. 哈尔滨：哈尔滨工业大学，2013.

[26] Counts W, Wolverton C, Gibala R. First-principles energetics of hydrogen traps in α-Fe：Point defects [J]. Acta Materialia, 2010, 58 (14)：4730-4741.

[27] Peng D, Bai X, Chen X, et al. The air oxidation behavior of lanthanum ion implanted zirconium at 500℃ [J]. Nuclear Instruments and Methods in Physics Research Section B：Beam Interactions with Materials and Atoms, 2003, 201 (4)：589-594.

[28] Dai M, Li C, Hu J. The enhancement effect and kinetics of rare earth assisted salt bath nitriding [J]. Journal of Alloys and Compounds, 2016, 688：350-356.

[29] 朱履冰. 表面与界面物理 [M]. 天津：天津大学出版社，1992.

[30] Schino A D, Salvatori I, Kenny J. Effects of martensite formation and austenite reversion on grain refining of AISI 304 stainless steel [J]. Journal of Materials Science, 2002, 37：4561-4565.

[31] 李净凯. DZ2 钢的超声纳米表面改性和超音速微粒轰击强化研究 [D]. 郑州：郑州大学，2021.

[32] Wang H D, Ma G Z, Xu B S, et al. Microstructure and vacuum tribological properties of 1Cr18Ni9Ti steel with combined surface treatments [J]. Surface & Coatings Technology, 2011, 205 (11)：3546-3552.

[33] Ge L, Tian N, Lu Z, et al. Influence of the surface nanocrystallization on the gas nitriding of Ti - 6Al - 4V alloy [J]. Applied Surface Science, 2013, 286：412-416.

[34] Tong W, Tao N, Wang Z, et al. Nitriding iron at lower temperatures [J]. Science, 2003, 299 (5607)：686-688.

[35] Xiong T, Liu Z, Li Z. Supersonic fine particles bombarding：a novel surface nanocrystallization technology [J]. Materials Review, 2003：3.

[36] Liu Y, Lv X R, Zhang R L, et al. Surface nanocrystallization using supersonic fine particles bombarding and its effect on the wear behaviors [J]. China Surface Engineering, 2006, 19 (6)：20-24.

[37] 巴德玛，马世宁，李长青，等. 超音速微粒轰击 45 钢表面纳米化的研究 [J]. 材料科学与工艺，2007，(03)：342-346.

[38] Ba D, Ma S, Li C, et al. Surface nanostructure formation mechanism of 45 steel induced by supersonic fine particles pombarding [J]. Journal of University of Science and Technology Beijing, Mineral Metallurgy Material, 2008, 15 (5)：561-567.

[39] Cheng M L, Zhang D Y, Chen H W, et al. Surface nanocrystallization and its effect on fatigue performance of high-strength materials treated by ultrasonic rolling process [J]. The International Journal of Advanced Manufacturing Technology, 2016, 83：123-131.

[40] 颜莹. 固体材料界面基础 [M]. 沈阳：东北大学出版社，2008.

[41] Huang L, Lu J, Troyon M. Nanomechanical properties of nanostructured titanium prepared by SMAT [J]. Surface & Coatings Technology, 2006, 201 (1/2)：208-213.

[42] Wang K, Tao N R, Liu G, et al. Plastic strain-induced grain refinement at the nanometer scale in copper [J]. Acta Materialia, 2006, 54 (19)：5281-5291.

[43] 何健英，高克玮，褚武扬，等. TiNi 形状记忆合金的马氏体观察及微观力学性能分析 [J]. 机械强度，2004，(S1)：81-83.

[44] Tong J M, Zhou Y Z, Shen T Y, et al. The influence of retained austenite in high chromium cast iron on impact-abrasive wear [J]. Wear, 1990, 135 (2)：217-226.

[45] Wang Y, Yang Z, Zhang F, et al. Microstructures and mechanical properties of surface and center of carburizing 23Cr2Ni2Si1Mo steel subjected to low-temperature austempering [J]. Materials Science & Engineering, A Structural Materials：Properties, Misrostructure and Processing, 2016, 670：166-177.

[46] Nnaesa H G, Jahazi M, Naraghi R. Martensitic transformation in AISI D2 tool steel during continuous cooling to 173 K [J]. Journal of Materials Science, 2015, 50: 5758-5768.

[47] Morito S, Tanaka H, Komishi R, et al. The morphology and crystallography of lath martensite in Fe-C alloys [J]. Acta Materialia, 2003, 51 (6): 1789-1799.

[48] Li X, Shang C, Ma X, et al. Structure and crystallography of martensite - austenite constituent in the intercritically reheated coarse-grained heat affected zone of a high strength pipeline steel [J]. Materials Characterization, 2018, 138: 107-112.

[49] Kitahara H, Ueuji R, Tsuji N, et al. Crystallographic features of lath martensite in low-carbon steel [J]. Acta materialia, 2006, 54 (5): 1279-1288.

[50] Hu J, Du L X, Ma Y N, et al. Effect of microalloying with molybdenum and boron on the microstructure and mechanical properties of ultra-low-C Ti bearing steel [J]. Materials Science and Engineering: A, 2015, 640: 259-266.

[51] Yan M, Wu Y, Liu R. Grain and grain boundary characters in surface layer of untreated and plasma nitrocarburized 18Ni maraging steel with nanocrystalline structure [J]. Applied surface science, 2013, 273: 520-526.

[52] Kobayashi S, Kamataa A, Watanabe T. The effect of grain boundary microstructure on Barkhausen noise in ferromagnetic materials [J]. Acta materialia, 2001, 49 (15): 3019-3027.

[53] Zhang Y, Wei Q, Xing Y, et al. Evaluation of microstructure and wear properties of Ti-6Al-4V alloy plasma carbonized at different temperatures [J]. Journal of Wuhan University of Technology-Mater Sci Ed, 2015, 30 (3): 631-638.

[54] Jeong D, Eeb U, Aust K, et al. The relationship between hardness and abrasive wear resistance of electrodeposited nanocrystalline Ni - P coatings [J]. Scripta Materialia, 2003, 48 (8): 1067-1072.

[55] Watanaba T, Tsurekawa S. Toughening of brittle materials by grain boundary engineering [J]. Materials Science and Engineering: A, 2004, 387: 447-455.

[56] Zhan K, Jian C, Ji V. Uniformity of residual stress distribution on the surface of S30432 austenitic stainless steel by different shot peening processes [J]. Materials Letters, 2013, 99: 61-64.

[57] 熊天英, 李铁藩, 吴杰, 等. 超声速微粒轰击金属材料表面纳米化方法. CN1410560A [P]. 2003-04-06.

[58] 巴德玛, 马世宁, 李长青, 等. 超音速微粒轰击 38CrSi 钢表面纳米化的研究 [J]. 材料科学与工艺, 2007, 15 (3): 342-346.

[59] 刘志文. 超音速微粒轰击 316L 不锈钢表面纳米化的研究 [D]. 阜新: 辽宁工程技术大学, 2002.

[60] 史美霞. 低碳钢表面纳米化组织结构及性能研究 [D]. 太原: 太原理工大学, 2010.

[61] 刘忠良. 0Cr18Ni9 钢超音速微粒轰击 (SFPB) 表面纳米化机理与性能研究 [D]. 西安: 西安理工大学, 2008.

[62] 康燕平, 李元东, 陈体军, 等. 表面纳米化工艺对半固态成形 AZ91D 镁合金显微组织的影响 [J]. 中国表面工程, 2011, 24 (03): 43-48.

[63] 侯兆敏. 9310 钢窄齿形零件渗碳工艺的研究 [D]. 哈尔滨: 哈尔滨理工大学, 2017.

[64] 杨磊. 高能喷丸表面纳米化后表面粗糙度和损伤的研究 [D]. 大连: 大连交通大学, 2006.

[65] 石德珂. 材料科学基础 [M]. 2 版. 北京: 机械工业出版社, 2003.

[66] Dini G, Ueji R, Najafizadeh A, et al. Flow stress analysis of TWIP steel via the XRD measurement of dislocation density [J]. Materials Science & Engineering A, 2010, 527 (10): 2759-2763.

[67] Kobayashi S, Kamataa A, Watanabe T. Roles of grain boundary microstructure in high-cycle fatigue of electrodeposited nanocrystalline Ni - P alloy [J]. Scripta Materialia, 2009, 61 (11): 1032-1035.

[68] Perez M. Gibbs - Thomson effects in phase transformations [J]. Scripta Materialia, 2005, 52 (8): 709-712.

第 4 章

表面纳米化与稀土复合处理 增强真空渗碳过程

4.1 表面纳米化与稀土注入复合前处理

在热处理领域，以往对真空渗碳催渗研究人多只针对单一技术方法，但各催渗技术均存在自身优势和局限，将技术或工艺复合是弥补单一技术自身局限的有效方法，其已成为材料表面改性领域发展的趋势。第 3 章研究表明，稀土 La 注入与表面纳米化前处理催渗，对真空渗碳过程中碳扩散速率的提升效果相当，稀土 La 注入前处理对渗碳层组织的细化效果更显著，而表面纳米化前处理对渗碳层组织各向异性改善及孪晶马氏体形成更有利。

本节将研究稀土与表面纳米化前催渗工艺复合对真空渗碳过程、渗碳层组织结构及性能的影响。以大型机械动力系统中齿轮和轴承应用工况为研究前提，重点对渗碳层力学或摩擦学等性能进行研究，探究复合前处理对真空渗碳的催渗及强化作用。

4.1.1 复合前处理工艺参数的选定

复合前处理工艺分为两个部分。第一部分为超音速微粒轰击使钢材表面纳米化，表面纳米化设备为中国科学院金属材料研究所自主研发的超音速微粒轰击设备，采用表 4.1 中的复合前处理工艺参数首先对 18Cr2Ni4WA 钢进行表面纳米化处理。第二部分为稀土离子注入，使用 MEVVA 源离子注入设备，以纯度为 99.98% 的稀土金属 La 靶材作为离子源对纳米化处理后的 18Cr2Ni4WA 钢进行稀土 La 注入。其中经超音速微粒轰击处理样品记作 SFPB，经复合前处理样品记作 SFPB+La。复合前处理具体工艺参数如表 4.1 所示。

表 4.1 复合前处理工艺参数

参数	数据	参数	数据
表面纳米化轰击时间	240s	稀土离子注入真空度	2×10^{-3} Pa
表面纳米化轰击气压	1.5~2.0MPa	稀土离子注入电压	45~50kV
表面纳米化枪头高度	10~20cm	稀土离子注入剂量	2×10^{17} 个/cm²
表面纳米化轰击角度	90°	稀土离子注入时间	6h
表面纳米化轰击温度	室温	稀土离子注入温度	室温

4.1.2 18Cr2Ni4WA 钢复合前处理改性层组织结构与力学性能

图 4.1 为 18Cr2Ni4WA 钢超音速微粒轰击（SFPB）处理后截面变形层金相及表面组织透射图。从图 4.1(a) 金相照片中可以看出超音速微粒轰击后 18Cr2Ni4WA 钢表面及次表面区域产生一定的塑性变形，引起组织的细化，出现了比心部组织更为细小的变形区域。运用 OM 软件自带的测量功能获得该工艺下 18Cr2Ni4WA 钢塑性变形层厚度约为 90.7μm。图 4.1(b) 为超音速微粒轰击处理后 18Cr2Ni4WA 钢表面组织透射图，从图中可以看出，其表面晶粒出现等轴晶的特征，晶粒边界明显且晶粒级别为纳米级。利用 Nano Measurer 软件对图 4.1(b) 显示出的晶粒尺寸进行统计，结果如图 4.2 所示。

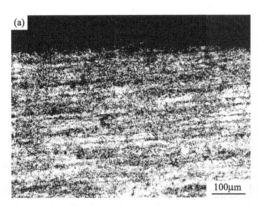 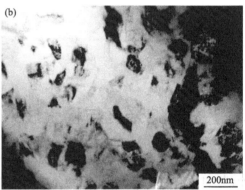

图 4.1　18Cr2Ni4WA 钢经 SFPB 处理后截面/表面组织图

(a) 截面金相；(b) 表面透射

从图 4.2 中可以看出，超音速微粒轰击处理后 18Cr2Ni4WA 钢表面晶粒尺寸分布在 10～80nm 范围内，大部分晶粒尺寸介于 10～60nm 之间，尺寸在 20～40nm 间的晶粒可占到 45.66％，尺寸大于 70nm 和小于 10nm 的晶粒较少，仅为 7.07％，表面晶粒的平均尺寸为 30.37nm。

将超音速微粒轰击处理后的 18Cr2Ni4WA 钢进行清洗、抛光处理，随后对其进行稀土 La 离子注入。图 4.3 为 18Cr2Ni4WA 钢 SFPB＋La 复合前处理样品表面 EDS 谱图。从图 4.3 中可以看出复合前处理 18Cr2Ni4WA 钢表面 La 元素质量分数为 0.41％，这表明 La 已成功注入表面纳米化层中。

图 4.4 为 18Cr2Ni4WA 钢复合前处理过程中

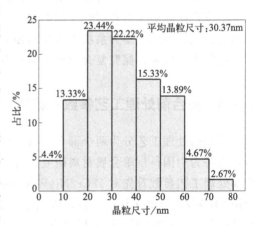

图 4.2　18Cr2Ni4WA 钢经 SFPB 处理后表面晶粒尺寸分布图

经各工序处理后的表面 XRD 谱图。从图中可以看出，与 18Cr2Ni4WA 钢和单一前处理 18Cr2Ni4WA 钢相比，复合前处理样品的 XRD 衍射光谱中"三强峰"并未发生明显变化，也无新峰出现。这说明经复合前处理后样品表面晶体结构仍无变化且无新相的产生。对主衍射峰 (110) 进一步放大后对比可发现，随着复合前处理过程中超音速微粒轰击、La 注入两道工序的依次进行，主衍射峰 (110) 分别出现半高宽增宽、峰强增大及峰位向左偏移的现象，其中

SFPB＋La复合处理样品的主衍射峰强最高。相关研究表明[1]，XRD衍射峰的这些变化与晶粒细化、晶格畸变等因素有关。所以复合前处理引起样品表面 XRD 衍射峰变化的因素可归纳为两个方面：一是在超音速微粒轰击过程中样品表面产生强烈塑性变形，导致晶粒细化与晶格畸变；二是 La 具有更大的原子半径，注入到 18Cr2Ni4WA 钢中伴随着辐射损伤，会使晶格发生畸变，晶体缺陷增加，使半高宽增宽。

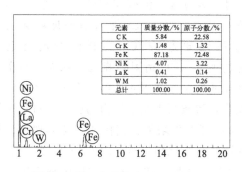

图 4.3 稀土离子注入 18Cr2Ni4WA
钢表面 EDS 谱图

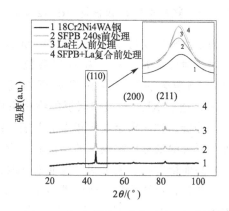

图 4.4 复合前处理中各工序处理后
钢材表面 XRD 谱图

由于钢材的力学性能与其组织结构息息相关，残余应力的大小又是影响渗碳过程中奥氏体转变的因素，此部分对复合前处理钢材的力学性能，主要包括表面/截面硬度和残余应力进行测量，结果如表 4.2 和图 4.5 所示。从表 4.2 中可以看出，经前处理改性后样品表面硬度与残余压应力有较大幅度的增加，其中 SFPB 样品具有最大的表面硬度，SFPB＋La 样品具有最大的残余压应力，但其硬度略低于单一超音速微粒轰击处理样品。这与离子注入前样品进行抛光有关，抛光过程会导致超音速微粒轰击得到的"纳米化"层变薄，而 La 离子注入层厚度仅为纳米级，洛氏硬度计不能检测出其对钢材浅层硬度的影响。

表 4.2 复合前处理各工序处理后钢材表面硬度与残余应力

项目	18Cr2Ni4WA 钢	SFPB	SFPB＋La
硬度/HRC	35.9±1.7	47.2±1.5	45.3±1.3
残余压应力/MPa	−431±12	−507±16	−598±13

图 4.5 为 18Cr2Ni4WA 钢及其前处理后截面硬度分布图，截面硬度测试过程中每点间隔 $10\mu m$。从图中可以看出，超音速微粒轰击处理后，18Cr2Ni4WA 钢近表面 $0\sim89.4\mu m$ 范围内硬度均有所增加，且其表面硬度可达 $460.5HV_1$。这表明超音速微粒轰击在 18Cr2Ni4WA 钢表面形成塑性变形层的厚度至少为 $89.4\mu m$，这与金相测量的结果接近。经 La 离子注入后，其截面硬度及变形层厚度均有减小，但相比于基材仍有较大提升，其表面硬度值为 $450.8HV_1$，深度为 $75.1\mu m$。

结合 3.1.4 节中的分析可知，SFPB＋La 复

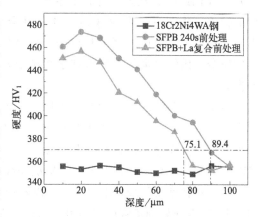

图 4.5 试样截面硬度分布

合前处理改性层的微观组织结构特征为：样品表面形成厚度约为 75.1μm 的塑性变形层，其表面附近区域晶粒尺寸分布在 0～80nm 间，其表面以 La 的氧化物为主。由于晶粒的细化及缺陷的增多，加工硬化获得的塑性变形层具有较高的硬度及较大的残余压应力，其表面硬度可达到 45.3HRC，表面残余压应力为 −598MPa。

4.1.2.1　复合前处理改性对 18Cr2Ni4WA 钢渗碳层组织结构影响

为较清晰地获得复合前处理对 18Cr2Ni4WA 钢渗碳过程、渗碳层组织及性能的影响，分别对普通渗碳层、单一超音速微粒轰击前处理渗碳层、单一 La 注入前处理渗碳层与 SFPB+La 复合前处理渗碳层进行对比分析。渗碳温度为 925℃，渗碳层深度设定为 1.0mm。通过 XRD 检测渗碳层的物相组成，并通过观察 XRD 衍射峰峰位、峰强、峰宽等变化，分析四种渗碳层在物相上的差别，结果如图 4.6 所示。从图 4.6 可以看出，经单一前处理与复合前处理后渗碳层的相组成并没有发生变化，渗碳层组织主要为马氏体。对马氏体(110) 晶面衍射峰放大可知，经前处理改性后 $(110)_\alpha$ 峰发生增强、宽化和移位的现象。其中单一的超音速微粒轰击前处理与单一 La 注入前处理的变化相接近，SFPB+La 复合前处理渗碳层 $(110)_\alpha$ 峰的增强和宽化幅度最大。衍射峰强度的增大代表着渗碳层中马氏体结晶度的提高，衍射峰的宽化与渗碳层晶粒及微观应力相关，因此，经前处理后的渗碳层组织会更为细小且结晶性更好，其中复合处理的改善效果较单一前处理改善更明显。XRD 衍射峰中并未检测到残余奥氏体峰，采用 X 射线衍射仪检测渗碳层表面残余奥氏体含量进行测量，结果如表 4.3 所示。

表 4.3　渗碳层表面残余奥氏体含量表

样品	普通渗碳层	SFPB	La 注入	SFPB+La 复合
残余奥氏体/%	12.8±0.5	10.5±0.6	9.8±0.5	9.2±0.3

从表 4.3 中可以看出，普通渗碳层表面残余奥氏体含量为 12.8%，经单一 SFPB 或 La 注入前处理渗碳层中残余奥氏体含量相比于普通渗层有所降低，分别为 10.5% 和 9.8%。SFPB+La 复合前处理渗碳层中残余奥氏体含量最低，约 9.2%。由此可知，SFPB 与 La 注入均有利于渗碳层中残余奥氏体的转化，将两者复合后这种促进效果会更明显。由于渗碳层中奥氏体的硬度相对于马氏体低，渗碳层中残余奥氏体含量的减少有利于渗碳层表面硬度的提高。

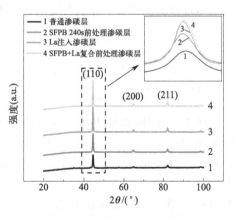

图 4.6　渗碳层 XRD 衍射图

图 4.7 为四种渗碳层金相组织图。从图中可以看出，经渗碳处理后 18Cr2Ni4WA 钢表面组织主要为黑色板条马氏体、白色细小的残余奥氏体和碳化物。依照《重载齿轮　渗碳金相检验》(JB/T 6141.3—1992) 评判普通渗碳层表面碳化物与残余奥氏体达到 2～3 级。

对比四种渗碳层金相组织大小可以发现，相比于普通渗碳层，单一前处理渗碳层与 SFPB+La 复合前处理渗碳层表面组织均得到细化，其中复合处理的渗碳层组织更为细小且残余奥氏体含量减少明显。这是由于复合前处理在样品表面引入双重改性因素，二者协同作用

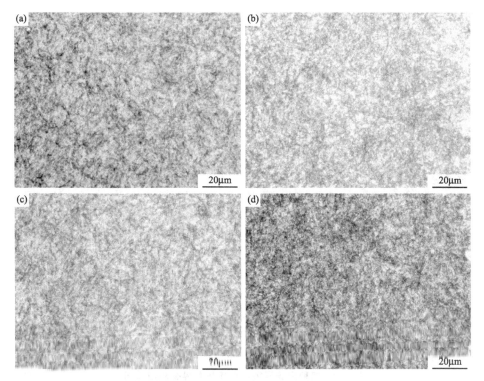

图 4.7 四种渗碳层表面金相组织图
(a) 普通渗碳层；(b) SFPB 处理后渗碳层；
(c) La 注入后渗碳层；(d) SFPB+La 复合前处理后渗碳层

可更进一步改善渗碳层组织。其具体作用机制为，首先超音速微粒轰击在样品表面制备纳米级的细晶层，在高温的真空渗碳过程中晶粒长大，而 La 注入后，La 不仅可以发挥稀土元素细化组织的作用[2]，注入的 La 也可起到钉扎位错，阻碍真空渗碳过程中超音速微粒轰击形成的细小晶粒长大。工件的晶粒大小将直接影响工件的力学性能，其是表征工件质量的重要依据[3]。实践证明，细化晶粒可同时提高工件的强度与韧性。具有细小晶粒组织的钢件可同时具有高的强度、良好的冲击韧性和塑性变形能力[4]，而较粗晶粒的钢件则相反，其韧性较差。为更清晰地比较四种渗碳层的组织大小，使用比例为 1:1.5 的苦味酸/表面活性剂溶液对四种渗碳层表面奥氏体晶界进行浸蚀，侵蚀时间为 180s，测试得到四种渗碳层表面奥氏体的晶粒度，结果如图 4.8 所示。

从图 4.8 中可以看出四种渗碳层表面经抛光浸蚀后均较清晰地显示出了奥氏体晶界。通过对四种渗碳层晶粒大小对比可发现，经 SFPB+La 复合前处理后，真空渗碳层表面的奥氏体晶粒得到明显细化，但单一 SFPB 或单一 La 注入渗碳层中的晶粒细化效果不明显。为进一步确定各渗碳层中晶粒的尺寸，采用 Nano Measurer 软件分别对图 4.8 中四种渗碳层表面的奥氏体晶粒度进行统计。每张图随机选取 100 个显示完整的晶粒，统计结果如图 4.9 所示。

从图 4.9(a) 可以看出普通渗碳样品表面的奥氏体晶粒尺寸主要分布在 $14.4\sim36.6\mu m$，其最大晶粒尺寸为 $43.31\mu m$，最小晶粒尺寸为 $7.30\mu m$，平均晶粒尺寸为 $24.35\mu m$。单一SFPB 或单一 La 注入前处理渗碳层表面晶粒尺寸相较于普通渗碳层有所减小，其晶粒尺寸

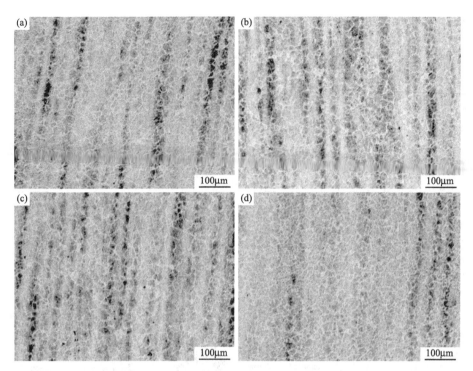

图 4.8　四种渗碳层表面奥氏体晶界金相组织图

(a) 普通渗碳层；(b) SFPB 处理后渗碳层；

(c) La 注入后渗碳层；(d) SFPB＋La 复合前处理后渗碳层

分别主要分布在 $7.6 \sim 25.6 \mu m$ 与 $4 \sim 22 \mu m$ 之间，平均晶粒尺寸分别为 $18.24 \mu m$ 与 $17.14 \mu m$。

相较于普通渗碳层，单一 SFPB 前处理渗碳层表面最大晶粒尺寸降低 8.9%，平均晶粒尺寸降低 25%，单一 La 前处理渗碳层的晶粒细化效果与之类似，最大晶粒尺寸与平均晶粒尺寸分别降低 11.2% 与 29.6%。经 SFPB＋La 复合前处理渗碳层表面的晶粒尺寸减小明显，其晶粒尺寸主要分布在 $6.2 \sim 17.2 \mu m$，最大晶粒尺寸为 $25.12 \mu m$，平均晶粒尺寸可达到 $12.32 \mu m$。与基材渗碳样品相比其最大晶粒尺寸降低 41.9%，平均晶粒尺寸降低 49.4%，并且样品表面晶粒尺寸极差降低 42.7%。由此可知 SFPB＋La 复合前处理不仅可大幅度细化晶粒，而且会使渗碳层表面晶粒尺寸分布更加均匀，这更有利于提升渗碳层的强度、抗冲击性能等综合服役性能。因此，SFPB＋La 复合催渗首先可在钢材表面获得细晶层，随后 La 注入可在一定程度上将这些细晶"固定"，从而具有更好的细化晶粒与改善组织均匀性的作用。

为进一步深入了解前处理对真空渗碳层中马氏体及碳化物组织的影响，采用扫描电镜对渗碳层形貌进行观察，结果如图 4.10 所示。从图 4.10 中可以看出四种渗碳层组织由板条马氏体、白色颗粒状的碳化物以及残余奥氏体组成。无论单一前处理还是复合前处理均可有效细化渗碳层中的马氏体与碳化物组织，SFPB＋La 复合前处理在变形层与注入层的双重影响下改善效果最为显著。

相关研究表明，渗碳层中马氏体的形态会直接影响工件的性能，具有孪晶马氏体的渗碳层会表现出更高的硬度与耐磨性[5]。采用透射电镜对普通渗碳层与复合前处理渗碳层中马

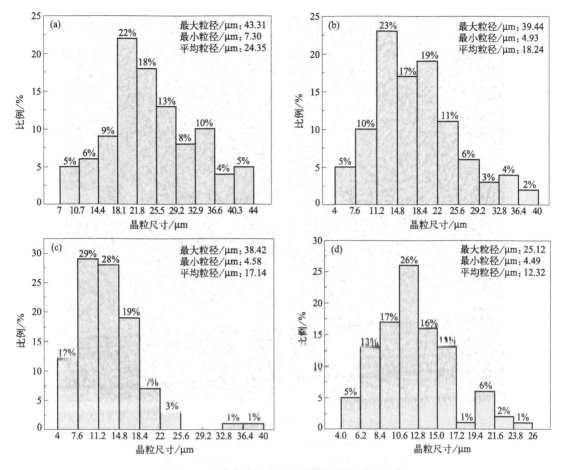

图 4.9　四种渗碳层表面奥氏体晶粒尺寸及分布
（a）普通渗碳层；（b）SFPB 前处理渗碳层；
（c）La 注入渗碳层；（d）SFPB＋La 复合前处理渗碳层

氏体的形态和亚结构进行观测，结果如图 4.11 所示。从图 4.11 中可以看出，普通渗碳层表面马氏体形态主要为板条状，为典型的板条马氏体组织，板条马氏体之间相互平行排列，并且长度与宽度并不均匀，除此之外普通渗碳层中还分布着大量灰黑色的薄膜状残余奥氏体。而 SFPB＋La 复合前处理渗碳层中马氏体的形态尺寸均发生较大变化，其马氏体呈现出薄片状。薄片状的孪晶马氏体具有更高强度、硬度和耐磨性，这有利于提升渗碳层的服役性能[6,7]。

　　普通渗碳层与复合前处理渗碳层中马氏体形态的差异可归因于，复合前处理导致马氏体转变起始温度（M_s 点）下降，使马氏体形态由板条状转变为细薄片状，亚结构由高密度位错转变为孪晶。M_s 点的下降可归纳为三个方面的因素：①复合前处理在材料表层获得含有 La 的纳米级超细晶粒，这有利于真空渗碳过程碳原子的扩散，从而使样品中碳含量增加[8,9]，从而导致马氏体转变温度（M_s 点）下降；②复合前处理使材料表层中的细小晶粒在 La 原子的钉扎作用下，在真空渗碳过程中未出现显著的增大现象，其形成的较为细小的组织增大了马氏体转变的切变阻力，使 M_s 点降低；③复合前处理过程中的超音速微粒轰击与 La 注入均在样品表层引入多向压缩应力，这导致奥氏体的致密度升高从而阻止马氏体的形成，使 M_s 点降低。

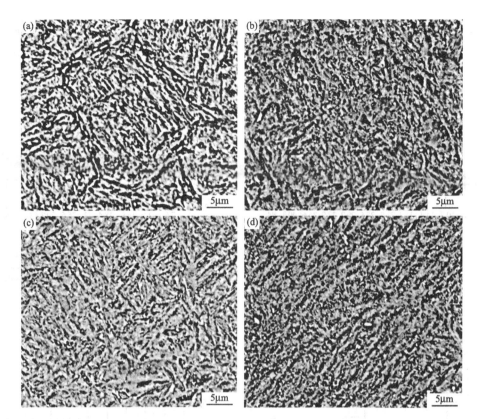

图 4.10　四种渗碳层表面扫描电镜图

（a）普通渗碳层；（b）SFPB 前处理渗碳层；

（c）La 注入渗碳层；（d）SFPB+La 复合前处理渗碳层

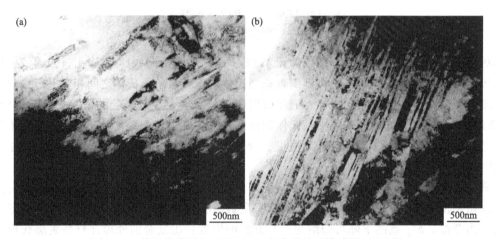

图 4.11　普通渗碳层与 SFPB+La 复合前处理渗碳层 TEM 图

（a）普通渗碳层；（b）SFPB+La 复合前处理渗碳层

4.1.2.2　复合前处理改性对 18Cr2Ni4WA 钢渗碳层力学性能影响

采用 HRD-150 型洛氏硬度计测定渗碳层表面的洛氏硬度值，载荷为 1470N（150kg），加载时间为 10s，每个样品表面测试五个点后取其平均值，结果列于表 4.4 中。从表 4.4 中可以看出，普通渗碳层表面硬度为62.3HRC，相比于普通渗碳层，单一SFPB和单一La注入渗碳层的表面硬度均有所提升，分别为63.2HRC和63.8HRC。而SFPB+La复合前处理渗碳层表面硬度为四者中最高，为65.7HRC。结合组织结构分析可知，复合前处理渗碳层具有最为细小的组织、较少的残余奥氏体含量以及大量的孪晶马氏体，因此其也具有最高的表面硬度。

表4.4　渗碳层表面洛氏硬度

试样种类	普通渗碳层	SFPB	La注入	SFPB+La注入
硬度/HRC	62.3±0.7	63.2±1.3	63.8±0.9	65.7±1.3

为检测渗碳层截面的硬度分布情况，依据GB/T 9450—2005，使用显微硬度计从渗碳层表面依次测量，每点间隔100μm，至其截面硬度值为550HV左右，测量结果如图4.12。

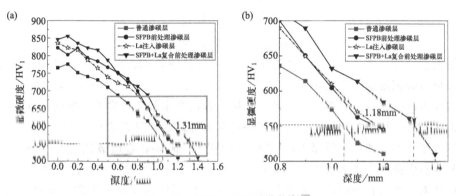

图4.12　渗碳层截面硬度分布图

从图4.12中可以看出，四种渗碳层截面硬度的分布基本趋势均为随着深度的增加逐渐减小。但在相同深度处，普通渗碳层的硬度值最小，在0~0.2mm处La注入前处理渗碳层硬度大于SFPB前处理渗碳层，在0.2~0.9mm处SFPB前处理渗碳层的硬度大于La注入前处理渗碳层，其余位置二者硬度基本相同。四种渗碳层中SFPB+La复合前处理渗碳层的截面硬度最大，仅在0.6~0.7mm处出现了较大幅度的衰减，此处其硬度值与La注入渗碳层相近。由此可知，单一SFPB与单一La注入前处理改性对渗碳层硬度的影响基本相当，而复合前处理综合了单一处理的优势，在所测试范围内始终表现出较高的硬度。

4.1.2.3　复合前处理改性对18Cr2Ni4WA钢渗碳扩散过程影响

以截面硬度达到550HV$_1$处距表面的距离为渗碳层的有效厚度，从图4.12中可知，普通渗碳层厚度约为1.04mm，SFPB渗碳层厚度约为1.17mm，稀土La注入渗碳层厚度约为1.18mm，SFPB+La复合前处理渗碳层厚度约为1.31mm。相比于普通渗碳层，单一SFPB、单一La注入前处理和复合前处理渗碳层的厚度分别增加12.5%、13.5%、26.0%，由此可知，SFPB+La复合前处理催渗效果最明显。

依据式(2.4)，结合四种渗碳层厚度及元素扩散定律对不同处理状态的18Cr2Ni4WA钢在925℃真空渗碳过程中碳元素的扩散系数进行计算。此处以普通渗碳过程中碳元素的扩散系数为基准，SFPB、La注入及SFPB+La复合前处理渗碳过程中碳元素的扩散系数计算如下：

$$1.04 = K\sqrt{D_{925}t} \tag{4.1}$$

$$1.17 = K\sqrt{D_{925}^{SFPB}t} \tag{4.2}$$

$$1.18 = K\sqrt{D_{925}^{La}t} \tag{4.3}$$

$$1.31 = K\sqrt{D_{925}^{SFPB+La}t} \tag{4.4}$$

式中，D_{925}、D_{925}^{SFPB}、D_{925}^{La} 和 $D_{925}^{SFPB+La}$ 分别代表原始基材、超音速微粒轰击前处理、La 注入前处理与 SFPB+La 复合前处理 18Cr2Ni4WA 钢在 925℃真空渗碳过程中碳元素的扩散系数。

依据以上计算结果可以获得经超音速微粒轰击前处理、La 注入前处理、SFPB+La 复合前处理与普通渗碳过程中碳元素的扩散系数的关系如下：

$$D_{925}^{SFPB} = 1.26D_{925} \tag{4.5}$$

$$D_{925}^{La} = 1.29D_{925} \tag{4.6}$$

$$D_{925}^{SFPB+La} = 1.58D_{925} \tag{4.7}$$

依据上述公式可知，在 925℃渗碳条件下，SFPB 前处理、La 注入前处理与 SFPB+La 复合前处理可分别使碳元素的扩散系数增大 1.26 倍、1.29 和 1.58 倍。这是由于复合前处理可在试样表面引入双重催渗。一是超音速微粒轰击产生的大量原子不规则排列、位错等缺陷，可形成"短路扩散"通道作为碳原子快速扩散的通道，提高碳原子的扩散系数，降低碳原子的扩散激活能，加快扩散速率；同时 La 的注入会阻碍超音速微粒轰击过程中形成的缺陷及晶界在高温渗碳环境下消失或显著长大。二是在 La 注入过程中，稀土原子与钢材发生高能碰撞从而导致材料内部缺陷密度增加，这些缺陷可作为碳原子扩散的通道，同时在 La 极低的电负性趋势下形成高浓度碳原子的气团，增大了扩散浓度梯度，从而进一步加速碳元素从表面到内部的扩散。

通过对 18Cr2Ni4WA 钢 SFPB+La 复合前处理渗碳研究可得到以下主要结论：

① SFPB+La 复合前处理会在 18Cr2Ni4WA 钢表面形成厚度约为 $75.1\mu m$ 的塑性变形层，变形层内硬度及残余压应力较高。其最表面 100nm 范围内为晶粒尺寸 10~80nm 的 La 元素掺杂层，其中 La 原子主要以氧化物和氢氧化物存在。

② SFPB+La 复合前处理真空渗碳层组织与单一前处理、普通渗碳层组织一致，主要为马氏体、残余奥氏体和碳化物。但相比于单一前处理和普通渗碳层，SFPB+La 复合前处理渗碳层具有更为细小的晶粒，其平均晶粒尺寸为 $12.32\mu m$，相比于普通渗碳层降低 49.4%；加之复合处理渗碳层中存在大量高碳孪晶马氏体，使其相较于普通和单一前处理渗碳层具有更高的表面硬度及截面硬度。

③ 在 925℃渗碳的条件下，SFPB+La 复合前处理真空渗碳过程中碳元素扩散系数可达普通真空渗碳扩散系数的 1.58 倍，其远高于单一 SFPB 与单一 La 注入前处理渗碳过程。这可归因于复合前处理在渗碳钢表面引入的稀土掺杂塑性变形层，其在短路扩散与稀土柯氏气团双重作用下可以更有效地提高渗速，增大碳扩散梯度，从而达到更好的催渗效果。

4.2　表面纳米化轰击同步引入稀土

离子注入技术属于精密制造技术，其对工件表面的光洁度要求较高，当 La 注入与超音速微粒轰击复合对真空渗碳过程进行催渗时，需对超音速微粒轰击工件进行预先磨削和抛光处理，从而弱化了表面纳米化前处理在真空渗碳中的催渗效果。本节提出一种利用超音速微粒轰击同步引入稀土的方法，将两种工艺复合对 17CrNiMo6 钢真空渗碳过程及渗碳层组织性能进行催渗与强化。

4.2.1　稀土种类设计及表面纳米化轰击工艺

本节超音速微粒轰击采用的喷射微粒共有两种：一种是球形 Al_2O_3 粉末，为普通超音速微粒轰击；另一种是 Al_2O_3 与 La_2O_3 的混合粉末，La_2O_3 的质量分数为 10%。这里分别记作 SFPB 与 SFPB（La）。用电子天平将按此比例称好的 $Al_2O_3+La_2O_3$ 粉末用行星球磨机混合均匀，球磨时间为 4h。随后，分别对 17CrNiMo6 钢、SFPB 前处理及 SFPB（La）前处理样品进行真空渗碳。其中经过超音速微粒轰击的样品不再进行表面处理，直接进行真空渗碳，真空渗碳温度为 940℃。超音速微粒轰击及复合前处理工艺如表 4.5 所示。

表 4.5　超音速微粒轰击试验参数

参数	数据
喷射颗粒	Al_2O_3，$Al_2O_3+La_2O_3$
颗粒直径/μm	Al_2O_3：40～60
	La_2O_3：0.04～0.06
轰击时间/s	240
气流压力/MPa	1.5
喷射角度/(°)	90
温度	室温

4.2.2　17CrNiMo6 钢表面纳米化引入稀土层组织结构与性能

具有超音速的高压气流通过携带硬质微粒轰击样品表面从而产生强烈的塑性变形，对表面形貌进行观察可以判断表层的塑性变形情况。

图 4.13 为超音速微粒轰击后试样表面的扫描电镜图和能谱分析。从图 4.13（a）和（c）中可以看出，经超音速微粒轰击处理后 17CrNiMo6 钢表面存在大量因反复轰击产生的凹坑，凹坑尺寸较为均匀，与球形 Al_2O_3 粉末粒径大致相同，且相邻凹坑边缘挤压形成了脊。为了更清楚地观察表面塑性变形情况，对图 4.13（a）和（c）中部分区域进行局部放大，得到图 4.13（b）和（d），从图中可以观察到 17CrNiMo6 钢经反复轰击后，表面凹坑已相互重叠，在凹坑内部存在明显的褶皱。与单一超音速微粒轰击样品表面相比，SFPB（La）样品［图 4.13（d）］表面脊的位置具有团簇状物质，脊的形状较不规则。为证明团簇状物质的成分，对图 4.13（d）中的 A 位置进行能谱分析得到各元素含量情况，结果如图 4.13（e）所示。从图 4.13（e）中可以看出 SFPB（La）表面 La 元素的质量分数高达 41%，这说明在经过 $Al_2O_3+La_2O_3$ 混合粉末轰击后，La_2O_3 粉末能够很好地附着在样品表面。

材料的物相、晶粒尺寸、微观应力及残余应力等的变化会对真空渗碳过程及渗碳层组织结构产生影响。此处采用 X 射线对基材、SFPB 前处理和 SFPB（La）复合前处理样品进行XRD 测试，结果如图 4.14 所示。从图中可以看出，经过超音速微粒轰击处理后，材料的物相并没有发生变化，仍由马氏体组成，而经过 $Al_2O_3+La_2O_3$ 混合粉末轰击处理的样品，

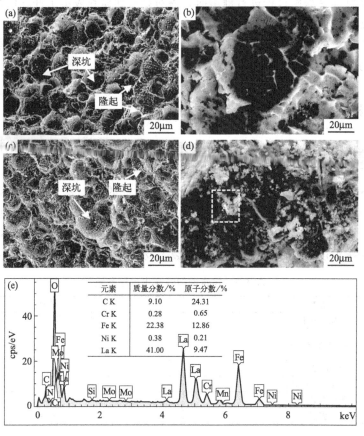

图 4.13　超音速微粒轰击 17CrNiMo6 钢表面的扫描电镜图及能谱分析
(a)、(b) SFPB 样品扫描电镜图；(c)、(d) SFPB(La) 样品扫描电镜图；
(e) $Al_2O_3 + La_2O_3$ 混合粉末轰击表面的能谱结果

除体心立方结构铁外，出现了属于物相 $La(OH)_3$ 的衍射峰，但并未检测到 La_2O_3 相。分析原因为，在超音速微粒轰击后，试样表面的 La_2O_3 易与水发生反应[10]，生成 $La(OH)_3$，且超音速微粒轰击过程中采用的被加热的高压空气，对这一反应存在一定的促进作用。图 4.14(b) 为 BCC 结构 Fe(110) 晶面衍射峰的放大图。从图中可以看出，经过超音速微粒轰击后，17CrNiMo6 钢虽未发生相组成的变化，但马氏体（110）晶面衍射峰强度明显弱化，衍射峰出现了移位，衍射峰半高宽出现宽化。利用 Jade 软件对半高宽的数值进行计算，得到基材、SFPB 以及 SFPB(La) 样品半高宽值如图 4.15 所示。

从图 4.15 中可以看出经过超音速微粒轰击处理后，BCC-Fe 的三强峰均有不同程度的宽化，其中 SFPB(La) 样品的宽化程度略低于 SFPB 样品的宽化程度。衍射峰位置和强度的这种变化主要受到微观应变和晶粒尺寸的影响，利用 Scherrer-Wilson 公式对三种样品表面的晶粒尺寸和微观应变进行计算，结果如表 4.6 所示。

由表 4.6 可以看出，经过超音速微粒轰击处理后，17CrNiMo6 钢表面晶粒尺寸已达到纳米级别，其表层内均存在一定程度的微观应变，其中 SFPB 处理在 17CrNiMo6 钢表面引起的晶粒细化和微观应变最显著，SFPB(La) 处理样品的微观应变略小于 SFPB 样品。在超音速微粒轰击过程中，具有超音速的硬质微粒反复撞击样品表面，硬质微粒所具有的部分动

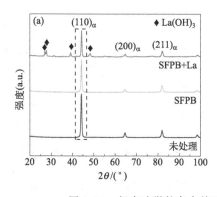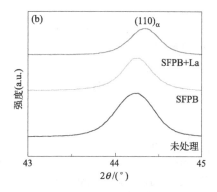

图 4.14 超音速微粒轰击前后 17CrNiMo6 钢表面 XRD 谱图

(a) 总谱图；(b) BCC 结构 Fe 晶胞（110）晶面衍射峰的放大图

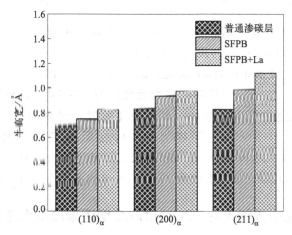

图 4.15 超音速微粒轰击前后 17CrNiMo6 钢马氏体三强峰半高宽变化图

能会向样品内部传递并被其吸收，表层被轰击的部分向四周延伸，表面部分形成残余压应力，而在内部形成拉应力，SFPB 样品中残余压应力值最大约为 $-475MPa$，相比于未处理 17CrNiMo6 钢提高 30.6%。相比于 SFPB 样品，SFPB（La）样品表面的残余压应力值略有降低，这可能是因为 La_2O_3 颗粒的硬度较 Al_2O_3 颗粒的硬度低，Al_2O_3 颗粒轰击到样品表面时，较软的 La_2O_3 颗粒起到了一定的缓冲作用，使作用于材料表面的冲击力略有下降，从而使其表层的残余压应力相比于普通超音速微粒轰击样品有所下降。

表 4.6 前处理改性层表面晶粒尺寸、微观应变及残余压应力

样品	晶粒尺寸/nm	微观应变/%	残余压应力/MPa
SFPB	37.3	0.235	-475.0 ± 18
SFPB（La）	42.5	0.214	-432.0 ± 14

为了进一步确定 La_2O_3 粉末轰击到样品表面后的存在形式，对 SFPB（La）样品表面进行 XPS 测试，结果如图 4.16 所示。通过与 XPS 数据库比对可知，图 4.16 中 835.0eV 和 851.4eV 附近的强峰来自于 La—O 键，其杂化轨道分别为 $La3d_{5/2}$、$La3d_{3/2}$。而 838.8eV 附近的强峰来自于 La—H 键，其电子杂化轨道为 $La3d_{5/2}$。由此可确定轰击到 17CrNiMo6 钢表面的 La_2O_3 在钢材表面的存在形式主要为氧化物和氢化物。

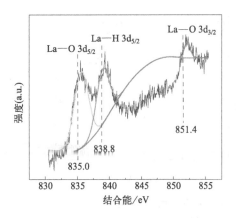

图 4.16　$Al_2O_3 + La_2O_3$ 混合微粒轰击
前处理样品表面 XPS 谱图

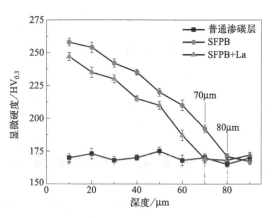

图 4.17　超音速微粒轰击前后
截面硬度变化图

图 4.17 为超音速微粒轰击前后 17CrNiMo6 钢截面显微硬度分布曲线。硬度测试参数为：载荷 294N，测试间隔 10μm。从图中可以看出 17CrNiMo6 钢近表面的显微硬度约为 $170HV_{0.3}$，经过 SFPB 及 SFPB（La）前处理后 17CrNiMo6 钢表层的显微硬度均有大幅度提升，在距表面 10μm 处，SFPB 样品的显微硬度约为 $255HV_{0.3}$，相比于普通 17CrNiMo6 钢提升了约 50%，但随着深度的增加，显微硬度的提升逐渐减小，在距表面 80μm 处，SFPB 样品的硬度与 17CrNiMo6 钢相当，可以判断经过超音速微粒轰击处理后，17CrNiMo6 钢表面形成了约 80μm 的加工硬化层，而 SFPB(La) 样品的硬度在所测范围内始终低于 SFPB 样品，其硬化层厚度约为 70μm，这与残余压应力的变化相一致。

4.2.3　表面纳米化引入稀土对 17CrNiMo6 钢渗碳层组织结构的影响

对 17CrNiMo6 钢、SFPB 和 SFPB(La) 三种样品进行真空渗碳，并对三种渗碳层截面组织进行观察，结果如图 4.18 所示。

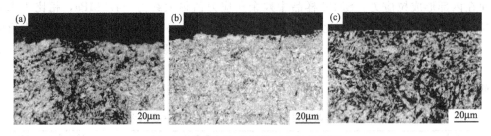

图 4.18　真空渗碳层截面金相组织图
(a) 普通渗碳层；(b) SFPB 渗碳层；(c) SFPB(La) 渗碳层

从图中可以看出三种渗碳层组织均由黑色马氏体组织、白色残余奥氏体和碳化物组成。对比图中三种渗碳层截面组织可以发现，SFPB 渗碳层和 SFPB(La) 渗碳层的组织更为细小，其中 SFPB(La) 渗碳层组织细化效果最明显。由此可知，超音速微粒轰击的细晶作用在渗碳之后仍有一定的保留，并且在超音速微粒轰击时添加稀土可以达到更好的细化效果。

为了进一步分析复合前处理对真空渗碳层组织的影响，对真空渗碳层的组织进行扫描电镜分析，结果如图 4.19 所示。

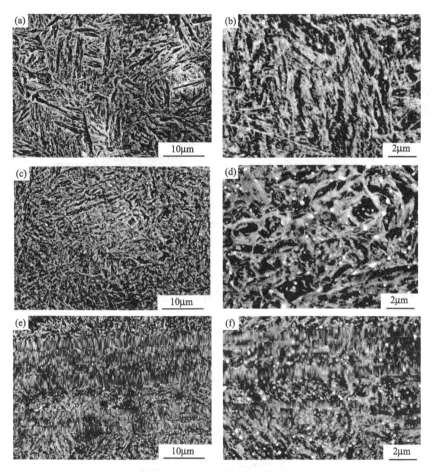

图 4.19　三种真空渗碳层表面扫描电镜图

(a)、(b) 普通渗碳层；(c)、(d) SFPB 渗碳层；(e)、(f) SFPB(La)渗碳层

从图 4.19 中可以看出，三种渗碳层表面均由板条马氏体、片状马氏体和球状碳化物组成，其中普通真空渗碳层的马氏体组织较为粗大，而 SFPB(La) 真空渗碳层的马氏体组织最为细小均匀，这一结果与金相观察结果一致。为更清晰地判断三种渗碳层中碳化物的尺寸与分布，分别对三种渗碳层局部区域进行放大。从三种渗碳层相应的放大图中可以观察到相比于普通渗碳层，经过超音速微粒轰击后真空渗碳层中碳化物尺寸明显更小，且含量也更多。为了对比两种超音速微粒轰击方式对碳化物尺寸的影响，用 Image 软件对 SFPB 和 SF-PB(La) 渗碳层中的碳化物粒径进行统计，结果汇总于图 4.20 中。

从图 4.20 中可以看出 SFPB 和 SFPB(La) 真空渗碳层中碳化物的尺寸多集中于 0.1～0.2μm 之间，SFPB(La) 真空渗碳层中碳化物的平均尺寸为 0.14μm，略小于 SFPB 渗碳层的 0.16μm。由此可知，超音速微粒轰击前处理能够细化真空渗碳层中的马氏体与碳化物组织，而且会增加真空渗碳层中碳化物的数量，其中 SFPB(La) 复合前处理的改善效果更为显著。超音速微粒轰击能够使碳化物数量增多的原因可以用晶粒再结晶形核理论[11] 来解释，晶粒的尺寸越小，单位体积中的晶界面积就越大，晶界可以为碳化物提供形核场所，因此形核率增大，从而在真空渗碳过程中得到更多的碳化物。SFPB(La) 复合前处理渗碳层中同时兼具稀土的细晶作用及较大的电负性，对碳元素的亲和力较强，会吸附更多的碳从而相比于单一 SFPB 处理具有更多且更为细小的碳化物。

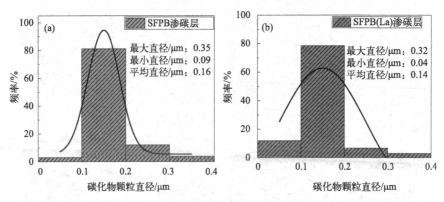

图4.20 SFPB 与 SFPB(La) 渗碳层表面碳化物尺寸分布图

(a) SFPB 渗碳层；(b) SFPB(La) 渗碳层

图4.21 为三种真空渗碳渗层表面的 XRD 谱图。从图中可以看出三种渗碳层表面均出现了体心立方 Fe(110)、(200)和(211)晶面的三强峰，说明其物相组成相同。

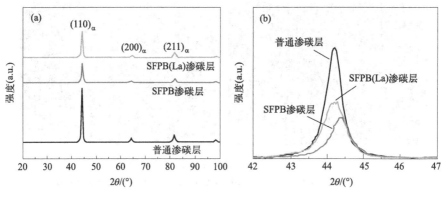

图4.21 三种真空渗碳层的 XRD 谱图

(a) 总谱图；(b) (110)$_\alpha$ 晶面衍射峰放大图

对比三种渗碳层 XRD 谱图中衍射峰强度可以发现，经 SFPB 处理后 (110) 晶面衍射峰的强度明显降低，说明 SFPB 与 SFPB(La) 渗碳层的晶粒取向差略有减小。三种渗碳层表面 (110) 晶面衍射峰 42°~47°处的放大谱图如图 4.21(b) 所示。从图中可以看出相比于普通渗碳层，SFPB 与 SFPB(La) 前处理渗碳层的 (110)$_\alpha$ 峰不仅出现峰强降低和峰宽化现象，其峰位同时向高角度方向发生不同程度的移位，其中 SFPB 渗碳层的移位较明显。

采用 Jade 软件对三种渗碳层中马氏体三强峰的半高宽进行统计，结果如图 4.22 所示。从图中可以看出，相比于普通渗碳层，SFPB 与 SFPB(La) 渗碳层中马氏体三强峰的半高宽均有增大，其排列顺序为 SFPB(La) 真空渗碳层＞SFPB 真空渗碳层＞真空渗碳层，半高宽反映的是渗碳层晶粒的大小，由此可判断，超音速微粒轰击的晶粒细化作用在真空渗碳后仍能有一定程度的保留。真空渗碳前不同处理状态样品的半高宽排序为 SFPB＞SFPB(La) ＞基材，真空渗碳后 SFPB(La) 渗碳层中的晶粒较 SFPB 渗碳层中的晶粒更为细小，说明稀土在真空渗碳过程中能够起到控制晶粒长大的作用，使得 SFPB(La) 渗碳层中组织的细化效果更加显著。

在三种渗碳层的 XRD 谱图中均未观察到奥氏体峰，说明真空渗碳后渗碳层中的残余奥

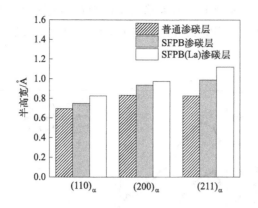

图 4.22　真空渗碳层中马氏体三强峰的半高宽

氏体相含量较少。由于渗碳层中残余奥氏体的含量对渗碳层的硬度、残余应力及渗碳层的韧性均会产生重要影响，利用 X 射线衍射仪对三种渗碳层表面残余奥氏体的含量进行测量，结果如表 4.7 所示。由表 4.7 可知，普通渗碳层中残余奥氏体含量约为 12.7%，而 SFPB 渗碳层和 SFPB(La) 渗碳层的残余奥氏体含量均低于普通渗碳层，其中 SFPB(La) 渗碳层具有最低的残余奥氏体含量，为 10.3%，这说明表面纳米化和稀土的加入均能促进渗碳过程中残余奥氏体的转变。而渗碳层中渗碳层组织的细化与残余奥氏体含量的降低均有利于其硬度的提升，有利于渗碳层的承载及抗磨能力的改善。

表 4.7　渗碳层的残余奥氏体含量

样品	普通渗碳层	SFPB 渗碳层	SFPB(La)渗碳层
残余奥氏体含量/%	12.7±0.4	11.2±0.2	10.3±0.3

4.2.4　表面纳米化引入稀土对 17CrNiMo6 钢渗碳层力学性能的影响

表 4.8 为三种渗碳样品表面硬度值，选取三种渗碳层不同位置的五个点进行测量，取其平均值。从表 4.8 中可以看出，普通渗碳层的表面硬度约为 58.3HRC，其在三种渗碳层中数值最低，但其表面硬度的均匀性较好。在三种渗碳层中，SFPB(La) 渗碳层的表面硬度最高，约为 62.1HRC，其相比于普通真空渗碳提升了约 6.5%，SFPB 渗碳层的表面硬度次之，约为 60.5HRC。由此可知，相较于单一表面纳米化催渗，稀土与其复合前处理对渗碳层表面硬度的提升效果会更加显著。

表 4.8　真空渗碳层的表面硬度

样品	普通渗碳层	SFPB 渗碳层	SFPB(La)渗碳层
表面硬度/HRC	58.3±1.2	60.5±1.7	62.1±1.8

图 4.23 为三种渗碳层的截面硬度分布曲线，在每个深度处测量 3 个点得到该深度处硬度分布误差。从图中可以看出，三种渗碳层的硬度均沿深度方向出现先升高后降低的趋势，渗碳层硬度的最高点出现在渗碳层的次表层。相比于普通渗碳层，在相同深度处 SFPB 及 SFPB(La) 渗碳层的截面硬度均较普通真空渗碳高。在距表面约 0.7mm 的范围内，经前处理的渗碳层，其硬度的提升相对较大，在深度大于 0.7mm 之后，其对硬度提升的程度略有

减小，这说明距表面越近，前处理对真空渗碳层的影响就越明显。对比两种超音速微粒轰击渗碳层可发现，相比于单一 SFPB 前处理，SFPB(La) 复合前处理对渗碳层截面硬度的改善效果更明显。

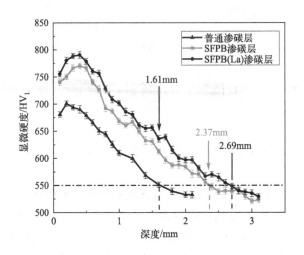

图 4.23　真空渗碳强化层的截面硬度分布

4.2.5　表面纳米化引入稀土对 17CrNiMo6 钢渗碳过程的影响

以零件表面到显微硬度值为 $550HV_1$ 的厚度作为硬化层的有效深度，从图 4.23 中可获得普通真空渗碳层、SFPB 渗碳层及 SFPB(La) 渗碳层的硬化层深度分别为 1.61mm、2.37mm 和 2.69mm，相比于普通渗碳层，SFPB 增厚 0.76mm，渗层厚度增大 47.2%，而 SFPB(La) 渗碳层增厚 1.08mm，渗碳层厚度增大近 67.08%。由此可知，超音速微粒轰击和稀土 La 的添加不仅在表面处能大大提高真空渗碳的强化效果，而且可增大渗碳过程中碳的扩散系数。

依据式(2.4)，结合三种渗碳层厚度及元素扩散定律对碳元素的扩散系数进行计算。此处以普通渗碳过程中碳元素的扩散系数为基准，SFPB 及 SFPB(La) 前处理渗碳过程中碳元素的扩散系数计算如下：

$$1.61 = K\sqrt{D_{940}t} \tag{4.8}$$

$$2.37 = K\sqrt{D_{940}^{SFPB}t} \tag{4.9}$$

$$2.69 = K\sqrt{D_{940}^{SFPB(La)}t} \tag{4.10}$$

式中，D_{940}、D_{940}^{SFPB} 和 $D_{940}^{SFPB(La)}$ 分别代表原始基材、SFPB 前处理与 SFPB(La) 复合前处理钢材在 940℃真空渗碳过程中碳元素的扩散系数。

依据以上计算结果可以获得经 SFPB 前处理、SFPB(La) 复合前处理与未处理 17CrNiMo6 钢在 940℃真空渗碳过程中碳元素的扩散系数的关系式如下：

$$D_{940}^{SFPB} = 2.17D_{940} \tag{4.11}$$

$$D_{940}^{SFPB(La)} = 2.79D_{940} \tag{4.12}$$

依据上述公式可知，在 940℃ 渗碳的条件下，与普通渗碳相比，SFPB 前处理与 SFPB（La）复合前处理分别可使碳元素的扩散系数增大 2.17 倍和 2.79 倍。

通过 3.2 节的研究结果可知，超音速微粒轰击前处理的催渗机制主要是促进碳原子的短路扩散，表面经过超音速微粒轰击后产生了点阵畸变、晶界和位错，这些地方的原子能量高，易于跳动且排列不规则，碳原子进入后在这些位置扩散阻力较小，因此能够进入的碳原子数量相对较多且扩散距离较远，形成表层的高碳含量，达到催渗的目的。SFPB（La）复合前处理不仅可借助 SFPB 产生微观缺陷与畸变，同时还可以综合稀土 La 在缺陷处的钉扎作用与其对碳原子的化学亲和力[12]，增强短路扩散效果，并且稀土周围容易形成含碳的柯氏气团，在周围高碳浓度的环境下，气团的碳原子会挣脱气团向低碳钢内部扩散，造成气团碳原子不饱和，为了维持气团上的碳浓度，周围的碳原子又会向气团聚集，形成动态平衡，从而提高渗碳层碳浓度，达到复合增强的催渗目的。

4.2.6 表面纳米化引入稀土对 17CrNiMo6 钢渗碳层摩擦学性能的影响

采用 HT-1000 型球盘对磨试验机对普通真空渗碳层、SFPB 前处理渗碳层及 SFPB（La）复合前处理渗碳层的耐磨性能进行测试，评价三种渗碳层的摩擦学性能。对磨球为直径 6mm 的氮化硅球，试验载荷为 980N（1000g），对磨时间为 60min，得到的摩擦系数曲线和磨损失重如图 4.24 所示。

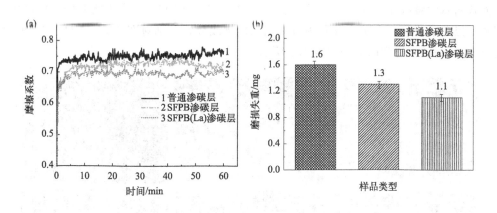

图 4.24　真空渗碳层的摩擦系数曲线与磨损失重

(a) 摩擦系数曲线；(b) 磨损失重

从图 4.24（a）三种渗碳层摩擦系数随时间的变化曲线中可以看出，三种渗碳层的摩擦系数在摩擦初期均急剧增大，随后进入稳定磨损阶段。由于样品表面粗糙度较大，在高载荷下，对磨球与样品表面微凸体接触时，抗剪切能力较大，在接触初期会使摩擦系数迅速增大。当摩擦系数增加到一定值后，会在一定范围内波动，在这个阶段，普通真空渗碳层的摩擦系数最大，约为 0.73，且上下波动的幅度较大；SFPB 前处理真空渗碳层的摩擦系数略小于普通真空渗碳层，约为 0.70，相比于普通真空渗碳层降低约 4.1%；而 SFPB（La）真空渗碳层的摩擦系数最小，约为 0.68，相比于普通真空渗碳层降低 6.8%。耐磨性主要与样品的硬度、残余应力以及表面粗糙度有关。图 4.24（b）为三种渗碳样品的磨损失重数据。从图中可看出，普通真空渗碳层的磨损失重约为 1.6mg，而 SFPB 与 SFPB（La）前处理真空渗碳层的磨损失重分别约为 1.3mg 和 1.1mg，较普通渗碳层均有减少，分别减少了约 18.8％和 31.3％。由此可知，SFPB 与稀土复合前处理渗碳层的耐摩擦性能更好。结合三种渗碳层组织结构分析可知虽然 SFPB 及 SFPB(La) 复合前处理会使渗碳层的表面粗糙度增大，但渗碳后其渗碳层组织会得到细化，反而使渗碳层具有更低的摩擦系数，加之 SFPB 前处理及 SFPB(La) 复合前处理渗碳层具有高于普通渗碳的表面及截面硬度，从而表现出更好的摩擦学性能。

为了更好地研究三种渗碳层的磨损机制，采用扫描电子显微镜对三种渗碳层表面的磨损形貌进行观察，结果如图 4.25 所示。从图中可以看出，三种渗碳层磨痕表面均有磨粒、黏着物以及与摩擦方向大致平行的犁沟，其中普通真空渗碳层磨痕的宽度约为 950μm，SFPB 前处理真空渗碳层磨痕宽度约为 920μm，SFPB(La) 复合前处理真空渗碳层磨痕宽度约为 910μm，因此从磨痕宽度上的变化可清晰地判断出 SFPB 和 SFPB(La) 前处理可改善真空渗碳层抗磨性能。图 4.25(a) 普通真空渗碳层磨痕的 A 区域能够观察到片状黏着物，此片状黏着物形成的原因为渗碳层表面受到对磨球长期反复的压应力，距表面一定深度处会承受最大剪切应力，当剪切应力超过此处的弹性变形极限时，会产生塑性变形，在反复的摩擦下最终形成疲劳裂纹，疲劳裂纹逐渐扩展至表面，在表面累积后形成磨屑或片状剥落，剥落后在样品表面由于冷焊作用连接成较大的片状磨屑[13]。为方便观察，分别对三种渗碳层磨痕的 A、B、C 区域进行放大。从放大图中可以看出 SFPB 与 SFPB(La) 前处理渗碳层的表面片状黏着物基本消失，其黏着磨损现象较轻，磨痕形貌主要是大量犁沟和磨粒，以磨粒磨损为主，而普通真空渗碳层以黏着磨损为主。在 SFPB 与 SFPB(La) 前处理渗碳层的磨痕局部可观察到黑色氧化膜。为确定黏着物与黑色氧化物成分，分别对图 4.25 中 D、E、F、G 区域进行 EDS 测试，得到的结果如表 4.9 所示。

图 4.25　真空渗碳层的磨痕形貌

(a)、(d) 普通渗碳层；(b)、(e) SFPB 渗碳层；(c)、(f) SFPB(La) 渗碳层

能谱结果显示，普通渗碳层磨痕 D 区域中 O 元素和 Si 元素含量较高，证明其在摩擦磨损过程中发生了氧化。而 E 区域 O 和 Si 元素含量则都相对较低，由此可判断普通真空渗碳层磨痕形貌上的片状黏着物为 Si_3N_4 对磨球脱落的磨屑和渗碳层脱落磨屑的混合物。二者在对磨球和渗碳钢表面的接触应力以及闪温的共同作用下被压在磨痕表面，磨痕表面的氧化物被压实后，可以起到一定的自润滑作用[14]。但 D 区域的黏着物为碎裂的薄片状，未被压实

在磨痕表面，不能稳定地减小摩擦系数，因此普通真空渗碳层的摩擦系数有较明显的波动。在 SFPB 前处理与 SFPB(La) 复合前处理渗碳层 F、G 区域同样可以检测到一定量的 O 元素，证明 SFPB 和 SFPB(La) 真空渗碳层表面的摩擦过程同样伴随着一定程度的氧化磨损，但二者的磨痕形貌均未观察到明显的薄片状黏着物，说明经过超音速微粒轰击前处理后形成的黑色氧化膜更为致密，不易脱落且形成薄片状黏着，能够在一定程度上起到减小渗碳层摩擦系数的作用。

表 4.9　三种真空渗碳层磨痕选区能谱表

元素	D 区域		E 区域		F 区域		G 区域	
	质量分数%	原子分数%	质量分数%	原子分数%	质量分数%	原子分数%	质量分数%	原子分数%
C	4.76	10.64	8.41	28.01	4.86	14.95	7.03	17.53
O	33.64	56.44	3.38	8.44	13.41	30.96	22.95	42.96
Si	6.05	5.79	0.64	0.91	3.56	4.21	2.87	3.06
Fe	52.97	25.47	84.44	60.44	78.28	51.79	64.16	34.41
Cr	1.01	0.52	1.39	1.07	1.50	1.07	1.21	0.69
Ni	0.71	0.32	1.12	0.76	1.31	0.83	0.91	0.46
Mo	0.27	0.08	0.24	0.10	0.10	0.04	0.19	0.06

综上可知，普通真空渗碳层的磨损机制为磨粒磨损、氧化磨损和较严重的黏着磨损，而经过 SFPB 前处理与 SFPB(La) 复合前处理的渗碳层由于具有更好的组织和力学性能，其磨损机制主要表现为磨粒磨损和氧化磨损。

4.2.7　表面纳米化引入稀土对 17CrNiMo6 钢渗碳层耐腐蚀性能的影响

考虑到 17CrNiMo6 钢常作为船用齿轮使用，结合其使用工况，对其在盐水中的耐腐蚀性能进行分析，对三种渗碳层进行电化学腐蚀试验，试验介质为 3.5%NaCl 溶液模拟腐蚀环境，获得三种渗碳层在盐水中的腐蚀极化曲线，如图 4.26 所示。

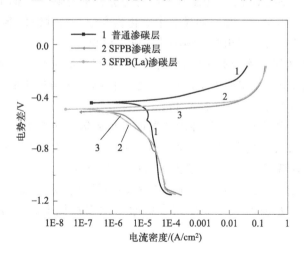

图 4.26　渗碳层在 3.5%NaCl 溶液中的电化学极化曲线

从图 4.26 中可以看出，三种真空渗碳层对应的极化曲线形状相似，均无钝化区出现。通过对三种渗碳层极化曲线拟合获得其自腐蚀电位（E_{corr}）和电流密度（I_{corr}）值，列于表

4.10 中。从表中可以看出，普通渗碳层对应的自腐蚀电位最大，而不论是否添加稀土，超音速微粒轰击渗碳层，其自腐蚀电位均略有减小。当极化曲线没有明显的钝化区时，E_{corr} 的大小能够反映出材料发生腐蚀的倾向，E_{corr} 越大，其发生腐蚀的可能性越小；因此可知 SFPB 以及 SFPB(La) 前处理均未对渗碳层耐蚀性能产生优化作用，反而增大了渗碳层的腐蚀倾向。SFPB 及 SFPB(La) 复合前处理渗碳层耐盐水腐蚀性能的降低应与其表面增大的粗糙度和内部晶界面积、组织变化以及合金元素的重新分布等相关[15]。

表 4.10　真空渗碳强化层的自腐蚀电位和自腐蚀电流密度

样品	E_{corr}/V	I_{corr}/(A/cm^2)
普通渗碳层	-0.43	1.06×10^{-5}
SFPB 渗碳层	-0.51	4.28×10^{-6}
SFPB(La) 渗碳层	-0.49	8.93×10^{-6}

比较三种渗碳层的腐蚀电流密度可发现，相比于普通渗碳层，超音速微粒轰击前处理渗碳层的腐蚀电流密度均有所降低。当材料表面开始发生腐蚀之后，可以用自腐蚀电流密度 I_{corr} 来判断腐蚀速率，I_{corr} 越小，说明其在腐蚀溶液中越不易失去电子，其腐蚀速率也就越慢[14,16]。由此可知，当腐蚀开始后超音速微粒轰击前处理渗碳层的腐蚀速率均小于普通渗碳层。

本节主要研究了表面纳米化与稀土复合前处理对 17CrNiMo6 钢真空渗碳过程、渗碳层组织结构及性能的影响，通过在超音速微粒轰击过程中携带稀土 La$_2$O$_3$ 颗粒的方式达到表面纳米化与稀土复合的双重目的，主要结论如下：

① 超音速微粒轰击前处理能够使样品表层发生塑性变形，在其表面形成纳米晶，同时引入较大的残余压应力。由于 La$_2$O$_3$ 粉末硬度比 Al$_2$O$_3$ 粉末低，在超音速微粒与稀土氧化镧共同轰击实现复合前处理过程中存在一定的缓冲作用，使得复合前处理表面硬化层深度、表面纳米晶尺寸及形成的残余应力值相比于单一超音速微粒轰击处理略有降低。

② SFPB 前处理与 SFPB(La) 复合前处理均不会改变渗碳层中的主要相组成，但会降低渗碳层中的残余奥氏体含量，增多渗碳层中碳化物含量，同时细化渗碳层组织，其中 SFPB(La) 复合前处理渗碳层具有相对最细小的渗碳层组织。

③ 由于前处理渗碳层内残余奥氏体含量的减少及组织的细化，其渗碳层的表面硬度相较于普通渗碳层分别提升了 3.8% 和 6.5%，并在表面纳米化与稀土的双重催渗作用下，碳元素的扩散系数分别增大 2.17 倍和 2.79 倍。

④ 相比普通真空渗碳层，前处理渗碳层的摩擦系数、磨损失重及黏着磨损的倾向均得到改善，其中 SFPB(La) 复合前处理渗碳对渗碳层摩擦学性能改善效果最为显著，其摩擦系数较普通渗碳层降低了 6.8%，磨损失重减小了约 31.2%。

⑤ SFPB 前处理与 SFPB(La) 复合前处理对渗碳层在盐水中腐蚀性能并无明显改善，其影响机制较为复杂，虽然增大了渗碳层在盐水中的腐蚀倾向，却可降低渗碳层的腐蚀速率。

参考文献

[1] Manova D, Gerlach J W, Scholze F, et al. Nitriding of austenitic stainless steel by pulsed low energy ion implantation [J]. Surface & Coatings Technology, 2010, 204 (18/19)：2919-2922.

[2] Wang L M，Lin Q，Yue L H，et al. Study of application of rare earth elements in advanced low alloy steels［J］. Journal of Alloys and Compounds，2008，451（1/2）：534-537.

[3] 冯紫萱. 奥氏体晶粒度显示方法的试验探索［J］. 山西冶金，2019，42（02）：50-51＋61.

[4] 胡锋，周立新，张志成，等. 微纳结构超高强度钢的现状与发展［J］. 中国材料进展，2015，34（Z1）：595-604.

[5] 张明星，康沫狂. 低、中碳合金钢中的马氏体与贝氏体形态［J］. 包头钢铁学院学报，1992（02）：54-62.

[6] Zhang Z，Liu Y，Zhang K，et al. Apparent morphology and structure of martensite in ultrahigh carbon steel［J］. 2010，31（9）：33-36.

[7] Krauss G. Tempering of lath martensite in low and medium carbon steels：assessment and challenges［J］. Steel Research International，2017，88（10）：1700038.

[8] 王少杰，韩靖，韩月娇，等. 表面纳米化对304不锈钢渗碳层组织和性能的影响［J］. 中国表面工程，2017，30（03）：25-30.

[9] 石子源，王德庆，王新明，等. 稀土元素在渗碳工艺中的应用研究［J］. 大连铁道学院学报，2002，（01）：71-74.

[10] 赵品，谢辅洲，孙振国. 材料科学基础教程［M］. 哈尔滨：哈尔滨工业大学出版社，2016.

[11] 丁家文，吴燕利，孙伟丽，等. 一种由氧化物水化制备棒状 La（OH）$_3$ 和 La$_2$O$_3$ 的简便方法［J］. 稀土学报，2005，23：157-159.

[12] 常延武，徐洲. 稀土对化学热处理催渗作用的机理探讨［J］. 上海金属，2001，（05）：14-16.

[13] 王志明，李庆达，汪昊，等. 超声冲击对65Mn钢渗铬层摩擦磨损性能的影响［J］. 表面技术，2022，51（01）：52-59＋85.

[14] Bockris J M，Green M，Swinkels D A J. Adsorption of naphthalene on solid metal electrodes［J］. 1964，111（6）：743.

[15] 罗检，张重，胡庆东，等. 晶粒度对一些常用金属耐腐蚀性能的影响［J］. 腐蚀与防护，2018，39（04）：349-352＋356.

[16] Bockrs J M，Reddy A K N. Modern electrochemistry［J］. Ionics，1970，1：824.

第**5**章
真空渗碳后处理及
多工艺复合技术

复合强化是近年来表面工程领域发展的趋势,其利用两种或多种强化技术同时或按一定顺序对材料表面进行强化处理,通过不同技术之间的协同匹配来弥补单一技术的不足,实现工件多方面性能的综合提升。真空渗碳工件,如齿轮和轴承等零部件普遍需长期工作在高负荷、摩擦和冲击环境中,有时甚至需要在缺油、腐蚀或风沙等恶劣工况下稳定运行。仅采用单一渗碳热处理的工件很难满足其多方面的性能需求,因此,复合强化技术在渗碳热处理强化中的应用较为广泛。

本章围绕渗碳工件应用工况,采用传统与新兴的后处理技术(包括机械喷丸、超声深滚、渗氮与离子注入等)对真空渗碳层组织性能进行强化,分析后处理技术对渗碳工件组织结构与性能的影响并优化后处理工艺。同时结合前期的催渗研究,探究前处理+真空渗碳+后处理多技术复合强化的技术优势。

5.1 机械喷丸后处理

机械喷丸技术是一种金属材料典型的加工硬化方法,其以反复冲击的方式使金属表面发生塑性变形,表层内产生较大残余压应力,用以大幅度提升工件的抗疲劳性能。渗碳热处理与机械喷丸技术复合已经成为齿轮表面强化的必备工序,本节以真空渗碳 20Cr2Ni4A 和12Cr2Ni4A 齿轮钢为研究对象,分析机械喷丸对两渗碳层组织性能的影响,优化适用于20Cr2Ni4A 与 12Cr2Ni4A 齿轮钢的机械喷丸工艺。

5.1.1 机械喷丸对 20Cr2Ni4A 钢渗碳层组织性能的影响

20Cr2Ni4A 钢是一种优质的低碳中合金钢,具有高的强度、塑性和韧性。其淬透性良好,是制造负荷较高且要求具有良好韧性零件的常用材料,如重载齿轮、齿轮轴、活塞销等[1]。此处以弹丸直径和喷丸强度为工艺变量,研究机械喷丸对渗碳后 20Cr2Ni4A 钢样件表层表面组织形貌、残余应力、显微硬度、摩擦磨损性能和冲蚀性能的影响。机械喷丸采用气动式喷丸设备。喷丸工艺参数中喷丸距离为 150mm,喷丸角度为 90°,覆盖率为 200%。

20Cr2Ni4A 钢具体喷丸工艺如表 5.1 所示。

表 5.1　20Cr2Ni4A 钢喷丸工艺

钢材	弹丸种类	工艺编号	喷丸强度	弹丸直径
20Cr2Ni4A	铸钢丸	①	0.3A	0.3mm
		②	0.3A	0.6mm
		③	0.4A	0.3mm
		④	0.4A	0.6mm

5.1.1.1　机械喷丸对 20Cr2Ni4A 钢渗碳层组织结构的影响

工件表面粗糙度会对工件的抗疲劳性能和力学性能产生较大影响，过大的表面粗糙度会降低工件的抗摩擦性能，使承受交变载荷的工件产生严重的应力集，降低工件的抗疲劳性能。由于机械喷丸技术采用一定尺寸的弹丸对钢材表面反复冲击，会引起强化件表面粗糙度的变化，因此首先使用 BX51 型 3D 激光显微镜对渗碳和喷丸样品表面的三维形貌与粗糙度进行测试，结果如图 5.1 所示。从图 5.1(a) 中可以看出喷丸前渗碳层表面无明显的凹凸起伏，比较均匀，其 z 轴方向由下到上过渡代表表面高度方向上逐渐增大，由于所测样品 z 轴数值一致，仅在图 5.1(a) 中标注出不同色泽代表的相应数值大小。从图 5.1(b)～图 5.1(e) 中可以看出，经喷丸处理后，渗碳层表面可明显观察到凸起和凹坑，说明喷丸处理会增

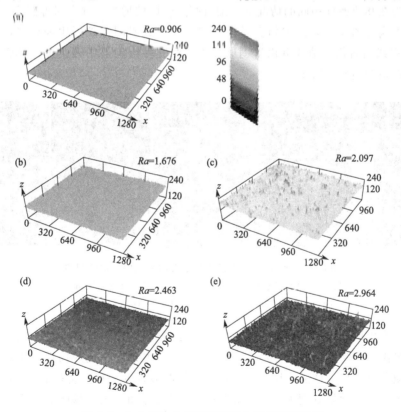

图 5.1　20Cr2Ni4A 钢渗碳层喷丸前后表面形貌

(a) 喷丸前；(b) 工艺①（0.3mm-0.3A）；(c) 工艺②（0.6mm-0.3A）；

(d) 工艺③（0.3mm-0.4A）；(e) 工艺④（0.6mm-0.4A）

大渗碳层的表面粗糙度。通过比较不同喷丸工艺下渗碳层的表面形貌可发现，在其他条件相同的情况下，弹丸直径越大，样品表面凸起和凹坑会更明显；喷丸强度越大，样品表面起伏越剧烈。当喷丸强度为 0.3A 时，弹丸直径由 0.3mm 增大为 0.6mm，渗碳层表面粗糙度（Ra）增大幅度为 25.1%；当喷丸强度为 0.4A 时，弹丸直径由 0.3mm 增大为 0.6mm，渗碳层表面粗糙度增大幅度为 20.3%。当弹丸直径为 0.3mm 时，喷丸强度由 0.3A 增大为 0.4A，渗碳层表面粗糙度增大幅度为 46.9%；当弹丸直径为 0.6mm 时，喷丸强度由 0.3A 增大为 0.4A，渗碳层表面粗糙度增大幅度为 41.3%。由此可知，喷丸强化会增大渗碳层的表面粗糙度，当喷丸强度和弹丸直径增大到一定数值后，其对表面粗糙度的影响效果会减弱，相比于弹丸直径的改变，喷丸强度对表面粗糙度的影响更显著。

图 5.2 为喷丸前后 20Cr2Ni4A 钢渗碳层截面组织的金相图。观察喷丸前后渗碳层组织变化可以发现，喷丸后渗碳层中马氏体（黑色组织）的含量会有所增加，而残余奥氏体（白色组织）的含量则相对减少。渗碳层中存在的残余奥氏体为不稳定相，在喷丸过程中，高速的弹丸对渗碳层表面产生冲击作用，诱发渗碳层表面残余奥氏体向马氏体转变，因此出现渗碳层中残余奥氏体量减少的现象。通过比较不同工艺喷丸后渗碳层的形貌可发现，在其他条件相同的情况下，弹丸直径增大，渗碳层表面马氏体含量也会明显增多，但其相对的残余奥氏体含量会有所减少。通过比较图 5.2(b) 和 (d)、图 5.2(c) 和 (e)，可以发现，在其他条件相同的情况下，随喷丸强度的增加，渗碳层表面马氏体含量逐渐增多，残余奥氏体含量逐渐减少。这是因为在其他条件相同的情况下，随着喷丸强度的增加，弹丸对渗碳层表面的作用力逐渐增大，由应力诱发的马氏体相变量会增多。为得到不同渗碳层中残余奥氏体的具体含量，采用 X 射线衍射仪，结合电化学剥层技术，对五种渗碳层中残余奥氏体含量及其分布进行测量，结果如图 5.3 所示。

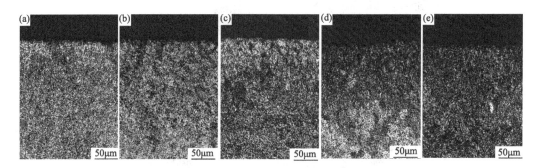

图 5.2 20Cr2Ni4A 钢渗碳层喷丸前后截面组织金相图
(a) 喷丸前；(b) 工艺①（0.3mm-0.3A）；(c) 工艺②（0.6mm-0.3A）；
(d) 工艺③（0.3mm-0.4A）；(e) 工艺④（0.6mm-0.4A）

从图 5.3 中可以看出，喷丸前 20Cr2Ni4A 钢经过渗碳淬火等热处理工艺后，表层会产生少量残余奥氏体，含量一般在 20% 以下。残余奥氏体具有一定的韧性，使渗碳层具有良好塑性。经喷丸处理后，样品表层残余奥氏体含量明显减少。其中喷丸工艺①和工艺②渗碳层表面残余奥氏体的含量分别为 3.8% 和 2.6%，工艺③和工艺④渗碳层表面残余奥氏体的含量分别为 2.4% 和 1.3%。当喷丸强度相同时，弹丸直径增大，渗碳层表面残余奥氏体含量减少，并且当喷丸强度增大后，其对残余奥氏体含量的减少幅度增加。当喷丸强度为 0.4A 时，弹丸直径从 0.3mm 增大到 0.4mm 时，渗碳层表面残余奥氏体含量由 2.4% 减小为 1.3%，其减小幅度达 45.8%；当弹丸直径相同时，增大喷丸强度，渗碳层表面的残余奥氏体含量同样会减少，其对残余奥氏体含量的减少幅度会随着弹丸直径的增大而增加，当弹丸直径为 0.6mm 时，喷丸强度由 0.3A 增大为 0.4A 后，渗碳层表面残余奥氏体含量从 2.6% 降为 1.3%，其减小幅度高达 50%。观察不同喷丸工艺下渗碳层不同深度处残余奥氏体含量可发现，当弹丸直径和喷丸强度增大时，相同深度处渗碳层中的残余奥氏体含量更少。由此可知，喷丸强化过程中，弹丸直径和喷丸强度间存在协同效应，两者增大会不同程度促进渗碳层更多更深处的残余奥氏体向马氏体转变，因此相比于其他工艺，工艺④渗碳层表面具有最少的残余奥氏体，并且在相同深度处其残余奥氏体含量最少。

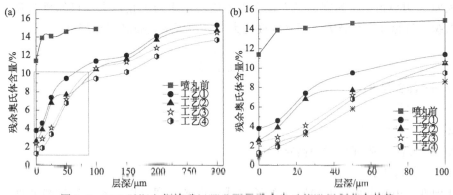

图 5.3　20Cr2Ni4A 钢渗碳层喷丸前后残余奥氏体沿层深分布趋势
(a) 300μm 深度范围内喷丸前后残余奥氏体沿层深分布；(b) 局部放大图

图 5.4 为 20Cr2Ni4A 钢渗碳层喷丸前后表面组织扫描电镜图。从图中可以看出喷丸前

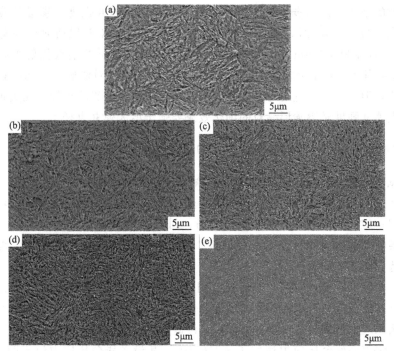

图 5.4　20Cr2Ni4A 钢渗碳层喷丸前后表面组织扫描电镜图
(a) 喷丸前；(b) 工艺①（0.3mm-0.3A）；(c) 工艺②（0.6mm-0.3A）；
(d) 工艺③（0.3mm-0.4A）；(e) 工艺④（0.6mm-0.4A）

后渗碳层表面的微观组织均为针状马氏体、残余奥氏体和细小的碳化物。其中针状马氏体为渗碳层的主要组织，而大量较为细小的碳化物分布于马氏体边界处。经喷丸后渗碳层表面组织更加细小，马氏体板条基本消失，形态呈现出隐晶马氏体特征。由于喷丸处理可以使材料表层发生剧烈的塑性变形，在塑性变形层内产生大量的位错，高密度的位错聚集形成晶界，从而使原始粗大的晶粒得到细化。

晶粒细化程度可由 X 射线衍射峰的半高宽表示，其为衍射峰最大值一半处的宽度。晶粒尺寸、微观畸变等材料组织结构的变化都会引起 X 射线衍射半高宽的变化。图 5.5 为 20Cr2Ni4A 钢渗碳层表面喷丸前后 X 射线衍射半高宽宽度变化趋势图。由谢乐公式[2]可知，渗碳层表面 X 射线衍射半高宽的增大代表着渗碳层组织的细化，由此可知机械喷丸可细化渗碳层组织，且弹丸直径越大、喷丸强度越大时，渗碳层表面晶粒越细小。

$$D = \frac{k\lambda}{B\cos\theta} \tag{5.1}$$

式中　D——晶粒尺寸；

　　　k——常数；

　　　λ——X 射线波长；

　　　B——样品 X 射线衍射半高宽；

　　　θ——衍射角。

对比图 5.5 中喷丸前后渗碳层表面 X 射线衍射半高宽可以发现，经过喷丸处理后，渗碳层表面的 X 射线衍射半高宽增大。在喷丸强度为 0.3A 时，弹丸直径增大，渗碳层表面 X 射线衍射半高宽增大幅度为 5.9%；当喷丸强度为 0.4A 时，弹丸直径增大，渗碳层表面 X 射线衍射半高宽增大幅度为 1.5%。说明当喷丸强度增大到一定程度后，增大弹丸直径对渗碳层表面晶粒的细化作用减弱。在弹丸直径一定时，增大喷丸强度，渗层晶粒同样得到细化，当弹丸直径为 0.3mm 时，喷丸强度增大，渗碳层表面 X 射线衍射半高宽增大幅度为 9.7%；当弹丸直径为 0.6mm 时，喷丸强度增大，渗碳层表面 X 射线衍射半高宽增大幅度为 5.1%。说明当弹丸直径增大到一定程度后，增大喷丸强度对渗碳层表面晶粒的细化作用同样也会弱化，但比较弹丸直径与喷丸强度对渗碳层半高宽的影响可知，在其他条件相同的情况下，增大喷丸强度对渗碳层晶粒的细化效果要强于增大弹丸直径。

5.1.1.2　机械喷丸对 20Cr2Ni4A 钢渗碳层力学性能的影响

（1）机械喷丸对 20Cr2Ni4A 钢渗碳层残余应力的影响

渗碳层经过喷丸后处理，表层会产生明显塑性变形，各部分之间塑性变形程度不均匀，导致在渗碳层一定区域范围内形成残余应力场。利用 X 射线应力分析仪，结合电化学剥层技术对渗碳层喷丸前后的残余应力进行测量。20Cr2Ni4A 钢渗碳层喷丸前后残余应力随深度的分布趋势如图 5.6 所示。

从图 5.6 中可以看出在所测试的深度范围内 20Cr2Ni4A 钢渗碳层喷丸前后均表现为残余压应力，且残余压应力呈现随深度的增加总体为先增大后减小的变化趋势。对比喷丸前后渗碳层的残余压应力可知，经过喷丸处理后，渗碳层中一定深度内的残余压应力得到明显提高。喷丸工艺①表面残余压应力达到了 −716MPa，其最大残余压应力位于距离表面 10μm 处，为 −993MPa，在距表面 300μm 处，残余压应力为 −288MPa；喷丸工艺②表面残余压应力为 −762MPa，其最大残余压应力也位于距离表面 10μm 处，达到了 −1007MPa，在距

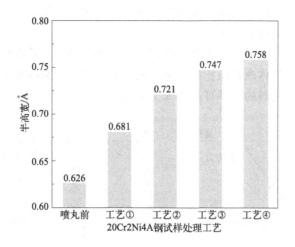

图 5.5　20Cr2Ni4A 钢渗碳层喷丸前后 X 射线衍射半高宽变化趋势

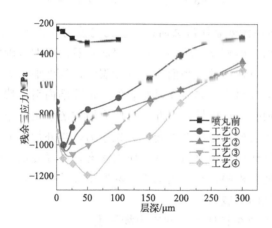

图 5.6　20Cr2Ni4A 钢渗碳层喷丸前后残余应力沿深度的变化曲线

表面 $300\mu m$ 处，其残余压应力为 $-451MPa$；喷丸工艺③表面残余压应力为 $-772MPa$，其最大残余压应力位于距离表面 $25\mu m$ 处，为 $-1063MPa$，在距表面 $300\mu m$ 处，残余压应力为 $-467MPa$；喷丸工艺④表面残余压应力为 $-913MPa$，其最大残余压应力位于距离表面 $50\mu m$ 处，达到了 $-1201MPa$，在距表面 $300\mu m$ 处，残余压应力为 $-502MPa$。其中工艺①、②和③渗碳层表面及最大残余压应力相差不大，说明当喷丸强度或喷丸直径较小时，增大其中任一变量均不会引起渗碳层表面及其最大残余压应力的大幅度变化。喷丸工艺①和工艺②最大残余压应力位于距离表面 $10\mu m$ 处，工艺③和工艺④最大残余压应力分别位于距离表面 $25\mu m$ 和 $50\mu m$ 处，说明喷丸强度会对渗碳层最大残余压应力所处深度产生影响，而弹丸直径则对其基本无影响。当弹丸直径与喷丸强度均增大到一定值之后，渗碳层表面及渗碳层内部最大残余压应力数值均明显增大。在五种强化层中，在 $200\mu m$ 范围内，工艺④渗碳层表面及渗碳层内部最大残余压应力值均明显高于其他四种强化层。由此可知，弹丸直径与喷丸强度均会增大对渗碳层的残余压应力，但当两者值较小时，在一定范围内增大任意一者均不会对渗碳层的残余压应力带来较大影响，其中喷丸强度增加会使渗碳层内部最大残余压应力所处位置向更深处移动，随着喷丸强度增加，试样表层的残余压应力得到明显提高，最大残余压应力距表面的距离也明显增大。

　　渗碳层表面较高的残余压应力以及渗碳层不同深度处的最大残余压应力均能够提高材料的疲劳强度，其作用可以体现在阻止疲劳裂纹萌生和延缓疲劳裂纹扩展两个方面，材料表层部分的应力与疲劳极限之间的关系可用图 5.7 表示。

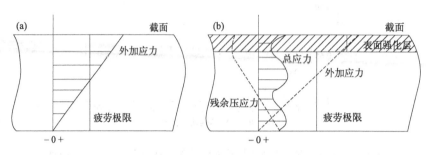

图 5.7　材料表层应力与疲劳极限之间的关系[3]

(a) 无残余压应力；(b) 存在残余压应力

　　图 5.7(a) 为材料表层无残余压应力时内部应力与疲劳极限的关系，当外加应力施加于材料表面时，应力由表面到内部逐渐减小，在距表面一定的深度范围内，外加应力大于材料的疲劳极限，此时容易在材料内部及表面产生疲劳裂纹，当外加应力反复作用，表层会因此发生部分脱落，对工件造成损伤。如果在材料表面一定范围内引入残余压应力，其最大残余压应力通常出现在距表面一定深度处，因此，材料表层内的残余压应力沿深度的变化趋势一般为先增大后减小，在距表层一定深度处转变为拉应力，当外加应力作用于材料表面时，残余压应力与外加应力共同作用决定材料内部的应力状态，二者叠加后材料内部受到的总应力减小，当其小于材料的疲劳极限，材料内部不容易产生疲劳裂纹，同时研究表明残余压应力也能够延缓表面疲劳裂纹的扩展。

　　断裂力学理论中关于裂纹扩展速率和应力场强度因子 K 的关系可以用 $\dfrac{\mathrm{d}a}{\mathrm{d}N}$ 与 ΔK 的关系来描述，即：

$$\frac{\mathrm{d}a}{\mathrm{d}N} = C(\Delta K)^n \tag{5.2}$$

式中　$\dfrac{\mathrm{d}a}{\mathrm{d}N}$——裂纹扩展速率；

　　　ΔK——应力场强度因子幅度；

　　　C、n——裂纹扩展速率参数，可由试验测得。

　　一般情况下，在裂纹扩展的全过程中，裂纹扩展速率与应力场强度因子的关系如图 5.8 所示，其由几条斜率为 n 的直线段组成，通常绝大多数的金属材料 $n=2\sim8$，其会随裂纹尖端应力的状态以及断裂机制而变化，当 ΔK 降至某一个值时，裂纹不再扩展，此时的 ΔK_{th} 即为界限应力场强度因子幅度，一般情况下，ΔK_{th} 与平均应力 R 满足以下关系，即：

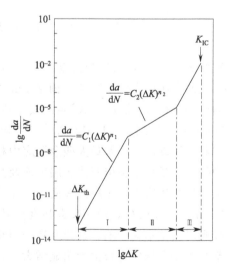

图 5.8　裂纹扩展速率与应力
场强度因子的关系[4]

$$\Delta K_{th} = \frac{1.2 \times (\Delta K_{th})_0}{1 + 0.2 \times \left(\frac{1+R}{1-R}\right)} \tag{5.3}$$

式中，$(\Delta K_{th})_0$ 为平均应力 $R=0$ 时的临界应力场强度因子幅度，当材料内部存在残余压应力时，能够抵消一部分外加平均正应力，材料内的平均应力就会减小，根据式(5.3)可知，R 值减小会导致 ΔK_{th} 的值增大，即界限应力场强度因子幅度提高，裂纹扩展则需要更大的外加载荷。因此，通过机械喷丸将残余压应力引入材料内部，能够有效延缓疲劳裂纹的扩展。因此机械喷丸在渗碳层表面引入较大的残余压应力，可有效抑制其服役过程中疲劳裂纹的萌生及扩展，从而有利于渗碳层抗疲劳性能的大幅提升。

（2）机械喷丸对 20Cr2Ni4A 钢渗碳层显微硬度的影响

材料显微硬度受多种因素的影响，是一个综合性指标。渗碳层经过喷丸处理后，强化层内产生的应力会诱发马氏体相变，同时细化渗碳层表面晶粒，这些变化均会对渗碳层的硬度产生影响。渗碳层内残余压应力越大，应力诱发马氏体相变越充分，同时渗碳层晶粒细化越明显，渗碳层的硬度也会越高。渗碳层硬度的提高，不仅对抗疲劳性能起到积极作用，而且更有利于提高服役过程中的耐磨损性能。采用显微硬度计对五种强化层截面硬度进行测量，施加载荷为 3N。

图 5.9 为 20Cr2Ni4A 钢渗碳层喷丸前后显微硬度随深度的变化趋势图。从图中可以看出四种强化层硬度均在表面最大，随深度的增加呈现出逐渐递减的趋势。喷丸强化后渗碳层内相同深度处的硬度值均有大幅度提高。四种工艺中，工艺①对渗碳层硬度的提升效果最差，工艺④对渗碳层硬度的提升效果最好，但在 50μm 范围内工艺②、③和④对渗碳层硬度的改善效果相差不大。由此可知，弹丸直径与喷丸强度增大，渗碳层表面硬度增加，喷丸强化塑性变形影响区域增厚。增大喷丸强度或弹丸直径对渗碳层硬度的影响效果相当。喷丸后渗碳层硬度的提高是多种因素共同作用的结果。渗碳层中残余奥氏体的转变、组织的细化以及残余应力的形成均能使渗碳层显微硬度增大。

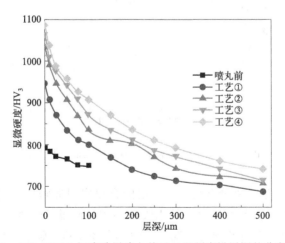

图 5.9 20Cr2Ni4A 钢渗碳层喷丸前后显微硬度沿层深的分布趋势

5.1.1.3 机械喷丸对 20Cr2Ni4A 钢渗碳层摩擦学性能的影响

试验采用 HT-1000 型高温摩擦磨损试验机，进行销-盘或球-盘两组不同摩擦副的试验，并由计算机实时检测材料的摩擦系数、试验温度和仪器转速等数据，其控制精度高、操作简便。摩擦磨损试验参数如下：摩擦载荷 10N，磨球旋转半径 4mm，转速 3r/min，摩擦时间 10min。

图 5.10 为喷丸前后渗碳层磨损率对比图。磨损率是指被磨试样损失的体积与摩擦功的比值，即单位摩擦功材料磨损的体积，可反映出材料的耐磨损性能，单位为 mm³/(N·m)，计算公式如下：

$$A = \frac{\Delta \overline{W}}{\rho \cdot F \cdot L} \tag{5.4}$$

式中　A——磨损率；

$\Delta \overline{W}$——平均磨损质量；

ρ——材料密度；

F——摩擦载荷；

L——摩擦距离。

其中磨损质量可通过对渗碳层磨损前的质量 W_1 和磨损后的质量 W_2 进行质量差的计算获得，即 $\Delta W = W_1 - W_2$。测量过程中为避免外部杂质的影响，摩擦前后样品均被放入无水乙醇中超声波清洗 10min，干燥后称重。试验材料为 20Cr2Ni4A 钢，密度为 7.88g/cm³，摩擦载荷为 10N。摩擦试验时磨球的旋转半径为 4mm、转速为 3r/min，由此计算得到摩擦距离为 75.40m。依据式(5.4)计算得到 20Cr2Ni4A 钢渗碳层喷丸前后的磨损率，结果如图 5.10 所示。

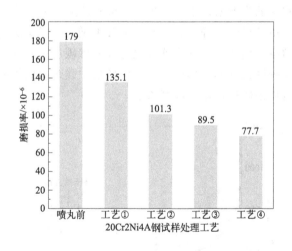

图 5.10　20Cr2Ni4A 钢渗碳层喷丸前后磨损率

由图 5.10 可知，经过喷丸处理后，渗碳层的磨损率明显降低，其中喷丸强度与弹丸直径最大时降低效果最明显，其磨损率可较未喷丸渗碳层降低 56.6%。对比不同喷渗碳层的磨损率可以发现，在其他条件相同的情况下，弹丸直径或喷丸强度的增大，均会降低渗碳层的磨损率，说明机械喷丸有利于渗碳层摩擦磨损性能的提升。对比不同喷丸工艺渗碳层的磨损可发现，当弹丸直径为 0.3mm 时，增大喷丸强度渗碳层的磨损率降低 33.8%；当弹丸直径为 0.6mm 时，增大喷丸强度渗碳层的磨损率降低 23.3%；当喷丸强度为 0.3A 时，增大弹丸直径，渗碳层的磨损率降低 25.0%，当喷丸强度为 0.4A 时，增大弹丸直径，渗碳层的磨损率降低 13.2%。由此可知，弹丸直径对磨损率的改善效果会随着喷丸强度的增加而减小，但喷丸强度对磨损率的改善效果会随着弹丸直径的增大而加强。虽然机械喷丸会引起渗碳层表面粗糙度的增大，不利于摩擦磨损过程中渗碳层的减摩，但喷丸处理后，渗碳层表面一定范围内残余压应力与显微硬度的增加均会增强渗碳层的抗磨损、抑制裂纹萌生及撕裂的能力，因此，机械对渗碳层磨损性能起到改善作用。

为进一步分析机械喷丸对渗碳层磨损性能的影响机制，采用扫描电镜对喷丸前后渗碳层的磨痕形貌进行观察，结果如图 5.11 所示。从图 5.11 中可以看出，未喷丸渗碳层磨痕表面主要存在黏着物和少量磨粒，磨损机制为黏着磨损和磨粒磨损。喷丸后渗碳层磨损表面同样存在黏着物和磨粒，但随着喷丸强度和弹丸直径的增加，其样品表面磨痕形貌中犁沟和磨粒逐渐减少，磨损机制以黏着磨损为主。对比不同喷丸工艺下渗碳层的磨痕形貌可发现，喷丸强度与弹丸直径较小时（工艺①），其渗碳层磨痕中仍然会存在一些明显的磨粒，当喷丸强度或弹丸直径增大后渗碳层磨痕形貌中磨粒磨损现象基本消失，磨损机制以黏着磨损为主。渗碳层在干摩擦过程中，表面与磨球接触区域，特别是表面的凸起，在垂直压力和水平剪切力的共同作用下，不断萌生裂纹并扩展，最后发生断裂，形成磨粒。剥落下来的磨粒在摩擦过程中又起到磨料的作用，犁削和划伤摩擦表面，使磨痕表面产生犁沟。喷丸强度较大的样

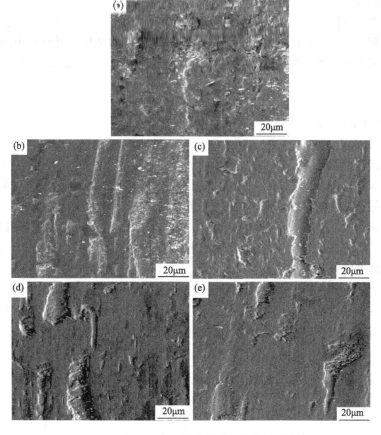

图 5.11　20Cr2Ni4A 钢渗碳层喷丸前后的磨痕形貌
(a) 喷丸前；(b) 工艺① (0.3mm-0.3A)；(c) 工艺② (0.6mm-0.3A)；
(d) 工艺③ (0.3mm-0.4A)；(e) 工艺④ (0.6mm-0.4A)

品，其磨痕表面没有明显的磨粒产生，但渗碳层发生了明显的塑性变形和迁移，说明发生了黏着磨损。喷丸处理虽然会使试样表面粗糙度增加，但因其强化后表面具有较高的硬度和细化的晶粒，使得表面很难在磨球的作用力下产生裂纹。随着摩擦的不断进行，磨痕表面产生大量的热，使样品表面组织软化，发生塑性变形，所以高强度喷丸后渗碳层磨痕表面会发生明显的塑性变形，发生黏着磨损，但其磨损程度与未喷丸渗碳层相比更轻微。

5.1.1.4 机械喷丸对 20Cr2Ni4A 钢渗碳层冲蚀性能的影响

20Cr2Ni4A 钢常作为装甲履带车辆中的零部件，装甲履带车辆运行环境恶劣，常运行在风沙与重载环境下。此部分考虑 20Cr2Ni4A 钢渗碳件服役工况，采用增压气流固体颗粒冲蚀试验装置，开展 20Cr2Ni4A 钢渗碳喷丸前后的冲蚀性能研究，冲蚀角度分别为 30°和 90°，磨粒为石英砂（SiO_2），形状为不规则的多边形颗粒，粒径尺寸为 120～160μm，冲蚀试验具体参数如表 5.2 所示。

表 5.2 20Cr2Ni4A 钢强化层冲蚀试验参数

冲蚀参数	冲蚀温度	冲蚀气压	冲蚀角度	冲蚀砂重	冲蚀速率	冲蚀距离
数据	常温(RT)	0.3MPa	30°和 90°	20g	2g/s	50mm

选取 20Cr2Ni4A 钢未喷丸渗碳层与喷丸工艺②和工艺④处理的渗碳层，冲蚀前后将试样在丙酮中超声波清洗 5min，待样品干燥后用电子天平称重，试样冲蚀前的质量记为 W_1，冲蚀后的质量记为 W_2，然后根据公式 $\Delta W = W_1 - W_2$ 得到试样在冲蚀过程中损失的质量。按下式获得不同工艺样品的冲蚀率，用以评价三种强化层抗冲蚀性能的好坏。

$$\varepsilon = \frac{\Delta \overline{W}}{M} \tag{5.5}$$

式中　ε——冲蚀率，mg/g；

　　　$\Delta \overline{W}$——样品失重，mg；

　　　M——石英砂用量，g。

表 5.3 为 30°冲蚀试验测试后 20Cr2Ni4A 钢渗碳层喷丸前后样品的失重和冲蚀率数据。根据表 5.3 中的数据可知，在 30°冲蚀角冲击下，未喷丸渗碳层和喷丸工艺②、工艺④渗碳层的冲蚀率分别为 0.0700mg/g、0.0665mg/g 和 0.0730mg/g，可以发现渗碳层喷丸前后冲蚀率变化不大。对工艺④渗碳层进行抛光处理，获得其冲蚀率为 0.0400，可以发现经抛光后样品表面粗糙度降低有利于提高其冲蚀性能。在 30°冲蚀角下，喷丸强化对喷丸前后渗碳层的冲蚀率影响不大，主要是喷丸后渗碳层表面粗糙度增加使得渗碳层表面暴露在冲蚀粒子束下的有效接触面积增加，同时渗碳层表面凸起区所受表层约束较小，以及受固体粒子冲击的概率高等原因使其更容易受到外界粒子的损伤，造成材料的塑性变形和片状脱离，增大渗碳层的冲蚀率。

表 5.3 20Cr2Ni4A 钢渗碳层喷丸前后样品的失重和冲蚀率（30°冲蚀角）

工艺	W_1/g	W_2/g	$\Delta \overline{W}$/mg	ε/(mg/g)
	21.2213	21.2198		
未喷丸	21.2212	21.2199	1.4	0.0700
	21.2213	21.2199		
	20.9132	20.9118		
工艺②	20.9133	20.9120	1.33	0.0665
	20.9132	20.9119		

工艺	W_1/g	W_2/g	$\Delta \overline{W}/mg$	$\varepsilon/(mg/g)$
工艺④	22.2804	22.2789	1.46	0.0730
	22.2804	22.2790		
	22.2804	22.2789		
工艺④＋抛光	21.1207	21.1198	0.8	0.0400
	21.1205	21.1198		
	21.1205	21.1197		

为进一步分析渗碳喷丸前后的冲蚀损伤机制，对冲蚀后样品的表面形貌进行宏观和微观观察。图 5.12 为渗碳层样品喷丸前后的表面冲蚀宏观形貌图。从图中可以看出在 30°冲蚀角下，四种试样表面冲蚀后，呈现出三个不同的区域：Ⅰ区为未遭到冲蚀破坏的样品表面，呈现出原始的金属光泽；Ⅲ区为冲蚀严重破坏区，为深白色；Ⅱ区为Ⅰ区和Ⅲ区的过渡区，样品表面遭到轻微破坏，呈现为亮白色，整个冲蚀区类似于椭圆状。

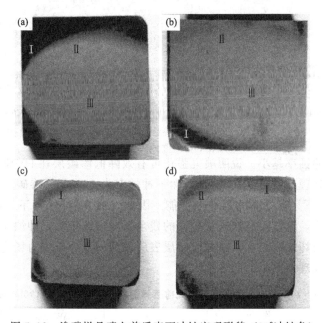

图 5.12　渗碳样品喷丸前后表面冲蚀宏观形貌（30°冲蚀角）

(a) 未喷丸；(b) 工艺②（0.6mm-0.3A）；(c) 工艺④（0.6mm-0.4A）；(d) 工艺④＋抛光

图 5.13 为渗碳样品喷丸前后表面冲蚀微观形貌图。从图 5.13 中可以看出，在 30°冲蚀角下，未喷丸和喷丸样品冲蚀表面都存在犁沟，犁沟棱角分明，且宽度远小于磨粒粒径，说明犁沟由形状不规则的磨粒棱角造成。在犁沟两侧有挤压堆积形成的薄层，这是样品表面材料在冲蚀粒子冲击下发生塑性变形的结果，堆积在犁沟两侧的材料很容易在下次冲蚀过程中脱落。四种样品中，喷丸工艺④＋抛光渗碳层与其他三种样品相比，冲蚀表面凸起的堆积薄层数量较少，同时尺寸较细小，冲蚀形貌比较平整。由此可知，20Cr2Ni4A 钢未喷丸和喷丸渗碳层在低角度冲蚀时都以犁削为主。

表 5.4 为 90°冲蚀试验测试后 20Cr2Ni4A 钢渗碳层喷丸前后样品的失重和冲蚀率数据。从表 5.4 中可以看出，在 90°冲蚀角下，未喷丸渗碳层和喷丸工艺②、工艺④渗碳层的冲蚀率分别为 0.0415mg/g、0.0315mg/g 和 0.0280mg/g。由此可知喷丸后渗碳层冲蚀率降低，

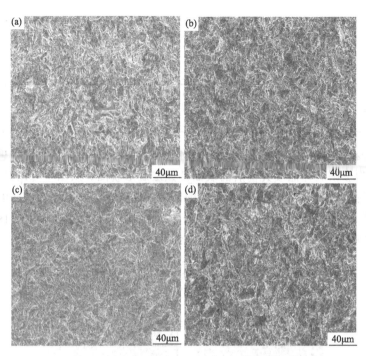

图 5.13　渗碳样品喷丸前后表面冲蚀微观形貌图（30°冲蚀角）

（a）未喷丸；（b）工艺②（0.6mm-0.3A）；（c）工艺④（0.6mm-0.4A）；（d）工艺④＋抛光

且喷丸强度越大，冲蚀率越小。说明喷丸强化可有效降低渗碳层在 90°冲蚀条件下的冲蚀性能。对④进行抛光处理后发现其在 90°冲蚀角下冲蚀率为 0.0200，渗碳层表面粗糙度的降低仍会在 90°冲蚀条件下具有更高的耐冲蚀性能。因此，在 90°冲蚀角下，喷丸强化对渗碳层的冲蚀率有较大影响，这与喷丸渗碳层表面的残余压应力场相关，冲蚀粒子在大攻角条件下对材料以低周疲劳破坏机制为主，喷丸渗碳层表层较高的残余压应力场能够抑制疲劳裂纹的萌生和扩展，从而表现出更好的冲蚀抗力。

表 5.4　20Cr2Ni4A 钢渗碳层喷丸前后样品的失重和冲蚀率（90°冲蚀角）

工艺	W_1/g	W_2/g	$\Delta\overline{W}$/mg	ε/(mg/g)
未喷丸	21.2055	21.2046	0.83	0.0415
	21.2055	21.2047		
	21.2056	21.2048		
工艺②	21.2927	21.2921	0.63	0.0315
	21.2926	21.2920		
	21.2927	21.2920		
工艺④	21.5439	21.5433	0.56	0.0280
	21.5438	21.5433		
	21.5438	21.5432		
工艺④＋抛光	21.1581	21.1577	0.4	0.0200
	21.1580	21.1576		
	21.1581	21.1577		

图 5.14 为渗碳层样品喷丸前后的表面冲蚀宏观形貌图。从图中可以看出，在 90°冲蚀角下，四种样品表面冲蚀后，同样呈现出三个不同的区域：Ⅰ区为未遭到冲蚀破坏的样品表面，呈现出原始金属光亮；Ⅲ区为冲蚀导致的严重破坏区，呈现为深白色；Ⅱ区为Ⅰ区和Ⅲ

区的过渡区，此区表面遭到轻微破坏，呈现为亮白色，整个冲蚀区呈圆形。

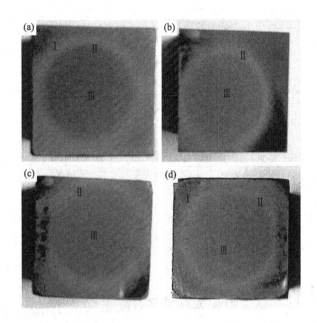

图 5.14　渗碳样品喷丸前后表面冲蚀宏观形貌（90°冲蚀角）
(a) 未喷丸；(b) 工艺②（0.6mm-0.3A）；(c) 工艺④（0.6mm-0.4A）；(d) 工艺④＋抛光

图 5.15 为渗碳样品喷丸前后表面冲蚀微观形貌图。从图 5.15 中可以看出，在 90°冲蚀角下，未喷丸渗碳层和喷丸渗碳层的冲蚀表面均存在明显的冲蚀坑和犁沟，在冲蚀坑四周和犁沟两侧有凸起的薄层堆积。与未喷丸渗碳层相比，喷丸渗碳层表面犁沟数量较少且深度较浅，冲蚀坑四周和犁沟两侧凸起的薄层较细小。与其他三种样品相比，喷丸工艺④＋抛光样品表面的冲蚀坑和犁沟数量最少，且冲蚀坑和犁沟的深度最浅，冲蚀坑四周和犁沟两侧凸起的薄层数量相对较少，尺寸也更加细小，冲蚀形貌相对平整。由此可知，未喷丸和喷丸渗碳层都是典型的塑性冲蚀，冲蚀机制为点坑冲蚀和犁削冲蚀。

综合上述不同喷丸工艺下渗碳层组织与性能测试，优化 20Cr2Ni4A 钢渗碳后的喷丸工艺，结论如下：

① 机械喷丸会增大渗碳层的表面粗糙度，喷丸强度和弹丸直径越大，渗碳层表面粗糙度越大，因此工艺④渗碳层具有最大的表面粗糙度。

② 喷丸处理后，渗碳层表面组织得到细化，弹丸直径与喷丸强度增大，细化程度增强，其中喷丸强度的细化效果更显著，按细化程度，工艺④＞工艺③＞工艺②＞工艺①。

③ 喷丸处理可使渗碳层表面残余奥氏体向马氏体转变，渗碳层一定深度范围内残余奥氏体含量降低。弹丸直径与喷丸强度增大残余奥氏体量及转变深度也随之增大，其中工艺④渗碳层具有最低的残余奥氏体含量。

④ 喷丸处理会增大渗碳层的硬度和残余压应力，喷丸强度与弹丸直径对渗碳层硬度的影响相当，渗碳层硬度随两者的增大而增大，工艺④渗碳层具有最大的表面硬度及硬化层深度。喷丸强度对渗碳层残余压应力大小及其最大值所处深度均会产生重要影响，而弹丸直径对最大残余压应力所处深度影响较小。工艺④渗碳层表面残余压应力最大，其最大应力距表面距离最远。

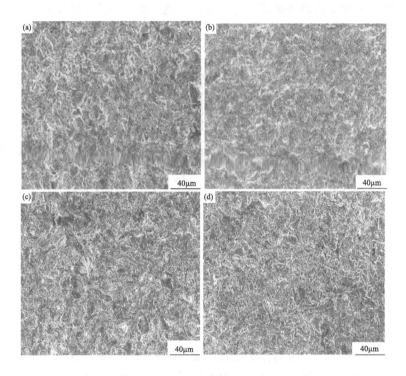

图 5.15　渗碳样品喷丸前后表面冲蚀微观形貌图（90°冲蚀角）

(a) 未喷丸；(b) 工艺② (0.6mm-0.3A)；(c) 工艺④ (0.6mm-0.4A)；(d) 工艺④＋抛光

⑤ 在摩擦磨损方面，由于一定范围内残余压应力与显微硬度的增加增强了渗碳层的抗磨损、抑制裂纹萌生及撕裂的能力，最终喷丸渗碳层的耐磨性能得到改善，且喷丸强度与弹丸直径越大其改善效果越明显，其中工艺④渗碳层具有最小的磨损率。

⑥ 在冲蚀性能方面，冲蚀损坏机制受冲蚀角度的影响较大。在 30°冲蚀角下，渗碳层破坏机制为小角度的犁削冲蚀，此时表面粗糙度影响占主导，而喷丸渗碳层表面粗糙度较大，使 30°冲蚀角的冲蚀性能与未喷丸渗碳层相当。在 90°冲蚀角下，渗碳层破坏机制为高角度的点坑式破坏，残余压应力成为可抑制疲劳裂纹的萌生和扩展的关键，因此喷丸渗碳层 90°冲蚀角的冲蚀性能得到提高，喷丸强度增大其改善效果增强，并且对喷丸渗碳层表面进行抛光处理会得到更为优异的冲蚀性能。

综上可知，工艺④渗碳层具有较低的表面粗糙度，较细小的渗碳层组织，以及更优异的力学、摩擦学和冲蚀性能，因此可将工艺④作为 20Cr2Ni4A 钢渗碳件的喷丸工艺。

5.1.2　机械喷丸对 12Cr2Ni4A 钢渗碳层组织性能的影响

12Cr2Ni4A 钢属于具有较高强度、塑性和韧性的合金结构钢，主要用于制造各种齿轮、轴、销子和活塞等渗碳件。与 20Cr2Ni4A 钢相比其碳含量略低，因此其强度较 20Cr2Ni4A 钢低而塑性和韧性略高。因此在 5.1.1 节喷丸工艺的基础上继续增大喷丸强度，研究较大弹丸直径与喷丸强度工艺下 12Cr2Ni4A 钢渗碳层的表面状态与组织结构演变、力学性能与摩擦学性能特征，其具体的机械喷丸工艺如表 5.5 所示。

表 5.5　12Cr2Ni4A 钢喷丸工艺

钢材	弹丸种类	工艺编号	喷丸强度	弹丸直径
12Cr2Ni4A	铸钢丸	①	0.3A	0.3mm
		②	0.3A	0.6mm
		③	0.4A	0.3mm
		④	0.4A	0.6mm
		⑤	0.5A	0.6mm

5.1.2.1　机械喷丸对 12Cr2Ni4A 钢渗碳层组织结构的影响

图 5.16 为 12Cr2Ni4A 钢渗碳层喷丸前后表面状态变化图。从图中可以看出，喷丸前渗碳层表面最为光滑，而经喷丸处理后，渗碳层表面起伏明显，均匀性较差，说明在所设计的喷丸工艺下，喷丸处理后渗碳层的表面粗糙度变大。通过比较不同喷丸工艺下渗碳层的表面形貌可发现，在其他条件相同的情况下，弹丸直径越大，渗碳层表面凸起和凹坑会更明显，表面粗糙度越大，但其数值变化不明显；相比之下喷丸强度越大，渗碳层表面形貌起伏越剧烈，其表层塑性变形程度越大，表面粗糙度数值增大明显。其中喷丸强度为 0.5A，弹丸直径为 0.6mm 时，渗碳层表面粗糙度最大，为 3.601。由此可知，喷丸强化会增大渗碳层的表面粗糙度，相比于弹丸直径的改变，喷丸强度对表面粗糙度的影响更显著。

图 5.17 为喷丸前后 12Cr2Ni4A 钢渗碳层截面组织的金相图。从图中可以看出不同喷丸工艺样品截面马氏体组织含量有所增加，残余奥氏体组织含量减少，其尺寸明显减小。通过比较图 5.17(b) 和 (c) 可知，当喷丸强度较低时，增大弹丸直径对渗碳层中残余奥氏体含量的影响不明显，但当强度增大到 0.4A 时，增大弹丸直径后渗碳层中的残余奥氏体含量显著减少[图 5.17(d) 和 (e)]。观察图 5.17(b) 和 (c) 以及 (d) 和 (e) 可知，在喷丸强度一定时，增大弹丸直径有助于减少渗碳层中的残余奥氏体，但其影响深度较浅。

由此可知，增大弹丸直径和喷丸强度均有助于渗碳层中残余奥氏体的转变，但喷丸强度在促进残余奥氏体转变量、大小及影响深度方面效果更显著。其中工艺⑤渗碳层截面中残余奥氏体含量最少，尺寸较小，且残余奥氏体在渗碳层中分布较均匀。为进一步明确不同强化层中残余奥氏体的具体含量，利用电化学剥层技术，对六种工艺样品中残余奥氏体含量及其分布进行测定，结果如图 5.18 所示。

从图 5.18 中可以看出六种强化层中残余奥氏体含量均随深度的增加呈现出逐渐递增的趋势，但经喷丸后渗碳层在相同深度处的残余奥氏体量均小于未喷丸渗碳层，其中喷丸处理渗碳层表面残余奥氏体含量较未喷丸渗层大幅降低，最高从 11.6% 降低到 0.9%。对比不同喷丸工艺下渗碳层表面残余奥氏体含量可知，在其他条件相同的情况下，弹丸直径增大，样品表层的残余奥氏体转变为马氏体的量会增加，且其影响深度同样也会增大。喷丸强度增大，渗碳层中残余奥氏体含量同样减少，但随其强度的增加，残余奥氏体的减小幅度降低。相比于弹丸直径，喷丸强度对渗碳层中残余奥氏体的影响更显著，因此工艺⑤表面残余奥氏体含量最少，已降低至 0.9%。

图 5.19 为 12Cr2Ni4A 钢渗碳层喷丸前后表面组织扫描电镜图。从图 5.19 (a) 中可以看出渗碳层表面组织为板条马氏体和细小碳化物。经过不同工艺喷丸后，渗碳层表面组织仍以马氏体为主，但其马氏体组织更为细小，细小碳化物含量更多。对比不同喷丸工艺渗碳层

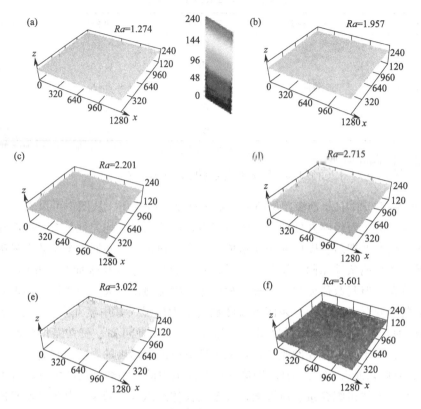

图 5.16　12Cr2Ni4A 钢渗碳样品喷丸前后表面三维形貌图

(a) 喷丸前；(b) 工艺①（0.3mm-0.3A）；(c) 工艺②（0.6mm-0.3A）；
(d) 工艺③（0.3mm-0.4A）；(e) 工艺④（0.6mm-0.4A）；(f) 工艺⑤（0.6mm-0.5A）

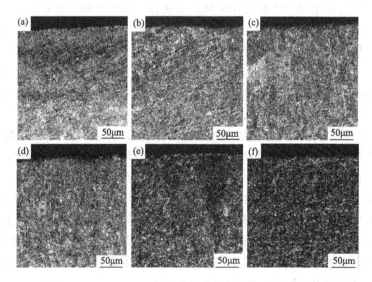

图 5.17　12Cr2Ni4A 钢渗碳层喷丸前后截面组织金相图

(a) 喷丸前；(b) 工艺①（0.3mm-0.3A）；(c) 工艺②（0.6mm-0.3A）；
(d) 工艺③（0.3mm-0.4A）；(e) 工艺④（0.6mm-0.4A）；(f) 工艺⑤（0.6mm-0.5A）

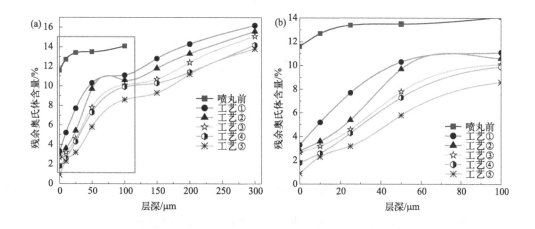

图 5.18　12Cr2Ni4A 钢渗碳层残余奥氏体含量沿层深分布趋势

(a) 300μm 深度范围内渗碳层残余奥氏体变化图；(b) 局部放大图

组织可发现，在喷丸强度一定时，增大弹丸直径，马氏体组织细化并不明显；但当弹丸直径相同时，增大喷丸强度，渗碳层组织细化显著。由此可知，喷丸强度的增加对渗碳层表面组织的细化效果更明显。

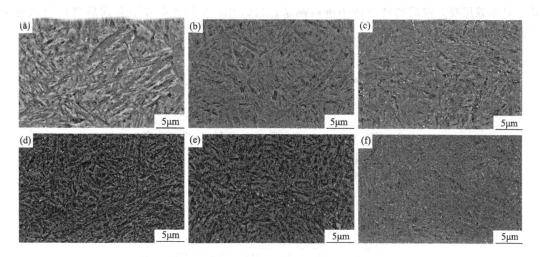

图 5.19　12Cr2Ni4A 钢渗碳层喷丸前后表面组织扫描电镜图

(a) 喷丸前；(b) 工艺①（0.3mm-0.3A）；(c) 工艺②（0.6mm-0.3A）；

(d) 工艺③（0.3mm-0.4A）；(e) 工艺④（0.6mm-0.4A）；(f) 工艺⑤（0.6mm-0.5A）

图 5.20 为 20Cr2Ni4A 钢渗碳层喷丸前后 X 射线衍射半高宽变化趋势图。从图中可以看出经喷丸处理后，渗碳层表面的 X 射线衍射半高宽增大，可由 0.637Å 最大增加至 0.739Å，说明渗碳层中晶粒得到了明显细化。对比不同喷丸工艺间渗碳层所具有的半高宽可发现，在其他条件相同的情况下，弹丸直径或喷丸强度增大，样品表面 X 射线衍射半高宽均随之增加。由此可知机械喷丸可细化渗碳层组织，且弹丸直径越大、喷丸强度越大时，渗碳层表面晶粒越细小，因此工艺⑤渗碳层具有最细小的组织。

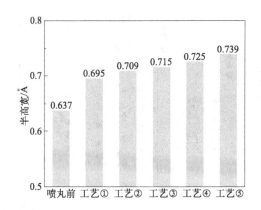

图 5.20　12Cr2Ni4A 钢渗碳层喷丸前后 X 射线衍射半高宽变化趋势图

5.1.2.2　机械喷丸对 12Cr2Ni4A 钢渗碳层力学性能的影响

（1）机械喷丸对 12Cr2Ni4A 钢渗碳层残余应力的影响

渗碳层经过喷丸后处理，表层会产生明显塑性变形，由于各部分之间塑性变形程度不均匀，渗碳层一定区域范围内会出现残余应力场。利用 X 射线应力分析仪，结合电化学剥层技术对渗碳层喷丸前后的残余应力进行测量。12Cr2Ni4A 钢渗碳层喷丸前后残余应力随深度的分布趋势如图 5.21 所示。

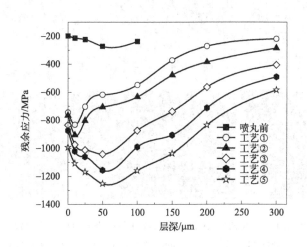

图 5.21　12Cr2Ni4A 钢渗碳层喷丸前后不同深度处残余应力分布影响

从图 5.21 中可以看出，所有渗碳层在距表层 100μm 范围内均为残余压应力，且残余压应力的数值随深度的增加呈现出先增大后减小的趋势。对比未喷丸处理的渗碳层，喷丸后渗碳层表面的残余压应力大幅度增加，未渗碳层残余压应力仅为 -198MPa，喷丸后，渗碳层表面残余压应力最大可达到 -993MPa，由此可知，机械喷丸处理可大幅度提升渗碳层表面的残余压应力，同时增大残余压应力影响深度。对比不同弹丸直径及喷丸强度对渗碳层残余压应力大小及深度的影响可知，弹丸直径和喷丸强度较小时，机械喷丸在渗碳层中引入的残余压应力也相对较低，但相比于未喷丸渗碳层仍增幅明显。喷丸工艺①渗碳层表面的残余压应力为-744MPa，其最大残余压应力位于距离表面10μm处，达到了-832MPa；喷丸工艺②渗碳层表面残余压应力为-765MPa，其最大残余压应力同样位于距离表面10μm处，达到了-906MPa；喷丸工艺③渗碳层表面的残余压应力达到了-835MPa，其最大残余压应力可增大到距离表面50μm处，达到了-1042MPa；喷丸工艺④渗碳层表面的残余压应力为-874MPa，其最大残余压应力同样位于距离表面50μm处，为-1156MPa；喷丸工艺⑤表面残余压应力最大为-993MPa，其最大残余压应力位于距离表面50μm处，为-1252MPa。由此可知，在其他条件相同的情况下，弹丸直径增大，渗碳层表面残余压应力有所增加，但其分布深度基本不变。在其他条件相同的情况下，随着喷丸强度增加，渗碳层表面的残余压应力得到明显提高，同时其最大残余压应力距表面的距离也会增大，但其影响深度存在一定的界限。由此可知，机械喷丸处理会显著增大渗碳层表面残余压应力，且增厚残余压应力的影响深度，其中弹丸直径主要影响表面残余压应力大小，而喷丸强度对表面残余压应力大小及残余压应力影响深度均产生较为明显的改善效果。渗碳层表面残余压应力数值及其影响深度的增大能够阻止渗碳层表面服役时疲劳裂纹的萌生，且对已有裂纹产生闭合效应，降低疲劳裂纹扩展的速率，因此机械喷丸可有效提高渗碳层的疲劳寿命。

（2）机械喷丸对12Cr2Ni4A钢渗碳层显微硬度的影响

使用显微硬度计，结合化学剥层技术对12Cr2Ni4A钢喷丸前后渗碳层的显微硬度进行测定，结果如图5.22所示。

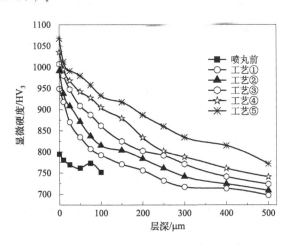

图5.22　12Cr2Ni4A钢渗碳层喷丸前后显微硬度沿层深的分布趋势

从图5.22中可以发现，渗碳层截面的显微硬度沿表面向内部逐渐降低，这由渗碳过程中碳元素向内部扩散，形成由表面向内部碳浓度差异所致。对比喷丸前后渗碳层的截面硬度值与变化趋势可发现，机械喷丸可大幅度提高渗碳层变形区内的硬度。其中喷丸强度与弹丸直径较小时，其提升效果较弱，喷丸强度和弹丸直径较大时，如工艺⑤，其对渗碳层硬度大小及硬化层深度的改善效果最为明显，其可使渗碳层表面硬度由794.93HV$_3$增大至1067.54HV$_3$，增大幅度约为34%。对比喷丸强度与弹丸直径对渗碳层截面硬度分布影响可发现，喷丸强度在提升渗碳层截面硬度值及硬化深度方面均强于弹丸直径。

5.1.2.3　机械喷丸对 12Cr2Ni4A 钢渗碳层摩擦学性能的影响

12Cr2Ni4A 钢常作为加工飞机传动齿轮的原材料。飞机传动齿轮的正常工作温度一般在 120℃左右，失去润滑时工作温度将升至 260℃左右，当其缺少润滑油时会处在较高的温度下运行。此处结合 12Cr2Ni4A 钢渗碳齿轮的运行工况，主要考察喷丸前后其渗碳层在常温与高温摩擦环境下的摩擦磨损性能。摩擦磨损试验参数如下：摩擦载荷 10N，磨球旋转半径 4mm，转速 3r/min，摩擦时间 10min。

（1）机械喷丸对 12Cr2Ni4A 钢渗碳层常温摩擦学性能的影响

图 5.23 为喷丸前后渗碳层磨损率对比图。由图 5.23 可知，经过不同工艺喷丸处理后，渗碳层的磨损率均降低，说明喷丸强化可以改善渗碳层的摩擦学性能，其中喷丸强度与弹丸直径最大时磨损率降低效果最明显，工艺⑤渗碳层的磨损率可较未喷丸渗碳层降低 55%。当喷丸强度为 0.3A 时，弹丸直径增大，渗碳层的磨损率可减小 13.1%；当喷丸强度为 0.4A 时，增大弹丸直径，渗碳层磨损率可降低 16.7%。当弹丸直径为定值，即 0.6mm 时，喷丸强度从 0.3A 增大到 0.4A 后渗碳层的磨损率降低 24.2%；而当喷丸强度从 0.4A 增大到 0.5A 后，渗碳层磨损率仅降低 14.1%。由此可知，单一增大弹丸直径或喷丸强度均会使渗碳层的磨损率减小，其中喷丸强度增大对渗碳层磨损率的降低幅度影响更明显。但当喷丸强度达到一定值后，继续增大喷丸强度，渗碳层磨损率降低幅度会减小。

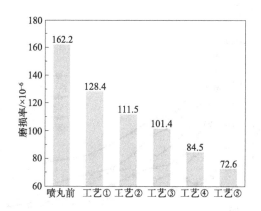

图 5.23　12Cr2Ni4A 钢渗碳层喷丸前后磨损率图

图 5.24 为 12Cr2Ni4A 钢渗碳层喷丸前后磨痕形貌图。从图中可以看出，相比于不同工艺喷丸渗碳层，未喷丸渗碳层的磨损程度更严重，其磨痕中可见黏着物与细小磨粒，其磨损机制主要为黏着磨损和磨粒磨损。当喷丸强度与弹丸直径较小时，渗碳层表面磨痕中同样存在大量磨粒，磨损机制以磨粒磨损和黏着磨损为主。当喷丸强度与弹丸直径增大后渗碳层的磨痕形貌中没有明显的磨粒产生，但渗碳层发生了明显的塑性变形和迁移，其磨损机制以黏着磨损为主。随着喷丸强度与弹丸直径的增加渗碳层的磨损程度减轻，其中工艺⑤渗碳层磨痕表面较光滑，未观察到明显裂纹，磨损程度最轻微。

（2）机械喷丸对 12Cr2Ni4A 钢渗碳层高温摩擦学性能的影响

选取力学性能及干摩擦磨损性能较好的喷丸渗碳层即工艺⑤样品为研究对象，研究机械喷丸对 12Cr2Ni4A 渗碳层高温摩擦磨损性能的影响。考虑 12Cr2Ni4A 钢渗碳齿轮运行工况，高温摩擦磨损测试温度分别选取 100℃、200℃和 300℃，具体测试参数如表 5.6 所示。

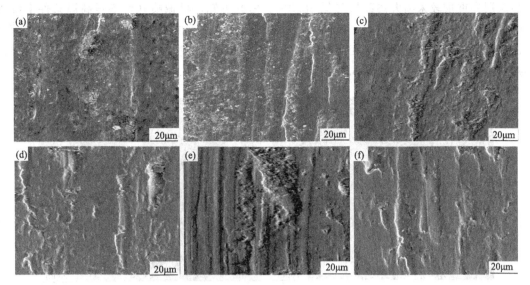

图 5.24　12Cr2Ni4A 钢渗碳层喷丸前后磨痕形貌

(a) 喷丸前；(b) 工艺① (0.3mm-0.3A)；(c) 工艺② (0.6mm-0.3A)；

(d) 工艺③ (0.3mm-0.4A)；(e) 工艺④ (0.6mm-0.4A)；(f) 工艺⑤ (0.6mm-0.5A)

表 5.6　高温摩擦磨损试验参数

参数	摩擦温度	摩擦载荷	摩擦半径
数据	100℃、200℃、300℃	1000g	4mm
参数	摩擦时间	摩擦频率	磨球
数据	30min	3r/min	WC

图 5.25 为喷丸前后 12Cr2Ni4A 渗碳层不同摩擦磨损温度下的磨损量对比图。从图 5.25 中可以看出，在 100℃时，喷丸强化渗碳层的磨损量为 0.76mg，未喷丸渗碳层为 0.7mg；当温度为 200℃时，喷丸强化渗碳层的磨损量较未喷丸渗碳层降低 23.9%，由 1.13mg 降低至 0.86mg。

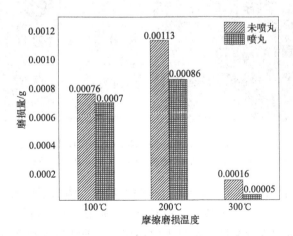

图 5.25　12Cr2Ni4A 钢渗碳层喷丸前后不同摩擦磨损温度下的磨损量

当温度为 300℃时，未喷丸和喷丸渗碳层的磨损量分别为 0.16mg 和 0.05mg，喷丸强化渗碳层失重量较未喷丸渗碳层降低 68.8％。由此可知，机械喷丸可增强高温条件下渗碳层的抗磨性能，并且温度越高，机械喷丸对渗碳层磨损失重的减少幅度越大。为进一步探究机械喷丸引起渗碳层磨损失重变化的原因，采用扫描电镜对喷丸前后高温摩擦磨损渗碳层的磨痕形貌进行观察，结果如图 5.26 所示。

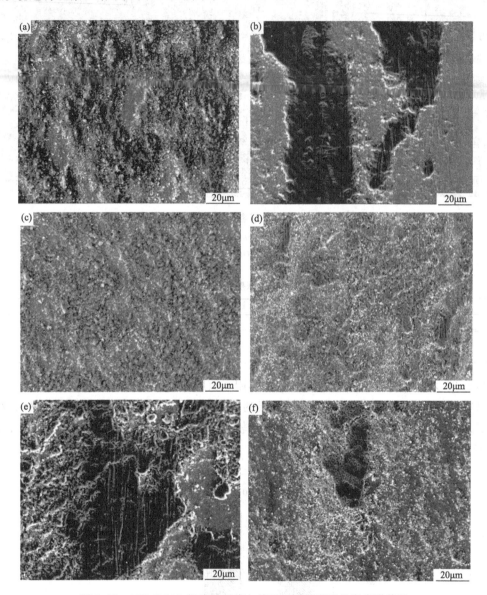

图 5.26　12Cr2Ni4A 钢渗碳层喷丸前后不同温度下的磨痕形貌图

(a)、(c)、(e) 未喷丸渗碳层 100℃、200℃和 300℃磨痕；(b)、(d)、(f) 喷丸渗碳层 100℃、200℃和 300℃磨痕

从图 5.26 中可以看出在 100℃条件下，未喷丸和喷丸渗碳层的磨痕表面均出现了犁沟、磨粒和黏着物，说明渗碳层发生了磨粒与黏着磨损。但在 200℃条件下，未喷丸和喷丸渗碳层磨痕表面均未观察到犁沟及磨削，磨痕表面存在轻微的划痕沟和撕裂痕迹，磨损表面存在大量的黏着物，说明此温度下渗碳层磨损以黏着磨损为主。在 300℃条件下，未喷丸和喷丸渗碳层磨痕表面可观察到轻微划痕和大片黏着物，磨痕表面局部有剥落产生。

高温条件下喷丸渗碳层磨损量的大幅降低可能与氧化物的生成有关，为判断高温条件下渗碳层是否发生了氧化磨损，分别对 300℃ 下喷丸前后 12Cr2Ni4A 钢渗碳层表面磨痕进行能谱测试，结果如图 5.27 所示。从图 5.27 中可以看出，喷丸前后渗碳层磨痕表面均检出较高含量的氧元素，说明磨痕表面发生了氧化，生成了氧化膜。由此可知高温条件下渗碳层发生了黏着磨损、磨粒磨损和氧化磨损。氧化磨损中形成的致密氧化膜具有减摩性，因此高温条件下氧化膜的形成与其磨损后期摩擦系数的减小及磨损失重的降低密切相关。

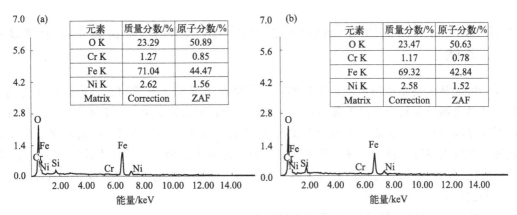

图 5.27　300℃ 摩擦磨损条件下渗碳层磨痕表面能谱图
(a) 喷丸前；(b) 喷丸后

此部分结合喷丸工艺对渗碳层组织、力学性能及摩擦学性能的影响，优化 12Cr2Ni4A 钢渗碳后的喷丸工艺，结论如下：

① 12Cr2Ni4A 钢渗碳层经过机械喷丸后，其表面粗糙度会增大，在所设计的 5 个工艺中，弹丸直径与喷丸强度越大，样品表面粗糙度越大，其中喷丸工艺⑤渗碳层具有最大的表面粗糙度。

② 喷丸处理后，渗碳层表面的微观组织仍为针状马氏体、残余奥氏体和细小的碳化物。但喷丸后渗碳层表面的马氏体组织和碳化物均发生了细化，渗碳层内发生晶格畸变，其中位错大量增殖，喷丸工艺⑤渗碳层的细化程度最为显著且其缺陷增殖程度也最大。

③ 机械喷丸后渗碳层表面残余奥氏体含量会减少，且应力诱发的残余奥氏体转变影响深度会增加，经过喷丸工艺①～⑤处理后，渗碳层表面残余奥氏体含量分别为 3.3%、2.8%、2.7%、1.8% 和 0.9%。应力诱发残余奥氏体转变为马氏体的深度：喷丸工艺⑤＞工艺④＞工艺③＞工艺②＞工艺①。由于残余奥氏体含量对材料表面韧性具有一定影响，材料表面残余奥氏体含量过低会导致材料表面脆性的增大，不利于材料的抗疲劳性能。因此，经过喷丸工艺⑤处理后，过低的残余奥氏体含量可能会使渗碳层表面韧性不足。

④ 喷丸处理会显著改善渗碳层的力学性能，其主要包括渗层硬度与残余压应力。喷丸强度与弹丸直径增大对力学性能的改善效果加强，对于渗碳层表面硬度：喷丸工艺⑤＞工艺④＞工艺③＞工艺②＞工艺①。弹丸直径主要影响表面残余压应力大小，而喷丸强度对表面残余压应力大小及残余压应力影响深度均产生较为明显的改善效果，但喷丸强化对渗碳层最大残余压应力距表面的距离的影响存在一定的界限。对于渗碳层表面，当喷丸强度达到一定值后，最大残余压应力距表面深度不再变化，其中喷丸工艺⑤表面具有最大残余压应力；但最大残余压应力距表面的距离：喷丸工艺⑤＝工艺④＝工艺③＞工艺②＝工艺①。

⑤ 经过喷丸处理后渗碳层的摩擦系数略有增大，但总体变化不明显，同时渗碳层的磨

损率会大幅降低。其中喷丸工艺⑤对渗碳层磨损率的改善效果最明显。

基于以上分析可知，工艺⑤具有较大的喷丸强度及弹丸直径，其对渗碳层组织及性能方面的改善效果最好，但由于其表面粗糙度较大、表面残余奥氏体含量较低，可能会给渗碳层的抗疲劳性能带来不利影响。因此，对于12Cr2Ni4A钢渗碳与机械喷丸复合强化，喷丸工艺的优化方案可依据对渗碳层韧性的需求进行选取。

5.1.3 表面纳米化催渗与机械喷丸后处理 18Cr2Ni4WA 钢真空渗碳层疲劳性能

18Cr2Ni4WA钢是船用齿轮常用材料，一般情况下船舶运输货物进出港口，运行周期较长，其动力系统需长期在高重载的条件下稳定运行，那么依靠单一真空渗碳强化处理并不能同时满足高承载、抗冲击、耐磨及长寿命的需求。因此，18Cr2Ni4WA钢渗碳后需要进行机械喷丸处理以满足使用工况对其工件提出的严苛需求。为考察复合强化层运行稳定性，除关注强化层组织结构、力学性能及摩擦学性能外，对复合强化层的接触疲劳和弯曲疲劳性能进行考察具有重大意义。

机械喷丸会在渗碳层表层一定范围内发生塑性变形，产生加工硬化效果，形成具有高硬度及残余压应力层。表面硬度的提高有助于增大渗碳层的承载能力，且较大的残余压应力对抑制齿轮长期服役过程中的裂纹萌生与扩展具有积极作用，因此渗碳与喷丸复合强化可有效改善渗碳层抗疲劳性能。研究表明，渗碳喷丸的齿轮与未喷丸的齿轮相比，接触疲劳强度一般可提升5%以上，弯曲疲劳强度可提升6%以上[5,6]。

此处结合表面纳米化催渗技术，在18Cr2Ni4WA钢真空渗碳的基础上对其进行机械喷丸复合强化，并基于船用重载齿轮实际服役工况，对复合强化层接触疲劳性能与弯曲疲劳性能进行测试，获得复合强化层的疲劳寿命、疲劳损伤形式等信息，探究复合强化层的疲劳失效机制。

5.1.3.1 18Cr2Ni4WA 钢复合强化层接触疲劳性能

本试验采用气动式喷丸设备对渗碳后的18Cr2Ni4WA钢进行喷丸处理。喷丸工艺参数选取5.1.1节中优化的喷丸工艺④，具体参数如表5.7所示。

表 5.7 喷丸强化工艺参数

弹丸种类	弹丸直径	喷射距离	覆盖率	喷丸强度	喷丸角度
铸钢丸	0.6mm	150mm	200%	0.4A	90°

采用YSUG-BMT109K高速滚动接触疲劳试验机对强化件进行疲劳测试，测试中的主要技术参数见表5.8。

表 5.8 试验机的主要技术参数

技术参数	数值范围	技术参数	数值范围
试验力	0～20kN	温度测量	−25～650℃
试验转速	0～4000r/min	伺服电机功率	5kW
试验时间	1s～9999min	停机方式	手动/自动
试验转数	0～999999999r		

该试验机可模拟高转速下滚动轴承的接触状态，对试件在滚动接触疲劳时产生的微裂纹进行检测并评估试件疲劳寿命。试验机的实物及相关原理如图 5.28 所示。图 5.28(a) 为试验机整体实物图，其主要由加载装置、加速度传感器、温度传感器、冷却箱及控制主机构成，其中试件加载测试部分放大图为 5.28(b)。除主要测试件与轴承滚动体外，测试部分周围分布着温度传感器与加速度传感器，可实时对测试过程的速度与温度进行反馈，其中测试件与轴承滚动体示意图如图 5.28(c) 所示，轴承滚动体含有 11 个滚珠，在压力的作用下与测试件表面接触，实现均匀的线接触。

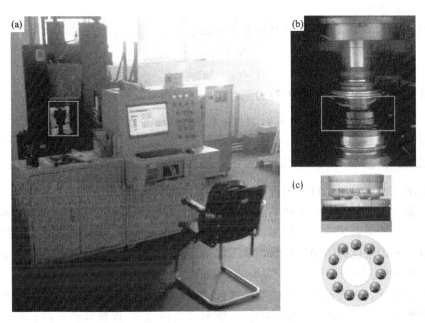

图 5.28　高速滚动接触疲劳试验机实物与原理图

（a）整机实物图；（b）加载测试部分细节图；（c）测试部位原理图

测试件以推力轴承为设计原型，其设计与实物图见图 5.29。由于测试件为圆盘式，在安装测试件时需要注意测试面，避免安装错误。

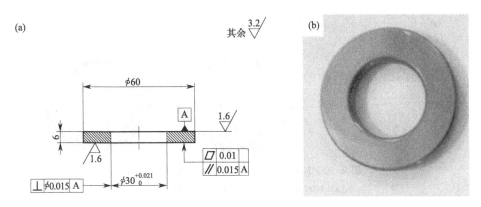

图 5.29　接触疲劳测试件的结构与实物图

（a）测试件设计图；（b）测试件实物图

本试验设定 18Cr2Ni4WA 渗碳齿轮接触应力 1600MPa，稳定循环周次 4.8×10^7 作为试验指标，进行加速试验。加速试验一般有两种：一是增大试样承受的接触应力；二是增加疲劳试验机的循环速率。但往往增加接触应力更加有效，并且可以避免高速运转所带来的发热问题。此处选择增大接触应力的方法进行加速试验，接触应力分别设定为 1600MPa、2000MPa 和 2400MPa。按照强度理论，疲劳寿命曲线方程可以表示为：

$$\sigma^m N = C \tag{5.6}$$

式中　m——材料常数；

　　　C——常数；

　　　N——疲劳寿命。

不同接触应力的寿命循环次数换算关系式如下：

$$\frac{N_1}{N_2} = \left(\frac{\sigma_2}{\sigma_1}\right)^m \tag{5.7}$$

依据式(5.6)确定在不同接触应力下对应的循环周次，分别记录于表 5.9 中。

表 5.9　接触疲劳试验参数理论值

接触应力	1600MPa	2000MPa	2400MPa
循环次数	4.8×10^7	2.805×10^7	1.288×10^7

进行接触疲劳试验时，首先根据额定指标进行测试，在额定接触应力下循环相应额定次数，取下样品，观察其是否发生疲劳或磨损，将该次试验结果记录为标准试验。如未出现疲劳及磨损现象，需重新试验，在额定接触应力下，不限制循环运转，根据试验机的"反应"去终止试验，并记录此时的循环次数，取下样品，观察发生疲劳或磨损痕迹，将该次试验结果记录为失效试验。

依据上述设计，将所得到的试验结果进行整理。取最具代表性的试样进行拍照观察，分别得到宏观形貌，结果如图 5.30 与图 5.31 所示。从图 5.30 接触疲劳标准试验样品宏观形貌中可以看出，在标准试验条件下，三个接触应力及相应循环周次下，三个试样的表面完整度性仍较好，均未出现疲劳现象，但表面存在磨损痕迹，磨痕深度随接触应力的增加而明显增加。说明在接触疲劳标准试验条件下，SFPB 前处理＋真空渗碳＋机械喷丸复合强化具有较好的接触疲劳抗力。

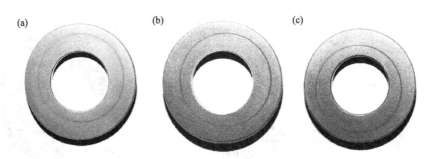

图 5.30　接触疲劳标准试验后样品的宏观形貌
(a) 1600MPa；(b) 2000MPa；(c) 2400MPa

图 5.31 为失效试样的表面形貌图。从图中可以看出，复合强化层接触疲劳失效后表面存在较严重的磨痕及深沟，对疲劳形貌较严重的区域进行放大，如图 5.31(d)～(f)所示。从放大图中可以看出，磨痕深沟内部可见大量针状或豆状凹坑，较深的凹坑呈现出贝壳状。

在复合强化层不限制循环次数直至疲劳失效时，三个接触应力下的试件表面局部区域均出现了明显的点蚀和严重磨损痕迹，且接触应力越大点蚀与磨损越严重，但三种应力下试件表面的点蚀并没有形成大面积联结，无严重的材料流失。

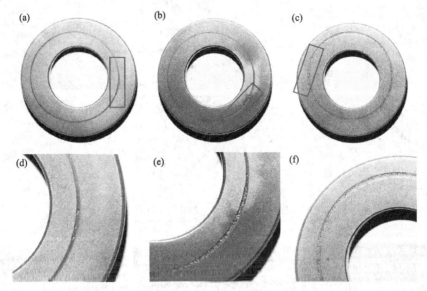

图 5.31 接触疲劳失效试验后试样的宏观形貌
(a)、(d) 1600MPa；(b)、(e) 2000MPa；(c)、(f) 2400MPa

为了进一步确定接触疲劳试样失效后的状态，对三种应力下接触疲劳失效试件表面进行扫描电镜观察，结果如图 5.32 所示。从图 5.32 中可以看出在不限制循环次数的条件下，三个接触应力下的试件均发生不同程度的疲劳磨损，试件表面出现点蚀，并剥落形成点蚀坑。从放大 1000 倍的图片[图 5.32(b)、(e)、(h)]中可以发现，点蚀坑周围呈现不规则状，并伴随着表面材料的"挤压变形"和"褶皱"；从放大 3000 倍图片[图 5.32(c)、(f)、(i)]可以看出，接触应力 2000MPa 和 2400MPa 的试件表面点蚀坑内部分别出现裂纹，点蚀坑内部裂纹较宽度且深。由此可知接触应力 1600MPa 时，接触疲劳损伤形式以点蚀为主，凹坑形状是针状或豆状。在滚动接触过程中，由于表面最大综合切应力反复作用在试件表层局部区域，在该处产生塑性变形，随着损伤的逐步累积，直到表面最大切应力超过材料抗剪强度时，表层形成初始裂纹源。裂纹源通常沿着大致平行于表面的方向扩展后再改变方向，如果扩展裂纹可以分离表面材料就会形成点蚀，多个点蚀连在一起形成"剥落"。接触应力增大后，即达到 2000MPa 和 2400MPa 后，接触疲劳损伤形式以浅层剥落为主，剥落坑底部与表面大致平行，裂纹走向与表面呈锐角或垂直。在接触应力反复作用下，塑性变形反复进行，使复合强化层表面局部弱化而产生裂纹，裂纹常出现在碳化物附近，故裂纹沿碳化物平行于表面扩展，而后在滚动及摩擦力作用下又产生与表面成一倾斜角度的二次裂纹，当二次裂纹扩展到表面时，则会断裂，从而形成浅层剥落。

为了进一步明确接触疲劳失效形成过程，对三个接触应力下试件的截面分别进行金相和扫描电镜观察。图 5.33 为三个应力下接触疲劳试样截面的金相组织。从图中可以看出，在放大 100 倍条件下，三种应力下发生疲劳失效的强化层其截面已经可以清晰地观察到疲劳裂纹及其扩展情况，损伤严重的部位已经发生点蚀剥落，如图 5.33(c)。一些裂纹近似平行于

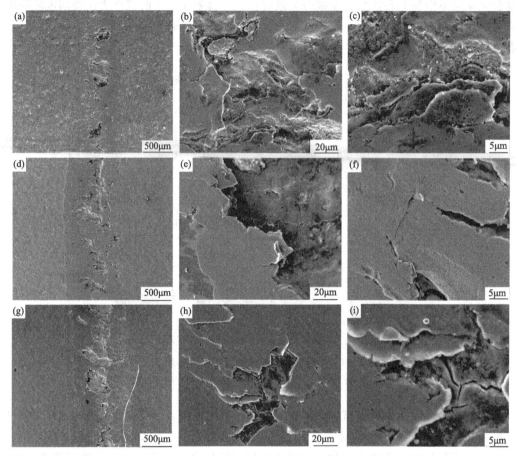

图 5.32　接触疲劳失效试验后试样 SEM 形貌

(a)、(b)、(c) 1600MPa；(d)、(e)、(f) 2000MPa；(g)、(h)、(i) 2400MPa

表面扩展但未抵达表面，如图 5.33(a)和(b)，其中图 5.33(b) 中裂纹出现了向表面扩展的趋势，最终将形成剥落坑。从图 5.33 中可以看出，随着接触应力的增大，试样疲劳的程度加重，试样表面不再保持完整，出现大小不一的剥落坑。在接触应力为 1600MPa 时，剥落坑的深度大约在 $16\sim36\mu m$，但疲劳裂纹继续扩展，深度大于 $36\mu m$，长度最大为 $75\mu m$，如果这条裂纹继续向表面扩展将形成更大的坑，但由于接触应力较小，裂纹并未继续扩展。当接触应力达到 2000MPa 时，未形成剥落坑的位置疲劳裂纹最大深度为 $77\mu m$，最大长度为 $181\mu m$，在一定程度上反映出更大疲劳剥落坑的形成。当接触应力继续增大，达到 2400MPa 时，其疲劳形貌中出现剥落坑且存在较大的裂纹，坑的长度约 $100\mu m$，深度约 $51\mu m$，疲劳裂纹的最大长度约 $190\mu m$，深度约 $68\mu m$。由此可见，推动疲劳裂纹向内部扩展的动力为表面的接触应力，随接触应力增大，试件表面剥落坑尺寸增大，疲劳裂纹扩展深度增大，随后形成更大的剥落，试件的疲劳程度也随之加重。

图 5.34 为三种应力下，复合强化层接触疲劳失效试验试件截面扫描电镜图。从图中可以看出，三种试件的疲劳坑中存在明显的撕裂、波动和边缘翘曲现象。这表明在疲劳点处复合强化层表面材料会以黏合剂撕裂的形式发生剥离，并且裂缝沿着轧制方向向前延伸，但接触应力 1600MPa 和 2000MPa 时试件表面仍具有一定的平整度，出现较少点蚀剥落，当接触应力为 2400MPa 时试件表面的剥落较多，坑与坑连接在一起。将图 5.34(a)～(c)选中区域

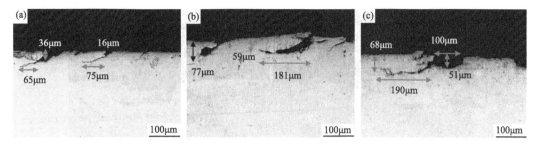

图 5.33　失效试验接触疲劳试样截面金相形貌
（a）接触应力 1600MPa；（b）接触应力 2000MPa；（c）接触应力 2400MPa

处放大［图 5.34(d)~(f)］可以清晰地观察到疲劳裂纹向内部传播的现象，贯穿裂纹整体由一些裂缝相对较短且表现出向多方延伸的树枝状细小裂纹组成。较长且传播深度较大的裂缝尖端同样倾向于树枝状传播，这表明在撕裂过程中疲劳裂纹通过晶粒传播[7]。

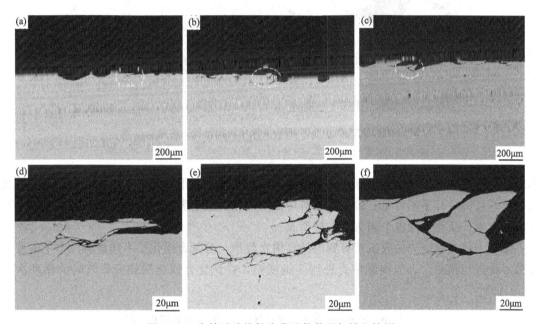

图 5.34　失效试验接触疲劳试件截面扫描电镜图
（a）、（d）接触应力 1600MPa；（b）、（e）接触应力 2000MPa；（c）、（f）接触应力 2400MPa

　　为了进一步说明试件由完整表面向疲劳失效转变过程中的微观变化过程，选取接触应力为 2000MPa 下的接触疲劳失效试验试件，对其不同部位截面进行扫描电镜观察，结果如图 5.35 所示。
　　从图 5.35 中可以看出，在放大 100 倍下，试样表面出现了大小不一的剥落坑，剥落坑附近存在一些疲劳裂纹且裂纹的长度不一。说明试样在接触应力作用下，表面某一处会率先产生疲劳裂纹，并向内部扩展传播，当这条裂纹扩展到表面时就会形成剥落，如图 5.35(a) 中区域 1 所示。由于裂纹的扩展传播是树枝状的，所以在剥落坑的边缘仍存在许多微小的裂纹源，这些微小裂纹源继续重复上述过程最终形成更大的剥落坑，如图 5.35（a）中区域 2 所示，当许多较大的坑与坑边缘相接触时，将会造成试样表面出现连接成片的剥落坑，强化层完全失效。图 5.35(b)、(c)和(d)是分别对图 5.35(a)中区域 1 放大 5 倍、10 倍和 20 倍的

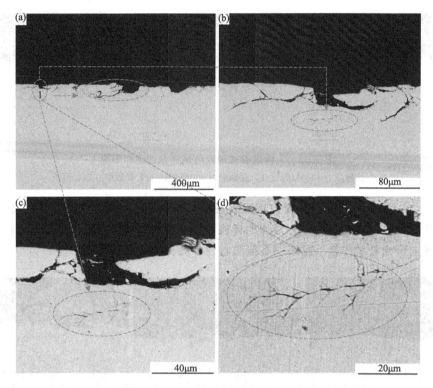

图 5.35　接触应力 2000MPa 下强化层疲劳发生的微观过程

（a）放大 100 倍；（b）放大 500 倍；（c）放大 1000 倍；（d）放大 2000 倍

形貌，从放大图可以明显观察到，上述提到的微小裂纹源在很小的剥落坑周围出现，以树枝状传播，且肉眼几乎不可见。较大的剥落坑是由无数个微小裂纹源扩展传播到表面或一个剥落坑的边缘，从而形成多个剥落坑连接所致。

　　基于上述接触疲劳失效试验得到的循环周次数据，对复合强化层不同接触应力下的接触疲劳寿命进行预测，每个接触应力进行 5 组试验，得到复合强化层疲劳失效时的循环次数（表 5.10）。

表 5.10　不同接触应力下复合强化层失效试验的循环次数

接触应力	循环次数/10^7				
	试样 1	试样 2	试样 3	试样 4	试样 5
1600MPa	7.21	8.03	8.51	7.54	9.22
2000MPa	3.72	3.13	2.98	3.22	3.51
2400MPa	2.03	1.61	2.19	2.11	2.03

　　根据 YB/T 5345—2014《金属材料　滚动接触疲劳试验方法》可知，滚动接触疲劳试验数据处理采用两参数威布尔分布函数，如式（5.8）所示。

$$F(t)=1-\exp\left[-\left(\frac{t}{\eta}\right)^{\beta}\right] \tag{5.8}$$

式中　$F(t)$——失效概率；

　　　　t——试验疲劳寿命；

　　　　β——威布尔曲线斜率；

η——特征寿命。

需要根据疲劳试验数据计算威布尔曲线斜率和特征寿命。此处采用最大似然法对威布尔分布进行参数估计，计算公式如式(5.9) 和式(5.10) 所示。

$$\frac{\sum\limits_{i=1}^{n} t_i^{\beta} \ln t_i}{\sum\limits_{i=1}^{n} t_i^{\beta}} - \frac{1}{n}\sum_{i=1}^{n} \ln t_i - \frac{1}{\beta} = 0 \tag{5.9}$$

$$\eta = \left[\frac{1}{n}\sum_{i=1}^{n} t_i^{\beta}\right]^{\frac{1}{\beta}} \tag{5.10}$$

根据式(5.9) 和式(5.10) 对表5.10中三个接触应力下复合强化层的接触疲劳寿命数据进行威布尔分布参数估计，计算结果见表5.11。

表 5.11 三个接触应力下疲劳寿命威布尔分布参数估计结果

接触应力	β	η
1600MPa	10.2863	9.3054×10^7
2000MPa	11.5640	2.5748×10^7
2400MPa	10.4244	2.1025×10^7

对式(5.10) 取对数，得到式(5.11)：

$$\ln(-\ln[1-F(t)]) = \beta(\ln t - \ln \eta) \tag{5.11}$$

将表5.11中的威布尔分布参数估计结果代入式(5-11) 中，绘制出三种不同接触应力下复合强化层的 P-N 曲线图，如图5.36所示。

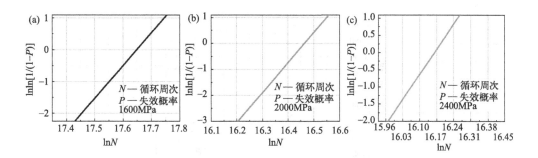

图 5.36 三种不同接触应力下对应的 P-N 曲线

(a) 1600MPa；(b) 2000MPa；(c) 2400MPa

P-S-N 曲线能比较准确地表征失效概率、应力水平和疲劳寿命之间的关系。为预测不同接触应力下的复合强化层的疲劳寿命和失效概率，需要建立 P-S-N 曲线。不同失效概率下接触疲劳寿命可通过威布尔分布函数计算得到，如表5.12所示，其中 N_5、N_{50}、N_{95} 分别表示失效概率为5%、50%、95%对应的循环寿命，为 P-S-N 曲线的建立奠定了数据基础。

表 5.12 不同接触应力下不同失效概率对应的接触疲劳寿命

接触应力	$N_5/10^7$	$N_{50}/10^7$	$N_{95}/10^7$
1600MPa	6.9716	8.9797	10.3528
2000MPa	1.9529	2.4460	2.7761
2400MPa	1.5812	2.0299	2.3359

接触疲劳寿命 N 与应力 S 之间满足疲劳曲线,即

$$N = CS^{-m} \tag{5.12}$$

对式(5.12)取对数,上式变为:

$$\ln S = -\frac{1}{m}\ln N + \frac{1}{m}\ln C \tag{5.13}$$

式中,C 和 m 为待定参数。采用最小二乘法估计计算参数 C 和 m,令 $X_i = \ln N_i$,$Y_i = \ln S_i$,参数 C 和 m 计算公式如式(5.14)和式(5.15)所示:

$$-\frac{1}{m} = \frac{\displaystyle\sum_{i=1}^{n} X_i Y_i - \frac{1}{n}\sum_{i=1}^{n} X_i \sum_{i=1}^{n} Y_i}{\displaystyle\sum_{i=1}^{n} X_i^2 - \frac{1}{n}\Big(\sum_{i=1}^{n} X_i\Big)^2} \tag{5.14}$$

$$\frac{1}{m}\ln C = \frac{1}{n}\Big(\sum_{i=1}^{n} Y_i + \frac{1}{m}\sum_{i=1}^{n} X_i\Big) \tag{5.15}$$

对不同失效概率下的参数 C 和 m 进行计算,结果见表5.13。根据参数 C 和 m 的值,绘出复合强化层相应的 $P\text{-}S\text{-}N$ 曲线,如图5.37所示。

表 5.13　不同失效概率下的 $P\text{-}S\text{-}N$ 曲线的参数

P	m	$C/10^{32}$
5%	9.2937	2.9897
50%	9.4429	10.4690
95%	9.5238	20.6901

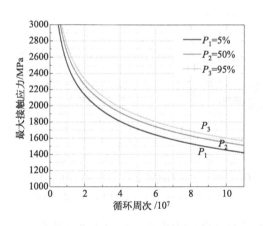

图 5.37　不同失效概率下复合强化层接触疲劳 $P\text{-}S\text{-}N$ 曲线

通过 $P\text{-}S\text{-}N$ 曲线图,可以得到在任意接触应力的作用下,三种不同失效概率下复合强化层的接触疲劳寿命。当然,$P\text{-}S\text{-}N$ 曲线中的失效概率 P 可以是 0~100% 中的任意值,这里只选择这三种典型的失效概率建立 $P\text{-}S\text{-}N$ 曲线。从图5.37不同失效概率下接触疲劳 $P\text{-}S\text{-}N$ 曲线可以看出,在1600MPa下,复合强化层在可靠度为95%时,循环次数为 6.5×10^7 左右,这个数值远小于表5.10中试验得到的循环次数,所以可以认为在1600MPa下复合强化试件的可靠度大于95%。

5.1.3.2　18Cr2Ni4WA 钢复合强化层弯曲疲劳性能

采用高频弯曲疲劳试验机，其主要技术参数如表 5.14 所示。根据 YB/T 5349—2014《金属材料　弯曲力学性能试验方法》，试样具体要求为：采用矩形横截面，$h \times b$ 为 10mm $\times$ 10mm，跨距 Ls 为 $16h = 160$mm，总长度 L 为 180mm。

表 5.14　高频弯曲疲劳试验机主要技术参数

技术参数	数值	技术参数	数值
最大交变载荷/kN	± 150	频率范围/Hz	$80 \sim 250$
最大单向脉动载荷/kN	300	两立柱间最大距离/mm	550

依据船用齿轮服役工况，设定复合强化层的弯曲疲劳强度为 500MPa，采用增大接触应力的试验方法进行加速试验。齿轮设计过程中一般会引入安全系数这一概念，相关资料表明[8]，齿轮传动系统的安全系数应采用在较高可靠度下的最小安全系数值，且弯曲疲劳强度安全系数为 1.40~1.60，结合弯曲疲劳试验机的实际操作经验，此处选择 1.40 作为安全系数，即弯曲应力设定为 700MPa，在此基础上增大载荷多次试验，试验应力设计如表 5.15 所示。

表 5.15　复合强化层弯曲疲劳试验参数

弯曲应力	500MPa	700MPa	850MPa	1000MPa	1200MPa
循环次数	X_1	X_2	X_3	X_4	X_5

试验时，在额定弯曲应力下循环，观察试件是否发生弯曲疲劳或断裂，并记录试验循环次数，记为 X_n。

通过观察疲劳断口形貌可以对断裂类型、断裂方式、断裂路径、断裂过程、断裂性质、断裂原因和断裂机制进行分析，因此，对于弯曲疲劳试验，断口形貌的观察和研究一直备受重视。此部分弯曲疲劳测试中，弯曲应力为 500MPa 时，试样并未发生断裂，在所设定的其余四个应力下试样均发生断裂。图 5.38 为四种应力下试样断口形貌的宏观图。

从图 5.38 中可以看出，四种应力下疲劳试样宏观断口处没有发生明显塑性变形，将疲劳断口对合在一起，均可很好地匹配吻合，说明复合强化层具有较好的韧性。由于渗碳层的组织以马氏体为主，其为体心正方结构，微观可能发生解理断裂，是一种塑性断裂过程。由此可见，疲劳断裂发生与否与材料本身塑韧性无关。疲劳断口宏观形貌一般分为三个区域：疲劳源区、裂纹扩展区（疲劳辉纹）和最终瞬断区。①疲劳源区，是疲劳裂纹初始位置，多发现于样品表面或内部有缺陷的地方。②裂纹扩展区，是循环加载时，反复变形，裂开的两个面不断张开、闭合、相互摩擦所形成。断面处通常可见"海滩花样条纹"，一般宏观上叫作贝壳线，微观上叫作疲劳辉纹，前者是整个疲劳试验循环加载的结果，后者是单个循环应力形成。这种海滩花样的贝壳线是由疲劳裂纹尖端向前运动扩展所致，也是发生疲劳断裂的重要特征。③最终瞬断区，是裂纹扩展导致剩余尺寸无法承担疲劳载荷最大值所引起的断裂失效，断口形貌和一般的塑性或脆性断口形貌接近，又叫粗粒区。

观察图 5.38 中四种应力下样品的断口形貌可发现，疲劳断口形貌按疲劳源区、裂纹扩展区和最终瞬断区可分别标注 1、2 和 3 区域。对比四个试样的 1 区域可以发现，疲劳裂纹起源于应变集中的局部显微组织。当试样表面承受循环弯曲载荷时，发生以滑移为主的循环塑性变形，它形成在试样表面，然后扩展到内部，形成"滑移带"，这个过程十分漫长，在整体疲劳断裂过程中时间占比最大。由于不可逆的反复塑性变形，将在表面形成"挤出带"

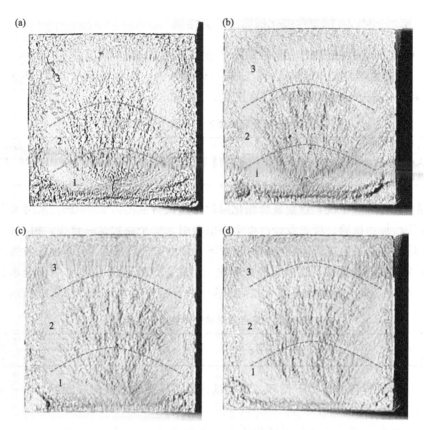

图 5.38　复合强化层弯曲疲劳断口宏观形貌

(a) 700MPa；(b) 850MPa；(c) 1000MPa；(d) 1200MPa

或"侵入沟"，通常情况下"侵入沟"将发展成为疲劳裂纹的核心。如果滑移带在扩展时遇到内部缺陷、夹杂物或碳化物等，这些内部缺陷和夹杂等也将发展成为疲劳裂纹的核心。对比四个试样的 2 区域可以发现，随弯曲应力的增大，裂纹扩展区的"海滩花样条纹"增多，这些条纹可以看作是滑移带向前扩展所留下的痕迹，由此可以确定疲劳裂纹扩展由滑移带扩展引起[9]，所以这个过程也比较缓慢。对比四个试样的 3 区域可以发现，随弯曲应力增大，其最终瞬断区反而减小，这是因为试样大小有限，发生疲劳断裂后，在较大弯曲应力的作用下，裂纹扩展较远，即剩余面积较小，最终瞬断区较小。由此可知，复合强化层弯曲疲劳断裂形貌可分为三个区域，分别为疲劳源区、裂纹扩展区和最终瞬断区。弯曲应力增加后，扩展区面积会增大，疲劳源区则无明显变化。

为了进一步分析复合强化层三点弯曲疲劳断口形貌，对断裂后试样三个区域分别进行扫描电镜观察，分别得到图 5.39、图 5.40 和图 5.41。

从图 5.39 复合强化层弯曲疲劳断口裂纹源区的形貌图中可以看出，试样在四种弯曲应力下裂纹源区均出现了明显的韧窝断口，韧窝中存在的夹杂物或第二相粒子，如图中虚线圆区域，在渗碳层中第二相为碳化物，它是疲劳断裂的源头。可以看出碳化物呈现球状或块状，这种形状的碳化物有助于提高渗碳层的硬度，进而有利于疲劳性能的提升[10]，网状或片状的碳化物对渗碳层的性能会带来不好的影响。对比四种应力下失效试件韧窝大小可以发现，弯曲应力为 700MPa 和 850MPa 下的弯曲疲劳裂纹源区韧窝较大，而在较大应力如

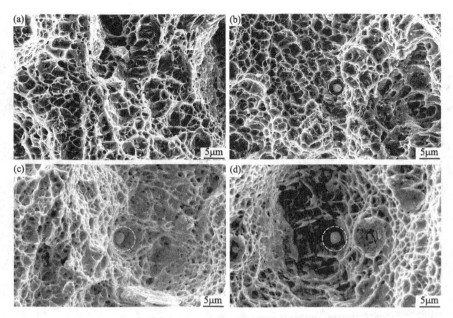

图 5.39　弯曲疲劳断口裂纹源区扫描电镜图
(a) 700MPa; (b) 850MPa; (c) 1000MPa; (d) 1200MPa

1000MPa 和 1200MPa 下形成的韧窝较小。韧窝的大小和深度取决于材料断裂时空位核心的数量、材料本身的相对塑性和温度。韧窝尺寸较小、较浅可说明材料的相对塑韧性较低,韧窝的尺寸较大、较深说明材料的相对塑韧性较好。此测试结果可表明,当弯曲应力较小时,材料可以表现出一定的塑韧性;当弯曲应力较大时,其超过复合强化层的弯曲强度时,材料往往不能表现出良好的塑韧性,即直接断裂,因此可知复合强化试件弯曲疲劳强度极限在850MPa 左右。

图 5.40 为弯曲疲劳断口裂纹扩展区扫描电镜图,从图中可以看出,在裂纹扩展区疲劳断裂最明显的特征是疲劳辉纹,其为图 5.40 中虚线线条标记处"亮白色痕迹"。当弯曲应力较低为 700MPa 和 850MPa 时,裂纹扩展区可发现明显的韧窝,表明较低应力下断裂是一个相对"缓慢"的过程,存在塑性变形过程。裂纹扩展区的韧窝与疲劳源区的韧窝相比具有明显的方向性,如图中箭头所示,该方向为断裂时受力的方向。当弯曲应力增大,达到1000MPa 或 1200MPa 时,裂纹扩展区韧窝不再明显,这可能为弯曲应力较大导致疲劳裂纹形成后发生相对"迅速"的断裂。弯曲应力增大后,裂纹扩展区的面积增大,单位面积内疲劳辉纹数量也增多;疲劳辉纹呈现"山脊状",两侧稍微有"斜坡",与裂纹扩展方向相垂直。

图 5.41 为弯曲疲劳断口最终瞬断区的扫描电镜图,从图中可以看出,在裂纹扩展到最终瞬断区过渡段,四种应力下的断口形貌无太大区别,表面比较平整,看不到撕裂棱,也没有裂纹源区和扩展区的韧窝。这是由于在最终瞬断区,试件所剩面积不足以承受弯曲应力而瞬间开裂。在图 5.41(c) 中,虚线左侧区域为裂纹扩展区,右侧区域是最终瞬断区,对比两者可以明显看出两个区域组织形貌的差异。

基于上述弯曲疲劳失效测试获得的循环次数数据,对复合强化层不同接触应力下的弯曲疲劳寿命进行预测,每个接触应力进行 5 组试验,得到复合强化层疲劳失效时的循环次数,

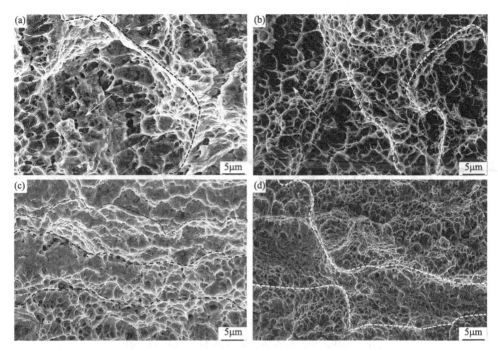

图 5.40　弯曲疲劳断口裂纹扩展区扫描电镜图
(a)700MPa；(b)850MPa；(c)1000MPa；(d)1200MPa

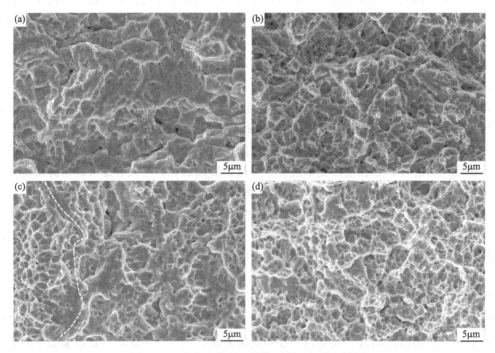

图 5.41　弯曲疲劳断口最终瞬断区扫描电镜图
(a) 700MPa；(b) 850MPa；(c) 1000MPa；(d) 1200MPa

结果记录于表5.16中。

表 5.16   复合强化层失效试验不同弯曲应力下的循环次数

弯曲应力	循环次数				
	试样 1	试样 2	试样 3	试样 4	试样 5
700MPa	3327654	2916278	3529860	3612578	3823654
850MPa	331429	281417	300236	320321	255125
1000MPa	67013	62017	58510	69256	68024
1200MPa	29521	27802	31372	34178	32635

弯曲疲劳寿命同样服从两参数威布尔分布[11]。依据式(5.8)~式(5.15)，获得复合强化试样 P-S-N 曲线，结果如图 5.42 所示。

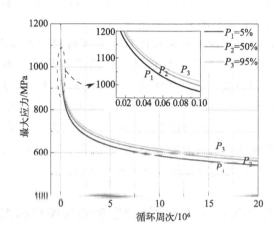

图 5.42   不同失效概率下复合强化试样的弯曲疲劳 P-S-N 曲线

通过弯曲疲劳 P-S-N 曲线可以得到在任意弯曲应力作用下，任意失效概率下复合强化试件对应的疲劳寿命，建立全面的弯曲疲劳寿命预测模型。从图 5.42 中可以看出，在 700MPa 下，当循环次数为 1.93×10^6，这个数值小于表 5.16 中获得的实际循环次数，说明此时试样的可靠度大于 95%。由于选取安全系数为 1.40，额定弯曲应力 500MPa 下试样未发生断裂，所以认为 500MPa 下试样的可靠度接近 100%。

依照船用齿轮疲劳寿命运行指标要求，通过对表面纳米化＋真空渗碳＋机械喷丸复合强化样件接触疲劳性能与弯曲疲劳性能考核，获得以下结论：

① 多技术复合强化试样在接触疲劳强度 1600MPa 和循环周次 4.8×10^7 下未发生失效；在不限制循环次数试验中，复合强化样件的接触疲劳失效形式为点蚀或浅层剥落，微观形貌主要以点蚀和剥落坑为主，部分区域伴有塑性变形。在失效部位截面存在大量疲劳裂纹，呈现树枝状传播；随接触应力增大，疲劳失效程度会越加严重，试样表面点蚀及剥落坑增多，疲劳裂纹长度和深度也会增大。在 1600MPa 下，复合强化试样的接触疲劳可靠度大于 95%。

② 多技术复合强化试样在弯曲疲劳强度 500MPa 下未发生断裂失效；增加弯曲应力后，试样均发生断裂。试样断口形貌呈现出明显的弯曲疲劳断裂特征，存在明显的海滩花样条纹。微观形貌中疲劳源区存在明显的韧窝，且韧窝中心为碳化物；裂纹扩展区存在明显的疲劳辉纹；最终瞬断口形貌则比较平整。随弯曲应力增大，单次扩展区面积增大，且最终瞬断区面积减小。在 500MPa 下，复合强化试样的弯曲疲劳可靠度接近 100%；在 700MPa 下，

其试样的弯曲疲劳可靠度大于 95%。

5.2 超声深滚后处理

超声深滚（USRP）技术属于金属冷变形处理的一种，其既具备了机械喷丸的强冲击作用，又兼具了挤压变形的强化作用。与机械喷丸相比，可得到表面光滑且组织更为细小的强化层，其作为一种终加工方法在表面工程领域获得了广泛的关注。超声深滚作为一种可与机械喷丸复合的二次强化或替代机械喷丸的终加工技术，有必要开展超声深滚对渗碳零件组织结构、力学性能及疲劳性能影响的研究。

相关研究表明[3,12]，超声深滚处理能够改善所处理材料的表面形貌、表面缺陷、微观组织、表面层的冶金化学、物理力学性能以及工程技术特征等。本节采用 USRP 技术对 17CrNiMo6 钢真空渗碳层进行复合后处理强化，通过对超声深滚工艺处理真空渗碳层表面粗糙度、几何特征、微观形貌、力学以及摩擦学与耐腐蚀性能进行表征与测试，探究超声深滚处理对真空渗碳层表面形貌、组织与性能的影响，为超声深滚技术在真空渗碳领域的应用奠定基础。在超声深滚处理前，对真空渗碳后的板材进行表面精细加工，保证试样表面平整，并将精细加工后的试样作为超声深滚处理的对比试样。

5.2.1 超声深滚 17CrNiMo6 钢真空渗碳层表面形貌与组织结构

5.2.1.1 超声深滚对 17CrNiMo6 钢渗碳层表面粗糙度的影响

采用光学显微镜对不同强度超声深滚前后的真空渗碳试样进行观察，结果如图 5.43 所示。从图 5.43(a) 精细加工后的渗碳层表面形貌可以看出，经过精细加工后，渗碳层表面存在较明显的加工痕迹，同时在精细加工的挤压作用下，互相平行的加工痕迹上分布着一些毛刺，此时试样表面较粗糙，沿图 5.43(a) 所示的 y 方向可看到规律变化的凹凸交替的现象。图 5.43(b)、(c)、(d) 分别为真空渗碳层经过静压力为 0.4MPa、0.6MPa 和 0.8MPa 超声深滚后的表面形貌图，可以发现经过超声深滚后，样品表面的加工痕迹被明显弱化，表面划痕的数量减少且深度变浅。当静压力较小时，作用于渗碳层表面的静压力小，对表面的挤压作用小，其"削峰填谷"现象不明显，因此静压力为 0.4 MPa 时，真空渗碳样品表面的精细加工痕迹比较明显；当静压力增加到 0.6MPa 时，表面划痕的数量进一步减少，表面光整效果明显。但当静压力为 0.8MPa 时，局部出现了细微的材料堆积现象，这应与施加静压力过大后，工具头接触到波峰的位置时，对波峰处的材料作用过大，且未能将其全部填入波谷中，从而造成脱落的波峰材料在试样表面堆积相关，堆积的材料使试样表面的粗糙度变大。

为进一步确认超声深滚后渗碳层表面粗糙度的变化，对不同静压力下渗碳层的表面进行原子力显微镜测试，测试范围为 $5\mu m \times 5\mu m$，运用 Nanoscope Analysis 软件分析所得数据，得到如图 5.44 所示图像。从图 5.44 中可以看出，真空渗碳层表面经精细加工后，切削痕迹非常明显，波峰与波谷交替出现，且波峰处较尖锐。经过 0.4MPa 静压力的超声深滚处理后，渗碳层表面的大部分波峰被"熨平"，虽然波谷的深度明显变浅，但仍能观察到部分波谷的存在。经过 0.6MPa 静压力的超声深滚后渗碳层表面已经没有明显的波峰与波谷。超声

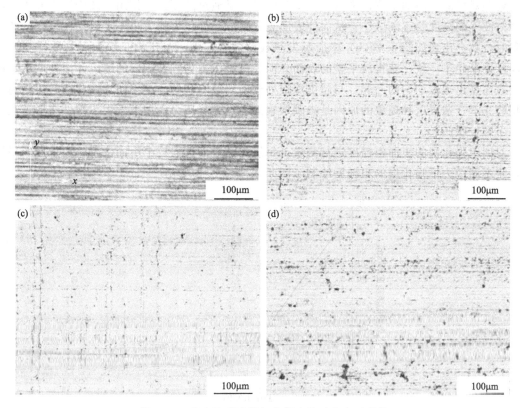

图 5.43　真空渗碳试样超声深滚前后的表面形貌

（a）普通渗碳层；（b）渗碳＋0.4USRP 强化层；（c）渗碳 ＋0.6USRP 强化层；

（d）渗碳＋0.8USRP 强化层

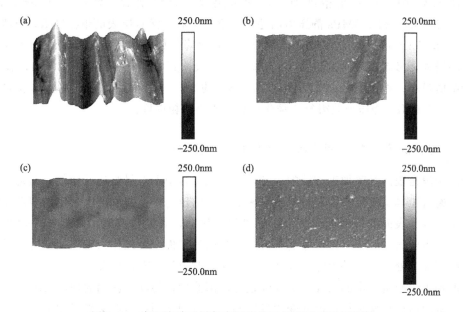

图 5.44　真空渗碳试样超声深滚前后的表面 AFM 形貌

（a）普通渗碳层；（b）渗碳＋0.4USRP 强化层；

（c）渗碳＋0.6USRP 强化层；（d）渗碳＋0.8USRP 强化层

深滚处理对样品表面加工痕迹进行"熨平"的过程是通过静压力的作用将波峰填入波谷，使波峰与波谷的高度差逐渐减小，从而使表面更光整。当静压力的大小不足以使波峰完全填入波谷时，就会出现如图5.44(b) 中所示发热残留波谷，而当静压力足够大时，波峰与波谷的高度逐渐趋于一致，获得较平整的表面。但经过静压力为0.8MPa的超声深滚处理后，渗碳层表面会出现较均匀的凸起，与超声深滚处理前的波峰状的凸起不同，这些凸起边缘与顶部均较光滑，造成这种现象的原因是渗碳层表面在过大静压力作用下发生了塑性变形，从而出现了颗粒状凸起。

对四组强化层的表面粗糙度进行测量，每组样品表面选取三个不同位置，测量后取平均值，将不同应力下强化层的粗糙度绘制于图5.45中。

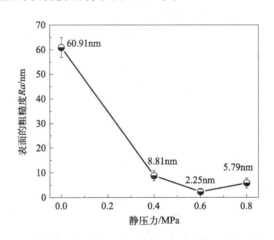

图 5.45　真空渗碳试样超声深滚前后表面的粗糙度变化

从图5.45中可以看出精细加工后渗碳层表面粗糙度 Ra 约为60.91nm，而经过0.4MPa、0.6MPa和0.8MPa静压力的超声深滚加工后，渗碳层表面粗糙度 Ra 分别减小为8.81nm、2.25nm和5.79nm，即超声深滚可大幅度降低精细加工渗碳层表面的粗糙度，随静压力的增大，渗碳层表面粗糙度 Ra 先减小后增大，其中0.6MPa静压力下对应渗碳层表面粗糙度值最小，相比于精细加工渗碳层减小了约96.3%。由此可知，在所选取的三个静压力值中，0.6MPa静压力获得复合强化层具有更小的粗糙度。

5.2.1.2　超声深滚对17CrNiMo6钢渗碳件尺寸的影响

超声深滚是表面光整加工方法的一种，在加工过程中不对材料进行切削，而是采用滚压的方式，通过工具头超声冲击对材料表面施加一定的压力，使表面产生一定的塑性变形。由于工具头与样品表面的接触面积较小，配以超声振动，其能够有效地降低试件表面的粗糙度，且不产生磨屑，对于一些尺寸要求不是很严格的工件，可以作为工件加工的最后一道工序。但超声深滚处理后工件尺寸会存在少量变化，对于尺寸有严格要求的工件，需要在超声深滚前的加工中预留一定的尺寸，保证经过超声深滚后仍能满足使用的精度要求。此部分对不同超声深滚前后渗碳板材厚度的变化进行测量，得到不同超声深滚静压力对板材厚度的影响。板材厚度采用外径千分尺进行测量，每个试样选取5个不同位置进行测量，取平均值并记录于表5.17中。

表 5.17　超声深滚处理前后真空渗碳试样尺寸的变化

项目	静压力		
	0.4MPa	0.6MPa	0.8MPa
精细加工后尺寸/mm	14.956	15.025	15.047
USRP 后尺寸/mm	14.931	14.996	15.015
变化量/mm	0.025	0.029	0.032

由表 5.17 中数据可知，经过不同压力超声深滚后，试样的尺寸均会出现一定程度的减小，并且尺寸的减小量随静压力的增大而增大。由于超声瞬时冲击力极大，能够"熨平"试样表面的微凸起，产生一定程度的塑性变形，当静压力越大时，这种现象越明显，其尺寸变化也会越大。但超声深滚对样品尺寸数值的影响较小，其中 0.8MPa 静压力下的超声深滚处理前后样品尺寸变化量最大，也仅为 0.032mm，相较于原有尺寸缩短 0.2%。

5.2.1.3　超声深滚对 17CrNiMo6 钢渗碳层组织结构的影响

图 5.46 为渗碳件精细加工后，经过不同压力超声深滚处理后渗碳层的截面组织金相图。从图 5.46 中可以看出超声深滚并未引起真空渗碳层相组成发生变化，17CrNiMo6 钢真空渗碳层超声深滚处理前后均由马氏体、残余奥氏体和碳化物组成，但经超声深滚处理后，渗碳层靠近表面的位置可以观察到颜色较暗的区域。由于超声深滚能够细化其处理工件表层一定深度范围内的晶粒，增加晶界的面积，在其被硝酸乙醇溶液浸蚀的过程中，由于晶界的腐蚀

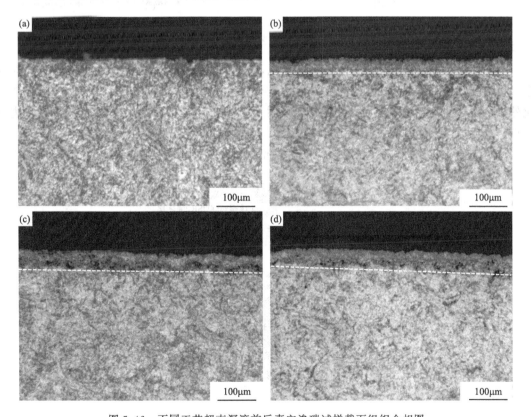

图 5.46　不同工艺超声深滚前后真空渗碳试样截面组织金相图

(a) 普通渗碳层；(b) 渗碳＋0.4USRP 强化层；(c) 渗碳＋0.6USRP 强化层；(d) 渗碳＋0.8USRP 强化层

性能较差，腐蚀程度较高，因此在金相显微镜下出现颜色较暗的区域。运用标尺对金相图中晶粒细化层的厚度进行测量，得到静压力 0.4MPa、0.6MPa 和 0.8MPa 三种超声深滚处理晶粒细化层相应厚度分别为 $15.12\mu m$、$20.96\mu m$ 和 $22.56\mu m$。由此可知，晶粒细化层的厚度随静压力的升高而增大，静压力越大，超声深滚的影响深度越深。

图 5.47 为真空渗碳层经过不同压力超声深滚前后的 XRD 谱图，由图 5.47(a) 可以看出，超声深滚处理前后渗碳层表面物相种类无变化，渗碳层 XRD 谱图中仍由体心立方 Fe 的（110）、（200）和（211）衍射三强峰组成，但衍射峰的强度在超声深滚处理后明显减弱，随着静压力的增大，衍射峰强度减弱越明显，其中 0.6MPa 和 0.8MPa 静压力超声深滚对应的峰强减弱现象最明显。

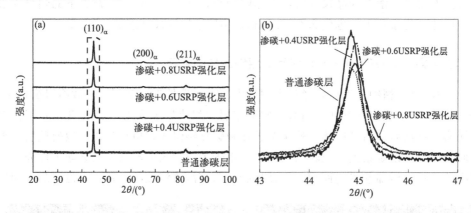

图 5.47　真空渗碳试样经不同工艺超声深滚前后的 XRD 测试结果

为了进一步分析衍射峰的位置及形状变化，将图 5.47(a) 中（110）$_\alpha$ 衍射峰进行放大观察，得到图 5.47(b)。从放大图中可以发现，超声深滚渗碳层表面（110）$_\alpha$ 衍射峰除峰强变化外，衍射峰的位置及宽度均发生变化。采用 Jade 软件对衍射峰的半高宽（FWHM）进行计算，结果如图 5.48 所示。

从图 5.48 真空渗碳试样超声深滚前后各衍射峰 FWHM 变化图中可以看出，真空渗碳

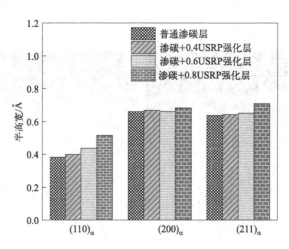

图 5.48　真空渗碳试样超声深滚前后各衍射峰的半高宽

层的三个衍射峰在超声深滚后均出现不同程度的宽化，其中（110）$_\alpha$衍射峰对应的宽化较明显，且其半高宽的宽化程度随静压力的增大而增大。半高宽的宽化与晶粒细化、微观应变以及仪器等因素有关，王婷[13]指出超声深滚造成钢材半高宽变化的原因与深度相关，在200μm内表层部分半高宽宽化是由晶粒细化和微观应变共同造成，而在距表面150～200μm深度范围内，半高宽的宽化则主要是由微观应变引起。由此可知，此处超声深滚渗碳层中半高宽的宽化程度是由晶粒细化和微观应变共同影响的结果。

5.2.2 超声深滚 17CrNiMo6 钢真空渗碳层力学性能

5.2.2.1 超声深滚对 17CrNiMo6 钢渗碳层残余应力的影响

超声深滚通过控制变幅杆，利用工具头对材料表面进行冲击和挤压，在材料表层引入一定的残余压应力，从而提高材料的疲劳性能。采用 X 射线应力测试仪对超声深滚前后渗碳层表面残余应力进行测试，结果如图 5.49 所示。

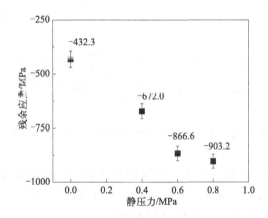

图 5.49　真空渗碳试样超声深滚前后表面残余应力变化图

精细加工真空渗碳试样表面的残余应力约为－432.3MPa。由于真空渗碳过程中，材料表层部分发生马氏体转变，体积膨胀，而内部组织未发生或仅发生部分马氏体转变，因此渗碳层一般会呈现出残余压应力状态，而内部为拉应力。经静压力 0.4MPa、0.6MPa 和 0.8MPa 超声深滚后真空渗碳试样的表面残余压应力分别变化为－672.0MPa、－866.6MPa 和－903.2MPa。从数值变化可以看出，超声深滚可增大渗碳层表面的残余压应力值，并且其数值随着随静压力的增大而增大，其中静压力为 0.8MPa 时，渗碳层表面残余压应力相对于未处理渗碳层增大近一倍。渗碳层表面残余压应力数值的增大能够阻止渗碳层表面服役时疲劳裂纹的萌生，且其对于已形成的裂纹同样存在闭合效应，降低疲劳裂纹扩展的速率，由此可知超声深滚有助于提高渗碳层的疲劳寿命。

5.2.2.2 超声深滚对 17CrNiMo6 钢真空渗碳层硬度的影响

图 5.50 为超声深滚前后真空渗碳层截面硬度沿深度方向的变化曲线。从图 5.50 中可以看出，真空渗碳层与超声深滚加工渗碳层截面硬度均呈现先增大后减小的趋势，但在相同深度处经超声深滚处理渗碳层的硬度均高于普通渗碳层。超声深滚对渗碳层在距离表面较近的

位置处硬度提升较大，随深度的增加，最后与未处理渗碳层硬度相当。将超声深滚后的截面硬度与超声深滚前的截面硬度比较可将超声深滚后渗碳层分为两个区域：第一，相同深度处超声深滚后的硬度比普通渗碳层硬度高的区域为超声深滚强化区；第二，硬度区别不大的区域则为超声深滚无影响区。从图 5.50 中可以看出 0.4MPa 静压力超声深滚样品强化区为 0～0.8mm，而 0.6MPa 和 0.8MPa 静压力的超声深滚强化区更深，约为 0～1.4mm。由此可知，超声深滚处理可以提高渗碳层一定深度范围内的硬度，深滚压力越大其硬度提升的范围越大，但当深滚压力达到一定极限后，其对渗碳层硬度的影响深度不再变化。

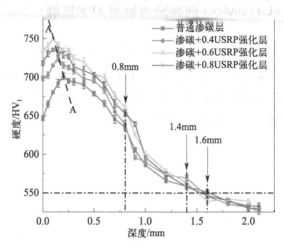

图 5.50 真空渗碳试样 USRP 前后的截面硬度变化

将图 5.50 中的不同压力超声深滚复合强化层表面及最大硬度值汇总于表 5.18。由表 5.18 可知，真空渗碳层表面硬度约为 $646.6HV_1$，而经过 0.4MPa、0.6MPa 与 0.8MPa 静压力超声深滚处理后渗碳层表面的硬度分别为 $698.5HV_1$、$718.2HV_1$ 与 $734.5HV_1$，相比于普通渗碳层分别提升了 8.0%、11.1%、13.6%，因此在 0.4～0.8MPa 的静压力范围内，表面硬度随静压力的增大而增大，即随静压力的增大，加工硬化的效果增强。相比于普通渗碳层，超声深滚其截面最大硬度同样得到不同程度改善，其中 0.4MPa、0.6MPa 与 0.8MPa 超声深滚后渗碳层截面最大硬度值分别约为 $725.3HV_1$、$735.4HV_1$ 和 $749.6HV_1$，相比普通渗碳层，分别提升 3.5%、4.9% 与 6.9%。四种强化层最大硬度仍位于近表面处，其最大截面硬度的位置沿图 5.50 中的 A-A 线向表面靠近，静压力越大其距离表面越近，这是因为超声深滚改变了渗碳层表面的残余应力分布以及晶粒状态，距表面越近，超声深滚的加工硬化作用、细晶强化作用越明显，而最终的硬度分布是真空渗碳和超声深滚共同作用的结果。

表 5.18 真空渗碳与不同工艺下超声深滚强化层的截面硬度

静压力/MPa	0	0.4	0.6	0.8
表面硬度/HV_1	646.6	698.5	718.2	734.5
最大硬度/HV_1	700.9	725.3	735.4	749.6

综上分析可知，静压力对 17CrNiMo6 低碳钢真空渗碳层截面硬度的影响为：①在 0.4～0.8MPa 的静压范围内，随静压力的增大，渗碳层的表面硬度和最高硬度均增大；②在 0.4～0.6MPa 的静压力范围内，超声深滚强化区的厚度随静压力的增大而增大，但当

静压力超过一定值后其影响区深度不再变化，在所选静压力范围内，0.6MPa 与 0.8MPa 静压力的超声深滚强化区深度几乎相同。

5.2.3 超声深滚 17CrNiMo6 钢真空渗碳层摩擦学性能

为考察不同静压力超声深滚处理对真空渗碳层摩擦学性能的影响，对不同工艺下超声深滚前后的真空渗碳样品进行常温无润滑条件下摩擦磨损试验，试验中对磨材料为 Si_3N_4，摩擦载荷为 9.8N，磨损测试时间为 60min，获得不同工艺下超声深滚后处理渗碳层摩擦系数曲线及磨损失重，结果如图 5.51 所示。

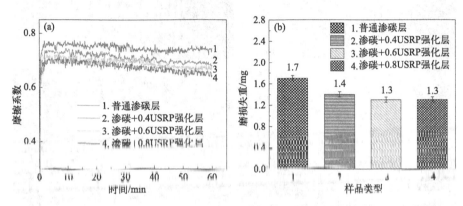

图 5.51　不同工艺下超声深滚后处理渗碳层摩擦系数曲线及磨损失重
(a) 摩擦系数曲线；(b) 磨损失重变化

图 5.51(a) 为不同工艺下超声深滚处理后渗碳层摩擦系数随磨损时间变化曲线图，从图中可以看出，四种强化层摩擦系数的变化趋势大致相同，摩擦系数均在磨损初始阶段迅速增大，随后即进入稳定期，摩擦系数在一定的范围内较稳定地波动，精细加工普通渗碳层表面的稳定期摩擦系数在 0.73～0.76 之间。相比于未强化渗碳层，不同压力超声深滚处理后渗碳层稳定期的摩擦系数均有所降低，且静压力越大，渗碳层稳定期的摩擦系数越小。其中静压力为 0.4MPa 时，复合强化样品表面的摩擦系数在 0.69～0.73 之间；静压力为 0.6MPa 时，复合强化样品表面的摩擦系数在 0.67～0.71 范围内；静压力为 0.8MPa 时，复合强化样品表面的摩擦系数在 0.66～0.69 范围内波动。超声深滚处理降低渗碳层摩擦系数的主要原因为其细化渗碳层组织并大幅度降低渗碳层表面粗糙度，使磨损表面更为光滑，磨损过程中形成的磨粒更为细小，从而达到减摩的效果。

图 5.51(b) 为不同工艺下超声深滚处理渗碳层磨损失重图，从图中可以看出普通渗碳样品在所设定的摩擦磨损条件下失重为 1.7mg，经过不同静压力超声深滚后，其磨损失重量减少。不同静压力对应的磨损失重相差不大，但总体趋势为磨损失重量随静压力的增加出现先减小后基本不变的趋势，其中 0.4MPa 静压力下，渗碳层磨损失重为 1.4mg；0.6MPa 和 0.8MPa 静压力下，真空渗碳试样的磨损失重均为 1.3mg。结合真空渗碳与超声深滚组织结构与力学性能分析可知，超声深滚除改善渗碳层组织，降低渗碳层表面粗糙度起到减少磨损的作用外，还可以提高渗碳层硬度、引入残余压应力增强其抗变形与抗裂纹萌生与扩展的能力，从而表现出更好的减摩抗磨性能，但当超声滚压静压力增大到一定程度后，其减摩抗磨效果不再增强。

为进一步研究超声深滚处理对真空渗碳层磨损机制的影响，对四种强化层的磨痕形貌进行观察，结果如图 5.52 所示。

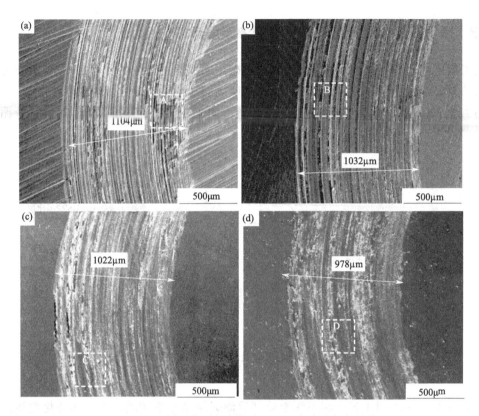

图 5.52　不同工艺下超声深滚后处理渗碳层磨痕形貌
(a) 普通渗碳层；(b) 渗碳＋0.4USRP 强化层；
(c) 渗碳 ＋0.6USRP 强化层；(d) 渗碳＋0.8USRP 强化层

对比四个样品磨痕宽度可以发现，超声滚压强化层的磨痕宽度较普通真空渗碳层表面磨痕要窄，真空渗碳层磨痕宽度约为 $1104\mu m$，经过 0.4MPa、0.6MPa 和 0.8MPa 静压力的超声深滚处理后，真空渗碳层磨痕宽度分别减小到 $1032\mu m$、$1022\mu m$ 和 $978\mu m$，这也进一步说明超声深滚处理能够改善真空渗碳试样表面的摩擦性能。普通渗层磨痕表面可观察到较深的犁沟和黏着物，而经过超声深滚后，样品表面磨痕中虽可观察到黏着物，但其犁沟深度明显变浅。对图 5.52 中 A、B、C、D 四个区域进行放大，结果如图 5.53 所示。

从图 5.53(a) 中可以观察到普通渗碳层磨痕中存在薄片状黏着物，且大片的黏着物上已形成裂纹，裂纹的存在会使黏着物在摩擦过程中更容易与表面脱离，从而对渗碳层的耐磨性能产生不利影响。摩擦磨损过程中黏着物的产生主要是因为摩擦过程中温度会升高，原本硬度较高的渗碳层在略高的温度下组织发生软化，表面的材料更容易在磨球剪切作用下发生迁移，从而产生黏着物。经超声深滚后渗碳层表面磨痕上的黏着物则与磨痕表面结合紧密，黏着物无裂纹，无起皮等现象，结果如图 5.53(b)～(d) 所示。复合强化层磨痕表面紧密结合的黏着物在摩擦过程中能够起到一定的润滑作用，从而使超声深滚复合强化层具有更低的摩擦系数。普通渗碳样品表面的黏着物较多且未与表面形成紧密结合，这与其表面粗糙度和表面硬度有关，由于普通渗碳层表面粗糙度大，表面微凸体的体积大，且硬度相对较低，在摩擦过程中会产生相对多的磨屑，在摩擦磨损测试过程中产生的磨屑未通过摩擦实现与磨痕表面形成紧密的结合，从而形成了片状黏着物。为进一步探究四组强化层表面磨痕黏着物的成分，对其进行能谱分析，发现四种强化层表面黏着物均有较高含量的 O 元素存在，由此可知强化层在摩擦过程中发生了氧化磨损。因此，真空渗碳层及超声深滚复合强化层的磨损机制为磨粒磨损、黏着磨损与氧化磨损，不同之处在于相同的摩擦磨损条件下，普通渗碳层磨痕犁沟较深且黏着物较多，磨损较严重，而经超声深滚处理后渗碳层在摩擦过程中形成的磨粒更为细小，表面犁沟较浅，且黏着物与样品表面有较好的结合，表现出更优异的减摩抗磨性能。

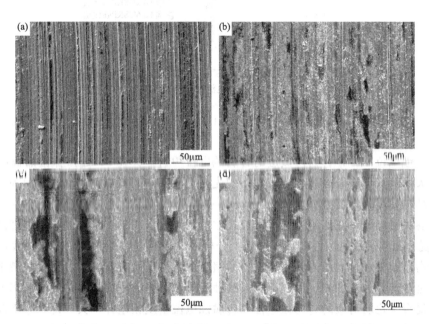

图 5.53　不同工艺下超声深滚后处理渗碳层磨痕形貌放大图
(a) 普通渗碳层；(b) 渗碳＋0.4USRP 强化层；
(c) 渗碳＋0.6USRP 强化层；(d) 渗碳＋0.8USRP 强化层

5.2.4　超声深滚 17CrNiMo6 钢真空渗碳层耐腐蚀性能

渗碳层中马氏体组织具有较高的硬度，但其耐腐蚀性能较差，此处结合苛刻工况下渗碳工件的服役条件，分析超声深滚作为真空渗碳件最终强化工序时，其对渗碳层耐腐蚀性能的影响。对精细加工渗碳件与不同应力超声深滚复合强化件进行电化学腐蚀测试，腐蚀环境为常温的 3.5％NaCl 溶液，测试后得到四种强化层的极化曲线，如图 5.54 所示，对极化曲线进行拟合获得四种强化层的自腐蚀电位和自腐蚀电流密度，并记录于表 5.19 中。

从图 5.54 中可以看出相比于普通渗碳层，超声深滚后渗碳层的腐蚀电位及电流密度均有所增加，在 3.5％NaCl 溶液表现出更好的耐腐蚀性能。对四种强化层极化曲线拟合得到普通渗碳层自腐蚀电流密度约为 $1.53 \times 10^{-7} \, \text{A/cm}^2$，而超声深滚后 0.4MPa、0.6 MPa 与 0.8 MPa 复合强化渗碳层自腐蚀电流密度分别为 $1.13 \times 10^{-7} \text{A/cm}^2$、$9.77 \times 10^{-8} \text{A/cm}^2$ 与 $9.49 \times 10^{-8} \text{A/cm}^2$，其中经静压力为 0.6MPa 与 0.8MPa 超声深滚后渗碳层自腐蚀电流密度较普通渗碳层可降低一个数量级，由此可知超声深滚复合强化层在 3.5％NaCl 溶液中腐蚀速率较低。

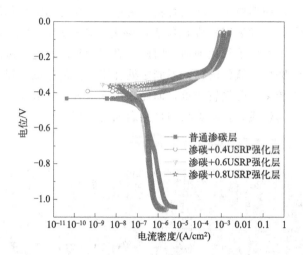

图 5.54　不同工艺超声深滚渗碳层在 3.5％NaCl 溶液中的电化学腐蚀极化曲线

在自腐蚀电位方面，普通渗碳层的自腐蚀电位约为 -0.43V，超声深滚后渗碳层的自腐蚀电位增大，其数值随着静压力的增加出现先增大后减小的趋势，其中静压力为 0.6MPa 超声深滚样品的自腐蚀电位最大，约为 -0.34V。由此可知，普通真空渗碳层在电化学腐蚀过程中更容易失去电子，在四组试样中具有较差的耐蚀性，而具有最小表面粗糙度的超声深滚 0.6MPa 复合强化层耐腐蚀性能最好。综上分析可知，经过超声深滚后渗碳层表面的耐蚀性能得到提高，其中经过静压力为 0.6MPa 的超声深滚处理后自腐蚀电位最大，最不易失去电子，而经过静压力为 0.8MPa 的超声深滚处理后自腐蚀电流密度最小，腐蚀速率最慢，但两种静压力复合强化层对应的自腐蚀电位和自腐蚀电流密度相差并不大，说明超声深滚静压力增大到一定值后，其对渗碳层耐 3.5％NaCl 溶液电化学腐蚀性能的改善效果会逐渐减弱。

表 5.19　不同工艺下超声深滚渗碳层在 3.5％NaCl 溶液中的自腐蚀电位和自腐蚀电流密度

样品	自腐蚀电位 E_{corr}/V	自腐蚀电流密度 I_{corr}/(A/cm²)
普通渗碳层	-0.43	1.53×10^{-7}
渗碳+0.4USRP 强化层	-0.39	1.13×10^{-7}
渗碳+0.6USRP 强化层	-0.34	9.77×10^{-8}
渗碳+0.8USRP 强化层	-0.36	9.49×10^{-8}

本节对真空渗碳层进行了超声深滚复合强化处理，通过对不同静压力下超声深滚渗碳层表面完整性、力学性能、摩擦学及耐腐蚀性能研究得到以下结论：

① 超声深滚处理能够显著改善真空渗碳件的表面完整性。第一，超声深滚可降低渗碳层表面粗糙度，超声深滚静压力增加，渗碳层表面粗糙度呈现先减小后增大的变化趋势，静压力为 0.6MPa 时渗碳层表面最平整。第二，超声深滚处理可减小渗碳工件的尺寸，但整体影响幅度较小，最大应力下也仅为 0.2％左右。第三，超声深滚处理对真空渗碳层组成相基本无影响，但其可显著细化渗碳层表面晶粒，静压力越大表面晶粒越细小，得到的细化层的厚度也越大。

② 超声深滚可有效改善渗碳层的力学性能，其可增大渗碳层表面的残余压应力值，且静压力越大其对残余压应力的增大效果越显著。超声深滚后渗碳层硬度增大，静压力越大其

表面硬度越高，强化区也越厚。相比于普通渗碳层，静压力为 0.4MPa、0.6MPa 和 0.8MPa 的复合强化层硬度可分别提升 8.0%、11.1%、13.6%。

③ 超声深滚可显著提升渗碳层的摩擦学性能，降低渗碳层表面摩擦系数并减少其磨损失重，静压力为 0.8MPa 的复合强化层摩擦学性能最好，其摩擦系数和磨损失重分别为 0.66～0.69mg 和 1.3mg，相比于普通渗碳层分别降低了 9.3% 和 23.5%。

④ 超声深滚可有效改善渗碳层在 3.5%NaCl 溶液中的耐腐蚀性能，增大渗碳层自腐蚀电位和自腐蚀电流密度，降低渗碳层的腐蚀倾向，并减小其腐蚀速率，其中静压力为 0.6MPa 复合强化层的自腐蚀电位最大，最不易失去电子，而静压力为 0.8MPa 的复合强化层自腐蚀电流密度最小，腐蚀速率最慢。

5.3 复合前处理/离子渗氮后处理

离子渗氮是在真空状态下，利用高压电场在稀薄的含氮气体中引起辉光放电，从而进行金属表面渗氮的一种方法，渗氮层表面会形成以氮化物为主的组织，其具有较高的硬度、耐腐蚀及耐磨损性能。相比于渗碳化学热处理，渗氮温度较低，但其渗层较薄，承而承载能力较差。渗碳与渗氮热处理复合处理，有利于改善渗碳层由于表面贫碳出现的硬度"低头"现象，弥补渗氮层因"薄脆"特性无法承受重载的不足，可同时改善渗层的耐腐蚀及磨损性能[14]。

为了得到综合性能优异且可在苛刻工况下长时间运行的渗层，开展齿轮钢渗碳与渗氮复合处理研究具有重要意义。本节以船用齿轮钢 17CrNiMo6 为研究对象，将表面纳米化引入稀土 La 复合前处理作为真空渗碳前期催渗工艺，研究离子渗氮对其组织结构、力学性能、摩擦学及耐腐蚀性能等方面的影响。

5.3.1 17CrNiMo6 钢离子渗氮工艺参数的选定

本离子渗氮工艺所用设备为 LDM1-100 型离子渗氮炉，其由脉冲电源、真空渗氮炉和机械泵三部分组成，相比于气体渗氮，离子渗氮具有渗入速度快、能源消耗少、零件变形小和组织易于控制等优点。

离子渗氮前对渗碳工件表面进行研磨和抛光处理，以去样品除表面的氧化膜及油污等，离子渗氮工艺参数如表 5.20 所示，具体的操作步骤如下：

① 将试样放至离子渗氮炉的阴极盘上，关闭腔室，使用机械泵对炉体抽真空，并对其漏气率进行测试，若 15min 内压强增加不超过 2Pa，则说明漏气率满足要求，可以开始离子渗氮过程。

② 通入氨气，使炉内气压升高至 80Pa 左右，接通直流高压电源对试样表面进行离子刻蚀，以进一步清除表面的氧化膜和吸附层，待炉内的打弧现象消失后，离子刻蚀结束。

③ 将电压升至 800V，增大导通比，提升氨气流量，打开机械泵使炉内气压缓慢升至 300～400Pa，在后续的保温过程中，需要气压稳定。

④ 待炉温升至 520℃时，开始计时，保温时间为 6h，在保温过程中，需要对温度进行实时监控，当温度波动超过设定温度 30℃时，须调节电压和电流使其恢复至设定温度。

⑤ 保温结束后，将样品在 600Pa 的氨气气氛中随炉冷却，离子渗氮过程结束。

相关研究表明[15]，在渗碳后进行渗氮会使渗碳样品次表层的硬度降低，虽然渗碳层表面硬度提高，但其强化层深度会降低。本节离子渗氮后热处理工艺采用直接随炉冷却和再次淬火两种方法。其中超音速微粒轰击引入稀土 La 前处理工艺真空渗碳件标记为 S(La)-C，超音速微粒轰击引入稀土 La＋真空渗碳＋离子渗氮样品标记为 S(La)-C-PN，超音速微粒轰击引入稀土 La＋真空渗碳＋离子渗氮＋淬火样品标记为 S(La)-C-PN-Q。淬火所用设备为中温炉，在淬火前对样品进行真空封管处理，避免离子渗氮层出现脱氮现象，淬火加热温度为860℃，待炉温边到设定的温度后，将样品放入中温炉保温 90min，保温结束后，将样品取出后放在淬火油中进行冷却，待样品冷却至室温后，淬火处理结束。

表 5.20　离子渗氮工艺参数

类别	参数	类别	参数
极限真空	＜1Pa	气压	300～400Pa
漏气率	＜0.13Pa/min	电压	800V
氮源	NH₃	直流电源	10A
渗氮温度	520℃	交流电源	25A
保温时间	6h	导通比	0.45

5.3.2　17CrNiMo6 钢碳氮复合渗层组织结构

图 5.55 为碳氮复合强化样品的截面组织金相图。从图 5.55 中可以看出，在所观察区域，单一渗碳层组织基本一致，为马氏体、残余奥氏体与碳化物。相比于单一渗碳，复合强化后渗层截面出现了明显的组织变化，其截面组织形貌可分为三部分，最表层较薄，在金相显微镜下呈现亮白色，其为化合物层，也称为白亮层，通常具有良好的耐腐蚀性和耐磨性，由于白亮层的厚度较薄，在金相显微镜下不明显。次表层颜色较深，为渗碳层和渗氮层的复合层，也称为扩散层，由于扩散层的氮含量较高，易于被硝酸乙醇溶液浸蚀，因此在金相显微镜下观察会与内部的渗碳层有明显的界面存在。

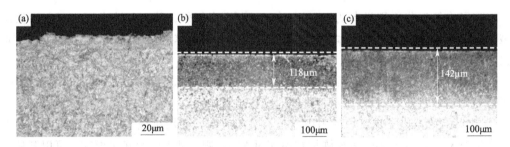

图 5.55　碳氮复合渗层截面组织金相图
(a) S(La)-C；(b) S(La)-C-PN；(c) S(La)-C-PN-Q

采用标尺对扩散层的厚度进行测量，得到 S(La)-C-PN 样品的扩散层厚度约为 118μm，而经过淬火后复合强化层的扩散层厚度会增大，S(La)-C-PN-Q 样品的扩散层厚度约为 142μm，通过比较淬火前后样品扩散层的厚度可知淬火后扩散层的厚度较未淬火样品增加了20.3%。因此，在淬火保温时，扩散层中的 N 元素会继续向内部扩散，从而增加了扩散层的厚度，扩散层位于表面白亮层和内部渗碳层中间，能够起到过渡的作用，减缓硬度的急剧下降，对材料的疲劳性能的提升具有积极作用。第三层则为渗碳层，在金相显微镜下颜色较明亮。

为进一步观察扩散层的组织，取表面以下 $100\mu m$ 范围内两种强化层的截面组织进行放大 500 倍的金相观察，结果如图 5.56 所示。从图 5.56(a) 中可以看出 S(La)-C-PN 样品扩散层的组织以回火索氏体为主。经淬火处理后复合强化层组织主要为马氏体，具体如图 5.56（b）所示。相比于索氏体，马氏体具有更高的硬度，能够为表面的白亮层提供有力的强度支撑，避免硬度的急剧下降，S(La)-C-PN 样品中索氏体的存在会使复合强化层表面硬度降低，因此为了获得硬度较高且较深的硬化层，对离子渗氮后的样品进行淬火处理十分必要。

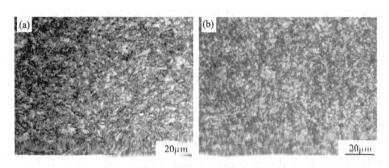

图 5.56　碳氮复合渗层截面组织显相图
(a) S(La)-C-PN；(b) S(La)-C-PN-Q

图 5.57 为两种复合强化层截面扫描电镜图。观察图 5.57 可以发现，两种复合强化层表面均为一定厚度的白亮层，白亮层连续致密无缺陷，且与扩散层的界面为弯曲状，这种结合面能够增大白亮层和扩散层的接触面积，使二者具有更好的结合强度，在受到外力时白亮层不易脱落。S(La)-C-PN 和 S(La)-C-PN-Q 样品表面白亮层厚度的相差不大，分别为 $8.01\mu m$ 和 $7.82\mu m$，由此可知离子渗氮后进行淬火处理，对复合强化层表面的白亮层厚度影响较小。

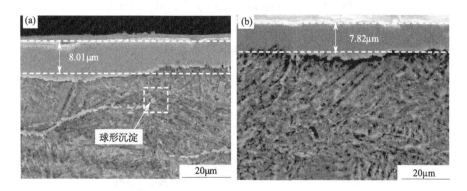

图 5.57　碳氮复合渗层截面扫描电镜图
(a) S(La)-C-PN；(b) S(La)-C-PN-Q

观察两种复合强化层的扩散区域可发现 S(La)-C-PN 样品扩散区内存在的大量晶间析出物与粒状沉淀相。为判断其析出物与沉淀相的成分，对其进行能谱分析，结果记录于表

5.21 中。

表 5.21　S(La)-C-PN 中晶间析出物和粒状沉淀相的 EDS 结果

元素	质量分数/%	
	晶间析出物	粒状沉淀相
CK	11.56	15.22
NK	8.23	6.82
CrK	0.97	2.99
FeK	69.43	46.16
NiK	1.43	2.58

从能谱结果中可以看出晶间析出物与粒状沉淀相中 N 含量均高于 17CrNiMo6 钢（表 2.8）。相比于粒状沉淀相，晶间析出物具有更高的铁元素含量，但其铬和镍元素的含量相对较低。由此可以判断出离子渗氮后，在扩散区的晶间析出物为铁碳氮化合物，而粒状沉淀相则为合金碳氮化合物。对比图 5.57(a) 和 (b) 可发现，淬火后样品中晶间化合物基本消失，仅有少量尺寸很小的粒状碳氮化合物弥散分布在马氏体组织上。在 860℃ 淬火加热时，碳原子和氮原子不仅会进一步向渗层内部扩散，同时还会向晶内扩散，使渗层深度增加，同时也能够消除部分析出的碳化物，使淬火后的组织仅含少量细小的碳化物。

图 5.58 为两种复合强化层截面 C、N 含量沿深度的变化趋势图。从图中可以观察到 S(La)-C-PN 样品中对应的氮含量在距表面约 35μm 处迅速下降，而碳元素含量在此位置则迅速上升，不同的是氮元素含量为骤降，而碳元素含量则为相对缓慢上升，这与一般表面热扩散处理中的元素的分布规律一致。在真空渗碳过程中，碳元素在 γ-Fe 中的溶解度较大，碳在 γ-Fe 中的扩散属于固溶体中的扩散，因此在渗碳层中碳含量沿渗层平缓下降。离子渗氮

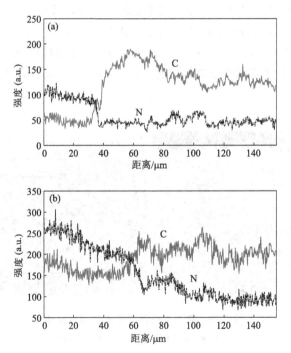

图 5.58　碳氮复合渗层中 C、N 含量沿深度方向变化图
(a) S(La)-C-PN；(b) S(La)-C-PN-Q

后氮含量则沿渗层呈跳跃式下降，这与渗氮时不同的氮含量形成的化合物有关。另外，氮含量降低的位置与白亮层的厚度相差较大，即氮含量的骤降并不是在白亮层与扩散层的界面处，因此在二者的界面处，氮含量并没有明显的变化，这也表明白亮层与扩散层之间具有较强的结合力。

S(La)-C-PN-Q 渗层中碳、氮元素沿其截面的分布趋势与 S(La)-C-PN 渗层相似，表现出氮元素沿深度变化逐渐降低，而碳元素含量在氮元素出现下降的位置缓慢上升，但经淬火后，渗层中氮元素含量的下降趋势变得平缓，且相对于淬火前，氮元素的扩散深度增加。这是由于在淬火保温的过程中，氮元素进一步向内部扩散，不仅增加了渗氮层深度，同时在一定程度上减缓了氮含量的急剧降低。S(La)-C-PN-Q 渗层中碳元素与氮元素的缓慢过渡代表着其强化层中截面组织间的缓慢过渡，预示着其各强化区域间的紧密结合与性能的良好匹配。

在扫描电镜图中仅可观察到两种复合强化层的厚度，其内部组织并不能被清晰观察到，为探究淬火后复合渗层表层的组成变化，采用 X 射线衍射仪对两种复合渗层的表面进行测试，结果如图 5.59 所示。从图 5.59 中可以看出，S(La)-C 经两种不同工艺的氮化处理后，两者表面的物相相同，均为 γ'-Fe$_4$N 相、ε-Fe$_{2\sim3}$N 相和 α-Fe 相，其中 ε-Fe$_{2\text{-}3}$N 相和 α-Fe 相对应的峰强均较低，由此可知离子渗氮后 17CrNiMo6 钢渗碳层表面主要为 γ'-Fe$_4$N 相。由 Fe-N 二元相图（图 5.60）可知，在 590℃左右保温时，随 N 原子浓度的增加，铁和氮首先会形成 α 相，α 相为体心立方结构的含氮铁素体。由于氮在 α 相中的扩散系数较大，随着 N 含量的增加，逐渐生成 γ' 相，γ' 相为面心立方结构的铁氮化合物，N 原子位于铁原子组成的面心立方间隙。当 N 的浓度达到 γ' 相中 N 的最高溶解度时，会生成密排六方结构的 ε 相，ε 相的氮含量变化范围较大，氮含量处于 Fe$_2$N～Fe$_3$N 之间。随 N 含量的继续增大，会生成 ζ 相，成分相当于 Fe$_2$N，但其脆性大，在一般的渗氮处理中，会尽量避免出现 ζ 相。碳氮复合层表面生成的相主要为 γ' 相，ε 相含量较少量，ε 相较少的原因可能是离子渗氮过程中保温时间较短。复合强化层表面 γ' 相的存在能够提高渗层的耐磨性和耐蚀性，其具有良好的韧性，也不易与结合层脱落。

5.3.3　17CrNiMo6 钢碳氮复合渗层力学性能

图 5.61 为单一真空渗碳[S(La)-C]与碳氮复合强化层截面硬度沿深度方向的变化曲线。从图 5.61 中可以看出 S(La)-C 渗层截面硬度随深度增大呈现出先增大后减小的趋势，而经过渗氮处理后，两种复合强化层截面硬度均随深度变化呈现出逐渐降低的趋势，其截面最大硬度值出现在最表面位置。两种复合强化渗层最大硬度均可达到 940HV$_1$ 左右，相比于 S(La)-C 渗碳层表面硬度 58～62HRC（相当于 664～739HV$_1$）提高了约 27.2%。复合强化层表面硬度的增大与其表面形成的氮化合物层有关，其中 γ'-Fe$_4$N 和 ε-Fe$_{2\sim3}$N 金属间化合物具有较高的硬度。与 S(La)-C 渗层相比，S(La)-C-PN 与 S(La)-C-PN-Q 复合渗层截面硬度虽然较高，但其硬度前期下降较快，其中 S(La)-C-PN 碳氮复合渗层的截面硬度在距表面约 150μm 范围内一直处于骤降状态，当深度大于 150μm 后其硬度下降趋势才相对平缓。S(La)-C-PN 复合渗层的扩散区内的晶间析出物和粒状沉淀相为合金碳氮化物，一般具有较高的硬度，其均匀分布于渗层中，能够达到弥散强化的作用，从而使其表层部分的硬度较高。S(La)-C-PN 复合强化层的化合物层与扩散层的厚度约为 118μm，略小于硬度骤降区

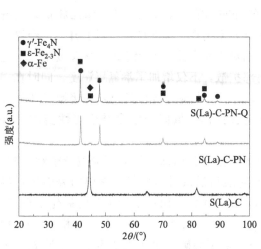

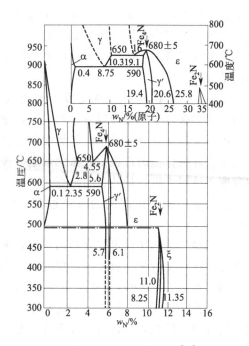

图 5.59 渗层表面的 XRD 图 图 5.60 Fe-N 二元相图[16]

的范围。由此可知渗氮后，复合强化层内化合物层以及扩散层内硬度下降较快，而在渗碳层
内部，硬度下降趋势平缓。根据标准 HB 5493—91《航空钢制件渗碳、碳氮共渗渗层深度测
定方法》，以从表面到维氏硬度值为 $550HV_1$ 的厚度作为强化层深度，此处 S(La)-C-PN 碳
氮复合渗层的深度为 1.10mm。

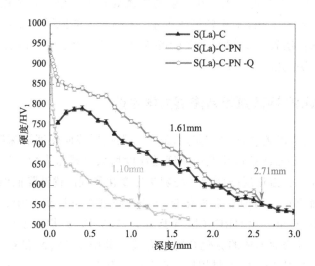

图 5.61 渗层的截面硬度分布

对比 S(La)-C-PN 和 S(La)-C-PN-Q 样品截面硬度变化曲线可发现，经淬火处理后复合
强化层截面硬度在 $100\mu m$ 以内同样存在快速下降现象，但其下降趋势较 S(La)-C-PN 渗层
平缓，并在硬度降至 $850HV_1$ 左右时既呈现出平缓的下降趋势，硬度的缓慢降低也印证了
其渗层截面组织与元素的缓慢过渡状态，由此可知复合强化后淬火处理可避免形成较薄且组

织性能变化过大的渗层。S(La)-C-PN-Q 渗层硬度出现缓慢过渡的原因主要为淬火后其次表层形成了马氏体。S(La)-C-PN-Q 复合渗层的强化层深度约为 2.71mm，相比于 S(La)-C-PN 复合渗层，其深度增大了约 1.61mm，提高幅度为 146.36%。因此在离子渗氮后增加一步淬火处理，不仅能够保留离子渗氮后表面的高硬度，而且能提高其次表层部分的硬度，使复合渗层中元素与组织达到缓慢过渡，进而有效改善渗层的疲劳性能和使用寿命。

5.3.4 17CrNiMo6 钢碳氮复合渗层摩擦学性能

采用 HT-1000 型球盘式摩擦磨损试验机，Si_3N_4 为对磨材料，在载荷为 9.8N，转速为 560r/min 条件下磨损测试 60min，获得三种强化层的摩擦系数随磨损时间变化曲线与磨损失重信息，结果如图 5.62 所示。从图 5.62(a) 摩擦系数随磨损时间变化曲线中可以看出 S(La)-C、S(La)-C-PN 与 S(La)-C-PN-Q 的摩擦系数曲线的变化趋势均为先迅速增大，后达到稳定期在小范围内波动。其中 S(La)-C-PN 和 S(La)-C-PN-Q 复合渗层相比于 S(La)-C 渗层具有较小的摩擦系数，这与复合强化层表面白亮层的减摩作用有关。对比两种复合渗层的摩擦系数曲线可发现 S(La)-C-PN-Q 碳氮复合渗层的摩擦系数较低，为 0.58~0.60，其波动幅度也相对较小，均小于 S(La)-C-PN 复合渗层（0.66~0.67）。经过淬火后，样品表面存在分均匀致密的高硬度化合物层，且其下扩散层组织为马氏体，同样具有较高硬度，在摩擦磨损过程中能够有效阻止样品表层机械剥离的阻力，因此其摩擦系数相比于 S(La)-C-PN 渗层略有减小。

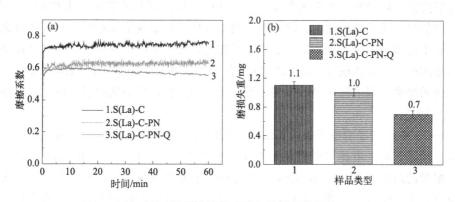

图 5.62 渗层的摩擦系数和磨损失重情况

(a) 渗层的摩擦系数；(b) 渗层的磨损失重

图 5.62(b) 为三种强化层的磨损失重图。从图中可以看出，经离子渗氮复合强化后，渗碳层的磨损失重会有所降低，其中 S(La)-C-PN 与 S(La)-C-PN-Q 样品的磨损失重分别为 1.0mg 和 0.7mg，相比于 S(La)-C 渗层分别减少 9% 和 36%。由此可知，渗氮后淬火对渗碳层耐磨性的改善更显著。

为了研究碳氮复合渗层的磨损机制，对三种强化层磨痕形貌进行观察，结果如图 5.63 所示。

从图 5.63 可看出相比于 S(La)-C 样品表面磨痕，S(La)-C-PN 和 S(La)-C-PN-Q 复合强化层的磨痕宽度均有所减小，分别为 824μm 和 792μm，较 S(La)-C 分别减少 9.5% 和 13.0%。渗层磨痕宽度降低说明渗氮后渗碳层抗磨损性能的提升，并且渗氮后进行淬火处理

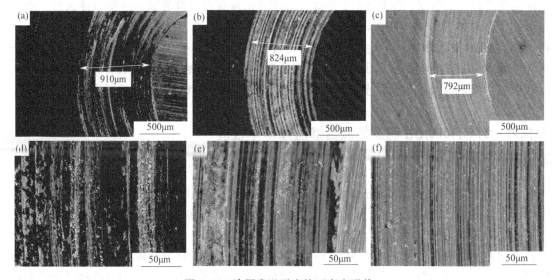

图 5.63　渗层常温干摩擦下磨痕形貌
(a)、(d) S(La)-C；(b)、(e) S(La)-C-PN；(c)、(f) S(La)-C-PN-Q

可进一步提升其抗磨损性能。观察图 5.63 中 S(La)-C 和 S(La)-C-PN 渗层磨痕形貌的局部放大图可以发现，两种渗层磨痕表面均有大量平行的犁沟，且犁沟表面覆盖有黏着物和被压实磨屑所形成的氧化层，因此 S(La)-C 和 S(La)-C-PN 渗层表面的磨损机制主要为黏着磨损、磨粒磨损以及较轻程度的氧化磨损。S(La)-C 渗层表面黏着磨损较为严重，犁沟较深，且不同位置的犁沟深浅差别较大，能够观察到部分位置已形成了氧化层。致密的氧化层能够在摩擦过程中起到润滑的作用，但其氧化层不连续，因此润滑作用有限，且容易使摩擦系数在一定的范围内产生波动现象。S(La)-C-PN 复合渗层表面磨痕的犁沟则相对较浅，脱落的磨屑在后续的摩擦过程中被对磨球压实，形成了更加致密连续的氧化层，因此其摩擦系数低于 S(La)-C 样品。

S(La)-C-PN-Q 渗层磨痕形貌主要由互相平行的犁沟及少量细小的磨屑构成，其表面未观察到明显的黏着物。由此可以判断出 S(La)-C-PN-Q 复合渗层的磨损机制主要是磨粒磨损，其中犁沟的形成主要因为 S(La)-C-PN-Q 样品表面硬度较高，扩散区含有大量铁碳氮化合物以及合金碳氮化合物等硬质颗粒，在摩擦过程中，部分硬质颗粒脱落形成磨粒，磨粒在渗层表面被对磨球带动对样品表面进行摩擦，从而在样品表面形成与摩擦方向大致平行的犁沟。由于磨痕形貌未观察到明显的黏着物和氧化层，S(La)-C-PN-Q 渗层的磨损失重也相对较少。

5.3.5　17CrNiMo6 钢碳氮复合渗层耐腐蚀性能

离子渗氮在真空渗碳样品表面形成的化合物层会对表面的耐蚀性产生影响，复合强化层耐蚀性与其形成的化合物的种类及化合物层的致密程度有关。为了研究离子氮化及淬火工序对真空渗碳层耐蚀性能的影响，此处对 S(La)-C、S(La)-C-PN 和 S(La)-C-PN-Q 三种渗层进行了电化学耐蚀性测试，模拟的腐蚀环境为常温的 3.5%NaCl 溶液，获得三种渗层的极化曲线，如图 5.64 所示。

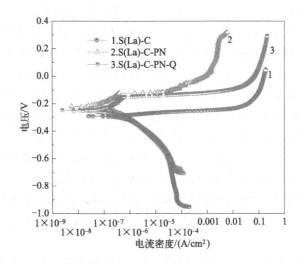

图 5.64 渗层在 3.5%NaCl 溶液中的电化学腐蚀极化曲线

从图 5.64 中可以看出 S(La)-C 渗层在腐蚀过程中无钝化产生，而渗氮处理后，复合强化层的极化曲线中出现了明显的钝化区，说明复合强化层表面形成了钝化膜。从拟合数据表（表 5.22）中可以看出 S(La)-C-PN 和 S(La)-C-PN-Q 渗层的自腐蚀电位分别为 −0.23V 和 −0.25V，相比于 S(La)-C 渗层（−0.49V），两者的自腐蚀电位分别提高了 53% 和 49%，离子渗氮及后续的淬火处理大大降低了渗碳层表面发生腐蚀的可能性。S(La)-C-PN 和 S(La)-C-PN-Q 渗层的自腐蚀电流密度分别为 8.97×10^{-8} A/cm^2 和 1.93×10^{-7} A/cm^2，相比于 S(La)-C 渗层，分别降低了两个和一个数量级，由此可知将离子渗氮与真空渗碳复合能够有效地改善渗碳层的耐腐蚀性。复合渗层耐腐蚀性的提高主要与复合渗层表面致密且均匀的化合物层形成有关，该化合物层主要是由 γ'-Fe$_4$N 相和 ε-Fe$_{2\sim3}$N 相构成，其中 ε-Fe$_{2\sim3}$N 相耐蚀性较好，γ'-Fe$_4$N 相的耐蚀性略差，但相比于真空渗碳层中的马氏体相，复合渗层表面的化合物层仍具有良好耐腐蚀优势。Baba[17] 等的研究指出，氮化层在发生电化学腐蚀过程中，其表面部分的氮元素会与溶液中的水发生反应，释放铵根离子和氢氧根离子，使金属表面的溶液发生碱化，在中性溶液中的这种碱化现象有助于钝化，提高渗层表面抵抗电化学腐蚀的能力。S(La)-C-PN-Q 渗层的自腐蚀电位与电流密度分别是 −0.25V 和 1.93×10^{-7} A/cm^2，相比于 S(La)-C-PN 渗层的自腐蚀电位略有降低，但自腐蚀电流密度相差不大，因此离子渗氮后淬火处理，对复合渗层表面化合物层产生的影响很小，并不会对表面耐腐蚀性产生较大的破坏。

表 5.22 不同渗层的自腐蚀电位和自腐蚀电流密度

样品	自腐蚀电位/V	腐蚀电流密度/(A/cm^2)
S(La)-C	−0.49	8.93×10^{-6}
S(La)-C-PN	−0.23	8.97×10^{-8}
S(La)-C-PN-Q	−0.25	1.93×10^{-7}

本节在真空渗碳的基础上，进行了离子渗氮复合处理，制备了 S(La)-C-PN 和 S(La)-C-PN-Q 碳氮复合渗层，得到如下结论：

① 碳氮复合渗层均由化合物层、扩散层和渗碳层组成。S(La)-C-PN 和 S(La)-C-PN-Q

化合物层的厚度分别为 $8.01\mu m$ 与 $7.82\mu m$，化合物层内主要含有 γ'-Fe_4N 相和 ε-$Fe_{2\sim3}N$ 相；扩散层厚度分别为 $118\mu m$ 和 $142\mu m$，S(La)-C-PN 样品扩散层组织以回火索氏体为主，存在大量晶间析出物和粒状沉淀，其中晶间析出物主要为铁碳氮化合物，粒状沉淀主要是合金碳氮化合物；而 S(La)-C-PN-Q 渗层的扩散层内则主要为马氏体和少量的粒状沉淀。

② 离子渗氮复合强化可有效提高渗碳层的表层硬度，渗氮后，渗碳层的表面硬度可由 $750HV_1$ 左右升高到 $940HV_1$ 左右，S(La)-C-PN 复合渗层的截面硬度在距表面约 $150\mu m$ 的范围内骤降，硬化层深度为 1.10mm。经淬火后 S(La)-C-PN-Q 复合渗层表面最高硬度基本不变，但其截面硬度下降变缓，硬化层深度可达到 2.71mm。淬火处理可改善碳氮复合渗层的组织与元素分布的连续性，并有利于强化元素的进一步扩散。

③ 离子渗氮复合处理可增强渗碳层的减摩抗磨效果，碳氮复合渗层的表面形成了高硬度化合物层，具有更高的表面硬度，黏着磨损趋势减弱，表现出较小的摩擦系数和更小的磨损失重。

④ 由于碳氮复合样品中化合物层主要相 ε-$Fe_{2\sim3}N$ 和 γ'-Fe_4N 具有较好的耐腐蚀性，它们在复合渗层表面均匀致密地分布能够有效提高 17CrNiMo6 钢渗碳层在 3.5％NaCl 溶液中的电化学腐蚀性能。但淬火后由于强化元素向内部的进一步扩散，复合渗层的耐腐蚀速率略有升高，综合考虑自腐蚀电位和自腐蚀电流密度，S(La)-C-PN 复合渗层具有最好的耐蚀性能。

5.4 稀土注入催渗/离子注入后处理

渗碳后工件表面硬度的增加通常以牺牲耐腐蚀性为代价，渗层表面碳化物的形成会局部耗尽周围基体中的耐腐蚀元素（如铬、钒、钼）[18]。因此，需要对渗碳工件进行后续表面改性处理使工件具有耐磨性与抗疲劳性能的同时，仍保持良好的耐腐蚀性能。离子注入技术作为可提升精密零部件摩擦磨损、耐蚀、抗氧化和抗疲劳性能的先进技术，在航天航空和航海等领域备受关注。齿轮和轴承均属于重载精密零部件，对尺寸精度要求较高，离子注入技术凭借不改变工件尺寸的优点，可作为渗碳、渗氮及喷丸强化后的最终工序，改善零件表面的薄弱环节。

陶瓷相具有高硬度和较高的化学稳定性，常作为涂层或增强相用以改善金属材料的耐磨损、耐腐蚀及抗疲劳性能。其中 Ti、Zr、Hf 及 Cr 等元素的氮化物与碳化物陶瓷涂层为较基础且应用较广泛的耐磨涂层，在金属材料领域应用广泛。本节利用离子注入技术对稀土 La 催渗＋真空渗碳 12Cr2Ni4A 钢进行复合强化处理，注入离子分别为 Ti-N 和 Zr-N，在渗碳强化的基础上引入 Ti/Zr 氮化物及碳化物陶瓷相，增强渗碳层的服役性能。

采用 MEVVA 源离子注入设备，注入靶材为纯 Ti 和纯 Zr 金属靶，靶材纯度为 99.98％，离子注入参数为真空度 2×10^{-3} Pa，电压 45kV，离子注入剂量 2×10^{17} 个/cm^2，注入过程中 N 离子源为 N_2，室温环境下持续注入 6h。主要研究 Ti-N 和 Zr-N 离子注入后渗碳层中的元素分布与化学状态、相组成与显微组织、耐磨性、耐腐蚀性等性能变化，结合 12Cr2Ni4A 钢应用工况并对复合强化层接触疲劳性能进行考核，明确 Ti-N 和 Zr-N 离子注入对渗碳层组织结构和性能的影响机制。

5.4.1 Ti/Zr-N 双离子注入 12Cr2Ni4A 钢渗碳层表面的组织结构

5.4.1.1 Ti/Zr-N 双离子注入 12Cr2Ni4A 钢渗碳层相组成

图 5.65 为真空渗碳后 Ti/Zr-N 双离子注入改性后小角掠入射 XRD(GXRD) 谱图。从谱图中可以看出渗碳层存在三个强峰，分别位于 44.9°、63.1°和 82.3°处，分析可知其分别为马氏体 (110)$_{\alpha'}$、(200)$_{\alpha'}$ 和 (211)$_{\alpha'}$ 晶面的衍射峰。

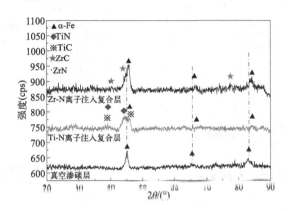

图 5.65 渗碳层 Ti/Zr-N 双离子注入改性后小角掠入射 XRD 谱图

Ti/Zr-N 双离子注入后，复合强化层 GXRD 谱图中在马氏体峰位的周围出现一些强度不高、形状并不尖锐的小峰，说明注入后表面有新相生成，并且 GXRD 衍射谱中属于马氏体的三强峰均向高角度方向不同程度偏移，说明 N 离子注入后会与马氏体发生固溶，引起了晶格畸变。以往的研究表明出现这种现象与过饱和马氏体的晶格畸变和金属氮化物或碳化物的生成相关[19,20]。通过 PDF 卡片对复合强化层表面的 XRD 峰位进行分析可知，在 Ti-N 双离子注入样品中，主要物质为 TiO_2、TiN 和 TiC，2θ 为 38.6°、45.7°和 63.4°处的衍射峰分别为 TiN (111)、(200) 和 (220) 晶面衍射峰，而 2θ 为 38.9°和 44.6°的衍射峰为 TiC 的 (111) 和 (200) 晶面衍射峰，谱图中的其他峰位属于 TiO_2 相。但由于注入原子发生部分固溶，注入样品中属于 TiO_2、TiN 和 TiC 物质的衍射峰位置也出现了不同程度的偏移。Zr-N 注入样品的 GXRD 衍射峰表现形式类似于 Ti-N 注入样品，其中谱图中 2θ 为 33.8°、39.6°和 57.2°处的衍射峰分别为 ZrN 或 ZrC 物质的 (111)、(200) 和 (220) 晶面衍射峰。由此可知，Ti/Zr-N 双离子注入不仅可在渗碳层表面形成金属氮化物、金属碳化物和金属氧化物，并且还会与渗碳层中马氏体发生固溶，引起晶格畸变。

图 5.66 为真空渗碳后 Ti/Zr-N 双离子注入复合强化层不同深度处主要元素 C 1s、O 1s、N 1s、Ti 2p 与 Zr 3d 的 XPS 谱图。

从图 5.66(a) C 1s 谱图中可以看出，Ti/Zr-N 双离子注入改性层表面碳元素谱图主要在 288.8eV 和 285.0eV 两个位置出现了结合能峰，其分别对应于 C—H—O 键和 C—C 键[21]。随着刻蚀深度的增加，C—H—O 键和 C—C 键两处结合能峰基本消失，而在 283eV 左右位置出现了新峰，研究表明结合能峰位在 282.5eV 和 283.9eV 之间属于金属碳化物[22,23]。因此，C 元素在 Ti/Zr-N 双离子注入改性层表面主要以氧化物和氢氧化物的形式存在，而在渗碳层内部则以金属碳化物的形式存在。图 5.66(b) 为复合强化层不同深度处

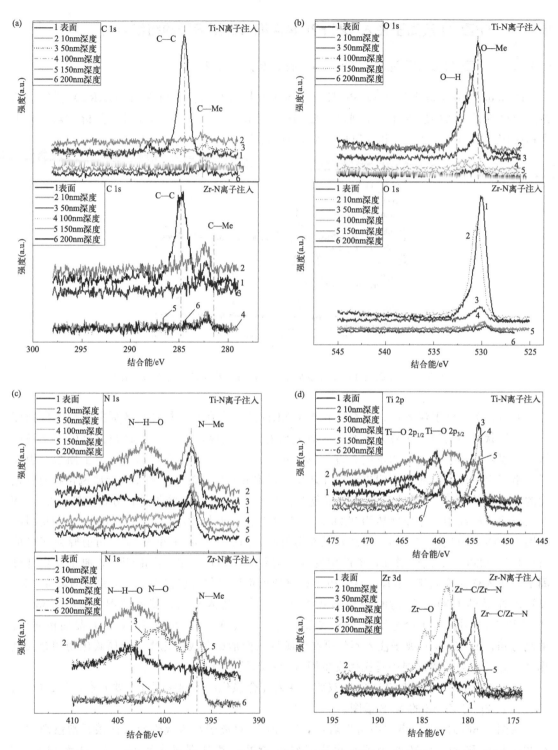

图 5.66 真空渗碳后 Ti/Zr-N 双离子注入复合强化层不同深度处元素的 XPS 谱图

(a) C 1s；(b) O 1s；(c) N 1s；(d) Ti 2p 与 Zr 3d

O 1s 谱图，从谱图中可看出氧元素在表面主要形成 H—O 和 O—Me 两种键，随着深度的增加，氢氧化物逐渐消失，氧元素的存在形式转变为金属氧化物。图 5.66（c）为复合强化层中氮元素沿深度的分布情况，从图中可以看出，两种复合层中氮元素的存在形式基本相同，表面主要为氮氢化合物和氮的氧化物，而复合层内部则为金属氮化物。观察图5.66(d)可发现，Ti 2p和Zr 3d XPS谱图中均存在两个结合能峰，在50~200nm深度处两个结合能峰的位置出现变化，而距表面10 nm处Ti 2p和Zr 3d的XPS谱图中化合物的结合能峰位增多，因此可判断10nm处为复合强化层中化合物发生变化的过渡位置。

选取距两种复合强化层表面10nm处C 1s、N 1s、Ti 2p、Zr 3d的XPS谱图进行观察，结果如图5.67所示。

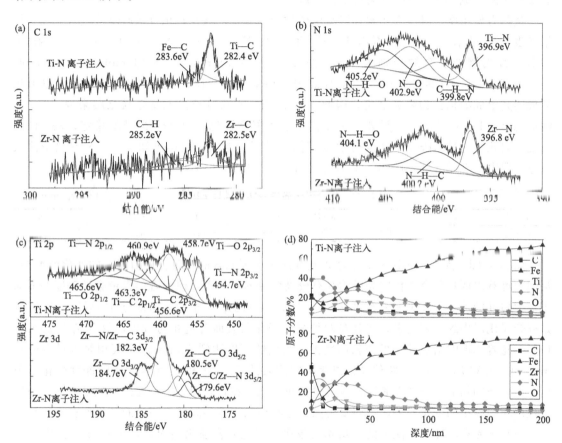

图5.67 Ti-N和Zr-N复合强化层表面10nm处主要元素的XPS图
(a) C 1s；(b) N 1s；(c) Ti 2p和Zr 3d；(d) 元素沿深度分布

在C 1s谱图中，Ti-N注入样品在283.6eV和282.4eV存在两个峰，分别为Fe—C键和Ti—C键[24]；而Zr-N注入样品中位于285.2eV和282.5eV处的结合能峰分别为C—H和Zr—C键[25]。图5.67(b)为两种强化层N 1s谱图，其中Ti-N注入层中位于405.2eV、402.9eV、399.8eV和396.9eV处的结合能峰分别对应N—H—O、N—O、C—H—N和Ti—N键[26]；在Zr-N注入层的N 1s谱图中位于404.1eV、400.2eV和396.8eV三处结合能峰位分别属于N—H—O、N—H—C和Zr—N三种结合键[27]。为进一步确定注入金属(Ti或Zr)元素的化合态，分别对Ti 2p和Zr 3d的XPS谱图进行分析。在Ti 2p XPS谱图中可拟合出6个峰位，经分析可知，它们分别是属于Ti—O、Ti—C和Ti—N键的Ti $2p_{1/2}$和Ti $2p_{3/2}$自旋二重态峰位，由此推测，渗碳层中Ti-N离子注入后可能形成的化合物为

TiO$_2$、TiC 和 TiN 三种物质[22,25]。位于 458.7eV、456.6eV 和 454.7eV 的三个峰属于 Ti 2p$_{3/2}$ 的自旋范围，分别代表 TiC、TiN 和 TiO$_2$ 相。在 Zr 3d 光电子拟合谱中存在 4 个结合能峰，分别位于 184.7eV、182.3eV、180.5eV 和 179.6eV 处，其中在 184.7eV 和 180.5eV 处结合能峰分别对应于氧化锆和碳氧化物（ZrC$_x$O$_y$）[27]。在 182.3 eV 与 179.6 eV 处的峰与 Zr-N 或 Zr-C 的结合能峰位置接近[28,29]。对注入元素 Ti、Zr、N 在渗层中的化合价态分析可知，Ti-N 双离子注入后，渗碳层表面会形成 TiC、TiN 和 TiO$_2$ 相，Zr-N 双离子注入后渗层表面形成 ZrN、ZrC 与碳氧化合物相。

从热力学角度，对注入元素和渗碳层中的金属元素及碳元素化合键间熔值进行比较，结果如表 5.23 所示。从表中可看出 Ti-C、Ti-N、Fe-C、Fe-N、Zr-C、Zr-N、Ni-C 和 Ni-N 成键的混合熔分别为 -109kJ/mol、-190kJ/mol、-50kJ/mol、-87kJ/mol、-131kJ/mol、-233kJ/mol、-39kJ/mol 和 -69kJ/mol。通常情况下，物质的混合熔值越低说明其形成的化合物相越稳定，因此，对于 Ti-N 双离子注入复合强化层来说，Ti-N 键最稳定；Ti-C 键次之；而 Zr-N 双离子注入复合强化层中 Zr-N 键最稳定，Zr-C 键次之。因此，通过 XPS 谱图结果结合元素间成键混合熔大小数据可知 Ti/Zr-N 双离子注入后渗碳层中的 N 和 C 更倾向于形成稳定的 TiN、TiC 相和 ZrN 与 ZrC 相。

表 5.23　复合强化层中各元素成键 ΔH_{mix}^{AB} （单位：kJ/mol）

键类型	Ti-C	Ti-N	Fe-C	Fe-N	Zr-C	Zr-N	Ni-C	Ni-N
ΔH_{mix}^{AB}	-109	-190	-50	-87	-131	-233	-39	-69

图 5.67(d) 为 Ti/Zr-N 双离子注入复合层中主要元素的相对含量随深度的变化情况图。从图中可看出两种复合强化层表面均具有较高含量的氧和碳，但两者的含量会随深度的增加出现大幅度的减小，在距表面深度 200nm 处碳和氧的原子分数均降低至 3% 以下。铁元素是复合强化层中的主要元素，但其在两种复合强化层表面含量相对较少，仅分别为 20% 和 11%，随着深度的增加其含量会急速增大，当刻蚀深度达到 200nm 时，其相对含量可分别增至 74.2% 和 75.6%。在两种复合强化层中注入的 Ti、Zr 和 N 元素含量随深度变化呈现出高斯分布的趋势，三者在表面位置含量相对较低，在距表面一定深度处达到最大值，随后呈现出均匀减小的变化趋势，说明复合强化层与原始渗碳层间并无明显的分界面存在。相对于 Ti 和 Zr 元素，N 元素注入的含量相对较多，因此复合强化层内部，注入的 N 元素一部分与注入的 Ti 或 Zr 元素反应形成新相，一部分会固溶到渗碳层中的马氏体组织中。在 Ti-N 和 Zr-N 双离子注入复合改性层中 N 元素含量最高值分别为 28.40% 和 30.15%。N 元素含量最高位置约在距表面 25nm 处，而在距表面 200nm 处基本降至 5%。

Ti-N 双离子注入复合强化层中 Ti 元素的相对含量最高为 17%，并在距表面 180nm 处降低至 5%。Zr-N 双离子注入复合强化层中 Zr 元素的相对含量最少，其最大值仅为 13.7%，并且在距表面 100nm 位置，其相对含量就已降低至 4.82%。由此可知，注入元素的相对含量和注入深度与注入元素的原子半径相关，半径越大，注入量越少，注入深度也相对越浅。综上可知，Ti/Zr-N 双离子注入到渗碳层中会形成含有注入金属与非金属的陶瓷氮化物、碳化物和氧化物相，并且各相含量会随深度发生变化。为进一步研究各相在注入强化层中的配比，分别对 Ti-N 和 Zr-N 双离子注入复合层不同深度处的 Ti 2p 与 Zr 3d 谱图进行分峰并拟合，获得注入元素在不同深度处形成的各化合物所占比例，结果如表 5.24 所示。

表 5.24　复合强化层 Ti—O、Ti—N、Ti—C 和 Zr—O、Zr—N、Zr—C、Zr—C—O
原子质量分数随深度的变化表

键类型	物理量	表面	10nm	50nm	100nm	150nm	200nm
Ti—O	峰面积	1801	2243	—	—	—	—
	原子分数/%	100	39.91	—	—	—	—
Ti—N	峰面积	—	1492	3696	3138	1901	1727
	原子分数/%	—	26.56	69.03	55.65	58.49	57.60
Ti—C	峰面积	—	1884	1658	2500	1349	1271
	原子分数/%	—	33.53	30.97	44.35	41.51	42.40
Zr—O	峰面积	180	1215	—	—	—	—
	原子分数/%	34.35	31.69	—	—	—	—
Zr—C—O	峰面积	60	485	435			
	原子分数/%	15.27	12.73	9.85			
Zr—N/Zr—C	峰面积	264	2146	3981	1913	907	527
	原子分数/%	50.38	55.22	90.15	100	100	100

从表 5.24 可以看出 Ti-N 离子注入复合层表面仅存在 TiO₂ 相，TiC 和 TiN 在距表面 10nm 深度处才可被检测到，随着深度的增加，TiO₂ 基本消失，TiC 和 TiN 相含量增多，距表面深度为 50nm 和 100nm 处，TiN 和 TiC 的相对含量在复合强化层中分别达到最大，随后由 Ti-N 离子注入形成的 TiC 和 TiN 含量逐渐减少。对比注入 Ti、N 和 C 元素所形成陶瓷相的占比可以发现，在近表层位置 TiN 相含量较多，在深度为 50nm 处 TiN 相对含量（69.03%）约为 TiC 相含量（30.97%）的 2.2 倍，但深度大于 50nm 后 TiC 相含量占比逐渐增多。当深度为 200nm 时，TiN 和 TiC 含量基本相当。相关研究表明，在 TiN 和 TiC 涂层中 TiC 相含量的增加有利于提升涂层强度、横向断裂强度和硬度[29,30]。Zr-N 离子注入复合强化层表面仅存在氮的氧化物相，而在复合强化层内部才会出现 ZrN 或 ZrC 相，但从表中可明显看出 Zr 基陶瓷相含量及深度均小于同样条件下 Ti-N 双离子注入层中 Ti 基陶瓷相。

5.4.1.2　Ti/Zr-N 双离子注入 12Cr2Ni4A 钢渗碳层微观形貌

采用透射电镜对 Ti-N 和 Zr-N 双离子注入复合强化层表面组织结构进行分析，结果如图 5.68 所示。从图 5.68（a）Ti-N 双离子注入复合层表面透射图中可以看出，复合强化层中仍存在马氏体板条和高密度位错，并且颜色较浅的灰色回火马氏体中还发现了灰色的细小颗粒。将图 5.68（a）中方框区域放大，如图 5.68（b）所示，从其中可看到大量的尺寸为纳米级的灰色和黑色晶粒，说明其表面覆盖有两种新相，对图 5.68（b）进行电子衍射分析，结果如图 5.68（b）右上角所示，其衍射斑点显示，图中为两种纳米多晶相，两种相的结构分别为 BCC 和 FCC。

图 5.68（c）为 Zr-N 双离子注入复合强化层表面透射图，图中可观察到细小的马氏体孪晶、少量马氏体板条和高密度位错，其电子衍射斑点如图 5.68（c）右上角所示，从图中可以看出衍射斑点呈现出 FCC 结构的多晶环状，并且中心区域还出现了类似于非晶组织的光晕环。放大 Zr-N 双离子注入复合强化层表面组织，获得图 5.68（d）。从图中可以看出，在较高的放大倍数下，Zr-N 双离子注入复合强化层表面整体呈现灰白色，其中存在少许黑色马氏体板条和纳米晶粒，黑色纳米颗粒存在区域的衍射斑点[图 5.68（d）右上角]显示其同样由 FCC 和 BCC 两种结构组成。为进一步确定两种复合强化层的组织结构，分别对 Ti-N 和 Zr-N 注入复合强化层表面进行高分辨与能谱分析，结果如图 5.69 和图 5.70 所示。

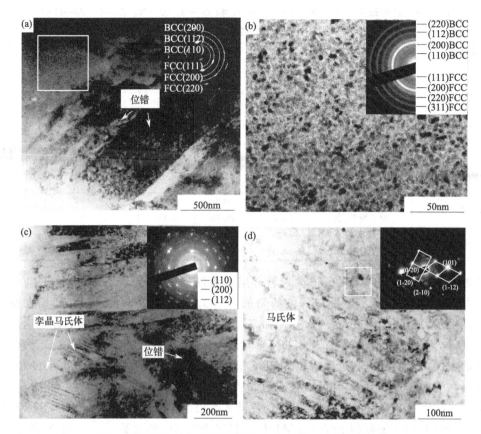

图 5.68　Ti-N 与 Zr-N 双离子注入复合强化层表面透射图

(a)、(b) Ti-N 双离子注入层；(c)、(d) Zr-N 双离子注入层

图 5.69 为 Ti-N 注入复合强化层表面组织的高分辨图，可以看出图中主要存在深灰色和浅灰色两种晶粒，通过图 5.69(a) 左上角的电子衍射斑点计算获得，强化层中 FCC 结构相的晶格参数约为 4.28Å，其与 XRD 数据中奥氏体晶格参数 3.58Å 相差较大，因此可知存在于纳米晶中的 FCC 结构相并非奥氏体相。为了进一步确定出表层 FCC 相的组成，对所选区域进行能谱分析，其结果如图 5.69(d) 所示。从能谱图中可知纳米多晶相中含有较多的 Ti、C、N、O、Fe 元素和微量的 Cr、Ni 及 La 元素，其中 Ti、C、N 的原子分数分别为 11.21%、14.10% 和 17.70%。由此可知多晶相可能由 TiC 和 TiN 组成。分别选取复合强化层表面黑色相和灰色相，标记为 B 和 C，并对两相进行高分辨观测，结果如图 5.69(b) 和图 5.69(c) 所示。测量得到 B 相的晶格参数为 2.49Å，其与 FCC 结构 TiC 相的 (111) 晶面间距基本一致。C 区域中存在两个共格在一起的黑色晶粒，经测量得知两个晶粒的晶面间距大小基本一致，均为 2.13Å，其数值与 FCC 结构 TiN 相 (200) 晶面的面间距吻合较好。因此，基于以上分析推断出 Ti-N 双离子注入会在渗碳层表面马氏体中形成一层富含 TiC 和 TiN 相的纳米多晶层，其晶粒细小且分布均匀。

图 5.70 为 Zr-N 双离子注入复合强化层表面组织的高分辨、电子衍射斑点与能谱图。图 5.70(a) 中可观察到黑色的颗粒相和灰白色无定形组织，分别对黑色和灰白色组织进行电子衍射分析，通过左上角对应的电子衍射斑点可知，黑色相为 FCC 结构，而灰白色组织为非晶相。图 5.70(d) 为复合强化层表面的能谱图，从图中可看出复合强化层中主要含有 C、

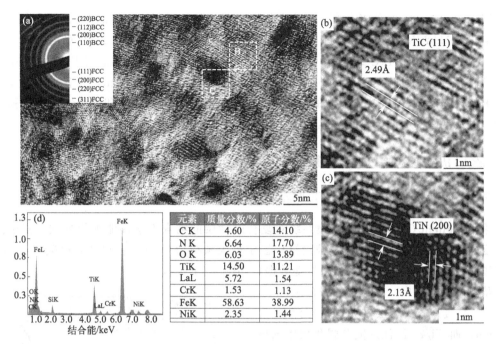

元素	质量分数/%	原子分数/%
C K	4.60	14.10
N K	6.64	17.70
O K	6.03	13.89
TiK	14.50	11.21
LaL	5.72	1.54
CrK	1.53	1.13
FeK	58.63	38.99
NiK	2.35	1.44

图 5.69　Ti-N 双离子注入复合强化层表面高分辨图、电子衍射斑点及能谱图

(a)~(c)高分辨图；(d) 能谱图

N、O、Fe、Zr 和少量的 La、Cr 和 Ni 等元素。其中注入的 Zr、N 和渗碳层中存在的 C 原子分数分别为 5.34%、15.65% 和 15.93%。因此，结合能谱与 XPS 分析推测黑色组织为 ZrN 或 ZrC 相，而非晶相为 Zr 与 C、N、O 等元素形成的化合物。R. W. Harrison 等[31] 研究证明 ZrO_2 和 C 会形成无定形结构的非晶组织。

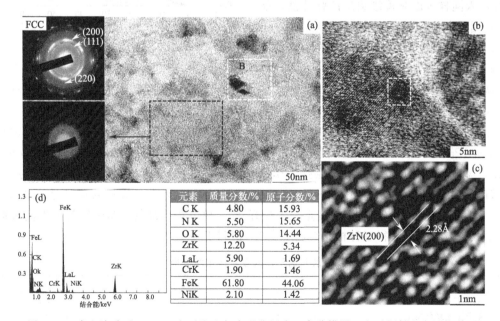

元素	质量分数/%	原子分数/%
C K	4.80	15.93
N K	5.50	15.65
O K	5.80	14.44
ZrK	12.20	5.34
LaL	5.90	1.69
CrK	1.90	1.46
FeK	61.80	44.06
NiK	2.10	1.42

图 5.70　真空渗碳后 Zr-N 双离子注入复合强化层表面高分辨图、电子衍射斑点及能谱图

(a)~(c)高分辨图；(d) 能谱图

图 5.70(b) 和(c) 为黑色颗粒的高分辨图，通过测量得到该相的晶面间距约为 2.28Å，其数值与 ZrN 或 ZrC 的（200）晶面的晶面间距基本一致。因此可知 Zr-N 双离子注入可在渗碳层中形成 ZrN 或 ZrC 纳米晶，同时也形成了 ZrO_2 与 C 结合的非晶组织。Ti-N 和 Zr-N 双离子注入层中形成的 TiN、TiC 和 ZrN、ZrC 纳米晶均为硬质陶瓷相，具有高硬度及良好的耐磨特性，而且 Zr-N 注入层中的非晶相也同样具有优异的耐蚀性和耐磨性、高的强度和硬度，以及良好的韧性，它们的形成将对提高渗碳层的使用性能起到改善的作用[31-33]。

5.4.2 Ti/Zr-N 双离子注入 12Cr2Ni4A 钢渗碳层力学及摩擦学性能

5.4.2.1 Ti/Zr-N 双离子注入 12Cr2Ni4A 钢渗碳层纳米力学性能

采用 Agilent G200 型纳米压痕系统对复合改性层的纳米力学性能进行测试。鉴于注入层厚度仅为 200nm 左右，纳米压痕测试中固定最大载荷为 2mN，获得真空渗碳层、Ti/Zr-N 双离子注入复合强化层纳米力学性能数据，如图 5.71 所示。

从图中可以看出，在给定的载荷条件下，压头压入真空渗碳层中的最大深度为63.2nm，而 Ti/Zr-N 注入复合强化层中的压入深度分别为 54.3nm 和 59.4nm，说明在同样的加载力度下，Ti-N 注入复合层抵抗外力能力最强，Zr-N 注入复合层次之，真空渗碳层最弱。压头卸载后 Ti-N 和 Zr-N 注入复合强化层残留深度分别为 29.2nm 和 34.9nm，均小于真空渗碳层的 40.7nm，说明 Ti-N 和 Zr-N 注入同样可以改善渗碳层的弹性恢复能力。依据强化层载荷-位移曲线，结合 Oliver-Pharr 方法对强化层纳米硬度和弹性模量进行分析[34]，结果如表 5.25 所示。

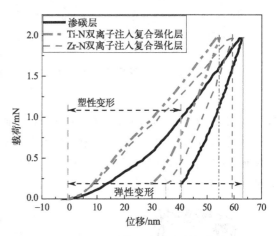

图 5.71　三种样品纳米力学性能图

从表 5.25 中可以发现，Ti-N 或 Zr-N 注入后渗碳层的硬度和弹性模量均会显著增加，渗碳层硬度和弹性模量分别为 17.41GPa 和 313.6GPa，Ti-N 注入复合强化层的硬度和弹性模量分别提升至 23.50GPa 和 325.1GPa，Zr-N 注入复合强化层的硬度和弹性模量分别提升至 20.04GPa 和 354.6Gpa。综上可知，Ti-N 双离子注入对渗碳层纳米硬度的提升作用较大，而 Zr-N 双离子注入则在改善渗碳层弹性模量方面效果更好。研究表明，纳米压痕得到的硬度（H）和弹性模量（E）比值 H^3/E^2 的大小可以间接反映出材料的抗塑性变形能力，H^3/E^2 的数值越大代表其抗塑性变形能力越强[35]。将三种样品的纳米硬度与弹性模量提取并按上式进行计算，获得三种样品表面 H^3/E^2 值列于表 5.25 中。

表 5.25　渗碳层与离子注入复合强化层纳米力学数据表

样品	硬度/GPa	弹性模量/GPa	H^3/E^2
真空渗碳层	17.41	313.6	0.0537
Ti-N 双离子注入复合强化层	23.50	325.1	0.1227
Zr-N 双离子注入复合强化层	20.04	354.6	0.0640

从表 5.25 中可以看出，相比于真空渗碳层，Ti-N 和 Zr-N 复合强化层的 H^3/E^2 数值均

出现不同程度的增大，其中 Ti-N 注入复合强化层增大效果更明显，由此可知，Ti-N 和 Zr-N 双离子注入均可增大渗碳层的抗塑性变形能力，其中 Ti-N 双离子注入效果更好。分析原因可能为 Zr-N 注入层中纳米晶陶瓷相较少，而 Ti-N 双离子注入复合强化层表面为纳米多晶结构，细小的陶瓷相具有大量的晶界，在发挥第二相强化作用的同时还可起到晶界强化的作用。

5.4.2.2 Ti/Zr-N 双离子注入 12Cr2Ni4A 钢渗碳层摩擦学性能

采用 HT-1000 型球盘式摩擦磨损试验机对三种强化层干摩擦条件下的摩擦学性能进行考察，试验转速为 200r/min，摩擦半径为 5mm，对磨下料为直径 6mm 的 Si_3N_6 球，载荷为 2N，试验时间为 20min，试验前后采用精度为 0.1mg 的电子天平称量磨损失重量。

图 5.72 为真空渗碳层、Ti/Zr-N 注入复合强化层在 2N 摩擦载荷条件下的摩擦系数和磨损失重图。从图 5.72(a) 三种样品摩擦系数随磨损时间变化曲线中可以看出，真空渗碳层的摩擦系数在摩擦磨损试验的初始阶段会急剧增大，并很快达到稳定期，而 Ti-N 和 Zr-N 双离子注入复合强化层的摩擦系数在磨损初期上升较为缓慢，并会在磨损时间为 3～6min 范围内出现短暂的稳定阶段，随后摩擦系数继续缓慢上升，最终分别在磨损时间为 8min 和 10min 增大到与渗碳层摩擦系数相当的数值。通过前期组织结构分析可知，Ti-N 和 Zr-N 双离子注入复合强化层表面会形成细小的 Ti 基和 Zr 基陶瓷相，从而使其具有良好的抗磨损性能，因此在磨损初期复合强化层表面细小的组织相对于表面浮凸的马氏体组织具有更小的摩擦系数，但随着其表层注入层逐渐被破坏，由细小陶瓷层带来的减摩效果逐渐减弱，但由于注入过程中超高能量对注入层附近区域组织结构产生了辐射损伤强化，所以，复合强化层摩擦系数并没有发生突变，而是缓慢上升[36]。对比 Ti-N 和 Zr-N 两种离子注入复合强化层摩擦系数变化曲线可知，在磨损初期 Ti-N 注入复合强化层具有更低的摩擦系数，且这种现象持续的时间较长，出现这种情况的原因应为 Ti-N 注入复合强化层的深度较 Zr-N 注入层更深，并且强化元素含量更多。图 5.72(b) 为三种样品在 2N 摩擦载荷条件下，磨损 20min 的失重图，从图中可以看出真空渗碳层、Ti-N 和 Zr-N 双离子注入复合强化层的磨损失重分别为 0.2mg、0.1mg 和 0.1mg。因此，通过摩擦系数和磨损失重分析可知，Ti-N 和 Zr-N 双离子注入可改善渗碳层的摩擦学性能。

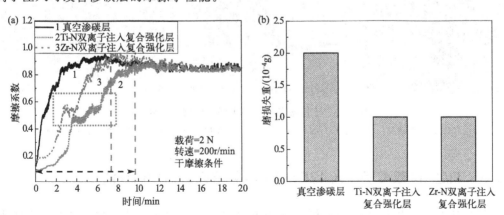

图 5.72 干摩擦条件下三种样品摩擦系数随时间变化曲线与磨损失重图
(a) 摩擦系数；(b) 磨损失重

为分析 Ti/Zr-N 双离子注入对渗碳层摩擦磨损机制的影响，对真空渗碳与 Ti/Zr-N 双离子注入复合强化层磨损形貌进行观察，结果如图 5.73 所示。从图 5.73 中可以看出 2N 载荷条件下运行 20min 后三种样品表面均出现了明显的磨痕，但真空渗碳层表面的磨痕宽度为 370μm，相对于 Ti/Zr-N 注入复合强化层表面磨痕宽度（337μm 和 312μm）来说较大，磨损程度更严重。观察磨损形貌图可知，Ti-N 和 Zr-N 双离子注入后渗碳层的磨损性能出现了明显改善。放大磨痕轨迹处的形貌可观察到真空渗碳层的磨损表面存在大量因黏着磨损形成的黏着物和磨粒，以及由磨料挤压引起的层状剥落痕迹与疲劳裂纹[图 5.73(d)]；而 Ti/Zr-N 双离子注入复合强化层的磨痕表面仅存在大量犁沟和少量剥落坑，并未出现明显的黏着磨料和疲劳裂纹[图 5.73(e)、(f)]。由此可知，真空渗碳层磨损机制为磨粒磨损和黏着磨损，Ti/Zr-N 双离子注入复合强化层的磨损形式主要为磨粒磨损。研究表明在磨损测试中，被磨材料未出现裂纹前，材料的耐磨性能随硬度的增加而增大，但裂纹出现后材料内部的残余应力会成为影响磨损性能的重要因素[37]。对 Ti-N 和 Zr-N 双离子注入复合强化层内部残余应力进行测试，其结果显示 Ti-N 和 Zr-N 双离子注入复合强化层残余应力分别为 -250MPa 和 -316MPa，较渗碳样品的残余压应力（-205MPa）分别增大 45MPa 和 111MPa。因此，Ti-N 和 Zr-N 双离子注入复合强化层表面的高硬度在磨损初期增加了磨损阻力，而较大的残余应力则会抑制疲劳裂纹在摩擦剪切力作用下的萌生和扩展。最终使得 Ti-N 和 Zr-N 双离子注入复合强化层磨损量减少，同时磨损形貌也得到相应改善。

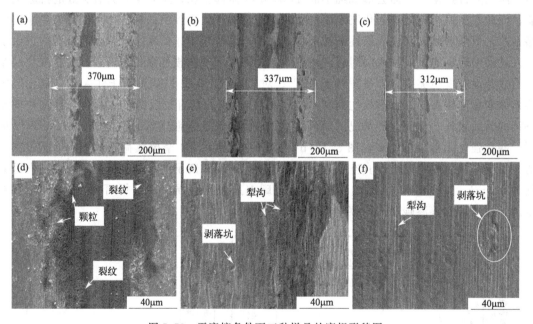

图 5.73　干摩擦条件下三种样品的磨损形貌图
(a)、(d) 真空渗碳层；(b)、(e) Ti-N 双离子注入复合强化层；(c)、(f) Zr-N 双离子注入复合强化层

5.4.3　Ti/Zr-N 双离子注入 12Cr2Ni4A 钢渗碳层耐腐蚀性能

使用 CHI660E 电化学工作站对复合强化层在 3.5%NaCl 溶液中的电化学腐蚀性能进行考察，试验采用三电极体系，获取强化层极化曲线和电化学交流阻抗信息，极化曲线测试中扫描速率为 1mV/s，扫描范围 -1~1V；阻抗谱测试参数频率范围为 10Hz~100kHz，测试

前将样品在开路电位下浸泡 30min 以上。

图 5.74 为渗碳层和 Ti/Zr-N 双离子注入复合强化层在 3.5％NaCl 溶液中电化学腐蚀极化曲线和阻抗谱图。从图 5.74(a) 中可以看出 Ti/Zr-N 双离子注入后渗碳层的腐蚀电位明显增大。通过对极化曲线进行拟合获得不同强化层的自腐蚀电位和自腐蚀电流密度数据，如表 5.26 所示。

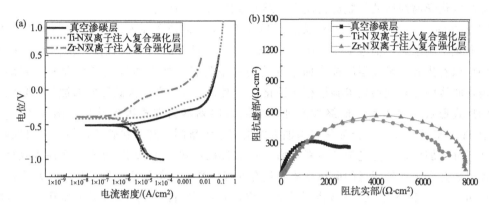

图 5.74　3.5％ NaCl 溶液中三种样品电化学极化曲线和阻抗谱图
(a) 极化曲线；(b) 阻抗谱

自腐蚀电流密度大小与强化层腐蚀速率相关，电流密度越小腐蚀动力学越小，腐蚀速率越慢，材料的耐腐蚀性能越好。自腐蚀电位可表示金属失去电子的相对难易程度，电位值越小金属的腐蚀热力学倾向越大，即越容易失去电子，从而发生腐蚀[38]。电化学原理中指出，材料的电流密度越小，自腐蚀电位越高，代表材料的耐腐蚀性能越好。

表 5.26　三种样品在 3.5％NaCl 溶液中的自腐蚀电位与自腐蚀电流密度

样品	自腐蚀电位 E_{corr}/V	自腐蚀电流密度 I_{corr}/(A/cm^2)
真空渗碳层	-0.50	1.0594×10^{-5}
Ti-N 双离子注入复合强化层	-0.41	1.2697×10^{-5}
Zr-N 双离子注入复合强化层	-0.38	0.6570×10^{-5}

从表 5.26 中可看出真空渗碳层、Ti-N 和 Zr-N 双离子注入复合强化层的自腐蚀电流密度分别为 1.0594×10^{-5} A/cm^2、1.2597×10^{-5} A/cm^2 和 0.6570×10^{-5} A/cm^2。这个结果说明 Ti-N 双离子注入后渗碳层在浓度为 3.5％的 NaCl 溶液中的腐蚀速率增大，而 Zr-N 双离子注入后渗碳层的腐蚀速率则减小。比较各强化层的自腐蚀电位大小可以发现 Ti-N 和 Zr-N 双离子注入均可增大渗碳层的自腐蚀电位，使渗碳层电位由 -0.50V 分别提升至 -0.41V 和 -0.38V。依据自腐蚀电位和自腐蚀电流密度数值可知，渗碳层发生腐蚀倾向最大，Ti-N 双离子注入复合强化层次之，但腐蚀发生后 Ti-N 双离子注入复合强化层的腐蚀速率较真空渗碳层腐蚀速率快，而 Zr-N 双离子注入复合强化层发生腐蚀最为困难，腐蚀速率也最低。

图 5.74(b) 为渗碳层与 Ti/Zr-N 双离子注入复合强化层在 3.5％NaCl 溶液中的电化学腐蚀阻抗谱图。通常材料的阻抗弧半径大小与材料发生腐蚀的容易程度成反比，阻抗弧半径越大，腐蚀阻力越大[39]。从图中可以看出，在整个扫描频谱上，Ti-N 和 Zr-N 双离子注入复合强化层的阻抗半径大于渗碳层，其中 Zr-N 双离子注入复合强化层的阻抗最大。因此，Ti-N 和 Zr-N 双离子注入均有助于提高渗碳层的耐腐蚀性能，其中 Zr-N 双离子注入后改善

最为明显，这与极化曲线所得结果一致。观察图 5.74(b) 可发现 Ti-N 和 Zr-N 双离子注入复合强化层的阻抗谱中阻抗弧低频位置出现了感抗弧。低频段感抗弧的出现意味着材料表面出现了点蚀，并且感抗弧频率范围越大表明点蚀向深处扩展程度严重[40]。由此可知，Ti-N 和 Zr-N 双离子注入复合强化层中出现了局部点蚀现象，并且 Ti-N 双离子注入层点蚀破坏情况更严重。为进一步明确 Ti-N 和 Zr-N 双离子注入对渗碳层的腐蚀机制的影响，分别对三种样品电化学腐蚀后的形貌进行观察，结果如图 5.75 所示。

图 5.75(a)～(c)分别为真空渗碳层、Ti-N 和 Zr-N 双离子注入复合强化层在 3.5％NaCl 溶液中电化学腐蚀后扫描电镜图，图 5.75(d)～(f)为对应的局部放大图。从图 5.75(a) 和 (d) 中可以看出真空渗碳层腐蚀表面呈现均匀的龟裂状，严重的区域可见大面积剥落，由于在极化曲线中并未观察到渗碳层存在钝化区，因此，认为真空渗碳层的腐蚀行为是以均匀腐蚀的形式形成大量龟裂，最终被腐蚀表面层以层剥落的方式遭到破坏。图 5.74(b) 和 (e) 中 Ti-N 双离子注入复合强化层腐蚀表面出现了大量圆形麻点状破坏，但并未出现剥落，并且在部分区域中仍可见光滑的材料表面。图 5.75(c) 和 (f) 中 Zr-N 双离子注入复合强化层腐蚀表面并未观察到明显的破坏现象，仅存在极少数量可能发生点蚀的凹坑。从腐蚀形貌图中可明显发现 Ti-N 和 Zr-N 双离子注入后渗碳层的耐腐蚀性能得到明显提升，分析原因为复合强化层表面形成了含有 Ti 或 Zr 离子的氮化物和碳化物，TiN 和 ZrN 属于ⅣB 族过渡金属元素的氮化物，具有良好的化学惰性[37]，因而渗碳层表面的稳定性大大提高。

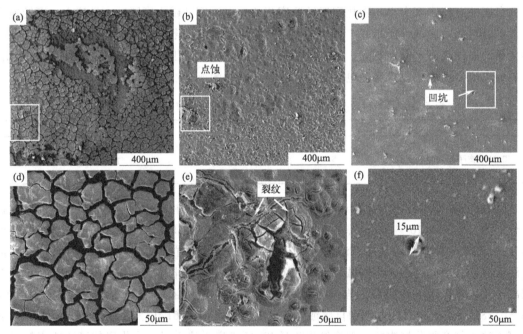

图 5.75　在 3.5％ NaCl 溶液中三种样品电化学腐蚀形貌图
(a)、(d) 真空渗碳层；(b)、(e) Ti-N 双离子注入复合强化层；(c)、(f) Zr-N 双离子注入复合强化层

由于电化学腐蚀首先发生在复合强化层表面一些较弱的微区，在电势升高时优先形成点蚀坑，进而发生点蚀。Ti-N 双离子注入复合强化层表面为纳米多晶结构，多晶陶瓷相间晶界较多，成为强化层表面电化学腐蚀的较弱部位[41]。而 Zr-N 注入后在渗碳层表面形成 ZrO_2-C 的非晶组织和少量纳米晶相，具有较好的均匀性，与 Ti-N 注入层相比表现出更好

的耐腐蚀性能。综上可知，Ti-N 和 Zr-N 双离子注入可明显增大渗碳层在 NaCl 溶液中的腐蚀阻力，同时也改变了渗碳层初始状态的均匀腐蚀方式，其腐蚀过程可归纳为：腐蚀首先在局部区域发生，随后侵蚀性离子通过点蚀坑进入强化层内部，随后在渗碳层内部一定深度处发生腐蚀，渗碳层和表面注入层形成电偶腐蚀，并生成腐蚀产物，随着腐蚀的进行，腐蚀面积逐渐增大。腐蚀产物积累并溢出表面，形成裂纹并互相联结，最终仍表现出均匀腐蚀倾向。

5.4.4 Ti/Zr-N 双离子注入 12Cr2Ni4A 钢渗碳层接触疲劳性能

为尽量接近齿轮和轴承等零部件生产实际工况，在试验中对样品进行喷丸强化处理，喷丸工艺为 5.1 节中的较佳工艺，机械喷丸采用直径为 0.6mm 的铸钢丸，喷丸强度为 0.4A，喷丸角度为 90°，覆盖率为 200%。采用 YS-1 型球盘式接触疲劳试验机分别对喷丸处理后的真空渗碳和渗碳喷丸＋Zr-N 双离子注入复合强化样品进行接触疲劳性能测试。接触疲劳测试中接触应力为 2200MPa，转速为 2000r/min，测试在油润滑条件下完成，每种强化层进行 5 次平行试验，获得的接触疲劳试验结果如表 5.27 所示。

疲劳测试系统主要由主轴系统、加载系统、润滑系统和在线监控系统组成。接触疲劳试验接触副为 11 个轴承球，轴承球的材料为 GCr15 钢，其直径为 11mm，硬度为 60HRC，样品与摩擦副直接接触。疲劳测试中接触应力为 2200MPa，转速为 2000r/min，油润滑条件下完成，测试过程中通过振动传感器在线监测强化层的失效情况，当振幅连续 5 次超过额定值时（2g）判断该强化层失效。为避免随机性对强化层失效带来的影响，每种强化层进行 5 次平行试验。

表 5.27　2200MPa 应力条件下强化层接触疲劳试验数据

样品	循环周次/($\times 10^7$)				
渗碳＋喷丸	3.80	3.73	3.62	3.76	3.84
渗碳＋喷丸＋Zr-N 双离子注入复合强化层	4	4	4	4	4

从表 5.27 中可以看出，在设定的中止循环次数（4×10^7）中，Zr-N 双离子注入复合强化层未出现失效，而未经注入的强化层分别在运行 3.80×10^7、3.73×10^7、3.62×10^7 和 3.76×10^7、3.84×10^7 循环周次后发生失效。由此可知，Zr-N 双离子注入可明显提高渗碳＋喷丸强化层的疲劳寿命，提高幅度达 10.5%。选取接触疲劳试验后两种样品，对其表面进行观察，结果如图 5.76 所示。

从图 5.76(a) 和(b) 中可以看出渗碳＋喷丸样品表面存在大量的点蚀坑和较深的剥落坑，说明渗碳＋喷丸样品已失效。渗碳＋喷丸＋Zr-N 双离子注入复合强化层样品表面仅存在因轴承球摩擦产生的磨痕[图 5.76(c)和(d)]，磨痕区域较为光滑，仅存在较浅的犁沟和少量点蚀坑，因此可断定渗碳＋喷丸＋Zr-N 双离子注入复合强化层并没有发生疲劳失效。

为进一步确定接触疲劳测试对两种强化层表面形貌的影响，采用三维形貌仪对两种强化层表面三维形貌和深度方向数据进行测量，结果如图 5.77 所示。从图 5.77(a) 渗碳＋喷丸强化层表面形貌图中可以看出其疲劳磨痕宽度范围内存在大量凹凸起伏的麻点和尺寸较大的剥落坑，疲劳形成的麻点尺寸较小，宽度约几十微米，而剥落坑的宽度较大，约几百微米，深度在 $30\sim 60\mu m$ 之间。通过图 5.77(b) 渗碳＋喷丸＋Zr-N 双离子注入强化层疲劳测试后三维形貌图可以看出，渗碳＋喷丸＋Zr-N 双离子注入复合强化层在 2200MPa 接触应力、油

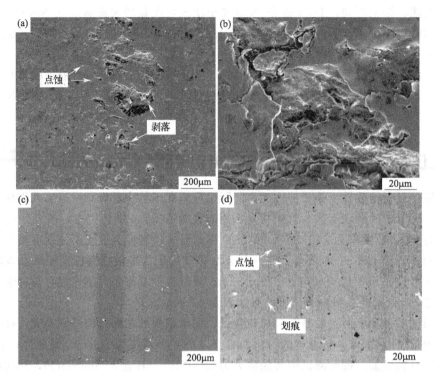

图 5.76 2200MPa 接触应力条件下，强化层疲劳表面形貌
（a）、（b）渗碳＋喷丸强化层；（c）、（d）渗碳＋喷丸＋Zr-N 双离子注入复合强化层

润滑条件下运行 4.0×10^7 循环周次后其样品虽未失效，但其表面已存在磨损损失，其产生的磨痕宽度约为 $400 \mu m$，最大磨痕深度约为 $1.2 \mu m$。

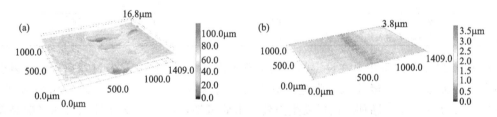

图 5.77 2200MPa 接触应力条件下强化层接触疲劳三维形貌图
（a）渗碳＋喷丸强化层；（b）渗碳＋喷丸＋Zr-N 双离子注入复合强化层

图 5.78 为接触疲劳试验后渗碳＋喷丸和渗碳＋喷丸＋Zr-N 双离子注入复合强化层垂直于磨痕方向的形貌图。在图 5.78（a）中可明显观察到长裂纹，这些裂纹逐渐向上延伸至表面，并向滚动方向延伸，当裂纹达到强化层表面时，材料发生脱落，形成剥落坑。图 5.78（a）中剥落坑所在位置的放大图如图 5.78（b）所示，可发现在剥落坑底部存在向强化层深处扩展的二次裂纹，裂纹呈树枝状扩展，最终形成更深层次的剥落和损伤。而在渗碳＋喷丸＋Zr-N 双离子注入强化层垂直于磨痕方向的形貌图[图 5.78（c）]中仅观察到微小的点蚀坑，但放大点蚀坑处同样可观察到向下萌生的疲劳裂纹，不过裂纹间并未连接。综上可知，渗碳＋喷丸强化层与渗碳＋喷丸＋Zr-N 双离子注入复合强化层在接触疲劳测试初期，对磨件轴承球与强化层表面微凸体或硬质相间发生直接接触，在剪切应力作用下微凸体发生微观断裂和硬质相出现剥落，在强化层表面形成点蚀，而剥落的磨屑在对磨球和强化层间构成三体磨损模式，加速点蚀过程。同时

在循环载荷长时间的作用下，强化层内部微观缺陷的周围形成较大的应力集中，促使着微观裂纹的萌生和扩展，在剪切应力的作用下，使其产生剥离，最终导致剥落失效[42]。由此可知，渗碳＋喷丸强化层疲劳失效是点蚀与剥落共同作用的结果，而渗碳＋喷丸＋Zr-N 双离子注入强化层在 2200MPa 接触应力条件下，运行 4.0×10^7 循环周次后未发生失效，因为在此应力与循环周次下其强化层内的点蚀和裂纹均处于初期形成阶段。

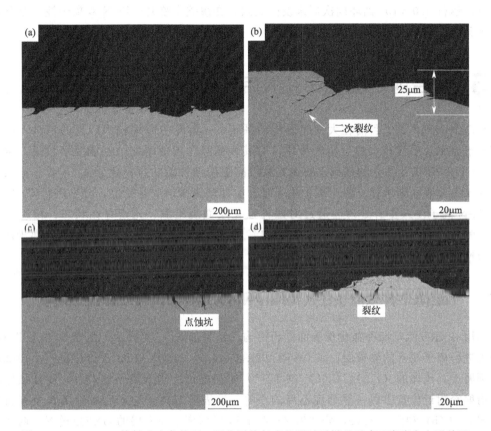

图 5.78　2200MPa 接触应力条件下，强化层接触疲劳测试后样品垂直于磨痕方向形貌图
(a)、(b) 渗碳＋喷丸强化层；(c)、(d) 渗碳＋喷丸＋Zr-N 双离子注入复合强化层

本节借助离子注入技术，在稀土注入前处理真空渗碳层表面分别制备了 Ti-N 和 Zr-N 双离子注入复合强化层，采用组织结构、力学性能、摩擦磨损性能及接触疲劳性能表征测试方法分析了 Ti-N 与 Zr-N 双离子注入对真空渗碳层微观组织结构及性能的影响，主要研究结论如下：

① Ti-N 和 Zr-N 双离子注入会在渗碳层表层形成纳米级的梯度层。Ti-N 双离子注入复合强化层表面为一层富含 TiC、TiN 和 TiO_2 相的多相纳米晶层；Zr-N 双离子注入复合强化层表面不仅形成了 ZrN、ZrC 和 ZrO_2 纳米晶相，同时生成大面积的 ZrO_2-C 无定形结构的非晶组织。

② Ti-N 和 Zr-N 双离子注入复合强化层中化学惰性陶瓷相的形成可增大渗碳层的纳米力学性能、摩擦学性能和 3.5％NaCl 溶液中的电化学性能。其中 Ti-N 双离子注入复合强化层具有多相纳米晶组织，硬度较高，但同时也增大了电化学腐蚀过程中点蚀形成的区域面积，使其耐腐蚀性能较 Zr-N 双离子注入复合强化层差。在摩擦学性能方面，Zr-N 双离子注

入对渗碳层的改善效果更为显著，Zr-N 双离子注入复合强化层内形成更大的残余压应力，在摩擦过程中可增大磨损阻力，同时抑制裂纹萌生与扩展。

③ Zr-N 双离子注入可提升渗碳＋喷丸强化层的接触疲劳寿命，在 2200MPa 接触应力条件下渗碳＋喷丸强化层运行至 3.84×10^7 循环周次后就已出现大量剥落坑，其疲劳失效是点蚀与剥落共同作用的结果，而渗碳＋喷丸＋Zr-N 双离子注入强化层在 2200MPa 接触应力条件下，运行 4.0×10^7 循环周次后未发生失效，在渗碳＋喷丸＋Zr-N 双离子注入强化层的保护下其点蚀和裂纹均处于初期形成阶段。

5.5 复合前处理/离子注入后处理

18Cr2Ni4WA 钢是目前在大型船舶传动系统——齿轮中应用较为广泛的钢种，由于其长期处于海水及湿气较大的运行环境中，对其表面强化层的耐腐蚀性能要求较高。本节在 Zr-N 与 Ti-N 双离子注入的基础上研究具有较高耐腐蚀性能的自钝化元素 Cr 离子注入的影响，在 4.1 节表面纳米化＋稀土离子注入复合前处理渗碳层的基础上，分别进行 Cr-N、Zr-N 与 Ti-N 离子注入复合处理。通过对四种强化层微观组织、元素存在状态、相组成与分布、力学性能、摩擦学性能、电化学腐蚀和海水环境中摩擦学性能分析，探究双离子注入对渗碳层性能的影响。

5.5.1 Ti/Zr/Cr-N 双离子注入 18Cr2Ni4WA 钢渗碳层微观组织结构

利用 GXRD 测定四种强化层表面的相结构，结果如图 5.79 所示。由图 5.79 可以看出，对于未进行离子注入的渗碳层，其 GXRD 谱图在 44.7°、63.0°和 82.3°处存在三个强峰，它们分别属于马氏体的（110）、（200）和（211）衍射晶面。当双离子注入后，复合强化层马氏体衍射峰附近位置出现一些强度不高的小峰，这表明双离子注入后渗碳层表面有新相生成。图 5.79(b) 和图 5.79(c) 分别为 Zr-N 与 Ti-N 双离子注入层的 GXRD 谱图。两者复合层分别出现了属于金属氮化物的新峰，其中 Zr-N 注入复合强化层中可检测到有 ZrC 相的存在，但由于注入层较薄，其新相衍射峰的强度较低。图 5.79(a) 为 Cr-N 双离子注入层的 GXRD 图，从谱图中可以看到其在 42.6°位置出现了一个小峰，该峰位对应于 Cr 的金属氮化物。由此可知，Ti/Zr/Cr 离子注入在渗碳层表面形成相应注入元素的陶瓷相。观察注入前后三种强化层马氏体衍射峰的位置可发现，双离子注入后渗碳层马氏体的三强峰均出现不同程度的右移现象，根据布拉格方程，峰位的右移意味着晶格面距离的减小，因此可以确定由于原子半径较小的 N 原子溶解于马氏体中，晶格畸变使其晶格参数减小。

使用 XPS 测定三种强化层表面元素化合价，确定渗碳层表面 Ti/Zr/Cr 双离子注入元素存在状态，结果如图 5.80 所示。图 5.80 为 Ti/Zr-N 双离子注入复合层表面 Ti 2p、Zr 3d 和 N 1s 的 XPS 谱图。在 Ti 2p XPS 谱图中可以观察到两个较明显峰，其结合能分别为 457.6eV 与 464.3eV，对应化合物分别为 TiN 和 TiO_2。Zr 3d XPS 谱图中同样存在两个峰，分别位于 181.9eV 与 184.5eV 处，分别代表以氮化物和氧化物形式存在的 ZrN 和 ZrO_2。

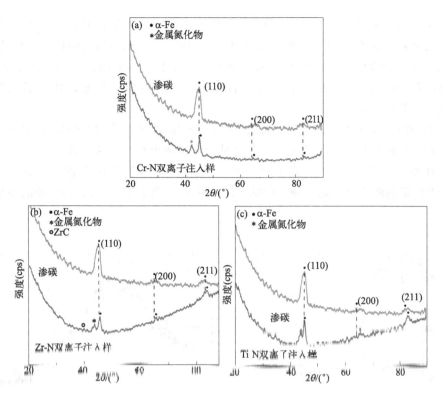

图 5.79 Ti/Zr/Cr-N 双离子注入复合强化渗碳层 GXRD 图谱

（a）Cr-N 双离子注入；（b）Zr-N 双离子注入；（c）Ti-N 双离子注入

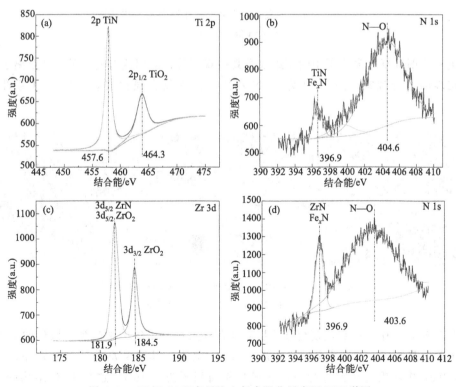

图 5.80 Ti/Zr-N 双离子注入复合强化层表面 XPS 谱图

（a）Ti 2p；（b）Ti-N 双离子注入复合强化层 N 1s；（c）Zr 3d；（d）Zr-N 双离子注入复合强化层 N 1s

从图 5.80(b) 和图 5.80(d) 中可以看出 Ti-N 双离子注入复合强化层与 Zr-N 双离子注入复合强化层表面 N 1s 峰数量与峰位均相近，在两者 N 1s XPS 谱图中拟合得到的两个峰，其中 396.9eV 处的峰属于注入离子的氮化物峰，而位于 400eV 附近的峰位属于 N—O 键。由此可知，Ti/Zr-N 双离子注入后渗碳层表面可形成注入离子的氮化物与氧化物，例如 TiN、ZrN 与 TiO_2、ZrO_2 等。

图 5.81 为 Cr-N 双离子注入复合强化层表面 Cr 2p 和 N 1s 的 XPS 谱图。从图中可以看出，Cr 2p XPS 谱图中 586.2eV 与 576.5eV 处出现了两个峰，分别归属于 $2p_{1/2}$ Cr_2O_3 化合物以及氮化铬相与 $2p_{3/2}$ Cr_2O_3 化合物。N 1s 谱图中同样存在两个较明显的峰，出现在 396.8eV 附近的强峰为金属氮化物，例如 Fe_xN 和 CrN 等，位于 403.1eV 处的衍射峰为氮氧化物。

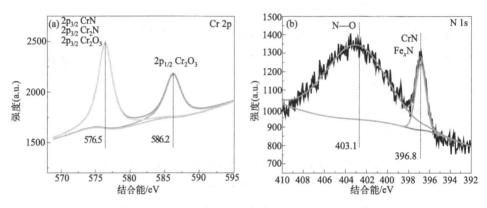

图 5.81　Cr-N 双离子注入复合强化层表面 XPS 谱图

(a) Cr 2p；(b) N 1s

为进一步明确复合强化层中的相组成及其微观形貌，采用透射电镜对三种双离子注入复合强化层表面进行观察。图 5.82 为 Ti-N 双离子注入复合强化层表面透射明场图与高分辨图。

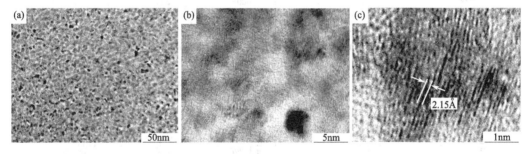

图 5.82　Ti-N 双离子注入复合强化渗碳层表面透射电镜图

(a) 透射明场图；(b)、(c) 高分辨图

从图 5.82(a) 中可以看出复合强化层表面存在大量且密集的纳米级灰黑色的细小颗粒，为进一步确定其组成，选取部分纳米相进行高分辨观察，其结果如图 5.82(b) 和 (c) 所示。对图 5.82(c) 中灰黑色颗粒进行测量获得其晶面间距为 2.15Å，这与 FCC 结构的 TiN 相 (200) 面的晶面间距相近，结合其表面的 GXRD 及 XPS 分析可知，Ti-N 双离子注入可在渗

碳层表面引入 TiN 相，形成以渗碳马氏体为基底，表面富含纳米 TiN 相的纳米多晶层。

图 5.83 为 Zr-N 双离子注入复合强化层表面透射电镜图。从图 5.83(a) 中可以观察到 Zr-N 双离子注入复合强化层表面同样存在灰黑色纳米尺寸的颗粒相，但其相间并不像 Ti-N 双离子注入复合强化层中各相间排列紧密。为分析灰黑色的颗粒的组织结构，对其表面进行高分辨分析，结果如图 5.83(b) 和 (c) 所示。通过对高分辨图片中晶粒的晶面间距进行测量可知，灰黑色颗粒的晶面间距为 2.26Å，这与 Zr-N 的（200）面的晶面间距接近，结合复合强化层表面 GXRD 及 XPS 分析可基本确定该灰黑色颗粒为 ZrN 纳米晶颗粒。即 Zr-N 双离子注入可在渗碳层表面引入 ZrN 纳米相，构成孪晶马氏体、高密度位错与 ZrN 纳米晶共存的多晶层。

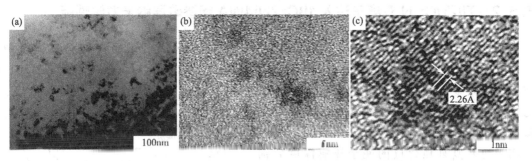

图 5.83　Zr-N 双离子注入复合强化层表面透射电镜图

(a) 透射明场图；(b)、(c) 高分辨图

Cr-N 双离子注入复合强化层的透射电镜图及相应的选区电子衍射斑点和能谱分析如图 5.84 所示。观察图 5.84(a)，Cr-N 双离子注入后渗碳层表面除渗碳组织外，可清晰地观察

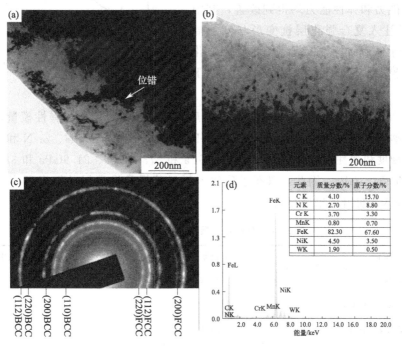

元素	质量分数/%	原子分数/%
C K	4.10	15.70
N K	2.70	8.80
Cr K	3.70	3.30
MnK	0.80	0.70
FeK	82.30	67.60
NiK	4.50	3.50
WK	1.90	0.50

图 5.84　Cr-N 双离子注入复合强化层表面透射电镜与能谱图

(a)、(b) 表层微观组织；(c) 电子衍射斑点；(d) 能谱图

到大量位错和灰色区域，选取表面大面积灰色区域位置可清晰地看到其内部存在的大量灰黑色微小颗粒[图5.84(b)]。图5.84(c)为该区域的电子衍射斑点图，其表明Cr-N注入后渗碳层表面的纳米晶颗粒由BCC和FCC两相构成。为进一步确定该区域中的灰黑色颗粒是否为CrN相，利用电子衍射基本公式$Rd=L\lambda$计算FCC相所对应衍射环的晶格间距，通过计算（111）FCC所对应的衍射环得出d（111）=2.35，这与CrN的d值（2.40）接近。图5.84(d)为该灰色区域的能谱图，从图中可以看出该区域主要含有Fe、C、N、Cr等元素。结合XPS与能谱的分析可确定Cr-N双离子注入复合强化层表面为马氏体与大量纳米多晶CrN相。

5.5.2 Ti/Zr/Cr-N 双离子注入 18Cr2Ni4WA 钢渗碳层纳米力学性能

图5.85为Ti/Zr/Cr-N双离子注入复合强化层在2mN负载下的载荷-位移曲线图。从中可以看出，在相同载荷下，压头压入渗碳层的最大深度为74.5nm，而Ti/Zr/Cr-N双离子注入复合强化层的最大压痕深度分别为58.4nm、61.6nm和56.7nm。卸载后渗碳层的残余压痕深度为50.4nm，Ti/Zr/Cr-N双离子注入复合强化层的残余压痕深度分别为35.2nm、38.1nm和33.6nm。四种样品的弹性恢复率分别为32.3%、39.7%、38.1%和40.7%。

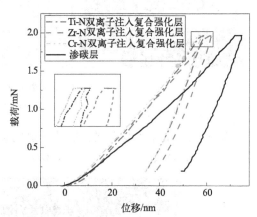

图5.85　四种样品的载荷-位移曲线

由此可见，Ti/Zr/Cr-N双离子注入后渗碳层的抗变形能力和弹性能力均得到改善，其中Cr-N双离子注入复合强化层抗变形与恢复能力最强。基于载荷-位移曲线，获得复合强化层的弹性模量与平均纳米硬度值列于表5.28中。

从表5.28中可以看出，Ti/Zr/Cr-N注入后渗碳层的纳米硬度和弹性模量均显著增加，普通渗碳层纳米硬度和弹性模量分别为14.4GPa和273.1GPa，Cr-N、Zr-N和Ti-N注入后渗碳层纳米硬度和弹性模量分别提升至23.6GPa和373.6GPa、21.9GPa和325.9Gpa以及22.03GPa和351.3GPa。因此，双离子后注入可显著提升渗碳层的纳米硬度与弹性模量，其中Cr-N注入的提升效果最显著。

表5.28　复合强化层纳米力学性能数据表

样品	纳米硬度/GPa	弹性模量/GPa
渗碳层	14.4	273.1
Cr-N注入复合强化层	23.6	373.6
Zr-N注入复合强化层	21.9	325.9
Ti-N注入复合强化层	22.03	351.3

鉴于Cr-N双离子注入复合强化层具有较好的纳米力学性能，此部分选取渗碳层与Cr-N

双离子注入复合强化层为研究对象，对两种样品表面 0～1600nm 范围内进行纳米硬度沿深度的变化曲线的测量，结果如图 5.86 所示。从图中可以看出两种样品的硬度随深度变化均呈现出逐渐减小的趋势，纳米硬度值在 200nm 附近达到稳定，但渗碳层的纳米硬度在 0～1600nm 深度范围内均低于 Cr-N 双离子注入复合强化层。Cr-N 双离子注入复合强化层稳定期的硬度为 11.94GPa，较渗碳层高 2.39GPa。Cr-N 双离子注入的最大注入深度在 200nm 左右，而其在表面 0～1600nm 范围内均表现出较高的硬度值，这是由于在离子注入过程中样品会因辐射损伤而发生晶格畸变，使其强化深度远大于元素的注入深度[36]。

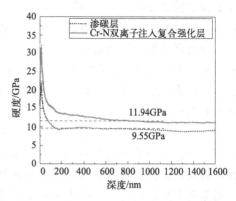

图 5.86　渗碳层与 Cr-N 双离子注入复合强化层纳米硬度沿深度的变化曲线

5.5.3　Cr/Zr/Ti-N 双离子注入 18Cr2Ni4WA 钢渗碳层摩擦学性能

船用齿轮在海洋环境中服役，在极端条件下会在海水环境中发生摩擦接触从而引起腐蚀与摩擦的协同效应，两者的叠加会对零件与机器造成不可逆的损坏[43]。此处考虑到 18Cr2Ni4WA 钢渗碳件运行工况，分别研究渗碳层与 Ti/Zr/Cr-N 双离子注入复合强化层干摩擦及海水腐蚀环境下的摩擦学性能。

5.5.3.1　干摩擦条件下的摩擦磨损性能

在常温环境，摩擦载荷 2N，转速 200r/min 条件下分别对渗碳层与 Cr/Zr/Ti-N 双离子注入复合强化层进行摩擦磨损测试，测试时间为 30min，获得四种强化层摩擦系数和磨损失重数据，结果如图 5.87 所示。

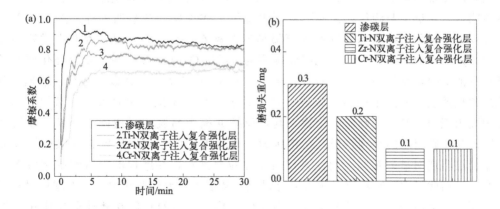

图 5.87　四种样品在干摩擦条件下的摩擦系数变化曲线与磨损失重图

(a) 摩擦系数；(b) 磨损失重

从图 5.87(a) 四种样品摩擦系数随时间变化曲线中可以看出，渗碳层的摩擦系数在摩擦磨损试验初始阶段会急剧增大，在 2.8min 时达到最大值 0.928，随后在 7min 后开始降低进入稳定阶段，稳定阶段渗碳层摩擦系数在 0.814～0.883 之间波动。稳定阶段 Ti-N 双离子注入复合强化层的摩擦系数在 0.81～0.852 之间波动，Zr-N 双离子注入复合强化层的摩擦系数在 0.68～0.77 之间波动，两者与渗碳层稳定阶段的摩擦系数相接近。而 Cr-N 双离子注入复合强化层的摩擦系数在摩擦磨损试验开始的 0～1.4min 内较低，为 0.201。此后摩擦系数开始增加，在 6.4min 时达到最大值，为 0.671，随后其摩擦系数进入稳定阶段，在 0.645～0.683 之间波动，其稳定期的摩擦系数较真空渗碳层有明显的降低。结合 Ti/Zr/Cr-N 双离子注入复合强化层的微观组织结构分析可知，Ti N、Zr-N 和 Cr-N 双离子注入均可在渗碳层表面形成均匀分布的纳米级的细小陶瓷相，它们之间相互作用可有效固定位错[44]，从而阻碍摩擦磨损过程中产生微小塑性变形，同时纳米级的颗粒较渗碳层表面浮凸的马氏体相表现出更低的摩擦系数。但是随着摩擦磨损试验的进行，渗碳层表面的 Ti/Zr/Cr-N 双离子注入层被破坏，其减摩效果逐渐消失，表现为摩擦系数随时间的延长而升高。离子注入过程对渗碳层摩擦学行为的影响不仅取决于注入元素的厚度，离子注入过程中高能量的轰击导致渗碳层表面的辐射损伤与晶格畸变同时改善了渗碳层的摩擦学性能，因此在注入层被破坏后，摩擦系数并没有发生突变而是缓慢升高[35]。对比 Ti-N、Zr-N 和 Cr-N 三种双离子注入复合强化层的摩擦系数变化曲线可发现，Cr-N 双离子注入对渗碳层摩擦学性能的改善最显著。

图 5.87(b) 为四种样品的磨损失重图。从图中可以看出 Ti/Zr/Cr-N 双离子注入后渗碳层的磨损失重均有所降低，其中 Zr/Cr-N 双离子注入复合强化层的磨损失重最小，均为 0.1mg。为明确 Ti/Zr/Cr-N 双离子注入对渗碳层摩擦磨损性能的改善机制，采用扫描电镜对四种样品表面磨痕进行观察，结果如图 5.88 所示。

从图 5.88 中可以看出，在给定的摩擦磨损试验条件下四种强化层表面均出现明显的磨痕。渗碳层、Ti-N、Zr-N 和 Cr-N 双离子注入复合强化层的磨痕宽度分别为 464.1μm、477.9μm、413.0μm 和 295.2μm。在磨痕宽度方面，Cr-N 双离子注入复合强化层最窄，Zr-N 双离子注入复合强化层次之，但 Ti-N 双离子注入复合强化层最宽，相比于渗碳层，其磨痕宽度出现增宽的现象，原因可能为 Ti-N 双离子注入对渗碳层摩擦学性能的改善效果并不明显，在试验与测量误差的影响下出现了上述现象。观察四种样品磨痕内部形貌可以发现四种样品磨痕内部均存在因磨损形成的黏着材料、磨粒以及因磨损过程中硬质颗粒的犁削作用而产生的犁沟，说明渗碳层与 Ti/Zr/Cr-N 双离子注入复合强化层在干摩擦条件下的磨损机制均为磨粒与黏着磨损。但 Zr/Cr-N 双离子注入复合强化层磨痕中黏着磨损现象更严重，磨痕中的犁沟较浅且数量较少，其磨损机制主要为黏着磨损。真空渗碳层表面组织中含有大量硬质碳化物，其在摩擦磨损中易脱落形成硬质磨粒，硬质磨粒在对磨球与渗碳层之间受到挤压，在挤压力的作用下，伴随着硬质颗粒在渗碳层表面滑动，渗碳层出现明显的犁沟。而注入层表面晶粒更细小，在摩擦磨损过程中不宜形成大尺寸磨粒，因此 Zr/Cr-N 双离子注入复合强化层磨痕表面无较明显犁沟。在摩擦过程中强化层表面温度会逐步升高，其表层组织会发生软化，表面的材料在磨球剪切作用下发生迁移，形成黏着物。Zr/Cr-N 双离子注入复合强化层表面的黏着物与强化层表面贴合更紧密，在无大尺寸硬质磨痕的摩擦下可在摩擦过程中起到一定的润滑作用，从而表现出更低的摩擦系数。

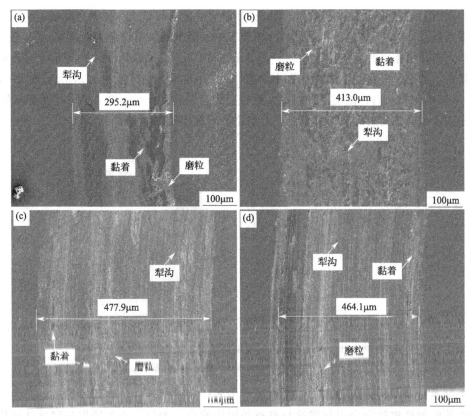

图 5.88　四种样品在干摩擦条件下磨痕形貌
(a) Cr-N 双离子注入复合强化层；(b) Zr-N 双离子注入复合强化层；
(c) Ti-N 双离子注入复合强化层；(d) 渗碳层

5.5.3.2　海水腐蚀环境中的摩擦磨损性能

利用自制的夹具与水槽结合摩擦磨损设备对四种样品在海水环境中的腐蚀摩擦学性能进行测试，测试时在水槽中加入海水，人工海水按照 ASTMD 1141—1998 标准制备，各组分配比详见表 5.29，其他测试参数与常温干摩擦试验相同。

表 5.29　人工海水配方

成分	含量/(g/L)	成分	含量/(g/L)
NaCl	24.53	NaHCO$_3$	0.201
MgCl$_2$	5.20	KBr	0.101
Na$_2$SO$_4$	4.09	H$_3$BO$_3$	0.027
CaCl$_2$	1.16	SrCl$_2$	0.025
KCl	0.695	NaF	0.003

海水环境下，四种强化层摩擦系数曲线及磨损失重如图 5.89 所示。从图 5.89(a) 中可以看出，在人工海水环境中 Ti/Zr/Cr-N 双离子复合强化层的摩擦系数均小于普通渗碳层。其中普通渗碳层的摩擦系数在开始时增幅明显，增加至 0.42 后开始降低，在 11.5min 后进入稳定阶段，摩擦系数在 0.31～0.36 之间波动。Ti-N 与 Zr-N 双离子注入复合强化层摩擦系数曲线的波动趋势基本一致，整体趋势为随时间的延长摩擦系数逐渐降低，进入稳定阶段后摩擦系数在 0.28～0.3 之间波动。在四种强化层中，Cr-N 双离子注入复合强化层在海水环境中的摩擦系数

最稳定,在所测试时间范围内无明显波动,整体趋势为随时间延长摩擦系数降低,进入稳定阶段后摩擦系数在 0.249~0.259 之间波动,相较于单一渗碳层,其摩擦系数降低 20% 以上。图 5.89(b) 为四种强化层的磨损失重数据,其显示出 Ti/Zr/Cr-N 双离子注入均可大幅度降低渗碳层在海水中的磨损失重,渗碳层在海水中磨损 180min 后的失重量为 11.7mg,而 Ti-N、Zr-N 和 Cr-N 双离子注入后,渗碳层的磨损失重分别为 5.5mg、4.8mg 和 3.5mg。由此可知,Cr-N 双离子注入复合强化层的磨损失重最小,相比于普通渗碳层降低了 70%。

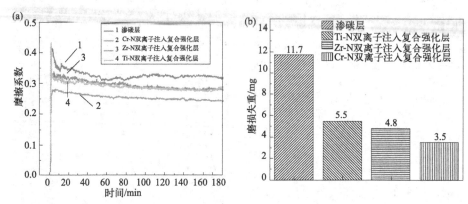

图 5.89　四种样品在海水环境中的摩擦系数曲线及磨损失重图
(a) 摩擦系数曲线;(b) 磨损失重情况

与干摩擦条件下磨损失重相比,海水环境中各样品的磨损失重显著增加,这是由于在海水环境中的摩擦磨损过程会引起腐蚀与摩擦的协同效应,磨损失重为磨损和腐蚀共同作用的结果。虽然在海水环境下四种样品的磨损失重增大,但 Ti/Zr/Cr-N 双离子注入后渗碳层的失重量相对于干摩擦条件的降低效果更明显,这应该与双离子注入层更好的耐腐蚀性能相关。通过对海水环境中四种样品摩擦系数曲线及磨损失重情况分析可知,Ti/Zr/Cr-N 双离子注入均可显著改善渗碳层在海水环境中的摩擦学性能。

图 5.90 为四种样品在海水环境下磨痕形貌图。从图中可以看出,在人工海水环境中各样品表面均出现明显的磨痕。其中渗碳层的磨痕宽度最大为 1.28mm;Ti-N 双离子注入复合强化层次之,为 1.08mm;Zr-N 双离子注入复合强化层的磨痕宽度为 0.94mm;Cr-N 双离子注入复合强化层的磨痕宽度最小,为 0.91m。与干摩擦条件下四种样品磨痕宽度对比可发现,海水环境中四种样品的磨痕宽度大幅增加。海水环境下四种渗层磨痕增宽的原因除摩擦磨损时间较长外,还与海水环境中腐蚀与摩擦的协同作用有关。为更清晰地观察到磨痕表面的腐蚀痕迹,对图 5.90 中四种磨痕部分区域进行放大,结果如图 5.91 所示。

从图 5.91 中可以看出四种样品磨痕内部除由硬质颗粒犁削产生的犁沟外,还存在海水浸泡腐蚀产生的点蚀坑和腐蚀膜。其中渗碳层表面点蚀现象最明显,磨痕表面已形成大量的点蚀坑及相关产物,Ti/Zr/Cr-N 双离子注入复合强化层表面较光滑,无明显被腐蚀的痕迹。在 Ti-N 双离子注入复合强化层表面可观察到被破坏的膜层,由于 Ti 为强钝化倾向的元素,其在海水腐蚀过程中易于形成钝化膜,钝化膜的形成改善了复合强化层的耐腐蚀性能,增强了渗碳层在海水中的摩擦磨损性能。Zr/Cr-N 双离子注入复合强化层磨痕表面点蚀与膜层不明显,在所测试的时间内,两种强化层并未发生严重腐蚀,两者的磨痕表面仅存在大量犁沟,说明 Zr/Cr-N 双离子注入在渗碳层表面形成的陶瓷相耐腐蚀性能更好,其中 Cr-N 双离子注入复合强化层抗海水侵蚀作用最强。

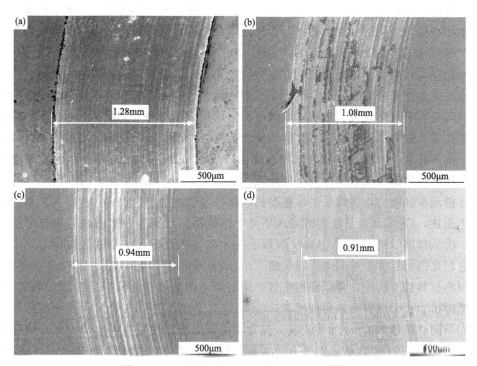

图 5.90　四种样品在海水环境中的磨痕形貌图

（a）渗碳层；（b）Ti-N 双离子注入复合强化层；（c）Zr-N 双离子注入复合强化层；（d）Cr-N 双离子注入复合强化层

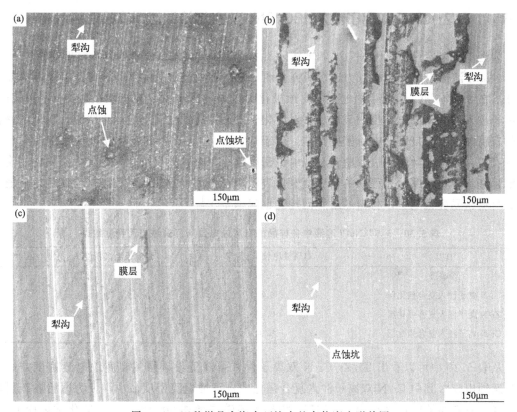

图 5.91　四种样品在海水环境中的高倍磨痕形貌图

（a）渗碳层；（b）Ti-N 双离子注入复合强化层；（c）Zr-N 双离子注入复合强化层；（d）Cr-N 双离子注入复合强化层

海水环境中强化层的破坏机制主要有三个方面，分别为摩擦磨损、海水浸泡腐蚀以及腐蚀与摩擦磨损的协同作用。摩擦磨损与腐蚀之间的协同作用可以理解为样品磨损表面形成的腐蚀膜"破坏-修复"持续发生过程中的综合作用[45]。摩擦磨损过程中接触表面之间不断滑动，在接触应力作用下使腐蚀膜萌生许多微裂纹，不断扩展直至局部破裂。裸露的样品表面不断暴露在海水中受到腐蚀的影响。而摩擦磨损过程中表面的剪切力会使金属表面发生微塑性变形使其更容易发生腐蚀。摩擦对腐蚀有促进作用，同时海水腐蚀条件对摩擦磨损破坏也起到促进作用，经海水浸泡腐蚀后样品表面的疏松多孔组织形态更容易增加表面的磨损，由此可知，海水环境中磨损与腐蚀之间存在协同效应[46]。图 5.91(d) 显示 Cr-N 双离子注入复合强化层磨痕内部仅出现非常微小的点蚀，这证明 Cr-N 双离子注入后渗碳层具有优秀的抵抗海水浸泡腐蚀能力，其样品的摩擦磨损破坏机制还以磨损为主导，主要为磨粒磨损。

综上所述，Cr-N 双离子注入对海水环境中渗碳层的摩擦学性能的改善机制可总结为两个方面：①从摩擦学角度考虑，Cr-N 双离子注入在渗碳层形成纳米氮化物均匀分布在材料表面，它们之间相互作用可有效固定位错[44]，从而阻碍摩擦磨损过程中产生微小塑性变形，有益于提高材料的耐磨性，降低摩擦系数，同时细小的纳米晶相增强了渗碳层的表面硬度，提高了磨损抗力；②从耐腐蚀角度考虑，Cr-N 双离子注入在生成 CrN 陶瓷相的同时提升渗碳层表面及附近区域内的 Cr 元素含量，提升了渗碳层海水环境中的腐蚀抗力，降低浸泡腐蚀倾向。因此，Cr-N 双离子注入可有效缓解渗碳层在海水环境中腐蚀与摩擦的协同效应，故而大幅提升其在海水环境中的摩擦学性能。

5.5.4　Ti/Zr/Cr-N 双离子注入 18Cr2Ni4WA 钢渗碳层耐腐蚀性能

为进一步确定 Ti/Zr/Cr-N 双离子注入对渗碳层耐腐蚀性能的影响，对四种强化层在 3.5％NaCl 溶液中的电化学行为进行研究。图 5.92 为渗碳层与 Ti/Zr/Cr-N 双离子注入复合强化层在 3.5％NaCl 溶液中的电化学腐蚀极化曲线。从图中可以看出渗碳层经 Ti/Zr/Cr-N 双离子注入后，其腐蚀电位明显增加。对电化学腐蚀极化曲线进行 Tafel 拟合，得到四种样品的自腐蚀电位与自腐蚀电流密度数据，列于表 5.30 中。材料的自腐蚀电流密度与其腐蚀速率有关，在电化学腐蚀过程中自腐蚀电流密度越小，材料的腐蚀速率越慢，材料的耐腐蚀性能越好。电化学腐蚀过程中的自腐蚀电位表示材料失去电子的难易程度，自腐蚀电位值越小，材料越易失去电子，材料的耐腐蚀性能也就越差[47]。

表 5.30　3.5％NaCl 溶液中各样品的自腐蚀电位与自腐蚀电流密度数据

样品	自腐蚀电位 E_{corr}/V	自腐蚀电流密度 I_{corr}/(A/cm^2)
渗碳层	−0.87	3.8×10^{-7}
Ti-N 离子注入复合强化层	−0.44	1.9×10^{-7}
Zr-N 离子注入复合强化层	−0.38	1.3×10^{-7}
Cr-N 离子注入复合强化层	−0.34	6.6×10^{-8}

从表 5.30 中可以看出 Ti/Zr/Cr-N 双离子注入可降低渗碳层的自腐蚀电流密度并增大其自腐蚀电位，其中 Cr-N 双离子注入复合强化的自腐蚀电流密度最小，仅为原始渗碳层的 17.4％，其自腐蚀电位最高为 −0.34V，相比于渗碳层增加 60.9％。根据电化学理论可知，离子注入通过降低渗碳层在 3.5％NaCl 溶液中的腐蚀速率和发生腐蚀的倾向来改善渗碳层

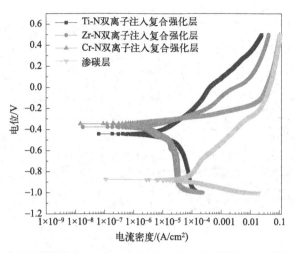

图 5.92　四种样品在 3.5％NaCl 溶液中的电化学腐蚀极化曲线

的耐腐蚀性能，其中 Cr-N 双离子注入的改善效果最为显著，Zr-N 与 Ti-N 双离子注入次之。

为明确 Ti/Zr/Cr-N 双离子注入对渗碳层耐 3.5％NaCl 溶液的腐蚀机制，对四种样品腐蚀形貌进行观察，结果如图 5.93 所示。从图 5.93(a) 中可以看出渗碳层在 3.5％NaCl 溶液中腐蚀表面呈现均匀的龟裂状，随着腐蚀的进行，现有裂纹会长大、扩展并发生交汇，导致龟裂层逐步剥落，随后露出新鲜表层并再次发生均匀腐蚀，从而对渗碳层表面造成破坏。图 5.93(b)、(c) 和 (d) 分别为 Ti/Zr/Cr-N 双离子注入复合强化层的腐蚀形貌，从图中可以看出离子注入强化层表面会出现不均匀的点状腐蚀破坏，点蚀区域外仍为光滑的表面，并未发生腐蚀。相较于普通渗碳层，Ti/Zr/Cr-N 双离子注入后，渗碳层并未出现严重的破坏，其耐 3.5％ NaCl 溶液腐蚀的性能得到提升，其中 Cr-N 双离子注入复合强化层的耐腐蚀性能最好。TiN 与 ZrN 均属于ⅣB 族过渡金属元素氮化物，具有优良的化学惰性，因此 Ti-N 与 Zr-N 双离子注入后渗碳层耐腐蚀性能的提升可解释为 Ti-N 和 Zr-N 双离子注入在渗碳层表面生成 TiN、ZrN 等相。但 Ti-N 双离子注入复合强化层与 Zr-N 双离子注入复合强化层表面均为纳米多晶结构，存在大量晶界，易成为电化学腐蚀的薄弱部位[40]，在电化学腐蚀过程中当电势升高时这些部位会首先发生点蚀，并且进一步扩展形成点蚀坑。Cr-N 双离子注入除在渗碳层表面生成 CrN 陶瓷相外，会使渗碳层表面 Cr 元素含量增多，而 Cr 是材料中主要的钝化元素，Cr/Fe 比值增加对材料耐腐蚀性能具有重要意义，并且 Cr 元素的增多，会在腐蚀过程中使材料表面生成 Cr_2O_3 与 $Cr(OH)_3$，可提高腐蚀电位，从而提升材料耐腐蚀性能[48,49]。

综上所述，离子注入可提升渗碳层在 3.5％NaCl 溶液中的电化学腐蚀阻力，降低腐蚀速率，并且将渗碳层的整体均匀腐蚀方式改变为局部点蚀。其腐蚀过程可归纳为：电化学腐蚀优先在晶界等薄弱部位发生点蚀，随着腐蚀的进一步发生，腐蚀离子通过点蚀部位穿过双离子注入强化层进入渗碳层内部，使该处的渗碳层深处发生腐蚀形成点蚀坑，对于 Cr-N 双离子注入复合强化层，由于其覆盖相及表面 Cr 元素具有优异的抗腐蚀能力，并未发生严重腐蚀。

本节借助离子注入技术，在 18Cr2Ni4WA 钢真空渗碳的基础上进行 Ti/Zr/Cr-N 双离子注入复合强化处理，结合对不同离子注入强化层微观组织、元素分布及化合物组成的检测，

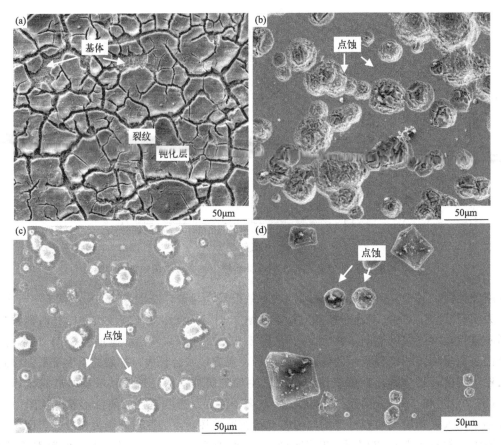

图 5.93　四种样品在 3.5%NaCl 溶液中的电化学腐蚀形貌图
(a) 渗碳层；(b) Ti-N 双离子注入复合强化层；
(c) Zr-N 双离子注入复合强化层；(d) Cr-N 双离子注入复合强化层

分析了 Ti/Zr/Cr-N 双离子注入对渗碳层纳米力学性能、摩擦学性能和耐腐蚀性能的影响，主要研究结论如下：

① Ti/Zr/Cr-N 双离子注入会在渗碳层表面形成由纳米陶瓷相组成的梯度强化层，并引起渗碳层组织中过饱和马氏体的晶格畸变。其中 Ti-N 双离子注入强化层表面主要为 TiN 与 TiO_2 等相；Zr-N 双离子注入复合强化层主要生成 ZrN、ZrC 与 ZrO_2 相；Cr-N 双离子注入复合强化层表面主要为 CrN 和 Cr_2O_3 相。

② 在纳米陶瓷相形成应力集中与注入辐射的影响下，Ti/Zr/Cr-N 双离子注入复合强化层均表现出较好的纳米力学性能与摩擦学性能。其中 Cr-N 双离子注入的改善效果最显著，相较于渗碳层其纳米硬度增加 38.9%、弹性模量增加 36.7%，其干摩擦系数与磨损失重分别降低 20.7% 与 66.7%。特别是在人工海水环境中，Cr-N 双离子注入强化层除生成耐腐蚀性能较好的 CrN 陶瓷相外，同时提升了渗碳层表面及附近区域内的 Cr 元素含量，使其在浸泡过程中生成 Cr_2O_3 与 $Cr(OH)_3$ 等耐腐蚀化合物，从而表现出更好的耐海水腐蚀抗力、更低的腐蚀倾向与腐蚀速率，其磨损失重相较于普通渗碳层可降低 70%。

③ Cr/Zr/Ti-N 双离子注入复合强化层均可改善渗碳层在 3.5%NaCl 溶液中的电化学腐蚀性能，并且在具有较强化学惰性的纳米多晶陶瓷氮化物相的影响下，其腐蚀首先发生在表

层的薄弱部位——大量晶界处，促使渗碳层的电化学腐蚀损坏形式由整体均匀腐蚀改变为局部点蚀，从而整体上具有较低的电化学腐蚀倾向和腐蚀速率。

参考文献

[1] 兵器工业部第五二研究所. 装甲履带车辆材料手册：金属材料 [M]. 北京：国防工业出版社，1985.

[2] Soares A F, Tatumi S H, Rocca R R, et al. Morphological and luminescent properties of HfO$_2$ nanoparticles synthesized by precipitation method [J]. Journal of Luminescence, 2020, 219: 116866.

[3] 陈文蕊. 基于超声深滚理论齿轮齿面光整强化研究 [D]. 大连：大连理工大学，2012.

[4] 刘锁. 金属材料的疲劳性能与喷丸强化工艺 [M]. 北京：国防工业出版社，1977.

[5] 杨庆祥，赵言辉，许志强，等. 渗碳及渗碳喷丸齿轮轮齿弯曲疲劳极限的定量分析 [J]. 机械工程学报，2004，40 (7)：34-40.

[6] 常晓东，刘道新，崔腾飞，等. 渗碳与喷丸复合处理对 18Cr2Ni4WA 钢表面完整性及疲劳性能的影响 [J]. 机械科学与技术，2013，32 (11)：1584-1590.

[7] Jin J, Chen Y, Gao K, et al. The effect of ion implantation on tribology and hot rolling contact fatigue of Cr4Mo4Ni4V bearing steel [J]. Applied Surface Science, 2014, 305: 93-100.

[8] 唐定国，袁和相. 齿轮设计中的强度安全系数 [J]. 机械传动，1994，(3)：18-20.

[9] Li H F, Zhang J, Shen S C, et al. Effect of tempering temperature and inclusions on hydrogen-assisted fracture behaviors of a low alloy steel [J]. Materials Science and Engineering a Structural Materials Properties Microstructure and Processing, 2017, 682: 359-369.

[10] 牛婷婷. 高温渗碳合金钢组织与性能研究 [D]. 大连：大连理工大学，2016.

[11] 武志斐，王铁，张瑞亮，等. 18Cr2Ni4WA 齿轮弯曲疲劳试验及基于可靠度的试验数据统计研究 [J]. 机械强度，2012，34 (1)：154-158.

[12] 邹江河. 超声表面深滚对 40CrNiMoA 钢表面完整性及微动疲劳性能的影响 [D]. 贵阳：贵州大学，2022.

[13] 王婷. 超声表面滚压加工改善 40Cr 钢综合性能研究 [D]. 天津：天津大学，2008.

[14] 白鹤，王伯健. 马氏体不锈钢成分、工艺和耐蚀性的进展 [J]. 特殊钢，2009，30 (2)：30-33.

[15] 颜志斌，赵飞，刘静，等. 20CrMnTi 钢碳氮复合强化层的制备与性能 [J]. 材料热处理学报，2017，38 (12)：77-83.

[16] 机械工业部机电研究所. 钢铁材料渗氮层金相组织图谱 [M]. 北京：机械工业出版社，1986.

[17] Baba H, Kodama T, Katada Y. Role of nitrogen on the corrosion behavior of austenitic stainless steels [J]. Corrosion Science, 2002, 44 (10): 2393-2407.

[18] Kvryan A, Efaw C M, Higginbotham K A, et al. Corrosion initiation and propagation on carburized martensitic stainless steel surfaces studied via advanced scanning probe microscopy [J]. Materials, 2019, 12 (6): 940.

[19] Zhao Y, Wong S M, Wong H M, et al. Effects of carbon and nitrogen plasma immersion ion implantation on *in vitro* and *in vivo* biocompatibility of titanium alloy [J]. ACS Applied Materials & Interfaces, 2013, 5 (4): 1510-1516.

[20] Manova D, Gerlach J W, Scholze F, et al. Nitriding of austenitic stainless steel by pulsed low energy ion implantation [J]. Surface & Coatings Technology, 2010, 204 (18/19): 2919-2922.

[21] Stormvinter A, Miyamoto G, Furuhara T, et al. Effect of carbon content on variant pairing of martensite in Fe-C alloys [J]. Acta Materialia, 2012, 60 (20): 7265-7274.

[22] Park Y, Park J S, Baek S H, et al. Electron beam modification of anode materials for high-rate lithium ion batteries [J]. Journal of Power Sources, 2015, 296: 109-116.

[23] Ma Y, Zhang J, Tian B, et al. Synthesis and characterization of thermally stable Sm, N co-doped TiO$_2$ with highly visible light activity [J]. Journal of Hazardous Materials, 2010, 182 (1/3): 386-393.

[24] Elmel A A, Angleraud B, Gautron E, et al. XPS study of the surface composition modification of nc-TiC/C nanocomposite films under in situ argon ion bombardment [J]. Thin Solid Films, 2011, 519 (12): 3982-3985.

[25] Kozlowski M. XPS study of reductively and non-reductively modified coals [J]. Fuel, 2004, 83 (3): 259-265.

[26] Chen X, Xu J, Xiong W, et al. Mechanochemical synthesis of Ti (C, N) nanopowder from titanium and melamine [J]. International Journal of Refractory Metals & Hard Materials, 2015, 50: 152-156.

[27] Purushotham K, Ward L P, Brack N, et al. Wear behaviour of CrN coatings MEVVA ion implanted with Zr [J]. Wear, 2004, 257 (9/10): 901-908.

[28] Martin C, Miller K, Makino H, et al. Optical properties of Ar ions irradiated nanocrystalline ZrC and ZrN thin films [J]. Journal of Nuclear Materials, 2017, 488: 16-21.

[29] Arias D F, Arango Y C, Devia A. Study of TiN and ZrN thin films grown by cathodic arc technique [J]. Applied Surface Science, 2006, 253 (4): 1683-1690.

[30] Liu N, Xu Y D, Li H, et al. Effect of nano-micro TiN addition on the microstructure and mechanical properties of TiC based cermets [J]. Journal of the European Ceramic Society, 2002, 22 (13): 2409-2014.

[31] Harrison R W, Lee W E. Processing and properties of ZrC, ZrN and ZrCN ceramics: a review [J]. Advances in Applied Ceramics, 2016, 115 (5): 294-307.

[32] Cheng D Y, Wang S Q, Ye H Q. First-principles calculations of the elastic properties of ZrC and ZrN [J]. Journal of Alloys and Compounds, 2004, 377 (1/2): 221-224.

[33] Tan L, Allen T R, Demkowicz P. High temperature interfacial reactions of TiC, ZrC, TiN, and ZrN with palladium [J]. Solid State Ionics, 2010, 181 (25/26): 1156-1163.

[34] Wolff P, Lucas B, Herbert E G. Computing thin film mechanical properties with the Oliver and pharr method [J]. 1999, 593.

[35] Caicedo J C, Zambrano G, Aperador W, et al. Mechanical and electrochemical characterization of vanadium nitride (VN) thin films [J]. Applied Surface Science, 2011, 258 (1): 312-320.

[36] Liu B J, Deng B, Tao Y. Influence of niobium ion implantation on the microstructure, mechanical and tribological properties of TiAlN/CrN nano-multilayer coatings [J]. Surface & Coatings Technology, 2014, 240: 405-412.

[37] Chen L T, Lee J W, Yang Y C, et al. Microstructure, mechanical and anti-corrosion property evaluation of iron-based thin film metallic glasses [J]. Surface & Coatings Technology, 2014, 260: 46-55.

[38] Zheng S, Li C, Fu Q, et al. Fabrication of self-cleaning superhydrophobic surface on aluminum alloys with excellent corrosion resistance [J]. Surface & Coatings Technology, 2015, 276: 341-348.

[39] Zhang H, Luo R F, Li W J, et al. Epigallocatechin gallate (EGCG) induced chemical conversion coatings for corrosion protection of biomedical MgZnMn alloys [J]. Corrosion Science, 2015, 94: 305-315.

[40] Venugopal A, Raja V. AC impedance study on the activation mechanism of aluminium by indium and zinc in 3.5% NaCl medium [J]. 1997, 39 (12): 2053-2065.

[41] Zhang T, Shao Y W, Meng G Z, et al. Corrosion of hot extrusion AZ91 magnesium alloy: I-relation between the microstructure and corrosion behavior [J]. Corrosion Science, 2011, 53 (5): 1960-1968.

[42] 裘荣鹏. 接触疲劳失效形貌及机理 [J]. 黑龙江科技信息, 2013, (20): 65.

[43] Zhang G Y, Yin X Y, Wang J Z, et al. Influence of microstructure evolution on tribocorrosion of 304SS in artificial seawater [J]. Corrosion Science, 2014, 88: 423-433.

[44] Sanchez R, Garcia J A, Medrano A, et al. Successive ion implantation of high doses of carbon and nitrogen on steels [J]. Surface & Coatings Technology, 2002, 158: 630-635.

[45] Zhang Y, Yin X Y, Yan F Y. Tribocorrosion behaviour of type S31254 steel in seawater: Identification of corrosion-wear components and effect of potential [J]. Materials Chemistry and Physics, 2016, 179: 273-281.

[46] Sun Y, Haruman E. Tribocorrosion behaviour of low temperature plasma carburised 316L stainless steel in 0.5 M NaCl solution [J]. Corrosion Science, 2011, 53 (12): 4131-4140.

[47] Osório W R, Freitas E S, Spinelli J E, et al. Electrochemical behavior of a lead-free Sn - Cu solder alloy in NaCl solution [J]. 2014, 80: 71-81.

[48] 范丽, 陈海龑, 董耀华, 等. 激光熔覆铁基合金涂层在 HCl 溶液中的腐蚀行为 [J]. 金属学报, 2018, 54 (07): 1019-1030.

[49] Wang F F, Zhou C G, Zheng L J, et al. Improvement of the corrosion and tribological properties of CSS-42L aerospace bearing steel using carbon ion implantation [J]. Applied Surface Science, 2017, 392: 305-311.

第**6**章

真空渗碳层及其复合强化层的
疲劳可靠性评估

合金钢渗碳后具有优异的综合性能，广泛用于汽车、煤炭、矿山、航天和船舶等机械领域的核心零部件中，如齿轮、轴承以及蜗轮等，其所处的复杂环境对可靠度要求较高。在应用过程中保证其渗碳及强化层的可靠性是其设备能够平稳运行的前提，因此开展渗碳件的可靠性评估至关重要。

可靠性评估既涉及到零部件寿命主要因素的分析、寿命试验测试的设计和寿命预测等内容，同时又需要了解寿命数据的特征，选择或开发适用的可靠性计算方法，是一项耗资耗时较大的系统工程。本章以 18Cr2Ni4WA 钢为例，从材料本身出发，针对该材料渗碳复合强化件的失效形式，以试验为基础获得可行的可靠度模拟计算方法，开展疲劳与磨损可靠度的计算。同时运用模拟计算软件，改进和选取适宜的可靠性计算方法，设计完成材料可靠性评估系统，为实现零件快速的可靠度评估打下基础。

6.1 基于模拟计算的可靠性评估方法

随着计算机的飞速发展，计算机的存储量及运行速度快速提升，为大量烦琐的数据处理提供了良好的硬件条件。零部件可靠性评估是一项耗时耗力的巨大工程，采用计算机模拟，借助可靠度算法可快速获得所需零件的可靠度，因此，模拟计算在零部件可靠性评估中得到了广泛关注。本节考虑到试验测试条件的局限性，对现有的可靠度评估方法进行改进，开发适用于小样本量且各变量多重相关的可靠度计算模型。

6.1.1 改进响应面法

6.1.1.1 偏最小二乘回归响应面法

（1）响应面法

响应面法的基本思想是通过一系列数值模拟分析或试验测试方法，构建响应和随机变量之间的一种映射关系。用一个响应面来近似代替实际的输入与输出之间的关系，是目前复杂系统可靠性分析的有效方法[1]。

响应面法可靠性分析过程包括：①随机变量取样。获得基本变量，通过合适的抽样方法在样本空间抽取一定的数据点。由于其基于最小二乘回归法求取参数，主要适用于模型的未知参数和试验的次数相同情况下样本的可靠性分析，在小样本情况下不能使用。②拟合响应面。根据选定的样本点数据，采用有限元方法或试验方法得到响应变量，通过回归分析得到响应面函数。响应面函数包括含有交叉项的一次响应函数[式(6.1)]和不含交叉项的二次响应函数[式(6.2)]。在响应面函数中一次响应函数仅涉及一次变量相关性，未考虑多次变量及其之间相关性；二次响应函数同样未涉及变量之间的相关性。然而在实际情况下，变量之间普遍具有多重相关性，特别是对于采用正交方法确定样本量时，由于其样本点的数目相对较少，各变量间常常存在多重相关性。③计算可靠度。利用蒙特卡洛法求解可靠度。

$$\widetilde{Y} = a + \sum_{i=1}^{N} b_i x_i + \sum_{i=1}^{N} \sum_{j=1}^{N} c_{ij} x_i x_j \tag{6.1}$$

$$\widetilde{Y} = a + \sum_{i=1}^{N} b_i x_i + \sum_{i=1}^{N} c_i x_i^2 \tag{6.2}$$

式中　　　　　　　　　　　　　　　$\widetilde{Y}$——响应变量；

$$X = (x_1, x_2, x_3, \cdots, x_N)$$——随机参数；

$a, b_1, b_2, b_3, \cdots, b_N, c_1, c_2, c_3, \cdots, c_N$——待定系数。

鉴于响应面法在模型拟合回归过程中存在随机变量之间多重相关性和小样本模型参数无法求解的问题，此处引入偏最小二乘回归原理，利用正交试验随机抽取样本，进行基于响应面法的可靠性分析，提高响应面法可靠度分析中的模型计算精度。

（2）偏最小二乘法基本原理

在自变量和因变量中分别提出某一成分 t_1 和 μ_1，其中 t_1 为自变量 $x_1, x_2, x_3, \cdots, x_m$ 的线性组合，μ_1 为因变量 $y_1, y_2, y_3, \cdots, y_p$ 的线性组合，且 t_1 和 μ_1 要尽可能全面反映出自变量和因变量的信息；当 t_1 与 μ_1 相关程度达到最大时，建立因变量和自变量之间的回归方程。p 个因变量 $y_1, y_2, y_3, \cdots, y_p$ 与 m 个自变量 $x_1, x_2, x_3, \cdots, x_m$ 分别为：

$$E_0 = \begin{pmatrix} x_{11} \cdots x_{1m} \\ \vdots \cdots \vdots \\ x_{n1} \cdots x_{nm} \end{pmatrix}, \quad F_0 = \begin{pmatrix} y_{11} \cdots y_{1p} \\ \vdots \cdots \vdots \\ y_{n1} \cdots y_{np} \end{pmatrix} \tag{6.3}$$

因此，采用包含一次项、二次项和交叉项完整的二次回归模型能够很好地进行响应面拟合。

6.1.1.2　基于 F 检验的偏最小二乘回归响应面法

针对正交试验小样本量的情况，基于偏最小二乘法建立的完整二次回归模型虽然包含更多变量，但存在过拟合问题，使回归模型的误差增大。此处结合 F 检验来确定在拟合过程中是否删除某些变量，增多变量数量，使回归模型更精确。

（1）F 检验

判断某个变量是否应从模型中删除，关键是看这个变量对响应是否存在显著性影响。这里将完整二次回归模型的一次项、二次项和交叉项分别看作单独的自变量。假设有 m 个自

变量 x_1，x_2，$\cdots$，x_m 和 n 个样本，对所有的自变量进行模型拟合，得到下式：

$$y = a_0 + a_1 x_1 + a_2 x_2 + \cdots + a_m x_m \tag{6.4}$$

从 m 个自变量中删除自变量 x_i，之后对剩下的自变量进行模型拟合，得到式(6.5)：

$$y = b_0 + b_1 x_1 + b_2 x_2 + \cdots + b_{i-1} x_{i-1} + b_{i+1} x_{i+1} + \cdots + b_m x_m \tag{6.5}$$

全模型和删除自变量 x_i 之后拟合模型的复相关系数分别为 R^2、R_i^2，则统计量为：

$$F_i = \frac{(R^2 - R_i^2)/1}{(1 - R^2)/n - m - 1} \tag{6.6}$$

根据显著性水平 α，可以通过 F 分布表获得临界值 F_α。当 $F_i > F_\alpha$ 时，说明自变量 x_i 对响应 y 有显著性影响，不能从模型中删除自变量 x_i；当 $F_i \leqslant F_\alpha$ 时，说明自变量 x_i 对响应 y 的影响不显著，可以从模型中删除自变量 x_i。

（2）响应面函数误差分析

此部分选用参考文献 [2] 中的实例，运用响应面法对其进行响应面拟合，分别采用一次响应面、二次响应面、偏最小二乘回归的响应面和基于 F 检验偏最小二乘回归响应面（FPLS-RSM），这四种拟合方法所得响应面函数的拟合误差，分析 FPLS-RSM 方法的可行性。其中 FPLS-RSM 法具体步骤如下：① 计算二次回归模型中自变量与因变量之间的相关系数。设样本数目为 n，为保证 F 检验模型的可行性，建立模型包含的最多自变量数目为 $n-2$。当一次项个数为 m 时，二次模型中除去常数项，共包含 $m(m+3)/2$ 个变量。如果 $m(m+3)/2 \geqslant n-2$，则选择与因变量前 $n-2$ 个相关系数绝对值较大的自变量建立回归模型。② 判断自变量 x_i 能否删除。对回归模型和删除自变量 x_i 之后的模型进行复相关系数计算。根据显著性水平 α，进行 F 检验来判定自变量 x_i 是否删除。③ 重复以上步骤，直至回归模型中所有变量均通过 F 检验，并将此模型作为响应面。参考文献 [2] 中的具体数据见表 6.1。

表 6.1 参考试验数据表

序列	x_1	x_2	x_3	x_4	y
1	1	30	4.5	60	0.022
2	1.4	60	2	45	0.0283
3	1.8	25	6	30	0.062
4	2.2	55	3.5	15	0.1049
5	2.6	20	1	65	0.042
6	3	50	5	50	0.0987
7	3.4	15	2.5	35	0.1022
8	3.8	45	6.5	20	0.2424
9	4.2	10	4	70	0.0988
10	4.6	40	1.5	55	0.1327
11	5	5	5.5	40	0.1243
12	5.4	35	3	25	0.2777

该实例包含 4 个一次变量，完整二次回归模型中包含 14 个变量，而仅仅有 12 次试验，样本数目少于回归模型包含的变量数，因此要选择二次回归模型中 10 个自变量进行模型拟合。这里根据变量与响应 y 之间的相关系数来进行变量的选择。选择前 10 个与 y 的相关系数较大的自变量。完整二次回归模型中的全部变量与因变量之间的相关系数见表 6.2。

表 6.2　变量与 y 的相关系数表

变量	与 y 的相关系数	变量	与 y 的相关系数
x_1	0.7607	x_2x_3	0.2755
x_2	0.0712	x_2x_4	-0.3494
x_3	0.2323	x_3x_4	-0.2499
x_4	-0.5472	x_1^2	0.7587
x_1x_2	0.7076	x_2^2	0.0110
x_1x_3	0.6435	x_3^2	0.2376
x_1x_4	0.1189	x_4^2	-0.5130

从表 6.2 中可以看出变量 x_2、x_3、x_2^2、x_1x_4 的相关系数较小，因此对选择剩下的变量用偏最小二乘回归建立模型：

$$y=-0.0223-0.1251x_1+0.0134x_4+0.0112x_1^2-0.0036x_3^2-0.0001146x_4^2+0.0019x_1x_2$$
$$+0.0099x_1x_3+0.00025589x_2x_3-0.00013744x_2x_4-0.00016501x_3x_4$$

$$(6.7)$$

对式(6.7)中的模型进行 F 检验，取显著性水平 $\alpha=0.05$，得到最终响应面函数为：

$$y=-0.0147-0.1376x_1+0.0146x_4+0.0091x_1^2-0.0044x_3^2$$
$$-0.00012949x_4^2+0.0024x_1x_2+0.0124x_1x_3-0.00015415x_2x_4 \quad (6.8)$$

同时进行含有交叉项一次响应面、不含交叉项的二次响应面和偏最小二乘回归的响应面拟合，得到的响应面函数分别为：

$$y=-2.5226+0.7676x_1+0.0203x_2+0.249x_3+0.0199x_4-0.0094x_1x_2$$
$$-0.0765x_1x_3-0.003x_1x_4+0.0035x_2x_3+0.000051413x_2x_4-0.0027x_3x_4$$

$$(6.9)$$

$$y=0.0279+0.0194x_1+0.0053x_2-0.002x_3-0.0051x_4$$
$$+0.0040x_1^2-0.000063886x_2^2+0.0011x_3^2+0.000042841x_4^2 \quad (6.10)$$

$$y=0.0301+0.0136x_1+0.00015189x_2+0.00069967x_3-0.00059422x_4$$
$$+0.00032487x_1x_2+0.0016x_1x_3+0.000028921x_1x_4+0.000067746x_2x_3$$
$$-0.0000077166x_2x_4-0.000094372x_3x_4+0.0021x_1^2-0.000000042907x_2^2$$
$$+0.00010411x_3^2-0.0000059907x_4^2$$

$$(6.11)$$

对上述四种方法对应的响应面函数进行拟合误差比较，结果如图 6.1 所示。从图 6.1 (a) 中可以看出，不含交叉项的二次响应面拟合效果最差，其误差较大，且波动幅度明显。从图 6.1(a) 中不容易分辨含有交叉项一次响应面、偏最小二乘回归的响应面和 FPLS-RSM 法响应面的拟合效果，为了更清楚地比较三种响应面的拟合效果，选取该三种方法得到的响应面函数误差，缩小误差对比区间，结果如图 6.1(b) 所示。从图 6.1(b) 中可以看出三种函数中，偏最小二乘回归的响应面函数误差最大，波动幅度最剧烈，其次为一次相应面函数误差，FPLS-RSM 法响应面函数的误差最小，并且误差分布平稳均匀，拟合效果最佳。

6.1.2　疲劳可靠度计算

为探索疲劳与材料本身和外界条件之间的映射关系，采用基于 F 检验的偏最小二乘回归响应面法进行疲劳可靠性分析。考虑材料本身和外界载荷的随机性，结合疲劳寿命预测模型，构建疲劳寿命与随机变量之间的响应面函数，用蒙特卡洛法模拟得到疲劳可靠度。

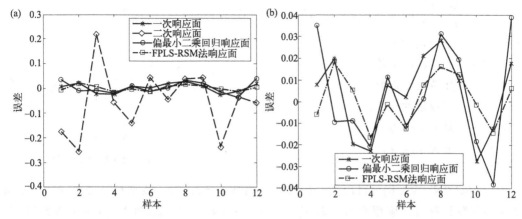

图 6.1　不同方法响应面函数误差对比图

（a）四种方法对比；（b）含有交叉项一次响应面、偏最小二乘回归的响应面和 FPLS-RSM 法响应面对比

6.1.2.1　功能函数及随机变量

（1）功能函数的确定

将疲劳寿命的功能函数定义为：

$$g = t - t_0 \tag{6.12}$$

式中　t——在一定条件下的疲劳寿命；

t_0——指定要求的寿命。

当 $g > 0$ 时表示产品能够运行到指定要求的寿命；当 $g < 0$ 则表示在达到要求寿命之前产品已失效；当 $g = 0$ 时表示处于功能极限状态。

（2）随机变量的选择

影响疲劳寿命的不确定因素主要包括以下两个方面：①材料属性。材料的基本属性包括密度、弹性模量和泊松比等参数。其中，弹性模量和泊松比对结构的应力和应变有很大影响，此处选用弹性模量和泊松比作为材料属性的两个随机变量。②外界环境。影响疲劳寿命的外界因素主要有载荷、转速、温度、润滑剂、振动以及噪声等，在疲劳寿命测试环节，外界负载、转速、温度为可控因素，润滑剂中的微粒污染物、外界振动和噪声等为不可控因素。测试过程中仅可对可控因素进行控制，在可控因素中环境的温度变化不大，相对稳定，转速和载荷对寿命的影响相对较大。此处选用转速和载荷作为外界环境的两个随机变量。

6.1.2.2　SWT 模型预测疲劳寿命

在实际工作条件下，零件常常承受复杂的载荷并表现出多轴应力状态。研究表明，疲劳裂纹的萌生和扩展沿着某些平面进行[3]，找到临界平面上的损伤参量结合 Manson-Coffin 公式即可计算该应力应变下的疲劳寿命。如果选取不同的参数作为临界面，即可形成不同的模型。因此，临界平面法是目前预测产品疲劳寿命方法中最常用的方法。

Smith 等[4]经过在大量的试验研究发现，在一定载荷条件下，某些材料的疲劳寿命由最大主应力和主应变垂直平面上的裂纹所决定，其示意图如图 6.2 所示。

据此，Smith 等提出了 SWT 模型：

$$\sigma_{\max}\frac{\Delta\varepsilon}{2}=\frac{\sigma_f'^2}{E}(2N)^{2b}+\sigma_f'\varepsilon_f'(2N)^{b+c} \quad (6.13)$$

式中　σ_f'——疲劳强度系数；

　　　ε_f'——疲劳延性系数；

　　　b——疲劳强度指数；

　　　c——疲劳延性指数；

　　　$\sigma_{\max}$——最大主应力；

　　　$\Delta\varepsilon$——最大主应变；

　　　N——疲劳寿命。

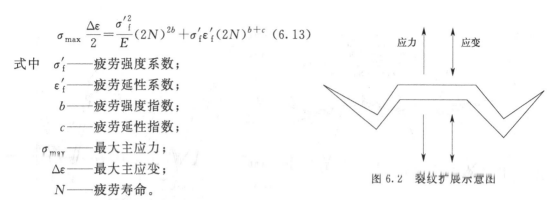

图 6.2　裂纹扩展示意图

对于 18Cr2Ni4WA 钢材料而言，疲劳强度指数 $b=0.087$，疲劳延性指数 $c=-0.58$，根据强度极限计算疲劳强度系数，即 $\sigma_f'=1.5\sigma_b$。如果 $\sigma_b/E\leqslant0.003$，疲劳延性系数 $\varepsilon_f'=0.59$，否则 $\varepsilon_f'=0.812-74\times(\sigma_b/E)$[5]。18Cr2Ni4WA 钢的力学性能参数为万能拉伸试验机测试结果，如表 6.3 所示。

表 6.3　18Cr2Ni4WA 钢的力学性能

参数	强度极限/MPa	屈服强度/MPa	断面收缩率/%	延伸率/%
试验值	1372	1078	66	16.5

SWT 模型所确定的临界面为具有最大正应变幅平面，该方法将此平面上的主应变与最大主应力的乘积作为等效应变，进而对结构进行多轴疲劳寿命预测，其对灰铸铁、碳素钢、合金钢等预测效果较好。

6.1.2.3　接触疲劳可靠度计算

基于 YSUG-BMT109K 高速滚动接触疲劳试验机对测试样件外形结构尺寸的要求，建立接触疲劳样件测试三维模型，如图 6.3(a) 所示。当样件受到的外界载荷随时间变化时，需要对其进行瞬态动力学分析。在 ANSYS 软件中，进行完整模型瞬态分析计算量较大，对计算机性能要求较高。此处为提高计算效率，在进行有限元分析时采用简化的 1/11 模型，如图 6.3(b) 所示。

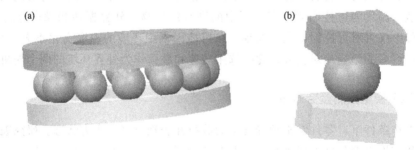

图 6.3　接触疲劳样件测试三维模型

(a) 全模型；(b) 简化模型

该模型可用球与平面接触的 Hertz 公式计算其最大接触应力 q：

$$q = \sqrt[3]{\frac{6}{\pi^3} \times \frac{1}{R^2} \times \frac{F}{\left(\frac{1-U_1^2}{E_1}+\frac{1-U_2^2}{E_2}\right)^2}}$$ (6.14)

式中 F——施加的载荷；

U_1，U_2——球的材料和平面材料的泊松比；

E_1，E_2——球的材料和平面材料的弹性模量；

R——球的半径。

应用图 6.3(b) 所示的简化模型对合金钢 18Cr2Ni4WA 复合强化件的接触疲劳可靠性进行分析。在给定载荷条件下，采用基于 F 检验的偏最小二乘回归改进的响应面法计算其在给定寿命 4.8×10^7 转后的接触疲劳可靠性。由正交试验确定因素个数为 4，因素水平为 5，随机样本的取值为 $x = \mu + q\sigma$ （其中 q 取 -3、-1、0、1、3，μ 为均值，σ 为方差），随机变量服从正态分布[6]，其均值和变异系数如表 6.4 所示。

表 6.4　随机变量统计特征表

随机变量	均值	变异系数
弹性模量	202GPa	0.03
泊松比	0.273	0.03
最大接触应力	1800MPa	0.05
转速	2000r/min	0.08

在进行有限元分析时，根据 Hertz 公式将最大接触应力转化为载荷，将以 r/min 为单位的转速转化为 rad/s 为单位的转速。样本点经过 25 次有限元计算，得到 25 个响应值，结果如表 6.5 所示。

根据 SWT 模型将有限元计算结果转化为接触疲劳寿命，采用基于 F 检验的偏最小二乘法得到响应面函数为：

$$g = 383.5638 + 1921.4U + 18.2703F - 10.1121V + 13.1884EU - 0.1842EF$$
$$+ 0.0285EV - 63.5307UF - 6.5531UV + 0.1146FV + 0.1088F^2$$ (6.15)

根据响应面函数，此处采用蒙特卡洛法模拟得到其可靠度。蒙特卡洛法，又称统计试验法，是一种用统计抽样理论近似求解可靠度的方法，为目前求解可靠度最有效的分析方法之一[7]。蒙特卡洛法适用范围较广，可以用于任何一种分布的模拟，并且每次循环之间的关系相互独立，只要循环次数足够多，功能函数和输入的自变量准确，即可得到精度较高的计算结果。

表 6.5　接触疲劳有限元分析结果

序列	弹性模量(E)/GPa	泊松比(U)	载荷(F)/N	转速(V)/(rad/s)	$\sigma \cdot \frac{\varepsilon}{2}$/MPa
1	183.82	0.2483	42.5	177.93	0.05858
2	183.82	0.2641	47.5	198.87	0.07558
3	183.82	0.273	50	209.3	0.08507
4	183.82	0.2819	52.5	219.8	0.09529
5	183.82	0.2977	57.5	240.73	0.11771
6	195.94	0.2483	47.5	209.3	0.07684
7	195.94	0.2641	50	219.8	0.08552
8	195.94	0.273	52.5	240.73	0.10127
9	195.94	0.2819	57.5	177.93	0.09222

序列	弹性模量(E)/GPa	泊松比(U)	载荷(F)/N	转速(V)/(rad/s)	$\sigma \cdot \frac{\varepsilon}{2}$/MPa
10	195.94	0.2977	42.5	198.87	0.05779
11	202	0.2483	50	240.73	0.09519
12	202	0.2641	52.5	177.93	0.07284
13	202	0.273	57.5	198.87	0.09123
14	202	0.2819	42.5	209.3	0.06104
15	202	0.2977	47.5	219.8	0.07389
16	208.06	0.2483	50.0	198.87	0.07978
17	208.06	0.2641	57.5	209.33	0.09406
18	208.06	0.273	42.5	219.8	0.06388
19	208.06	0.2819	47.5	240.73	0.08284
20	208.06	0.2977	50	177.93	0.06255
21	220.18	0.2483	57.5	219.8	0.03840
22	220.18	0.2641	42.5	240.73	0.02957
23	220.18	0.273	47.5	177.93	0.02427
24	220.18	0.2819	50	198.87	0.02849
25	220.18	0.2977	52.5	209.33	0.03146

采用蒙特卡洛模拟对响应面函数进行仿真，其中的一个仿真循环代表承受一次不同外界条件时的受力分析过程，模拟得到函数值，根据函数值是否大于 0 来判别其结构是否失效。经过 10000 次蒙特卡洛模拟得到接触疲劳寿命的可靠度为 95.15%。

6.1.2.4　弯曲疲劳可靠度计算

结合现有的三点弯曲疲劳试验设备，参照 GB/T 232—2010 中规定的样件尺寸建立弯曲疲劳有限元模型，其示意图如图 6.4 所示。样件的宽度和高度均为 10mm，长度为 90mm。

对于矩形横截面受到集中载荷的情况，根据式(6.16)可以计算其所受的最大弯曲应力：

$$\sigma = \frac{3FL}{2bh^2} \qquad (6.16)$$

式中　σ——试件所受的弯曲应力；

$\quad\quad F$——试件所受的载荷；

$\quad\quad L$——跨距；

$\quad\quad b$——试件的宽度；

$\quad\quad h$——试件的高度。

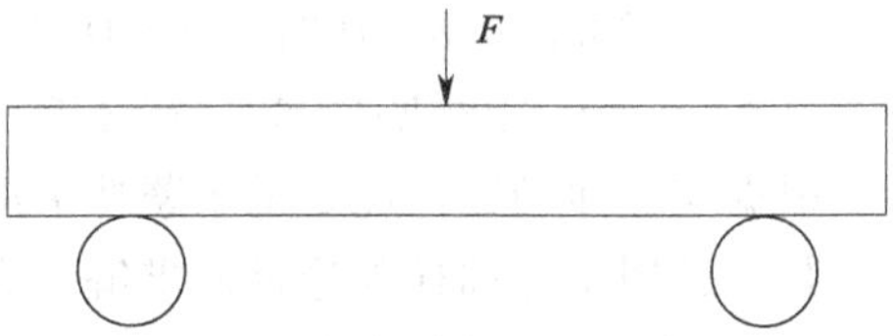

图 6.4　三点弯曲疲劳试验示意图

在给定载荷条件下，采用基于 F 检验偏最小二乘回归的改进响应面法计算在给定寿命 3×10^6 次下，18Cr2Ni4WA 钢复合强化件弯曲疲劳可靠性。根据正交试验确定因素数为 3，因素水平为 5，随机样本的取值为 $x = \mu + q\sigma$（其中 q 取 -3、-1、0、1、3，μ 为均值，σ 为方差），随机变量服从正态分布，其均值和变异系数如表 6.6 所示。

表 6.6　弯曲疲劳测试件随机变量统计特征

随机变量	均值	变异系数
弹性模量	202GPa	0.03
泊松比	0.273	0.03
弯曲应力	500MPa	0.05

在进行弯曲疲劳有限元分析时，根据式(6.16)将弯曲应力转化为载荷。样本点经过 25 次有限元计算得到 25 个响应值，其计算结果如表 6.7 所示。

表 6.7 弯曲疲劳有限元分析结果

序列	弹性模量(E)/GPa	泊松比(U)	载荷(F)/N	$\sigma \cdot \dfrac{\varepsilon}{2}$/MPa
1	183.82	0.2483	4722.22	0.0371
2	183.82	0.2641	5277.78	0.0457
3	183.82	0.273	5555.56	0.0503
4	183.82	0.2819	5833.34	0.0551
5	183.82	0.2977	6388.9	0.0652
6	195.94	0.2483	5277.78	0.0432
7	195.94	0.2641	5555.56	0.0473
8	195.94	0.273	5833.34	0.0518
9	195.94	0.2819	6388.9	0.0617
10	195.94	0.2977	4722.27	0.0333
11	202	0.2483	5555.56	0.0514
12	202	0.2641	5833.34	0.0561
13	202	0.273	6388.9	0.0669
14	202	0.2819	4722.22	0.0309
15	202	0.2977	5277.78	0.0449
16	208.06	0.2483	5833.34	0.0549
17	208.06	0.2641	6388.9	0.0651
18	208.06	0.273	4722.22	0.0354
19	208.06	0.2819	5277.78	0.0439
20	208.06	0.2977	5555.56	0.0482
21	220.18	0.2483	6388.4	0.0618
22	220.18	0.2641	4722.22	0.0334
23	220.18	0.273	5277.78	0.0416
24	220.18	0.2819	5555.56	0.0458
25	220.18	0.2977	5833.34	0.0499

根据 SWT 模型将有限元计算结果转化为弯曲疲劳寿命，采用基于 F 检验的偏最小二乘法得到响应面函数为：

$$g = 397.7953 + 8.8441E + 5280.6U - 0.7307F$$
$$- 47.7753EU + 0.0024EF + 0.8649UF - 0.0214E^2 \tag{6.17}$$

经过 10000 次蒙特卡洛模拟得到弯曲疲劳寿命可靠度为 99.82%。

6.1.3　磨损可靠度计算

采用基于 F 检验的偏最小二乘回归响应面法进行磨损可靠性分析。考虑材料本身和外界载荷的随机性，结合 Archard 模型，构建磨损与随机变量之间的响应面函数，用蒙特卡洛法模拟得到磨损可靠度。

6.1.3.1　功能函数及随机变量

对于磨损可靠性分析，其主要参数为磨损量，将磨损可靠性的功能函数定义为：

$$g = \mu - \mu_0 \tag{6.18}$$

式中 μ——在一定条件下的允许磨损量；

μ_0——实际磨损量。

随机变量服从正态分布，其均值和变异系数如表 6.8 所示。

表 6.8　随机变量统计特征

随机变量	均值	变异系数
弹性模量	202GPa	0.03
泊松比	0.273	0.03
载荷	10N	0.05
转速	280r/min	0.05

6.1.3.2　基于 Archard 模型磨损预测

此处考虑磨损运动过程中应力值的变化，利用模拟结果拟合出磨损率与材料性能及外界条件之间的关系，从而更加精确地预测磨损可靠度。

Archard 磨损模型[8,9] 的一般公式如式(6.18) 所示：

$$dV = K\frac{dP \times dL}{H} \qquad (6.19)$$

式中 V——磨损体积；

P——法向压力；

L——滑移距离；

H——硬度，此处取 700HB；

K——磨损因子，通常取 2×10^{-5}。

dV、dP 和 dL 可以用下式表示：

$$dV = dh\,dA \qquad (6.20)$$

$$dP = \sigma\,dA \qquad (6.21)$$

$$dL = v\,dt \qquad (6.22)$$

式中 h——磨损深度；

A——接触面积；

v——速度；

t——时间。

将式(6.20)、式(6.21) 和式(6.22) 代入式(6.19)，变换之后可以得到下式：

$$dh = \frac{Kv}{H}\sigma\,dt \qquad (6.23)$$

在模型中，应力值 σ 常常为定值。但任何接触表面均达不到绝对光滑，材料表面的凹凸不平会引起应力值的变化。因此为得到更精确的磨损有限元分析结果，需要对原有 Archard 模型进行修正[10]。通过有限元模拟分析摩擦过程中接触应力的变化过程，即应力随时间变化的曲线，从而根据式(6.24) 计算磨损深度。

$$h = \frac{Kv}{H}\int_0^T \sigma(t)\,dt \qquad (6.24)$$

6.1.3.3　磨损可靠度计算

摩擦磨损试件为 HT-1000 型高温摩擦磨损试验机所需外形结构，借助有限元对磨损过

程进行模拟。将复合强化件的摩擦磨损过程视为滑块在平面
上做周期滑动过程，具体结构如图 6.5 所示。

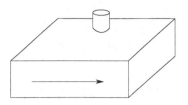

应用图 6.5 所示模型，在给定试验载荷条件下，运转
4000h，6.72×10^7 r，磨损深度不超过渗碳层深度的 80%，
即 1.04mm 的限制条件下，采用基于 F 检验偏最小二乘回
归的响应面法计算磨损一次允许磨损深度为 $1.548 \times 10^{-5} \mu m$ 的磨损可靠性。滑块在平面上滑动过程中，平面上

图 6.5　摩擦磨损过程模拟示意图

各点所受的应力会随时间变化，提取其不同时刻的应力云图，结果如图 6.6 所示。

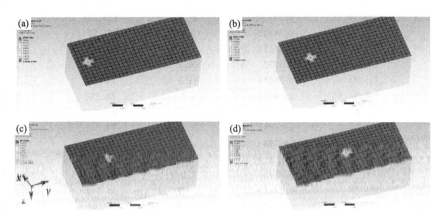

图 6.6　不同时刻应力云图

(a) $t=0.02$s；(b) $t=0.04$s；(c) $t=0.08$s；(d) $t=0.16$s

为了研究平面上不同点的应力变化情况，选取平面上三个不同点，得到相应点的应力随
时间变化曲线，结果如图 6.7 所示。

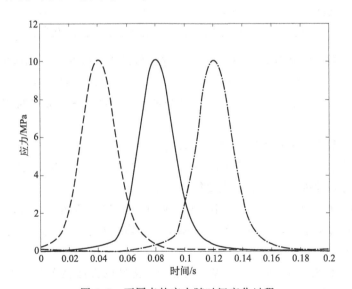

图 6.7　不同点的应力随时间变化过程

从图 6.7 中可以看出，不同点的应力变化曲线形状和大小基本不存在差别。在计算磨损
深度时，选择时间段（0.02~0.14s）所对应的应力值进行计算。根据式(6.24)可知，一般

情况下，各点的磨损深度也基本无差别。因此，有限元模拟复合强化件的摩擦磨损过程可看作滑块在平面上的均匀磨损。

与疲劳可靠性分析一致，选择 25 个样本点进行有限元计算，结果如表 6.9 所示。

表 6.9　磨损有限元分析结果

序列	弹性模量(E)/GPa	泊松比(U)	载荷(F)/N	转速(V)/(r/min)	$h×10^{-5}/\mu m$
1	183.82	0.24843	8.5	74.732	1.7795
2	183.82	0.26481	9.5	83.524	2.4123
3	183.82	0.073	10	87.92	2.6314
4	183.82	0.28119	10.5	92.316	1.8649
5	183.82	0.29757	11.5	101.108	1.9243
6	195.94	0.24843	9.5	87.92	2.7405
7	195.94	0.26481	10	92.316	1.3417
8	195.94	0.273	10.5	101.108	1.7481
9	195.94	0.28119	11.5	74.732	1.2834
10	195.94	0.29757	8.5	83.524	2.4071
11	202	0.24843	10	101.108	1.5027
12	202	0.26481	10.5	74.732	2.3008
13	202	0.273	11.5	83.524	2.1882
14	202	0.28119	8.5	87.92	1.4417
15	202	0.29757	9.5	92.316	1.0521
16	208.06	0.24843	10.5	83.524	1.2966
17	208.06	0.26481	11.5	87.92	1.4064
18	208.06	0.273	8.5	92.316	1.2641
19	208.06	0.28119	9.5	101.108	1.1417
20	208.06	0.29757	10	74.732	1.5174
21	220.18	0.24843	11.5	91.316	0.5285
22	220.18	0.26481	8.5	101.108	1.4209
23	220.18	0.273	9.5	74.732	0.6114
24	220.18	0.28119	10	83.524	0.8806
25	220.18	0.29757	10.5	87.92	1.1352

以表 6.9 中的数据为基础，采用基于 F 检验的偏最小二乘法得到相应的响应面函数为：

$$g = -9.646 + 0.03E + 13.7435U + 0.0031F + 0.1367V + 0.0658EU$$
$$- 0.00054326EF - 0.000054514EV - 2.0233UF - 0.1134UV + 0.0335F^2$$
$$(6.25)$$

经过 10000 次蒙特卡洛模拟得到磨损可靠度为 98.77%。

本节介绍了基于模拟计算软件评估材料可靠度的方法，并采用该方法对 18Cr2Ni4WA 钢复合强化件的可靠性进行了评估，主要结果如下：

① 提出了一种基于 F 检验的偏最小二乘回归响应面法，适用于变量多重相关性函数的拟合过程，且有效解决小样本过拟合问题。相比传统响应面法，其具有更小的回归响应面函数误差和误差均匀性。

② 采用 ANSYS 软件对 18Cr2Ni4WA 钢复合强化件的接触疲劳与弯曲疲劳测试过程进行模拟，根据 SWT 模型将有限元计算结果转化为接触疲劳寿命，并运用改进的响应面法获得其响应面函数，最后通过蒙特卡洛模拟仿真得到复合强化件在 1600MPa 接触应力、循环 $4.8×10^7$ 次给定寿命条件下的可靠度为 95.15%；在 500MPa 弯曲应力，循环 $3×10^6$ 次给定寿命条件下，其可靠度为 99.82%。

③ 对 18Cr2Ni4WA 钢复合强化件在 10N 载荷、运转 $6.72×10^7$ 转条件下的摩擦磨损过程进行有限元模拟。依据 Archard 模型，采用基于 F 检验偏最小二乘回归的响应面法计算磨损一次允许磨损深度为 $1.548×10^{-5}\mu m$ 的磨损可靠度为 98.77%。

6.2 基于试验数据的可靠性评估计算

通过试验测试获得材料的寿命数据，是完成其可靠性评估最直接最有效的方法。基于数据对零件进行可靠性评估首先需要对试验数据分布特征进行分析，随后结合可靠性理论相关算法计算获得该零件在某一置信区间下的可靠度。对于渗碳零部件，其主要失效形式为疲劳与磨损。本节依据疲劳与磨损数据分布特征，分别对 18Cr2Ni4WA 钢复合强化件的疲劳可靠度与磨损可靠度算法进行分析和改进。

6.2.1 符合威布尔分布的疲劳可靠性评估方法

威布尔分布是机械可靠性相关领域分析中常用的概率分布形式，与其他分布相比，威布尔分布具有更强的数据适应性和拟合能力，其中正态分布和指数分布等均可视为威布尔分布的特殊情况[11]。这里假设疲劳寿命数据服从威布尔分布，依据损估产品的相关寿命特征，即可估计出产品寿命相关的可靠性指标[12]。

威布尔分布模型可分为两参数和三参数两种情况。相比于两参数威布尔分布，三参数威布尔分布多出一个位置参数。但在大多数情况下采用三参数的威布尔分布会增加求解难度，对评估结果的精度提升并不太明显，故本试验采用两参数威布尔分布模型对疲劳寿命数据分布进行预测。

两参数的威布尔分布函数，如式（6.26）所示。

$$F(t) = 1 - \exp\left[-\left(\frac{t}{\eta}\right)^\beta\right] \tag{6.26}$$

式中　η——尺度参数；

β——形状参数，自变量一般情况下代表寿命，通常情况下 $t \geq 0$。

根据式（6.26）中的形状参数和尺度参数可以求出可靠度和可靠寿命等相关值，从而实现对产品可靠性的评估，具体公式如下：

概率密度函数：
$$f(t) = \frac{\beta}{\eta}\left(\frac{t}{\eta}\right)^{\beta-1}\exp\left[-\left(\frac{t}{\eta}\right)^\beta\right] \tag{6.27}$$

可靠度函数：
$$R(t) = \exp\left[-\left(\frac{t}{\eta}\right)^\beta\right] \tag{6.28}$$

可靠寿命：
$$t(R) = \eta(-\ln R)^{\frac{1}{\beta}} \tag{6.29}$$

特征寿命：
$$t(e^{-1}) = \eta \tag{6.30}$$

6.2.1.1　全寿命数据可靠性评估

（1）基于相似度改进的鸽群算法

鸽群算法（PIO）是对鸽群归巢的过程进行归纳总结，通过建模模拟寻找最优解的群体智能算法[13]。鸽群算法具有需要调节的参数少、精度高、操作简单和收敛快等优点，在解决实际问题方面具有一定的优越性[14,15]。但鸽群算法存在鸽群多样性少、全局搜索能力不足及易陷入局部最优解等问题。

在鸽群算法中，随着迭代次数的增加，鸽群会收敛于当前群体的最优鸽子，如果这时只是局部最优解，鸽群便没有机会再去其他区域搜索，从而不能得到目标函数的全局最优解。此处为保持鸽群的多样性，对鸽群算法进行改进，引入相似度理论，根据当前鸽子与全局最优鸽子之间的相似度对鸽群算法中的指南针因子进行动态调整并对鸽群重新赋值，从而使其保持具有全局搜索的能力[16]。

定义两只鸽子 i 和 j 之间的相似度 $s(i,j)$ 必须满足下列准则：

① 对于任意的两只鸽子，其相似度 $s(i,j) \in [0,1]$

② 对于相同的两只鸽子，其相似度 $s(i,j)=1$

③ 当 $d(i,j) \to 0$ 时，$s(i,j) \to 1$

④ 当 $d(i,j) \to \infty$ 时，$s(i,j) \to 0$

这里 $d(i,j)$ 表示两只鸽子 i 和 j 之间的空间距离。采用下式来计算两只鸽子 i 和 j 之间的相似度 $s(i,j)$：

$$s(i,j) = \frac{1}{1+d(i,j)} \qquad (6.31)$$

由相似度概念可知，当两只鸽子越靠近，即空间距离越小，其相似度越大。基于相似度理论，为提高鸽子群算法的全部与局部搜索能力，避免陷入局部最优解，此处对鸽子群算法中参数自适应进行控制，并采用混沌方法对鸽群飞行前期进行变异处理，具体方法如下：

① 基于相似度的参数自适应控制方法。因为参数较少，鸽群算法参数的选择对结果的影响很重要。在鸽群算法中有一个重要的参数指南针因子 R。R 越小时，鸽子的速度很大，有利于快速地收敛，全局搜索能力较强；当 R 较大时，鸽子的速度很小，局部搜索能力较强。于是，要寻找与当前的群体最优鸽子 X_{best} 空间距离较小的鸽子，为保证其在全局区域内进行搜索，要求 R 很小；为保证其在局部区域内进行搜索，要求 R 很大。

通过查阅参考文献 [17]，下式符合这一需求。

$$f(x) = \frac{1}{a+b \cdot e^{-x}} \qquad (6.32)$$

其中，$f(x)$ 的值域是 $[0,1/a]$。指南针因子 R 取值范围 $[0,1]$，则取 $a=1$，$b=100$。把相似度 $s(i,j)$ 变换到区间 $[-10,10]$，作为 x 值输入，如式(6.33) 所示。

$$x = -10 + 20 \cdot s(i,j) \qquad (6.33)$$

② 基于相似度的鸽群变异迭代方法。为了避免陷入局部最优解，采用混沌方法对鸽群飞行前期进行变异。若 rand () $< \alpha \cdot s(i,j)$，即（任一大于等于 0，小于 1 的随机数）$< \alpha \cdot s(i,j)$，则利用混沌方法进行变异使鸽群多样化。其中 $\alpha = (T_1 - t)/T_1$，T_1 代表地图和指南针算子最大迭代次数，t 代表当前迭代次数。混沌方法具有随机性、遍历性。采用 Ten Map 方法产生混沌变量[18]，Ten Map 映射如式(6.34) 所示。

$$x_{n+1} = \mu \cdot (1 - 2 \cdot |x_n - 0.5|) \qquad (6.34)$$

其中 $0 < x_0 < 1$，如果令 $\mu=1$，则完全处于混沌状态。该方法仅产生 0 到 1 之间的随机数。转化为相应的鸽子位置变异公式为：

$$s_{i,j} = s_{\min,j} + x_n \cdot (s_{\max,j} - s_{\min,j}) \qquad (6.35)$$

式中，$s_{i,j}$ 表示鸽群中第 i 个个体的第 j 个变量的位置，$s_{\min}$ 和 $s_{\max}$ 表示鸽群的上下界。

（2）基于相似度改进的鸽群算法检验分析

这里将基于相似度改进的鸽群算法记为 SPIO。采用四种函数如表 6.10 所示，对改进的鸽群算法的最优收敛值、平均收敛值、收敛速度以及收敛精度进行分析，四种函数的三维模型如图 6.8 所示。该四种函数均为算法研究中的常用函数，Sphere 函数较为简单，比较容易找到全局最优解，适合用来比较所测算法的收敛速度。Schaffer、Griewak 及 Rastrigrn 函数较为复杂，存在大量局部最优解，容易使算法陷入局部最优解。

表 6.10　用于测试的四种函数表达式及搜索范围

函数	表达式	搜索范围
Sphere	$\min f_1(x) = \sum\limits_{i=1}^{n} x_i^2$	$-100 \leqslant x_i \leqslant 100$
Schaffer	$\min f_2(x_1, x_2) = 0.5 + \dfrac{(\sin\sqrt{x_1^2 + x_2^2}) - 0.5}{[1 + 0.001(x_1^2 + x_2^2)]^2}$	$-10 \leqslant x_1, x_2 \leqslant 10$
Griewak	$\min f_3(x_i) = \sum\limits_{i=1}^{n} \dfrac{x_i^2}{4000} - \prod\limits_{i=1}^{N} \cos\left(\dfrac{x_i}{\sqrt{i}}\right) + 1$	$-600 \leqslant x_i \leqslant 600$
Rastrigrn	$\min f_4(x_i) = \sum\limits_{i=1}^{n} \left[x_i^2 - 10\cos(2\pi x_i) + 10\right]$	$-5.12 \leqslant x_i \leqslant 5.12$

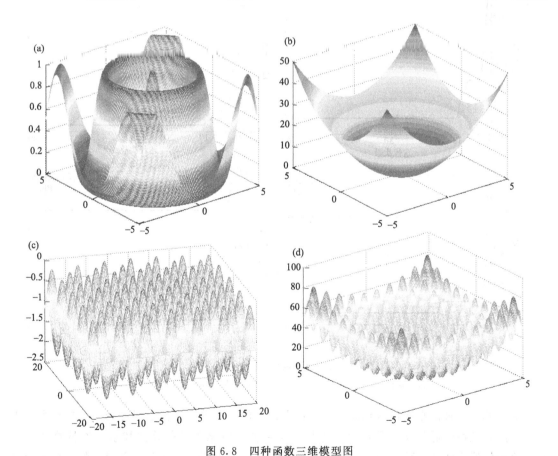

图 6.8　四种函数三维模型图

（a）Sphere 函数；（b）Schaffer 函数；（c）Griewank 函数；（d）Rastrigrin 函数

为了保证对比计算的可行性和准确性，普通鸽群算法和改进的鸽群算法均采用相同的参数设置，即指南针与地图算子和地标算子的最大迭代次数分别为 20 次和 40 次，指南针因子为 0.5 和种群数目为 50，这里对两参数的威布尔分布进行估计，因此维数取 2。算法在 Matlab R2010a 环境下实现，为更好地综合评价算法的性能，对每个函数独立运行 30 次，测试结果如表 6.11 所示，测试性能如图 6.9 所示。

表 6.11　不同算法对四种函数优化结果

函数	PIO	SPIO
Sphere	$6.91\times10\pm3.24\times10$	$4.33\times10^{-4}\pm4.81\times10^{-4}$
Schaffer	$3.24\times10\pm3.41\times10$	$4.25\times10^{-5}\pm6.63\times10^{-4}$
Griewank	$9.17\times10^{-3}\pm8.02\times10^{-2}$	$4.34\times10^{-5}\pm3.42\times10^{-4}$
Rastrigin	$1.98\times10\pm1.23\times10$	$6.94\times10^{-2}\pm1.62\times10^{-2}$

从表 6.11 中可以看出，相比于普通鸽群算法，四种函数的计算结果均显示基于相似度改进的鸽群算法的最优收敛值和平均收敛值较小，由此可知改进的鸽群算法最优收敛值和平均收敛值方面优于普通鸽群算法。

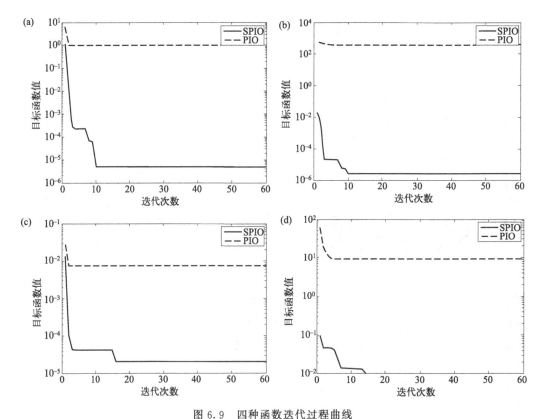

图 6.9　四种函数迭代过程曲线

（a）Sphere 函数；（b）Schaffer 函数；（c）Griewank 函数；（d）Rastrigrin 函数

从图 6.9 四种函数迭代过程曲线中可以看出，四种函数的迭代过程均随着迭代次数的增加而下降，最终降低到某一数值后达到目标函数值。对比改进的算法和基本鸽群算法可发现，改进鸽群算法的四种函数迭代过程前期目标函数值下降更为显著，平稳期的目标函数值更小。由此可知相较于普通鸽群算法，改进的算法在收敛速度和收敛精度方面均有明显的提高。

（3）基于相似度改进的鸽群算法估计威布尔参数

通过比较分析可知，改进的鸽群算法具有更优异的最优收敛值、平均收敛值、收敛速度与收敛精度。此处将鸽群算法与威布尔参数估计问题相结合，用改进后的鸽群算法对威布尔分布参数进行更精确的估计。基于相似度改进鸽群算法估计威布尔参数的求解流程如图6.10 所示。

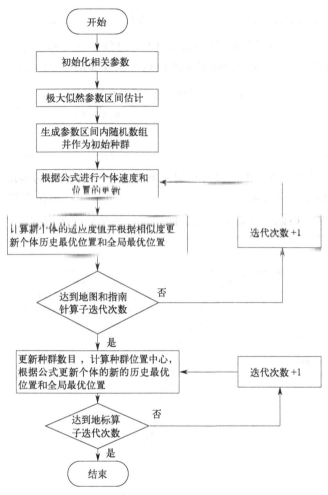

图 6.10　威布尔参数估计流程图

①鸽群算法中参数的初始化，包括两个算子的最大迭代次数、维数、指南针因子和种群数量等。②初始化种群。确定鸽群中每一个个体的初始位置和初始速度。威布尔参数估计的目的是在一定的约束条件下找到最优的形状参数和尺度参数。因此随机生成也是在指定约束条件下初始化种群。采用极大似然区间估计法对形状参数和尺度参数进行区间估计，将两参数区间估计结果作为各自参数的约束条件。计算种群中所有个体的适应度值，选出全局最优解。③进入地图与指南针算子迭代过程。根据相似度，对每一个鸽子进行速度和位置的更新，需要注意的是，要确保每次更新的位置都在指定的约束范围内。更新相应的个体历史最优位置和全局最优位置。④进入地标算子迭代过程。在指定的循环次数内，每次选择适应度较优的前一半作为当前种群，计算该种群的中心，每一个个体按照公式进行位置更新，并更

新相应的个体历史最优位置和全局最优位置。⑤输出算法的全局最优解。

为了可以更好地了解所提出的改进鸽群算法对威布尔分布参数估计精度，取形状参数 $\beta=10$，尺度参数 $\eta=1$，随机生成一组两参数威布尔分布数组，结果如表 6.12 所示。

表 6.12 威布尔分布随机数组

序号	1	2	3	4	5
值	0.8093	0.9084	1.0183	0.7797	0.9263
序号	6	7	8	9	10
值	0.9196	0.8877	1.1087	1.0519	0.9868

采用基本鸽群算法和改进鸽群算法对表 6.12 中的数组进行威布尔分布参数估计，其结果见表 6.13。根据表 6.13 中参数绘制可靠度曲线，结果如图 6.11 所示。

表 6.13 不同估计方法参数估计结果

参数	真实值	基本鸽群算法	改进鸽群算法
形状参数	10	8.8824	10.1533
尺度参数	1	0.9687	0.9857

从表 6.13 中可以看出改进的鸽群算法对威布尔分布参数估计的精度更高，所得的参数与原函数更相符。同时可靠度曲线（图 6.11）也显示出基于改进鸽群算法的参数估计结果与原函数曲线更吻合。因此，本章中全寿命数据可靠性评估中应用改进后的鸽群算法对威布尔分布进行参数估计。

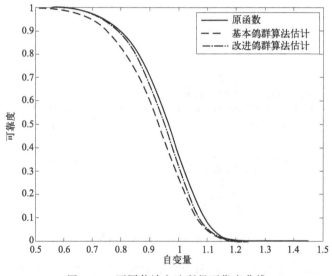

图 6.11 不同估计方法所得可靠度曲线

6.2.1.2 无失效数据可靠性评估

Bayes 可靠性评估是一种利用已知的信息来确定先验分布，之后根据先验分布和试验数据对产品进行可靠性评估的方法[19]。Bayes 可靠性评估方法的重点在于先验分布[20,21]，其可在较少试验样本点的情况下得到精度相对较高的可靠性估计结果，这也是 Bayes 可靠性评估方法的最大优点。本章中无失效数据的可靠性评估采用该方法。

（1）基于威布尔分布的 Bayes 可靠性评估

① 无失效数据可靠寿命分析。在威布尔分布进行 Bayes 可靠性评估中，一般情况下，依据前期的失效数据或专家经验先确定形状参数 β，作为已知条件[22]。

设 n 个产品工作时间为 t_1，t_2，$\cdots$，t_n。假设 $l_i = t_i^{\beta}$，$\theta = \eta^{\beta}$，$i = 1$，2，$\cdots$，n，则威布尔分布函数可写为：

$$F(l, \theta) = 1 - e^{-l/\theta}, \theta > 0 \tag{6.36}$$

即指数函数，则在置信水平为 γ 时，平均寿命 θ 的单侧置信下限为：

$$\theta_L = \frac{\sum_{i=1}^{n} l_i}{-\ln(1-\gamma)} \tag{6.37}$$

将 $l_i = t_i^{\beta}$、$\theta = \eta^{\beta}$ 代入式（6.37）可得威布尔分布的特征寿命 η 的单侧置信下限为：

$$\hat{\eta} = \left\{ \sum_{i=1}^{n} t_i^{\beta} / \left[-\ln(1-\gamma) \right] \right\}^{\frac{1}{\beta}} \tag{6.38}$$

由此可以得出产品的可靠度函数为：

$$R(t) = \exp\left[-\left(\frac{t}{\eta} \right)^{\beta} \right] \tag{6.39}$$

可靠寿命为：

$$t_R = \hat{\eta}(-\ln R)^{\frac{1}{\beta}} \tag{6.40}$$

将式（6.38）代入到式（6.40），在置信水平为 γ 时，可靠寿命的单侧置信下限为：

$$t_{RL} = \left[\frac{\ln R}{\ln(1-\gamma)} \sum_{i=0}^{n} t_i^{\beta} \right]^{\frac{1}{\beta}} \tag{6.41}$$

但是，实际情况下形状参数 β 通常是未知量，因此，无法通过式（6.41）进行可靠性评估。由于目前在大多数情况下可以知道形状参数下限 β_0[23]。当给定的可靠度 R 满足下式时

$$R \geqslant \exp\left[\ln(1-\gamma)\exp\left(\frac{\sum_{i=1}^{n} t_i^{\beta_0} \ln t_i^{\beta_0}}{\sum_{i=1}^{n} t_i^{\beta_0}} - \ln \sum_{i=1}^{n} t_i^{\beta_0} \right) \right] \tag{6.42}$$

置信度为 γ 的可靠寿命单侧置信下限为：

$$t_{RL}^{*} = \left[\frac{\ln R}{\ln(1-\gamma)} \sum_{i=0}^{n} t_i^{\beta_0} \right]^{\frac{1}{\beta_0}} \tag{6.43}$$

即 $P(t_R \geqslant t_{RL}^{*}) \geqslant \gamma$。对其进行证明的过程为：

对式（6.43）取对数，得：

$$\ln t_{RL} = \frac{1}{\beta} \ln\left[\frac{\ln R}{\ln(1-\gamma)} \right] + \frac{1}{\beta} \ln \sum_{i=1}^{n} t_i^{\beta} \tag{6.44}$$

对式（6.44）取导数，得：

$$\frac{\partial \ln t_{RL}}{\partial \beta} = -\frac{1}{\beta^2} \ln\left[\frac{\ln R}{\ln(1-\gamma)} \right] - \frac{1}{\beta^2} \ln \sum_{i=1}^{n} t_i^{\beta} + \frac{1}{\beta} \frac{\sum_{i=1}^{n} t_i^{\beta} \ln t_i}{\sum_{i=1}^{n} t_i^{\beta}}$$

$$= -\frac{1}{\beta^2}\left\{\ln\left[\frac{\ln R}{\ln(1-\gamma)}\right] + \ln\sum_{i=1}^{n}t_i^{\beta} - \frac{\sum_{i=1}^{n}t_i^{\beta}\ln t_i^{\beta}}{\sum_{i=1}^{n}t_i^{\beta}}\right\} \tag{6.45}$$

由此可知，当

$$\ln\left[\frac{\ln R}{\ln(1-\gamma)}\right] + \ln\sum_{i=1}^{n}t_i^{\beta} \leqslant \frac{\sum_{i=1}^{n}t_i^{\beta}\ln t_i^{\beta}}{\sum_{i=1}^{n}t_i^{\beta}} \tag{6.46}$$

即

$$R \geqslant \exp\left\{\ln(1-\gamma)\exp\left(\frac{\sum_{i=1}^{n}t_i^{\beta_0}\ln t_i^{\beta_0}}{\sum_{i=1}^{n}t_i^{\beta_0}} - \ln\sum_{i=1}^{n}t_i^{\beta_0}\right)\right\} \tag{6.47}$$

t_R 为 β 的单调递增函数。令

$$y = \frac{\sum_{i=1}^{n}t_i^{\beta}\ln t_i}{\sum_{i=1}^{n}t_i^{\beta}} - \ln\sum_{i=1}^{n}t_i^{\beta} \tag{6.48}$$

由于

$$\frac{\partial y}{\partial \beta} = -\frac{(\sum_{i=1}^{n}t_i^{\beta}\ln t_i^{\beta})(\sum_{i=1}^{n}t_i^{\beta}\ln t_i)}{(\sum_{i=1}^{n}t_i^{\beta})^2} + \frac{\sum_{i=1}^{n}t_i^{\beta}(\ln t_i^{\beta})(\ln t_i)}{\sum_{i=1}^{n}t_i^{\beta}}$$

$$= \beta\left[\sum_{i=1}^{n}r_i(\ln t_i)^2 - (\sum_{i=1}^{n}r_i\ln t_i)^2\right] \geqslant 0 \tag{6.49}$$

式中

$$r_i = \frac{t_i^{\beta}}{\sum_{i=1}^{n}t_i^{\beta}} \tag{6.50}$$

所以，y 是 β 的单调增函数。即当式(6.47)成立时，式(6.48)必然成立。因此有

$$t_{RL}^* = \left[\frac{\ln R}{\ln(1-\gamma)}\sum_{i=1}^{n}t_i^{\beta_0}\right]^{\frac{1}{\beta_0}} \leqslant \left[\frac{\ln R}{\ln(1-\gamma)}\sum_{i=1}^{n}t_i^{\beta}\right]^{\frac{1}{\beta}} = t_{RL} \tag{6.51}$$

从而

$$P(t_R \geqslant t_{RL}^*) \geqslant P(t_R \geqslant t_{RL}) \geqslant \gamma \tag{6.52}$$

即当式(6.42)成立时，式(6.43)给出当置信水平为 γ 的可靠寿命 t_R 的单侧置信下限。

② 无失效数据可靠度分析。把式(6.38)代入到式(6.39)，寿命 t 给定时，置信水平为 γ，可靠度 R 为

$$R_L = \exp\left[t^\beta \ln(1-\gamma) \Big/ \sum_{i=1}^{n} t_i^\beta\right] \qquad (6.53)$$

同样，当形状参数 β 未知时，不能用式（6.53）进行可靠度的求解。但是，当知道形状参数最小值 β_0（$\beta > \beta_0$），给定的寿命 t 满足

$$t \leqslant \exp\left(\frac{\sum_{i=0}^{n} t_i^{\beta_0} \ln t_i}{\sum_{i=0}^{n} t_i^{\beta_0}}\right) \qquad (6.54)$$

其置信水平为 γ 的可靠度 R 单侧置信下限为：

$$R_L^* = \exp\left[t^{\beta_0} \ln(1-\gamma) \Big/ \sum_{i=1}^{n} t_i^{\beta_0}\right] \qquad (6.55)$$

即：

$$P(R \geqslant R_L^*) \geqslant \gamma \qquad (6.56)$$

式（6.56）的证明过程为：对式（6.55）取导数，得

$$\frac{\partial R}{\partial \beta} = \left[t^\beta \ln(1-\gamma)\Big/\sum_{i=1}^{n} t_i^\beta\right] \exp\left[t^\beta \ln(1-\gamma)\Big/\sum_{i=1}^{n} t_i^\beta\right]\left(\ln t - \sum_{i=1}^{n} r_i \Big/ \sum_{i=1}^{n} t_i^\beta\right) \qquad (6.57)$$

因此，当

$$\ln t \leqslant \sum_{i=1}^{n} t_i^\beta \ln t_i \Big/ \sum_{i=1}^{n} t_i^\beta \qquad (6.58)$$

R 为 β 的单调递增函数。令

$$z = \sum_{i=1}^{n} t_i^\beta \ln t_i \Big/ \sum_{i=1}^{n} t_i^\beta \qquad (6.59)$$

$$\frac{\partial z}{\partial \beta} = \frac{\sum_{i=1}^{n} t_i^\beta (\ln t_i)^2}{\sum_{i=1}^{n} t_i^\beta} - \left(\frac{\sum_{i=1}^{n} t_i^\beta \ln t_i}{\sum_{i=1}^{n} t_i^\beta}\right)^2 = \sum_{i=1}^{n} r_i (\ln t_i)^2 - \left(\sum_{i=1}^{n} r_i \ln t_i\right)^2 \geqslant 0 \qquad (6.60)$$

式中

$$r_i = \frac{t_i^\beta}{\sum_{i=1}^{n} t_i^\beta} \qquad (6.61)$$

所以，z 是 β 的单调递增函数。由此可知，当式（6.54）成立时，式（6.58）必然成立。故有：

$$R_L^* = \exp\left[t^{\beta_0} \ln(1-\gamma)\Big/\sum_{i=1}^{n} t_i^{\beta_0}\right] \leqslant \exp\left[t^\beta \ln(1-\gamma)\Big/\sum_{i=1}^{n} t_i^\beta\right] = R_L \qquad (6.62)$$

从而

$$P(R \geqslant R_L^*) \geqslant P(R \geqslant R_L) = \gamma \qquad (6.63)$$

即当式（6.54）成立时，按照式（6.55）即可计算得到置信水平为 γ 下的可靠度 R 的单侧置信下限。

（2）恒应力加速寿命无失效数据可靠性分析

在加速寿命试验中同样会出现无失效数据情况。假设对某产品进行多水平恒应力加速寿

命试验。选择 k 个加速应力水平（S_1，S_2，S_3，…，S_k），其中每个加速应力水平都大于正常应力水平 S_0，每个加速应力试验的产品数量为 n_k（n_1，n_2，n_3，…，n_k）。产品在每个加速应力水平下进行加速寿命试验，结果均未发生失效，得到 k 组无失效试验数据。

无论累积模式如何，产品的剩余寿命仅与累积寿命和当前应力水平相关，也就是说在应力水平 S_i下，当工作时间 t_i 后累积的失效概率 $F_i(t_i)$ 等于产品在应力水平 S_j 下工作时间 t_j 后累积失效概率 $F_j(t_j)$，如图 6.12 所示，其中两块阴影部分的面积相等。

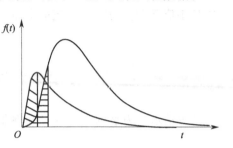

图 6.12 不同应力下累积失效概率示意图

根据上述折算原理，可以把高应力下的水平数据折算为低应力水平下的寿命数据。由威布尔分布概率函数得：

$$1-\exp\left[-\left(\frac{t_i}{\eta_i}\right)^{\beta_i}\right]=1-\exp\left[-\left(\frac{t_j}{\eta_j}\right)^{\beta_j}\right] \tag{6.64}$$

威布尔分布中的形状参数 β 反映了失效机制的变化，加速寿命试验保证的是失效机制相同，所以不同应力下形状参数相同，则

$$t_j=\frac{\eta_j}{\eta_i}t_i \tag{6.65}$$

根据材料的疲劳特性可知，疲劳寿命与应力水平满足 $\sigma\text{-}N$ 公式，如式（6.66）所示。

$$\sigma^m N=C \tag{6.66}$$

式中，C 为常数，m 为材料常数。对于钢来说，受到拉应力、弯曲应力和切应力时，$m=9$；受到接触应力时，$m=6$。对于青铜来说，受到弯曲应力时，$m=9$；受到接触应力时，$m=8$[24]。$\sigma\text{-}N$ 疲劳曲线如图 6.13 中实线所示，疲劳曲线上的点是刚好发生失效的点。如果把曲线沿 N 轴负方向平移，就可以认为该曲线上的点未发生失效。

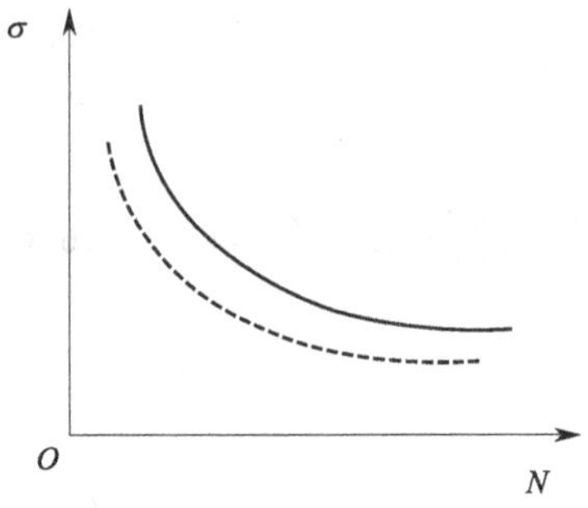

对式（6.66）两边取对数，变换成式（6.67）

$$\ln N=a+m\ln\sigma \tag{6.67}$$

特征寿命 η 满足式（6.67），即：

$$\ln\eta_i=a+m\ln S_i \tag{6.68}$$

图 6.13 $\sigma\text{-}N$ 疲劳曲线

将式（6.68）代入式（6.65），可得寿命折算公式：

$$t_j=\mathrm{e}^{m(\ln S_j-\ln S_i)}t_i \tag{6.69}$$

依据上式可以将不同应力水平下的寿命数据转化为同一应力水平下的数据，根据 Bayes 方法即可进行无失效数据可靠性分析。

6.2.2 基于正态分布的磨损可靠性评估方法

一般来说，磨损这一失效模式在一定限度内不是灾难性的。随着磨损可靠性研究的不断深入，许多研究学者发现，模糊性可能对结果起到相对重要的作用。为此，将模糊理论引入可靠性的研究中，推进了可靠性的发展。目前，模糊可靠性理论在机械零部件的可靠性分析

中处于举足轻重的地位。

摩擦磨损过程是指零件相互接触的表面材料不断损失的过程。如果磨损量超过了规定的磨损量时，就认为零件失效。零件从正常工作状态到失效状态是一个相对缓慢的渐变过程，所以零件的磨损失效判断准则有相对的模糊性。

在磨损可靠性分析中，把规定的允许磨损量 $w_{\max}$ 作为磨损失效的临界点，如果按照这种刚性约束，在一次实际磨损过程中，当实际磨损量接近但小于 $w_{\max}$ 时，产品安全；而当实际磨损量一旦稍稍大于 $w_{\max}$ 时，产品就失效了。显然，这种刚性约束与实际情况完全不相符。解决的方法就是将这种确定失效状态的判断准则作模糊化处理。磨损是一种渐变失效过程，尤其磨损量达到规定的允许磨损量附近时，无法确定产品是否处于安全状态，只能在一定程度上说产品是安全，因此叫作模糊磨损可靠度[25]。

若要分析零件的模糊磨损可靠度，首先要选取合适的隶属函数。虽然隶属函数的分布类型有很多，有相关文献研究表明[26]，线性隶属函数相对来说简单有效。所以本文采用线性隶属函数，如图 6.14 所示，表达式如式（6.70）所示。

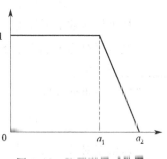

图 6.14 线性隶属函数图

$$\mu_s = \begin{cases} 1 & s \leqslant a_1 \\ \dfrac{a_2 - s}{a_2 - a_1} & a_1 < s < a_2 \\ 0 & s \geqslant a_2 \end{cases} \tag{6.70}$$

线性隶属函数分为两种情况，如图 6.15 所示。如果缺乏关于产品允许磨损量的统计数据，建议使用图 6.15(b) 所示的隶属函数，这时认为磨损量为 $[U]$ 时，产品是否磨损失效是最模糊的。所以本文选择图 6.15(b) 所示的隶属函数。

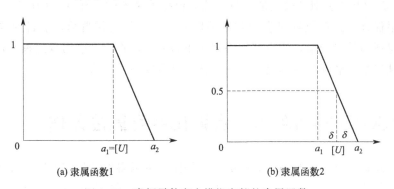

(a) 隶属函数1　　　　　　　(b) 隶属函数2

图 6.15　磨损零件安全模糊事件的隶属函数

如果应力即实际磨损量为随机变量，强度即允许磨损量为一确定量，假设描述零件安全模糊性的隶属函数为 $u(s)$，则零件的可靠度 R 为：

$$R = P(s \widetilde{\leqslant} a_1) = \int_{-\infty}^{+\infty} f_s(s) u(s) \mathrm{d}s \tag{6.71}$$

由模糊事件的概率定义[27,28] 得可靠度 R 为：

$$\begin{aligned} R = P(s \widetilde{\leqslant} a_1) &= \int_{-\infty}^{a_1} f_s(s) \mathrm{d}s + \int_{a_1}^{a_2} \frac{a_2 - s}{a_2 - a_1} f_s(s) \mathrm{d}s \\ &= \frac{1}{a_2 - a_1} \left\langle (a_2 - u_s) \varphi\left(\frac{a_2 - u_s}{\sigma_s}\right) - (a_1 - u_s) \varphi\left(\frac{a_1 - u_s}{\sigma_s}\right) + \cdots \right. \end{aligned}$$

$$+\frac{\sigma_s}{\sqrt{2\pi}}\left[\exp\left(-\frac{(a_2-u_s)^2}{2\sigma_s^2}\right)-\exp\left(-\frac{(a_1-u_s)^2}{2\sigma_s^2}\right)\right]\right\} \tag{6.72}$$

可以证明，当 a_2 趋近于 a_1 时，

$$\lim_{a_1\to a_2} p(s\overset{\sim}{\leqslant}a_1)=\varphi[(a_1-u_s)/\sigma_s] \tag{6.73}$$

式（6.73）的右边不考虑模糊性，是按照常规可靠性理论计算可靠度的计算公式。

若令，

$$\beta_1=(a_1-u_s)/\sigma_s \qquad \beta_2=(a_2-u_s)/\sigma_s \tag{6.74}$$

则模糊可靠度公式为：

$$R=\frac{1}{\beta_2-\beta_1}\left\{[\beta_2\varphi(\beta_2)-\beta_1\varphi(\beta_1)]+\frac{1}{\sqrt{2\pi}}\left[\exp\left(\frac{\beta_2^2}{2}\right)-\exp\left(\frac{\beta_1^2}{2}\right)\right]\right\} \tag{6.75}$$

线性隶属函数上下界可根据经验用扩增系数法加以确定，通常可取 $a_2=(1.05\sim1.3)$ a_1。但是这样确定的函数上下限带有较大的主观性和经验性[29]。所以通过引入熵的理论确定隶属函数上下限[30]。

模糊随机事件的熵为：

$$H(\tilde{s})=-\int_{-\infty}^{+\infty}\mu_{\tilde{s}}(z)f(z)\lg[\mu_{\tilde{s}}(z)f(z)]dz \tag{6.76}$$

可以根据对模糊熵的计算结果确定隶属函数上下界。当隶属函数上下界确定之后，结合试验数据，依据模糊可靠度计算公式得到可靠度。

此处对以试验测试为基础的材料疲劳与磨损可靠度计算方法进行研究。依据测试得到的全寿命和无失效两种疲劳寿命数据分别提出基于相似度改进的鸽群算法与适用于小样本量的Bayes 方法。其中基于相似度改进的鸽群算法既保持了鸽群的多样性，同时又避免了目标函数陷入局部最优解，其在收敛速度和收敛精度方面优于传统鸽群算法。针对磨损可靠度计算，将磨损量视为随机变量，假设磨损率服从正态分布，将允许磨损量这种刚性约束作模糊化处理，得到以某一磨损量为确定值的材料磨损可靠度评估方法。

6.3　18Cr2Ni4WA 钢复合强化件可靠性评估

可靠性试验是定量评价产品可靠性的一种手段，可以得到产品在特定环境条件下的可靠性指标，如可靠度、特征寿命等，为使用、生产和设计提供可靠性数据。采用 YSUG-BMT109K 高速滚动接触疲劳试验机、高频弯曲疲劳测试设备与 HT-1000 型高温摩擦磨损试验机对 18Cr2Ni4WA 复合强化件疲劳与摩擦磨损性能进行测试，以测试数据为基础，采用 6.2 节中相应的计算方法获得 18Cr2Ni4WA 钢复合强化件在额定条件下的接触疲劳可靠度、弯曲疲劳可靠度及磨损可靠度。

6.3.1　接触疲劳试验及数据分析

6.3.1.1　接触疲劳测试设计与判定标准

加速寿命试验可通过产品在高应力水平下的试验结果预测出其处于低应力水平下的使用

情况，采用加速寿命试验可大幅度缩短测试时间，并降低测试成本。此处采用加速寿命试验对强化件的接触疲劳寿命进行预测。

影响接触疲劳寿命的因素分为可控因素和不可控因素两类。可控因素包括载荷、转速及温度等。不可控因素包括润滑油中的颗粒污染物、来自外界环境中的振动和噪声等。其中载荷常作为机械产品寿命预测中的加速变量，其具有容易控制并且便于测试的优点，已形成大量相对成熟的研究理论。根据 S-N 曲线可知载荷与寿命呈幂指数关系，所以采用载荷作为加速应力会产生明显的加速效果。

（1）样本量

可靠性加速模型评价方法中，一般需要三组数据来完成不同应力下的趋势，当需要获得更加精确的结果时，每组样品所含样品数 $m \geq 5$。此处在不同应力条件下，接触疲劳样件各选取 5 个。

（2）应力设计

选择载荷作为加速应力时，可以选用逆幂律模型来描述产品寿命与应力水平之间的关系[31,32]，即：

$$\eta = AS^n \tag{6.77}$$

式中　S　——应力水平；

　　A 和 n　——常数；

　　η　——寿命。

用于描述载荷与寿命关系的 S-N 曲线就是一种常见的逆幂律模型形式。

对式(6.77)两边取对数，可得：

$$\ln\eta = a + b\varphi(S) \tag{6.78}$$

其中 $a = \ln A$，$\varphi(S) = \ln S$。

本次试验设定该材料的测试指标为：在接触应力 1600MPa 下，稳定运行至少 4.8×10^7 周次，以满足 18Cr2Ni4WA 钢复合强化件的应用需求。采用加速试验时，在测试过程中载荷不宜过大，过大会影响材料的失效机制；载荷也不宜过小，过小会增大时间成本，达不到加速的效果。此处接触疲劳加速试验的应力水平设计为 2000MPa 和 2400MPa。按产品的破坏形式为疲劳等损伤原理进行时间的等效换算，依据式(6.65)不同接触应力的寿命循环次数换算关系可变换为下式

$$\frac{N_1}{N_2} = \left(\frac{\sigma_2}{\sigma_1}\right)^m \tag{6.79}$$

依据式(6.79)确定在不同接触疲劳强度下对应的循环周次，换算后可确定在 2000MPa 下，应该稳定运行 2.805×10^7 周次；在 2400MPa 下，应该稳定运行 1.288×10^7 周次。

（3）失效判定标准

在加速接触载荷测试结束后，通过高速滚动接触疲劳试验机的加速度传感器来监测试件接触疲劳是否发生失效。首先记录开始时振动信号的波动范围，当在试验过程中振动信号的波动范围是初始振动信号波动范围的 10 倍左右时，判定该试件失效。

6.3.1.2　接触疲劳测试结果分析

在加速寿命测试过程中，在接触应力分别为 1600MPa、2000MPa 和 2400MPa 下，分别

运行 4.8×10^7、3.1×10^7 和 1.3×10^7 周次后振动信号未发生明显变化，其波动范围变化并未达到或超过接触疲劳失效判定标准所规定的波动范围，因此可判断复合强化件在所设定的三个接触应力与对应的运行时间条件下并未发生失效，试验测试应力、测试试样件数及不同应力下的终止循环次数如表 6.14 所示。

表 6.14　接触疲劳试验数据

应力	终止循环次数	件数
1600MPa	4.8×10^7	5
2000MPa	3.1×10^7	5
2400MPa	1.3×10^7	5

根据恒应力加速寿命无失效数据的处理方法，将加速应力的无失效寿命等效转化为正常应力水平下的无失效寿命。2000MPa 和 2400MPa 应力下的数据转换为 1600MPa 应力下的数据结果如表 6.15 所示。

表 6.15　1600MPa 下的无失效数据

序号	无失效寿命	件数
1	4.8×10^7	5
2	11.8×10^7	5
3	14.8×10^7	5

根据前文所提到的 Bayes 方法进行无失效数据可靠性分析。给定的 4.8×10^7 寿命满足条件：

$$t = 4.8 \times 10^7 \leqslant \exp\left\{ \frac{\sum\limits_{i=1}^{n} t_i^{\beta_0} \ln t_i}{\sum\limits_{i=1}^{n} t_i^{\beta_0}} \right\} = 13.46 \times 10^7 \tag{6.80}$$

根据式 (6.55) 可以求得寿命 4.8×10^7、置信度为 0.95 的可靠度为：

$$
\begin{aligned}
R &= \exp\left\{ t^{\beta_0} \ln(1-\gamma) / \sum_{i=1}^{n} t_i^{\beta_0} \right\} \\
&= \exp\left\{ \frac{(4.8 \times 10^7)^{2.2} \times \ln 0.05}{5 \times \left[(14.8 \times 10^7)^{2.2} + (11.8 \times 10^7)^{2.2} + (4.8 \times 10^7)^{2.2} \right]} \right\} \\
&= 0.9695 = 96.95\%
\end{aligned}
\tag{6.81}
$$

因此，接触疲劳可靠性试验计算得到其可靠度为 96.95%。

6.3.2　弯曲疲劳试验及数据分析

6.3.2.1　弯曲疲劳测试设计与判定标准

（1）样本量

n 个样本（x_1, x_2, …, x_n）的平均值和标准差分别为：

$$\bar{x} = \frac{1}{n} \sum_{i=1}^{n} x_i \tag{6.82}$$

$$s = \sqrt{\dfrac{\displaystyle\sum_{i=1}^{n} x_i^2 - \dfrac{1}{n}\left(\displaystyle\sum_{i=1}^{n} x_i\right)^2}{n-1}} \qquad (6.83)$$

根据 t 分布理论，母体平均值 μ 的区间估计为：

$$\overline{x} - t_\gamma \dfrac{s}{\sqrt{n}} < \mu < \overline{x} + t_\gamma \dfrac{s}{\sqrt{n}} \qquad (6.84)$$

把式（6.84）移项后还可以写成：

$$-\dfrac{s t_\gamma}{\overline{x}\sqrt{n}} < \dfrac{\mu - \overline{x}}{\overline{x}} < \dfrac{s t_\gamma}{\overline{x}\sqrt{n}} \qquad (6.85)$$

式中，$(\mu - \overline{x})/\overline{x}$ 表示样本平均值 $\overline{x}$ 与母体真值 μ 的相对误差。令：

$$\delta = \dfrac{s t_\gamma}{\overline{x}\sqrt{n}} \qquad (6.86)$$

δ 为一小量，根据实际情况选取 $1\% \sim 10\%$，一般取 5%，γ 为置信度。根据式（6.86）即可确定试验个数是否满足要求。

（2）应力设计

本试验依据 18Cr2Ni4WA 钢复合强化件在冲击力面的性能需求，设定其强化件弯曲幅度为 500MPa。采用加速试验，选择 1.10 作为在寿命系数，即心曲应力度定为 700MPa，在此基础上增大载荷进行多次试验，最终选取加速试验的应力水平分别为 700MPa、850MPa、1000MPa 和 1200MPa。

（3）判定标准

在加速接触载荷测试过程中，在额定弯曲应力下循环，观察试件是否发生弯曲疲劳或断裂，并记录试验循环次数，当试样断裂或者设备频率下降 $5\% \sim 10\%$ 时，判定该试件失效。

6.3.2.2　弯曲疲劳测试结果分析

弯曲疲劳试验数据如表 6.16 所示。每组数据取对数可满足式（6.86），由此可知，该弯曲疲劳测试的试样量满足测试要求。

表 6.16　不同弯曲应力下强化件弯曲疲劳试验数据

序列	700MPa	850MPa	1000MPa	1200MPa
1	1601243	132349	29213	13923
2	1650139	136732	30027	14204
3	1710235	140389	31739	14711
4	1820129	141140	32402	15284
5	1851237	152148	33002	16012
6	1902138	161462	34118	16203
7	2012734	165217	35124	16802
8	2202071	172616	37013	17401

对于全寿命可靠性评估问题，首先应对测试数据的分布类型进行分析，判断测试所得数据是否满足威布尔分布，随后采用基于威布尔分布的全寿命可靠性评估方法对其进行可靠性分析。

（1）检验数据分布类型是否满足威布尔分布

① 假设数据符合威布尔分布。恒定应力加速试验数据统计分析时，需要进行如下假设：

在正常应力 S_0 和 k 个加速应力 $S_1 < S_2 < \cdots < S_k$ 下，均服从威布尔分布，其分布函数为：

$$F_i(t) = 1 - \exp\left[-\left(\frac{t}{\eta_i}\right)^{\beta_i}\right] \tag{6.87}$$

式中，β_i（$i=1,2,\cdots,k$）为形状参数；η_i（$i=1,2,\cdots,k$）为尺度参数。并且威布尔分布中的形状参数不随应力的改变而改变。

假设产品的尺度参数与应力水平的关系如式（6.88）所示。

$$\ln\eta_i = a + b\varphi(S_i) \tag{6.88}$$

② 用一些假设检验方法对上述假设进行判断。针对如何由总体 X 的样本观测值去检验其是否符合威布尔分布，需进行总体分布函数的假设检验。设有 r 个失效数据，$t_1 < t_2 < \cdots < t_r$。使用范-蒙特福特检验法来检验是否服从威布尔分布。

此处，首先建立原假设：

产品的寿命服从威布尔分布

令

$$x_i = \ln t_i, Z_i = \frac{x_i - \mu}{\sigma}(i=1,2,\cdots,r) \tag{6.89}$$

其中 $\mu = \ln\eta$，$\sigma = \frac{1}{\beta}$，都是未知参数，x_i 和 Z_i 分别为极值分布和标准极值分布的统计量。

对表 6.16 所示的失效数据进行如式（6.89）所示的数学变换，构造范-蒙特福特统计量：

$$G_i = \frac{x_{i+1} - x_i}{E(Z_{i+1}) - E(Z_i)}(i=1,2,\cdots,r) \tag{6.90}$$

这里以 700MPa 和 850MPa 应力的计算结果为例，对其进行范-蒙特福特统计量计算，结果分别如表 6.17 和表 6.18 所示。

表 6.17　700MPa 应力下范-蒙特福特统计量计算结果

序号	失效数据 t	$\ln t$	$E(Z)$	$x_{i+1} - x_i$	$E(Z_{i+1}) - E(Z_i)$	G_i
1	1601243	14.2863	-2.6567	0.0301	1.0683	0.0282
2	1650139	14.3164	-1.5884	0.0357	0.5773	0.0618
3	1710235	14.3521	-1.0111	0.0623	0.4229	0.1490
4	1820129	14.4144	-0.5882	0.0170	0.3570	0.0476
5	1851237	14.4314	-0.2312	0.0271	0.3341	0.0811
6	1902138	14.4585	0.1029	0.0565	0.3499	0.1615
7	2012734	14.5150	0.4528	0.0899	0.4493	0.2001
8	2202071	14.6049	0.9021			

表 6.18　850MPa 应力下范-蒙特福特统计量计算结果

序号	失效数据 t	$\ln t$	$E(Z)$	$x_{i+1} - x_i$	$E(Z_{i+1}) - E(Z_i)$	G_i
1	132349	11.7932	-2.6567	0.0326	1.0683	0.0305
2	136732	11.8258	-1.5884	0.0264	0.5773	0.0457
3	140389	11.8522	-1.0111	0.0053	0.4229	0.0125
4	141140	11.8575	-0.5882	0.0751	0.3570	0.2104
5	152148	11.9326	-0.2312	0.0594	0.3341	0.1778
6	161462	11.9920	0.1029	0.0230	0.3499	0.0657
7	165217	12.0150	0.4528	0.0573	0.4493	0.1275
8	172616	12.0588	0.9021			

在原假设成立的条件下，G_i 渐进独立并渐进服从标准指数分布，即为自由度为 2 的 χ^2

分布，把 G_i 均分为两组，则统计量：

$$F = \frac{\sum\limits_{i=r'+1}^{r-1} G_i/(r-r'-1)}{\sum\limits_{i=1}^{r'} G_i/r'} \tag{6.91}$$

渐进服从自由度为 $[2(r-r'-1),2r']$ 的 F 分布，其中 $r'=\left[\dfrac{r}{2}\right]$。对于给定的显著性水平 α，如：

$$F \leqslant F_{1-\frac{\alpha}{2}}[2(r-r'-1),2r'] = \frac{1}{F_{\frac{\alpha}{2}}[2(r-r'-1),2r']} \tag{6.92}$$

当满足式(6.92)时，则认为该样本服从威布尔分布，其中 $F_\alpha(f_1,f_2)$ 是自由度为 f_1，f_2 的 F 分布上 α 分位点，依据上述过程，弯曲疲劳所设定的四种应力水平下的计算结果如表 6.19 所示。

表 6.19 各应力水平下 F 分布的统计量

统计量	700MPa	850MPa	1000MPa	1500MPa
$F_1 = \sum\limits_{i=r'+1}^{r-1} \frac{G_i}{r-r'-1}$	0.1476	0.1237	0.0997	0.0701
$F_2 = \sum\limits_{i=1}^{r'} \frac{G_i}{r'}$	0.0717	0.0748	0.0555	0.0726
$F = F_1/F_2$	2.0586	1.6537	1.7838	0.9653

当给定置信水平为 0.95，$F_{0.025}(6,8)=4.65$，$F_{0.975}(6,8)=1/F_{0.025}(6,8)=0.2151$。观察表 6.19 中的数据，$F$ 均在 $F_{0.025}$ 和 $F_{0.975}$ 之间，因此原假设成立，即可以认为弯曲疲劳寿命分布符合威布尔分布。

威布尔分布成立假设中，要求其形状参数不随应力的改变而改变。当疲劳数据符合威布尔分布后，需要验证该假设是否成立。因而建立原假设：

$$\beta_1 = \beta_2 = \cdots = \beta_k \tag{6.93}$$

由于 $\sigma=1/\beta$，所以此假设即等价于如下假设：

$$\sigma_1 = \sigma_2 = \cdots = \sigma_k \tag{6.94}$$

下面将使用巴特利特检验法来检验原假设。设 σ_1 的方差为：

$$\mathrm{var}(\hat{\sigma}_i) = l_{r_i n_i}\sigma^2, i=1,2,\cdots,k \tag{6.95}$$

当 n_i 较大时，$2l_{r_i n_i}^{-1}\hat{\sigma}_i/\sigma$ 的近似分布是自由度为 $2l_{r_i n_i}^{-1}$ 的 χ^2 分布，$i=1$，2，$\cdots$，k。根据巴特利特检验统计量的构造，就可以得到下式：

$$B^2 = 2(\sum\limits_{i=1}^{k} l_{r_i n_i}^{-1})[\ln(\sum\limits_{i=1}^{k} l_{r_i n_i}^{-1}\hat{\sigma}_i) - \ln(\sum\limits_{i=1}^{k} l_{r_i n_i}^{-1})] - 2\sum\limits_{i=1}^{k} l_{r_i n_i}^{-1}\ln\hat{\sigma}_i \tag{6.96}$$

$$C = 1 + \frac{1}{6(k-1)}[\sum\limits_{i=1}^{k} l_{r_i n_i} - (\sum\limits_{i=1}^{k} l_{r_i n_i}^{-1})^{-1}] \tag{6.97}$$

则在原假设成立下，B^2/C 近似服从自由度为 $k-1$ 的 χ^2 分布。对于给定的显著性水平 α，查表可得 χ^2 分布上分位点 $\chi^2_\alpha(k-1)$。当 $B^2/C > \chi^2_\alpha(k-1)$ 时，拒绝原假设；否则可以认为原假设成立。计算结果如表 6.20 所示。

表 6.20　形状参数相等假设检验计算结果

应力	$\hat{\sigma}_i$	$l_{r_i n_i}^{-1}\hat{\sigma}_i$	$l_{r_i n_i}^{-1}\ln\hat{\sigma}_i$
1200MPa	0.0801	0.8621	-27.1695
1000MPa	0.0747	0.8038	-27.9221
850MPa	0.0827	0.8899	-26.8270
700MPa	0.0910	0.9795	-25.7952
求和	0.3285	3.5353	-107.7138

$$B^2 = 2\times43.0496\times[\ln3.5353-\ln43.0496]+2\times107.7138=0.2179 \quad (6.98)$$

$$C = 1 + \frac{1}{6\times(4-1)}\times[0.3717-43.0496^{-1}] = 1.0194 \quad (6.99)$$

从而有 $B^2/C=0.2138$，在给定置信度 0.95，显著性水平 0.05 下，查表可得 $\chi^2_{0.05}(3)=$ 7.815，由于 $B^2/C<\chi^2_{0.05}(3)$，因此可以接受原假设，即可认为该弯曲疲劳寿命测试的威布尔分布中形状参数无显著差别。

（2）弯曲疲劳试验数据处理

采用改进的鸽群算法，计算四种不同载荷下威布尔分布的形状参数和尺度参数，结果见表 6.21。

表 6.21　各应力下的威布尔参数估计值

试验条件	形状参数	尺度参数
1200MPa	12.4867	1.5921×10^4
1000MPa	13.3891	3.3375×10^4
850MPa	12.0928	1.6198×10^5
700MPa	10.9884	2.0388×10^6

威布尔分布的累积失效概率函数如式(6.87)，令 $y=\ln\{-\ln[1-F(t)]\}$，$x=\ln t$ 经过变换得

$$y = \beta x - \beta\ln\eta \quad (6.100)$$

根据式(6.100)，可以绘制不同应力下的 $P\text{-}N$ 曲线图，结果如图 6.16 所示。

从图 6.16 中可以看出，在四种不同应力条件下，弯曲疲劳寿命数据总体分布在所拟合直线左右，没有显著性偏差，均较好地符合威布尔分布趋势。随着应力的不断增大，弯曲疲劳寿命明显降低，且在给定的应力下，不同弯曲疲劳寿命对应不同的失效概率。但该图无法给出不同应力下的指定寿命的失效概率。因此需进一步建立 $P\text{-}S\text{-}N$ 曲线，对弯曲疲劳寿命进行更全面的预测。

$P\text{-}S\text{-}N$ 曲线可比较准确地表征失效概率、应力水平和弯曲疲劳寿命之间的关系。弯曲疲劳不同失效概率下的寿命可通过威布尔分布函数计算得到，结果如表 6.22 所示，其中 N_5、N_{50}、N_{95} 分别表示失效概率为 5%、50%、95% 对应的循环寿命。

表 6.22　不同应力下不同失效概率对应的接触疲劳寿命

应力	N_5	N_{50}	N_{95}
700MPa	1415400	1852600	2155300
850MPa	115280	150360	174580
1000MPa	26294	132164	36023
1200MPa	12887	15691	17527

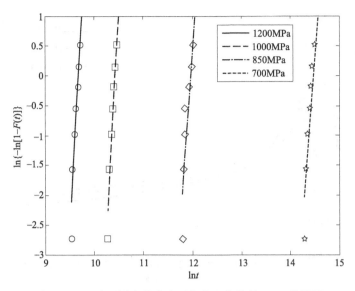

图 6.16 四种不同弯曲应力下复合强化件的 P-N 曲线图

由于弯曲疲劳寿命 N 与应力 S 之间满足 σ-N 疲劳曲线，即：

$$N = Cs^{-m} \tag{6.101}$$

对式(6.101)取对数，变为：

$$\ln S = -\frac{1}{m}\ln N + \frac{1}{m}\ln C \tag{6.102}$$

式中，C 和 m 为待定参数。

采用最小二乘法来计算参数 C 和 m，令 $X_i = \ln N_i$，$Y_i = \ln S_i$，参数 C 和 m 计算公式如式(6.103)和式(6.104)所示：

$$-\frac{1}{m} = \frac{\sum\limits_{i=1}^{n}X_iY_i - \frac{1}{n}\sum\limits_{i=1}^{n}X_i\sum\limits_{i=1}^{n}Y_i}{\sum\limits_{i=1}^{n}X_i^2 - \frac{1}{n}\left(\sum\limits_{i=1}^{n}X_i\right)^2} \tag{6.103}$$

$$\frac{1}{m}\ln C = \frac{1}{n}\left(\sum\limits_{i=1}^{n}Y_i + \frac{1}{m}\sum\limits_{i=1}^{n}X_i\right) \tag{6.104}$$

对不同失效概率下的参数 C 和 m 进行计算，结果见表6.23。通过参数 C 和 m 的值，绘出复合强化件不同失效概率下相应的 P-S-N 曲线，如图6.17所示。

表 6.23 不同失效概率下的 P-S-N 曲线的参数

P	m	$C/\times 10^{32}$
5%	9.2937	2.9897
50%	9.4429	10.4690
95%	9.5238	20.6901

通过图6.17可以比较直观地看到任意应力作用下，三种不同失效概率下的弯曲疲劳寿命。当然，P-S-N 曲线中的失效概率 P 可以是 0～100% 中的任何值，这里仅选择三个具有代表性的失效概率建立 P-S-N 曲线。

建立 P-S-N 曲线，可以得到在任意弯曲应力作用下，任意失效概率对应的疲劳寿命，

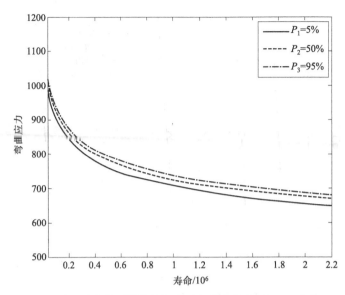

图 6.17　强化件不同失效概率下弯曲疲劳的 P-S-N 曲线

获得加速模型参数，完成对弯曲疲劳寿命更全面的预测。根据加速模型得到弯曲应力为 500MPa 下，复合强化件寿命的威布尔分布参数估计值，结果如表 6.24 所示。

表 6.24　500MPa 下的威布尔分布估计值

试验条件	形状参数	尺度参数
500MPa	12.2393	3.9347×10^7

从表 6.24 中可以得到弯曲应力为 500MPa 下威布尔分布寿命模型。根据可靠度函数，求得循环次数为 3×10^6 的可靠度为：

$$R = \exp\left[-(t/\eta)^\beta\right] = \exp\left[-(3 \times 10^6/3.9347 \times 10^7)^{12.2393}\right] = 99.99\%　　(6.105)$$

因此，弯曲疲劳可靠性试验计算得到其可靠度为 99.99％。

6.3.3　摩擦磨损试验及数据分析

6.3.3.1　摩擦磨损试验设计与判定标准

（1）摩擦磨损测试条件

选用油润滑的方式进行摩擦磨损测试，试验设备为 HT-1000 型（高温）球盘对磨试验机。测试样品尺寸为 14mm×14mm×14mm，对磨材料为直径 6mm 的 Si_3N_4 磨球，设定试验载荷为 10N，试验机转速为 280r/min，测试时间 20h，测试样本量为 8 个，获得其磨损速率均值和标准差。

（2）失效判定标准

设定磨损量达到渗碳层深度 80％为极限磨损量，摩擦磨损测试结束后通过 OLYMPUS LEXT OLS4000 3D 测量激光共聚焦显微镜对磨痕形貌进行测量，判定其是否失效。

6.3.3.2　摩擦磨损测试结果分析

摩擦磨损试验结束后，使用 OLYMPUS LEXT OLS4000 3D 测量激光共聚焦显微镜将 8

个样品在试验载荷为 10N，试验机转速为 280r/min，测试时间为 20h 的摩擦磨损测试中的磨痕长度、宽度与高度信息记录于表 6.25 中。

表 6.25　摩擦磨损可靠性分析样品表面磨痕形貌数据　　　　　单位：μm

试样编号	宽度	高度	长度
1	911.019	3.870	911.028
2	842.078	5.196	842.094
3	835.802	4.204	835.812
4	977.516	5.054	977.529
5	881.547	4.354	881.558
6	602.078	4.891	602.054
7	1088.041	5.805	1088.047
8	798.221	5.030	798.237

从表 6.25 中可以看出经 20h 的磨损后，复合强化层表面的磨痕深度相差不大，分布在 $3.87\sim5.81\mu m$ 之间，使用测试得到的 8 个样品磨损高度数据，代入下式，得：

$$D_{NE} = \frac{\sqrt{n\sum_{i=1}^{n}(x_i-\overline{r})^2}}{\sum_{i=1}^{n}(x_i-\min_i)} - \frac{4.66}{7.44} = 0.626 \tag{6.106}$$

在显著性水平 0.05 下，查表得 $D_{NE}^* = 0.87$，即 $D_{NE}^* > D_{NE}$，所以接受此样木为正态分布的假设。根据磨损深度和磨损时间可以计算得出磨损速率均值为 $\mu_v = 0.24\mu m/h$，其标准差为 $\sigma_v = 0.01\mu m/h$。采用随机可靠度方法计算复合强化件的磨损可靠度，计算过程如下：

① 取渗碳层深度为 1.3mm，材料的极限磨损量为渗碳层深度的 80%，$[S] = 1.3 \times 1000 \times 80\% = 1040\mu m$。

② 根据磨损率的均值和标准差，在要求稳定运行时间 $t = 4000h$ 时，计算磨损量的均值和标准差[33]，即 $\mu = 0.24 \times 4000 = 960\mu m$，$\sigma = \text{sqrt}[1.8 + (0.01 \times 4000)^2] = 40\mu m$。

根据模糊熵计算公式，代入隶属函数得：

$$H(\widetilde{S}) = -\int_{-\infty}^{a_1} \frac{1}{\sqrt{2\pi}\sigma}\exp\left[-\frac{(x-\mu)^2}{\sigma^2}\right]\lg\left\{\frac{1}{\sqrt{2\pi}\sigma}\exp\left[-\frac{(x-\mu)^2}{\sigma^2}\right]\right\}dx$$
$$-\int_{a_1}^{a_2}\frac{a_2-x}{a_2-a_1}\frac{1}{\sqrt{2\pi}\sigma}\exp\left[-\frac{(x-\mu)^2}{\sigma^2}\right]\lg\left\{\frac{a_2-x}{a_2-a_1}\frac{1}{\sqrt{2\pi}\sigma}\exp\left[-\frac{(x-\mu)^2}{\sigma^2}\right]\right\}dx$$

(6-107)

根据 $a_2 = (1.05\sim1.3)a_1$ 关系，计算可知 $a_2 = 1.05a_1$ 时，模糊熵最大。模糊熵越大说明该事件不确定性越大，同时也说明该事件发生的可能性越大。根据模糊熵的计算结果，扩增系数 δ 取 0.025，$\delta = 0.025[S] = 26\mu m$。

③ 计算 β，$\beta_1 = ([S] - \delta - \mu)/\sigma = (1040 - 26 - 960)/40 = 1.35$

$\beta_2 = ([S] + \delta - \mu)/\sigma = (1040 + 26 - 960)/40 = 2.65$

④ 计算磨损可靠度 R，将有关参数代入式（6.75）得：

$$R = \frac{1}{\beta_2-\beta_1}\left\{[\beta_2\varphi(\beta_2)-\beta_1\varphi(\beta_1)]+\frac{1}{\sqrt{2\pi}}\left[\exp\left(-\frac{\beta_2^2}{2}\right)-\exp\left(-\frac{\beta_1^2}{2}\right)\right]\right\}$$

$$= \frac{1}{2.65-1.35} \times [(2.65 \times 0.996 - 1.35 \times 0.9115) + 0.39 \times (0.02986 - 0.402)]$$

$$= 97.21\% \tag{6.108}$$

计算得到，复合强化层在稳定运行 4000h，磨损量极限为渗碳层深度 80%条件下的磨损可靠度为 97.21%。

对 18Cr2Ni4WA 复合强化件进行接触疲劳、弯曲疲劳与摩擦磨损测试，基于测试得到的数据，采用 6.3 节中可靠性评估方法对复合强化件额定应力与额定寿命条件下的可靠度进行评估，主要结论如下：

① 采用加速试验对 18Cr2Ni4WA 复合强化件的接触疲劳与弯曲疲劳寿命进行测试，获得其寿命数据分布信息，并运用无失效数据和全寿命疲劳寿命数据的可靠性评估模型对其疲劳可靠度进行计算。

② 在恒定应力加速寿命试验中，复合强化件在设定的接触应力与循环周期内未发生失效，采用无失效数据疲劳寿命评估方法计算其可靠度。结果表明，复合强化件在 1600MPa 接触应力，4.8×10^7 给定寿命条件下，置信度为 0.95 时的可靠度为 96.95%，这与接触疲劳可靠性模拟计算结果（可靠度为 95.15%）基本吻合。

③ 在恒定应力加速寿命试验中，复合强化件在给定的四个弯曲应力与相应的循环次数后均发生断裂。采用全寿命可靠性评估方法对其可靠度进行计算。结果表明，在 500MPa 弯曲应力，循环 3×10^6 次给定寿命条件下，其可靠度为 99.99%，这与弯曲疲劳可靠性模拟计算结果（可靠度为 99.82%）基本吻合。

④ 采用模糊可靠度计算方法，获得复合强化层在 10N 载荷，稳定运行 4000h 条件下，磨损极限为复合强化层 80%厚度时的可靠度为 97.21%。这与磨损可靠性模拟计算结果（可靠度为 98.77%）基本吻合。

6.4 可靠性评估系统设计

可靠性建模过程需要大量计算，大量的试验数据处理同样需要计算机编程，因此设计和开发可靠性评估系统十分必要。可靠性评估系统的设计可以把计算变得更为简单，能够更好地应用到工程实践中，友好的用户界面能够让非专业人员完成相关产品或系统的可靠性评估。MATLAB 中的 GUI 能够通过界面实现用户和计算机之间的信息交流，采用可视化图形用户界面具有友好性、直观性和易懂性等优点。

6.4.1 界面设计的原则和步骤

界面设计主要遵循简洁性、一致性和人性化等原则，其设计主要步骤如下：① 构思GUI 图形用户界面。② 编写代码。对简单的 GUI 程序代码，可以在控件的属性项里编写。对于一些较复杂的程序代码，可以通过脚本 M 文件来编辑。③ 运行及修改代码。先保存已经设计好的图形用户界面，然后运行该图形用户界面。如果发现运行后图形用户界面存在问题和缺点，需对这些问题进行修改，使用户图形界面达到设计的要求，完全实现设计功能。

6.4.2 系统的主要模块设计

（1）用户管理模块

用户管理模块主要分为注册、登录和个人中心三个部分。在进入软件之前首先进入可靠性评估系统的登录界面。当首次进入可靠性评估系统时，先要完成可靠性评估系统的注册，其登录与注册界面如图 6.18 所示。当两次注册的密码不同或输入的密码不同时，会提示错误。当注册信息输入正确时，则注册成功。当用户名和密码相互匹配时，即可顺利进入可靠性评估系统，否则将提示"用户名或密码错误"。数据和软件都属于企业的一种资源，在一定程度上反映企业的技术发展水平，所以数据和软件属于一种保密资源。为了企业数据和技术的安全，对查看和使用软件的人员进行权限管理十分必要。用户管理模块的设置可以有效防止非专业人员的不正当操作，从而保护了企业的相关信息的安全。同时在忘记密码时可以对密码进行修改。

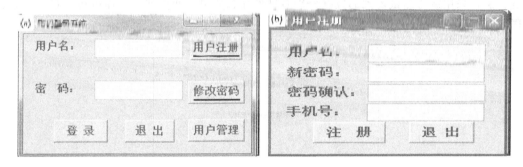

图 6.18　系统登录界面与注册界面

从安全和人性化方面考虑，用户管理模块用来显示个人用户的相关信息，记录相关的登录次数、登录时间和注册的手机号等信息。随后即可进入可靠性评估系统界面，其界面如图 6.19 所示。

图 6.19　可靠性评估界面

（2）疲劳可靠度计算模块

疲劳可靠度的计算分为基于响应面法可靠度分析和基于试验数据可靠度分析，如图 6.20(a) 所示。基于响应面法的可靠度分析对应 6.1 节内容，根据随机变量的均值、标准差和功能函数求得其可靠度，如图 6.20(b) 所示。根据 6.1 节的数据，得到可靠度，其数据通过疲劳测试过程的有限元模拟获得，过程如图 6.20(c) 所示。

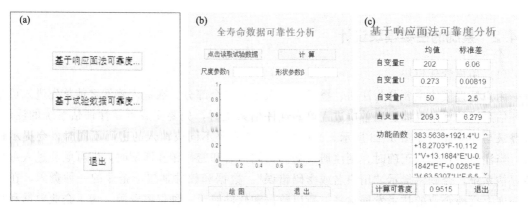

图 6.20 疲劳可靠度分析界面

(a) 主界面；(b) 响应面法分析界面；(c) 响应面法分析结果

基于试验数据的可靠性分析分为全寿命试验数据和无失效试验数据两种情况，依据 6.2 节的方法，采用疲劳测试得到的数据分别对试件接触疲劳与弯曲疲劳寿命进行计算，主界面如图 6.21 所示。

图 6.21 疲劳试验数据分析主界面

如果数据结果符合全寿命计算方法，点击全寿命可靠性分析，可进入如图 6.22(a) 所

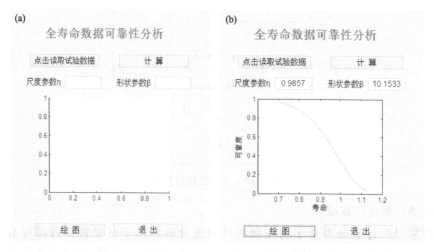

图 6.22 接触疲劳全寿命数据分析与结果界面

(a) 分析界面；(b) 结果界面

示的界面。计算结果显示为两参数威布尔分布的形状参数和尺度参数，在点击读取试验数据处添加试验数据，其格式为 txt，之后点击计算按钮即可以得到相关的计算结果，点击绘图按钮可以绘制可靠度与寿命曲线，结果如图 6.22（b）所示。

如果要根据无失效试验数据进行计算，点击图 6.21 界面中的无失效数据可靠性分析，之后进入如图 6.23 所示界面。在点击读取试验数据处添加试验数据，读取数据的格式为 txt。输入给定寿命和给定置信度的值，随后点击计算可靠度按钮就可以得到相应的可靠度结果。

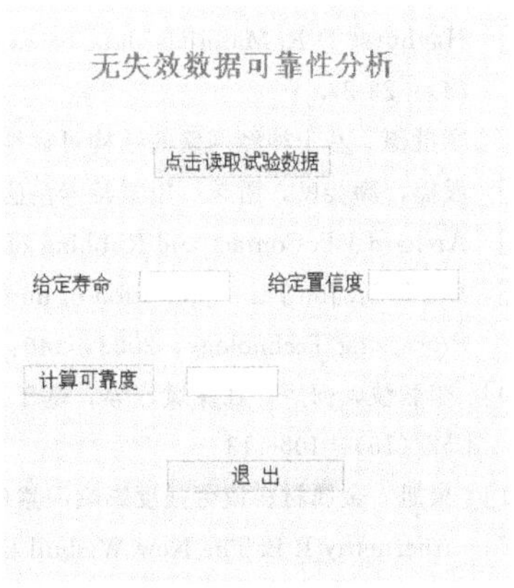

（3）磨损可靠度计算模块

磨损可靠度计算模块与接触疲劳可靠度计算模块类似，分为基于响应面法可靠度分析和基于试验数据可靠度分析，具体如图 6.24(a) 所示。根据占空量的均值、标准差和功能函数求得其可靠度，分析过程与疲劳可靠度分析类似，这里不再赘述。

基于试验数据可靠性评估界面，如图 6.24(b) 所示，根据计算结果输入磨损量的均值、标准差和最大磨损量，点击计算磨损可靠度即可。

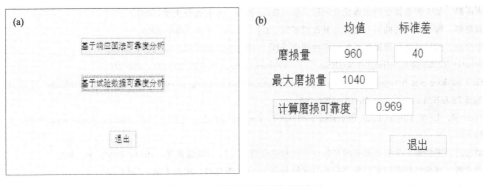

图 6.24　磨损可靠度分析界面
(a) 主界面；(b) 数据输入界面

本节运用 6.1 节与 6.2 节中基于模拟计算与基于试验数据的可靠性评估方法开发适用于强化件的可靠性评估系统设计。利用 MATLAB GUI 功能搭建用户与计算机交流平台，方便快速地获得 18Cr2Ni4WA 钢复合强化件疲劳及磨损可靠度。该评估系统也可应用于其他材料或产品的可靠性评估。

（右上角图说明）
无失效数据可靠性分析

点击读取试验数据

给定寿命　　　　给定置信度

计算可靠度

退出

图 6.23　无失效数据可靠性分析界面

参考文献

[1]　周勇. 不完整壳体的屈曲及其可靠性分析 [D]. 哈尔滨：哈尔滨工程大学，2007.

[2]　曹裕华. 装备试验设计与评估 [M]. 北京：国防工业出版社，2016：28-33.

[3]　Miller K J. A theory for fatigue under multiaxial stress-strain conditions [J]. Proceedings of Institution of Mechanical Engineers，1993，11 (5)：745-755.

[4]　Smith K N，Watson P，Topper T H. A stress-strain function for the fatigue of materials [J]. Journal of Materials,

1970，5：767-778.

[5] Hayhurst D R. Materials data bases and mechanisms-based constitutive equations for use in design [J] . 1999, 12 (4)：23-27.

[6] 李世德 . 基于神经网络的结构可靠性灵敏度分析 [D] . 长春：吉林大学，2006.

[7] 段楠，薛会民，潘越 . 用蒙特卡洛法计算可靠度时模拟次数的选择 [J] . 煤矿机械，2002，(03)：13-14.

[8] Archard J F. Contact and Rubbing of Flat Surfaces [J] . Journal of Applied Physics, 1953, 24 (8)：981-988.

[9] Lee R S, Jou J L. Application of numerical simulation for wear analysis of warm forging die [J] . Journal of Materials Processing Technology, 2003, 140：43-48.

[10] 李聪波，何娇，杜彦斌，等 . 基于 Archard 模型的机床导轨磨损模型及有限元分析 [J] . 机械工程学报，2016，52 (15)：106-113

[11] 梁旭 . 金属材料疲劳强度影响因素的研究 [D] . 沈阳：东北大学，2009.

[12] Abernethy R B. The New Weibull handbook：reliability and statistical analysis for predicting life, safety, support-ability, risk, cost and warranty claims [M] . R B Abernethy, 2004.

[13] Duan H, Qiao P. Pigeon-inspired optimization：a new swarm intelligence optimizer for air robot path planning [J]. International Journal of Intelligent Computing and Cybernetics, 2014, 7 (1)：24-37.

[14] Sun H, Duan H B. PID controller design based on prey-predator pigeon-inspired optimization algorithm [C] . Proceedings of the 11th IEEE International Conference on Mechatronics and Automation (ICMA)，2014.

[15] Dou R, Duan H B. Pigeon inspired optimization approach to model prediction control for unmanned air vehicles [J] . Aircraft Engineering and Aerospace Technology, 2016, 88 (1)：108-116.

[16] Liu J, Fan X, Qu Z. An improved particle swarm optimization with mutation based on similarity [C] . International Conference on Natural Computation. 2007.

[17] 周雨鹏 . 基于鸽群算法的函数优化问题求解 [D] . 长春：东北师范大学，2016.

[18] 刘建华 . 粒子群算法的基本理论及其改进研究 [D] . 长沙：中南大学，2009.

[19] 李少杰 . 阀门及其遥控操作系统可靠性研究 [D] . 哈尔滨：哈尔滨工程大学，2012.

[20] Schafer R. Bayesian reliability analysis [J] . Technometrics, 2012, 25 (2)：209-210.

[21] He J B, Mao S S. A Bayesian zero-failure reliability demonstration testing procedure for lognormal distribution. [J] . Chinese J Appl Probab Statist, 2000, 16 (3)：239-248.

[22] Han M, Li Y. Hierarchical Bayesian analysis of zero-failure data [J] . Mathematica Applicata, 2000, 13 (1)：80-84.

[23] 傅惠民，王凭慧 . 无失效数据的可靠性评估和寿命预测 [J] . 机械强度，2004，(03)：260-264.

[24] 高雷雷 . 直井杆管磨损寿命预测模型与软件开发 [D] . 秦皇岛：燕山大学，2014.

[25] 吕震宙，岳珠峰，冯元生 . 磨损的随机模糊失效概率计算方法 [J] . 机械科学与技术，1997，25 (6)：1018-1023.

[26] 朱涛 . 基于相似数据和均匀实验设计的磨损研究 [D] . 沈阳：东北大学，2010.

[27] Cai K Y. Introduction to fuzzy reliability [J] . Kluwer International, 1996, 36 (3)：143-149.

[28] Li B, Zhu M L, Xu K. A practical engineering method for fuzzy reliability analysis of mechanical structures [J] . Reliability Engineering and System Safety, 2000, 67 (3)：311-315.

[29] 林少芬，李瑰贤，王春林，等 . 基于模糊事件的熵对模糊可靠性的应用研究 [J] . 机械设计与研究，2000，6 (1)：13-14.

[30] 罗凤利，李光煜，刘秀莲 . 基于模糊熵理论的圆柱螺旋压缩弹簧模糊可靠性设计 [J] . 机械设计，2010，27 (4)：72-75.

[31] 薛锋 . 滚珠丝杠副精度保持性及加速试验方法研究 [D] . 南京：南京理工大学，2017.

[32] 李家坤 . 火炮身管的加速寿命试验研究与分析 [D] . 南京：南京理工大学，2016.

[33] 刘朝英 . 轮齿磨损极限及模糊可靠度 [J] . 机械传动，2005，(04)：56-57.